献给 Miles、Sage 和 Beatrix

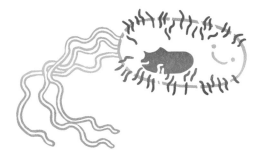

Peter Winkler 著

陈晓敏 译

数学谜题
Mathematical Puzzles

中国教育出版传媒集团
高等教育出版社·北京

荐序

"这是一个漂亮的数学谜题集，带有提示和解答。许多谜题无须高深的数学知识，但确实具有挑战性，甚至对专业数学家来说也是如此。Peter Winkler 曾在纽约国家数学博物馆主持过一个谜题年。其精湛论述确保了在阅读本书和尝试解开谜题的过程中，你将获得长时间的乐趣、好奇、愉悦和启迪。"

——**Noga Alon，普林斯顿大学**

"这是一本不可思议的谜题集。虽然很多书都声称'适合所有水平'，但这本书真正做到了：问题的广度着实引人注目。其中有适合青少年的简单问题，也有适合成年人的问题。我不知道还有哪本书有如此大的覆盖面。

"这本书的一个特点是，它那些（比如说面向年轻人的）最简单的问题是如此有吸引力。例如，'电话'和'在温网夺冠'都是那么惊奇又聪明。还有像'西瓜'这样的问题，计算很容易，但结果本身却实在出人意料。这样的乐趣在简单问题中是罕见的，单单这一特点就使本书成为必买之书。

"在天平的另一端，如'交错幂'这样的问题，将人引向非常深刻的数学。

"整本书是以 Peter Winkler 标志性的风趣和健谈的风格写成的。"

——**Imre Leader，剑桥大学数学教授**

"从新手到专家，任何对数学或谜题有兴趣的人应该拥有这本书。这些谜题的巧妙选择和清晰解析，能够提高任何水平的读者的数学智商。

"作为一个对趣味数学有终生兴趣的读者，我非常喜欢这些充满惊喜、有着优雅解答并追根溯源的上佳谜题。"

——**Dick Hess，《月亮上的高尔夫》及其他谜题书的作者**

"平均而言，是男性还是女性拥有更多的姐妹？当一个硬币贴着另一个大小相同的硬币滚动，它旋转了几圈？你怎样从一个不公正的硬币得到 50-50 的选择？如果你喜欢这样的挑战，你会被 Peter Winkler 这本令人炫目的最新作品所吸引。从旧的经典到新的瑰宝，与这些烧脑难题较量将带来许多个星期的乐趣和'Aha！'时刻。

"警告：这是令人上瘾的，你需要使用技巧、直觉和洞察力的神奇组合来解决所有问题。"

——Colm Mulcahy，Spelman 学院数学教授，
《数学扑克魔术：五十二种新效果》作者

"Peter Winkler 的迷人谜题集对所有水平的读者都具有吸引力。这里讨论的既有许多著名谜题，也有一些读者们肯定不熟悉、新的漂亮问题。我非常喜欢这本书，并向那些对现代益智游戏感兴趣的人强烈推荐它。"

——Stan Wagon，玛卡莱斯特学院，
《自行车走哪条路？》和《是自行车还是独轮车？》作者

"这是 Peter Winkler 第三本、也是迄今为止内容最丰富的一本关于数学谜题的书，其内容汲取自日常生活和广泛的数学主题。作为对 Ripley's Believe It or Not[1]数学上的回答，Peter 展现的是数学浪漫的而非功利的一面。"

——Andy Liu，2000 年和 2003 年国际数学奥林匹克加拿大队领队

"Peter Winkler 的《数学谜题》引人深思，我爱上了这些谜题。它们的级别涵盖从聪明高中生水平的智力题到严肃数学家研究课题的雏形。我被那些散落在可敬数学上的吧间碎语所陶醉。对于任何对数学感兴趣的人来说，这本书是带在假日行李中的理想伙伴：这必定会让他们度过愉快的时光。"

——Vašek Chvátal，康考迪亚大学荣誉退休教授

"Peter Winkler 是谜题大师中的大师：一位对什么是好的谜题有精致鉴赏力，而且有着无可比拟的优雅表达和清晰阐释能力的严肃数学家。这本书呈献的是数学谜题世界中王冠上的明珠，并把长时间的快乐（和痛苦！）带给所有充满好奇心和娱乐精神的头脑。"

——Alex Bellos，《爱丽丝漫游数境记》作者

"这本书很可能是有史以来最好的思维扩展谜题集。当 Peter 向你眨眼示意时[2]，你无法不受到启发。"

——Donald E. Knuth，斯坦福大学荣誉退休教授和图灵奖得主

---

[1]展示世界上令人意想不到的神奇事物的美国知名品牌，最初由 Robert Ripley 创办于美国的报刊栏目，后来发展成涵盖各种书籍、媒体和博物馆的多元平台。——译者注

[2]原文："when Peter winks at you"，作者的名字是 Peter Winkler。——译者注

目录

致谢

本书的问世要归功于两个机构和许多个人。达特茅斯学院有着鼓舞人心的同事、激励的环境，提供了持续不断的鼓励；特别感谢 William Morrill 教授职位的捐赠者。国家数学博物馆（我在那里度过了 2019–2020 学年），在西蒙斯基金会的慷慨捐赠下，提供了大量的外联机会，使我可以在许多受众中测试谜题。

下面按字母顺序列出了部分（有意或无意）做出贡献的个人，做出多次贡献的用斜体写出，而两位最多产者用粗体。具体的贡献列在注释和来源中。毫无疑问，由于我的知识或记忆的空白，许多应该出现的名字被漏掉了，但我希望随着时间的推移，能够纠正其中的一些遗漏。

Dorit Aharonov · Arseniy Akopyan · David Aldous · Kasra Alishahi · *Noga Alon* · Dan Amir · A. V. Andjans · Titu Andreescu · Omer Angel · *Gary Antonick* · Steve Babbage · *Matt Baker* · Yuliy Baryshnikov · *Elwyn Berlekamp* · Béla Bollobás · Christian Borgs · Bancroft Brown · Daniel E. Brown · A. I. Bufetov · *Joe Buhler* · Caroline Calderbank · Neil Calkin · Teena Carroll · Amit Chakrabarti · Deeparnab Chakrabarty · Adam Chalcraft · A. S. Chebotarev · William Fitch Cheney, Jr. · Vladimir Chernov · N. L. Chernyatyev · Vašek Chvátal · *Barry Cipra* · Bob Connelly · **John H. Conway** · Tom Cover · Paul Cuff · Robert DeDomenico · Oskar van Deventer · Randy Dougherty · Peter Doyle · Ioana Dumitriu · Freeman Dyson · Todd Ebert · Sergi Elizalde · Noam Elkies · Rachel Esselstein · R. M. Fedorov · Steve Fisk · Gerald Folland · *B. R. Frenkin* · *Ehud Friedgut* · Alan Frieze · Anna Gal · *David Gale* · A. I. Galochkin · *Gregory Galperin* · **Martin Gardner** · Bill Gasarch · Dieter Gebhardt · *Giulio Genovese* · Carl Giffels · Sol Golomb · David Gontier · Bill Gosper · Ron Graham · Geoffrey Grimmett · Ori Gurel-Gurevich · Olle Häggström · *Sergiu Hart* · *Bob Henderson* · *Dick Hess* · Maya Bar Hillel · *Iwasawa Hirokazu* · *Ander Holroyd* · Ross Honsberger · Naoki Inaba · Svante Janson · *A. Ya. Kanel-Belov*

· Mark Kantrowitz · Howard Karloff · Joseph Keane · Kiran Kedlaya · David Kempe · Rick Kenyon · *Tanya Khovanova* · Guy Kindler · Murray Klamkin · Victor Klee · Danny Kleitman · V. A. Kleptsyn · Niko Klewinghaus · Anton Klyachko · *Don Knuth* · Maxim Kontsevich · Isaac Kornfeld · A. K. Kovaldzhi · Alex Krasnoshel'skii · Piotr Krason · Jeremy Kun · Thomas Lafforgue · Michael Larsen · Andy Latto · V. N. Latyshev · Imre Leader · *Tamás Lengyel* · *Hendrik Lenstra* · Anany Levitin · Jerome Lewis · Sol LeWitt · Michael Littman · Andy Liu · Po-Shen Loh · *László Lovász* · Edouard Lucas · Russ Lyons · Marc Massar · David McAllester · Peter Bro Miltersen · Grant Molnar · R. L. Moore · Thierry Mora · Frank Morgan · Carl Morris · Lizz Moseman · Elchanon Mossel · *Frederick Mosteller* · Colm Mulcahy · *Pradeep Mutalik* · Muthu Muthukrishnan · Gerry Myerson · Assaf Naor · Girija Narlikar · Jeff Norman · Alon Orlitsky · Garth Payne · *Yuval Peres* · Nick Pippenger · Dick Plotz · *V. V. Proizvolov* · *Jim Propp* · Kevin Purbhoo · Anthony Quas · *Dana Randall* · Lyle Ramshaw · Dieter Rautenbach · Sasha Razborov · Dan Romik · I. F. Sharygin · Bruce Shepherd · Raymond Smullyan · Jeff Steif · Sara Robinson · Saul Rosenthal · Rustam Sadykov · Mahdi Saffari · Boris Schein · Christof Schmalenbach · Markus Schmidmeier · Frederik Schuh · David Seal · Dexter Senft · *Alexander Shapovalov* · James B. Shearer · S. A. Shestakov · *Senya Shlosman* · George Sicherman · Vladas Sidoravicius · Sven Skyum · Laurie Snell · *Pablo Soberón* · Emina Soljanin · *Joel Spencer* · A. V. Spivak · Caleb Stanford · *Richard Stanley* · Einar Steingrimsson · Francis Su · Benny Sudakov · Andrzej Szulkin · Karthik Tadinada · Bob Tarjan · Bridget Tenner · Prasad Tetali · Mikkel Thorup · Mike Todd · Enrique Treviño · *John Urschel* · Felix Vardy · Tom Verhoeff · Balint Virag · *Stan Wagon* · George Wang · Greg Warrington · *Johan Wästlund* · Diana White · Avi Wigderson · Herb Wilf · Dana Williams · I. M. Yaglom · Steven Young · *Paul Zeitz* · Leo Zhang · *Yan Zhang* · *Barukh Ziv*

前言

这本书里有什么？

本书中包含了 300 余个世界上最好的谜题。有一些问题曾出现在过去（包括我自己）的书中，或出现在数学竞赛中；另一些则是全新的。本书的编排如下：首先给出所有的谜题；然后，对每一个问题，有一个提示以及其解答所在的章节号。（在提示一章中按照谜题出现的顺序列出了它们。）

各章是以解题的方法而非一般的谜题主题来划分的。每一章介绍一种手段，用它来解决一些谜题，并以一个在证明中应用这一手段的实际数学定理来结束。关于每一个谜题的更多信息可以在书末的注释和来源中找到。

这本书为谁而写？

谜题爱好者和数学爱好者们。你不需要有比高中数学更多的背景知识。微积分、抽象代数和其他高等数学的内容将不会被用到。一些你可能在普通课程中没有接触过的数学，例如图论和概率论，将在必要的时候介绍。

这不意味着这些谜题是简单的；有一些的确如此，而另一些将会难住一部分职业数学家。并且，存在一个简单的解答并不意味着可以简单地找到一个解答！

怎样选择谜题？

于我来说，一个伟大的谜题提供的是娱乐和启蒙。它应该读起来有趣、想起来开心。它应该表明一个有趣的数学观点，或许是通过修正你的直觉，或许只是通过提醒你初等数学的神奇之处。

这些谜题从哪里来？

部分谜题是原创的，但大多数来自全世界的谜题创作者和谜题收集家——他们是本书真正的英雄。他们中许多人的名字出现在致谢和参考文献中。数学竞赛中的问题一般不适合出现在本书中；它们的设计目的是测试而不是娱乐，并且往往需要更高深的数学。尽管如此，一些无法抗拒的精品也出现在数学竞赛中——出于某种原因,特别是莫斯科数学奥林匹克。往往一个谜题有多个来源,很难确认其出处,甚至很难精确定义;在注释和来源中报告了我为此所做的微薄努力。我用自己的语言来描述这些谜题和解答,在某些时候它们和来源处的方式接近,另一些时候则全然不同。

谜题能(或不能)用来做什么?

数学谜题绝不应该用来对人进行分级!解谜能力的高低并不能说明一个人是否会成为优秀的数学家,甚至不能判断他是否擅长数学。

为什么不会?数学家不是整天坐在那里解决谜题么?

没有什么比这更离谱的了。首先,大多职业数学家是理论构建者而不是解题者。他们寻找模式,提出好的问题,并把想法汇集在一起。

数学家们解题时,并不急于求成,他们通常共同协作,各自贡献不同的技能。而且他们在工作中经常会改变问题!此外,他们思考的问题并非由巧妙的陷阱构成,而是自然产生的。

所以不应感到意外,大多数数学家并不是很厉害的谜题解答者——而许多非数学家却是。

除此之外,我们还应该记住,解谜能力与一个人的自信心有很大关系——这又与社会规范和偏见密不可分,也许还和雄性激素有关。我们最不想做的事情就是阻止妇女和少数民族追求数学事业。

如果解谜的能力并不能告诉我们谁应该成为数学家,那么这些谜题有什么用呢?

关键在于,一个好的谜题是一颗宝石,是一件美好的事物。我认为鉴别一个好谜题的能力,以及努力去解决它的意愿,会告诉我们很多东西。(聪明的雇主知道这一点,如果你在求职面试中被问及一个问题,他们感兴趣的是你的态度和应对方式,而非你是否得到"正确的"答案。)你想知道数学能做什么吗?或者,同样重要的问题,什么是数学做不到的?你觉得自己渴望知道答案吗?如果答案肯定,那么也许数学是适合你的。

如果数学适合你,那么学习解决谜题所需的技巧是一个极好的开始。正如你将在本书中所看到的,同样的技巧也出现在定理的证明中;而且(我希望)你也会看到,解开谜题会令人大开眼界,并且其乐无穷。

你应该从哪里开始？

当然是从谜题开始。谜题是本书的明星；书的其余部分只是配角。你只要简单阅读这些谜题，选出你喜欢的并尝试解决它们，你会陷入数天、数周乃至数月的好奇、沮丧、快乐还有启迪之中。是的，各章中提出的技巧会是有用的工具，但是请注意，每个人对解题技巧的分类都不一样，甚至在给定的分类中也不会以相同方式指派谜题的类别。事实上，我自己的指派也时常独断得令人苦恼。

也请注意，对于较难的谜题，我们给出的解答（可能是许多解法中的一个）有时会以相当简洁的方式呈现。心形符号（♡）表示一个论证或证明的结束；如果你不明不白地碰到了一个，回去再读一遍！

无论你做什么，玩得高兴，并保持开放的心态。本书的所有内容将在初版后两年半内免费发布在网上，在此之前，希望所有读者发给我评论、勘误、申述、新的解答，以及——永远的——新的谜题。

谜题

球棒和棒球

一根球棒比一个棒球贵 1 美元；它们的价格加在一起是 1.10 美元。球棒的价格是多少？

今天没有双胞胎

开学的第一天，O'Connor 太太的班上来了两位长相相同的学生：坐在第一排的 Donald 和 Ronald Featheringstonehaugh——这个英语姓氏的发音为"范肖"(Fanshaw)。

"我猜你们两个是双胞胎？"她问道。

"不是。"他们异口同声地回答。

但是检查他们的记录表明，他们有相同的父母，并且在同一天出生。这是怎么回事？

肖像

一位访客指着墙上的画像问那是谁。主人说："我没有兄弟姐妹，但那个男人的父亲是我父亲的儿子。"画中的人是谁呢？

半生长

一个普通儿童的身高在什么年龄是他或她成年后身高的一半？

鞋子、袜子和手套

你需要收拾行李，准备赶飞往冰岛的午夜航班，但这时候断电了。你的衣橱中有六双鞋、六只黑色袜子、六只灰色袜子、六双棕色手套和六双褐色手套。不幸的是，房间太暗了，没办法找到配对的鞋子或看清任何颜色。

你需要在这些物品中每一样拿几件才能确保带走一双匹配的鞋子、两只相同颜色的袜子以及一双匹配的手套？

电话

一个电话从美国西海岸的某州打到东海岸的某州，并且在电话的两端是一天中的同一时间。这怎么可能？

二二二二

"两次两对双胞胎"一共是多少人？[1]

旋转硬币

用左手拇指将一个 25 美分的硬币牢牢地固定在桌面上，右手食指将第二个 25 美分的硬币贴着第一个的边缘旋转。由于这两个硬币的边缘是有齿的，它们将像齿轮一样互锁，第二个硬币将围绕第一个转动。

第二个硬币回到出发点时旋转了几周？

山脉之州的方框

西弗吉尼亚州能内切于一个正方形么？

围成一圈的土著人

一位人类学家被一群围成一圈的土著人包围，每个人要么总是说实话，要么总是说谎。她问每个土著人，他右边的那位是老实人还是骗子，从他们的回答中，她可以推断出骗子在这圈人中所占的比例。

这个比例是多少？

---

[1] "两次两对双胞胎"的原文是 two pairs of twins twice。——译者注

在温网夺冠

由于暂时的魔法力量（可能要改变你的性别），你已经进入温布尔登网球公开赛女单决赛，并且正在全力以赴对阵 Serena Williams。但是，你的魔法无法持续整个比赛。你希望在魔法消失时比分是多少，以使你有最大的机会赢得这场原本实力悬殊的对决？

多面体的面

证明：任何凸多面体都有两个具有相同边数的面。

寻找伪币

你有一个天平和 12 枚硬币，其中 11 枚是重量相同的真币；但有一枚是伪币，比其他的更轻或者更重。你能使用天平三次，确定哪一枚是伪币，并且判断出它比真币重还是轻吗？

阵列中的符号

假设在你面前有一个 $m \times n$ 的实数阵列，并且允许在每一步翻转某行或某列中所有数的符号。你是否总能在有限步内使每一行的总和及每一列的总和都非负？

匹配生日

你正在一艘游轮上，周围一个人也不认识。船上组织了一项竞赛——如果你能找到一个与你生日相同的人，你们将赢得一顿惠灵顿牛肉晚餐。

为了获得超过 50% 的成功机会，你需要与多少人比较生日？

渡轮相遇

格林尼治标准时间每天中午，有一艘渡轮从纽约出发，同时有另一艘渡轮从勒阿弗尔出发。每次航行需要七天七夜，在第八天的中午之前到达。一艘渡轮在其横穿一次大西洋期间会碰到多少艘其他渡轮？

击落 15

Carol 和 Desmond 一起玩台球，9 个球的编号分别为 1 到 9。他们轮流将一个球击落。首先打进三个编号和为 15 的一方获胜。首先上场的 Carol 有必胜策略吗？

山里有个和尚

一位和尚在星期一早晨开始爬富士山，在夜幕降临前到达山顶。他在山顶过夜，并于第二天早晨开始原路返回，在星期二的黄昏到达谷底。

证明：和尚在星期二某个时刻所在的位置和他在星期一同一时刻的位置相同。

数学书虫

Jacobson 的三卷本《抽象代数讲义》按顺序放在你的书架上。每本书都有 2 英寸厚的书页，各 $\frac{1}{4}$ 英寸厚的封面和封底，因此总厚度为 $2\frac{1}{2}$ 英寸。

一只小书虫从第一卷的第一页笔直地钻到了第三卷的最后一页。它一共走了多远？

硬币的另一面

在一个袋子里有一枚两面都是头像的硬币、一枚两面都是徽章的硬币和一枚正常的硬币。随机摸出其中一枚硬币并抛掷在桌子上，结果"头像"朝上。硬币的另一面也是头像的概率是多少？

切开立方体

你面前有一把圆锯和一个 $3 \times 3 \times 3$ 的木制立方体；你需要把立方体切成 27 个 $1 \times 1 \times 1$ 的小块。你最少需要切几次？注意，在每次切割前，你可以把木块重新叠置。

滚动铅笔

一支铅笔的横截面为正五边形，在其一个侧面上印有制造商的徽标。如果铅笔在桌子上滚动，停下后徽标朝上的概率是多少？

西瓜

昨天瓜田里有 1000 磅的西瓜。重量中 99% 是水，但经过一夜它们蒸发掉了一些水分，现在只剩 98% 的水。这些西瓜现在重多少？

周二出生的男孩

Chance 夫人有两个不同年龄的孩子，其中至少有一个是在周二出生的男孩。两个孩子都是男孩的概率是多少？

空游斯坦的航线

空游斯坦国有三家航空公司，它们运营的每条航线往返于国内 15 个城市中的某一对。如果三家航空公司中的任何一家破产，留下的飞行网络仍能将所有城市连在一起，那么目前航线总数的最小可能值是多少？

反转天平

科学老师 McGregor 女士的桌子上有一个天平。秤盘上有一些砝码，目前天平向右倾斜。在每个砝码上都刻有至少一个学生的名字。

依次进入教室时，每位学生都会把刻有本人名字的每个砝码移到天平另一侧的秤盘上。McGregor 女士是否能放进一组学生使得天平向左倾斜？

巧克力排

Alice 和 Bob 轮流咬一块 m 排 n 列单位正方格构成的巧克力排。每一口包括选择一个方格，然后咬掉该方格，再加上所有它上面、右边或右上方剩下的方格。每个玩家都希望避开处于左下角那个有毒的方格。

证明：如果这块巧克力排包含多于一个方格，那么 Alice（先手）有一个获胜策略。

谁的子弹？

两名射手，其中一个（"A"）命中某个小目标的概率是 75%，而另一个（"B"）仅有 25%。两人同时射击，有一发子弹命中。它来自 A 的概率是多少？

扑克速成

最好的葫芦是什么？

（假设你有五张牌，只有一名对手，并且他握有其他牌中随机的五张。牌中没有小丑。由于幸运女神欠你一个人情，你会得到一个葫芦，并且可以选择任何一个想要的葫芦。）[1]

穿过网格的直线

如果你想要用一些直线覆盖一个 10×10 正方形格点阵列的所有顶点，但不能有任何一条线平行于正方形的边，至少需要多少条线？

盲猜出价

你有机会对一个控件进行出价。据你所知，该控件对其所有者来说价值均匀随机分布在 0 美元到 100 美元之间。你在操作控件方面要比他拿手得多，所以你确信它对你的价值比对卖家的大 80%。

如果你的出价超过了它对卖家的价值，那么他会把控件卖给你。但是你只有一次机会。应该出价多少？

简单的蛋糕切割

一个立方体形状的蛋糕在顶面和每个侧面上都涂了糖霜。你能将它切成三块，使得每块包含相同数量的蛋糕和相同数量的糖霜吗？

过河

在 8 世纪的欧洲，如果丈夫不在，其他男人出现在已婚妇女面前（即使是短暂的）也会被认为不合礼仪。这给希望过一条河的三对已婚夫妇带来了麻烦，唯一的过河工具是一艘最多可搭载两个人的小船。他们可以在不违反社会规范的情况下到河的另一边吗？如果可以的话，小船最少需要过河几次？

细菌繁殖

两个皮克索细菌细胞交配时会产生一个新的细胞。如果两个细胞的性别不同，则新的细胞将会是雌性，否则是雄性。当食物匮乏时，交配是随机的，并且交配双方会在新细胞出生时死亡。

由此可见，如果一直处于食物匮乏的环境下，一个皮克索细菌菌落最终

---

[1]读者需要知道扑克中手牌的大小依次是：(1) 同花顺（同花色连续五张，A 可以用作 1）。双方都有同花顺时比较顶张大小，其中 A 最大，下面依次是 K、Q、J、10、9、……、2；(2) 四条（四张大小相同）；(3) 葫芦（三张大小相同，另两张大小相同）。双方都有葫芦时比较三张的大小。——译者注

将缩减到只有一个细胞。如果该菌落最初有 10 个雄性细胞和 15 个雌性细胞，那么最后那个皮克素细菌为雌性的概率是多少？

田间的洒水器

在一大片田地里，洒水器位于正方形网格的各个顶点处。每一块土地都应该由三个最近的洒水器灌溉。每个洒水器覆盖的是什么形状？

一袋袋弹珠

你有 15 个袋子。为了使得各袋子中弹珠的数量两两不同，你需要多少颗弹珠？

有姐妹的人

平均而言，谁拥有更多的姐妹，男人还是女人？

点格棋的变体

假设你正在玩点格棋，但每个玩家都可以选择是否在获得一个格子后再走一步。假设棋盘上有奇数个格子（因此，必有一方会获胜）。证明：第一个获得格子的玩家具有获胜策略。[1]

公平竞争

抛一枚不公平的硬币如何来做 50-50 的决定？

涨薪

Wendy、Monica 和 Yancey 在 2020 年伊始被录用。

Wendy 领取周薪，每周 500 美元，每周加薪 5 美元；Monica 领取月薪，每月 2500 美元，每月加薪 50 美元；Yancey 领取年薪，每年 50000 美元，每年加薪 1500 美元。

谁将在 2030 年赚的钱最多？

---

[1] 点格棋 (Dots and Boxes) 或称"围地盘"是法国数学家 Édouard Lucas 在 1889 年推出的游戏。在一个方形点阵上，双方轮流画一条未画过的、连接相邻点的横边或竖边。在任何时候，一位玩家画出某个单位正方形的第四条边则称得到这个格子，并由这位玩家继续走下一步。最后拥有较多格子者获胜。——译者注

两个跑步者

两个跑步者在圆形跑道的同一地点同时出发，以不同速度恒速奔跑。如果他们朝相反方向前进，他们在一分钟后会合。如果他们朝着同一方向前进，他们将在一个小时后碰到。他们的速度比是多少？

损坏的 ATM 机

George 只有 500 美元，而且全都存在银行账户中。他急需现金，但现在只有一个损坏的 ATM 机，该机器只能处理 300 美元的提款和 198 美元的存款。George 可以从他的账户中取出多少现金？

多米诺骨牌任务

一个 8×8 的棋盘被 32 个 2×1 的多米诺骨牌以任意方式覆盖。一个新的正方形添加到棋盘的右侧，使第一行变成了 9 个格子。

你可以随时提走任何一个多米诺骨牌，并将它放回两个相邻的空格里。

你是否能在这个扩展的棋盘上重铺多米诺骨牌使得每一块的方向都是水平的？

矩阵中的大对

某个正方形矩阵的每一行中最大两个数的和都是 r；每列中最大两个数的和都是 c。证明：$r = c$。

第二个 A

从 52 张牌中随机抽取 5 张得到一手扑克牌。假设一手牌至少含有一个 A，那么它包含至少两个 A 的概率是多少？假设一手牌里有黑桃 A，它包含至少两个 A 的概率是多少？如果你两次得到的答案不同，那么：黑桃 A 究竟有什么特别之处？

最少的斜率

如果你在一个圆盘中随机取 n 个点，则它们两两之间产生 $n(n-1)/2$ 个不同斜率的概率为 1。假设你可以有选择地取 n 个点，只要没有任意三点共线，它们可以确定的不同斜率的数量最少是多少？

路口的三个土著

一位逻辑学家正在南海游历。正如谜题中的逻辑学家们通常会碰到的情况，她来到了一个岔路口，想知道面前的两条道路中哪一条通往村庄。这次出现的是三个爱搭话的土著，分别来自一个永远讲真话的部落，一个总是说谎的部落，和一个随机作答的部落。当然，逻辑学家不知道哪位来自哪个部落。此外，她只被允许问两个答案为"是"或"否"的问题，每个问题只能询问一个土著。她有办法获得所需的信息吗？如果她只能问一个答案为"是"或"否"的问题呢？

掷出所有数字

平均而言，在所有六个不同的数字都出现之前，你需要掷多少次骰子？

一致的单位距离

是否对任何正整数 n，平面上都有一个点集，其中的每个点与恰好 n 个其他点的距离为 1？

生活是一碗樱桃

在你和你的朋友 Amit 面前有 4 碗樱桃，碗中樱桃的颗数分别是 5、6、7 和 8。你和 Amit 将交替挑选一个碗并从中取一个或多个樱桃。如果你先挑，并且想确保拿到最后一颗樱桃，应该从哪个碗中拿多少樱桃呢？

寻找缺失的数

1 到 100 中的 99 个整数会以乱序读给你，每 10 秒读一个。你是个聪明人，但是只有正常的记忆力，且在此过程中没有任何记录信息的方法。你如何保证最后能确定哪个数没有被念到？

三方对决

Alice、Bob 和 Carol 安排了一次三方对决。Alice 的射术很差，平均只有 1/3 的概率能命中目标；Bob 比较好，有 2/3 的概率能击中目标；Carol 则总是能命中。

他们轮流射击, 首先是 Alice, 然后是 Bob, 然后是 Carol, 然后又是 Alice, 依此类推, 直到只剩下一个人。Alice 最佳的行动方案是什么?

分割六边形

有没有一个六边形可以被一条直线切成四个全等的三角形?

做最坏的打算

从单位区间 [0, 1] 中均匀随机地选择 n 个数。它们中最小数的期望值是多少?

围绕地球的带子

假设地球是一个完美球体, 紧贴赤道系一条带子。然后, 带子因为长度被增加了 1 米而变松了, 现在它各处和地面保持相同的距离。

带子下面是否有足够的空间可以塞进一张信用卡?

直到有一个男孩

某个国家通过了一项法令, 禁止任何家庭在生出男孩后再生其他孩子。因此, 一个家庭可能有一个男孩, 一个女孩和一个男孩, 五个女孩和一个男孩, 等等。这项法令将如何影响男女比例?

阁楼里的灯

阁楼上的一个老式白炽灯由楼下的三个开关之一控制, 但究竟是哪一个呢? 你的任务是对开关进行一些操作, 然后只跑一趟阁楼就确定出控制的开关。

高效的披萨切割

将一个圆形披萨沿直线切 10 刀, 可以得到的最大块数是多少?

第四个角

一个正方形的三个角上各有一个棋子。任何时候, 一个棋子都可以越过另一个棋子, 在另一侧相等距离处落下。被跳过的棋子不被移除。你能把一个棋子移到正方形的第四个角上吗?

切割项链

两名盗贼偷走了一条项链；项链由 10 颗红宝石和 14 颗粉红色钻石组成，并以某种方式串在一条环形金链子上。证明：他们可以把项链切成两段，使得每个小偷拿走其中一段时得到一半的红宝石和一半的钻石。

连续奇数个正面

平均要掷多少次硬币才能连续出现奇数个正面，而其之前和之后都是反面？

有限制的子集

从 1 到 30，你最多可以取多少个整数，使得没有两个数的乘积是一个完全平方数？如果把限制条件换成没有一个数可以整除另一个呢？或者，如果没有两个数有公因数（1 除外）呢？

旋转的开关

四个相同、未标记的开关串联一个灯泡。开关是简单的按钮，其状态无法识别，但可以通过按动来改变；它们被安装在一个可旋转正方形的四个角上。在任何时候，你都可以同时按下开关的任意组合，但是接下来对手会快速旋转这个正方形。是否有一种算法可以保证在有限次旋转内点亮灯泡？

桌上的手表

桌上摆放着五十块走时精确的手表和一颗小钻石。证明：存在一个时刻，从钻石到各个分针末端的距离之和超过从钻石到各个表中心的距离之和。

圆盘上的窃听器

联邦调查局的新成员 Elspeth 被派去用七个吸顶式麦克风窃听一个圆形房间。如果房间的直径为 40 英尺，这些窃听器应该被放置在哪里，以使从房间中任何一点到最近的窃听器的最大距离最小？

圆上的点

在圆周上随机取三个点，它们在同一段半圆上的概率是多少？

两种不同的距离

找到平面上所有四个点构成的形状，使得它们之间只出现两种不同的距离。（注意：这样的形状可能比你想象的要多！）

相同总和的子集

Amy 要求 Brad 从 1 到 100 之间选 10 个不同的整数，然后秘密地把它们写在一张纸上。现在，Amy 跟 Brad 说，她愿意用 100 美元对 1 美元赌他的数中有两个总和相等的不相交非空子集！她疯了吗？

比赛方和胜者

Tristan 和 Isolde 将面临通信极为受限的局面，届时 Tristan 将知道 16 支篮球队中的哪两支参加了比赛，而 Isolde 则将知道谁赢了。Tristan 和 Isolde 之间必须传递多少位信息才能使前者知道谁赢了？

意大利面条圈

50 条煮熟的意大利面条的 100 个末端随机配对并绑在一起。这个过程平均会产生多少个意大利面条圈？

更换高管座位

"妇女在行动"公司的高管们面向股东，在一张长桌旁坐成一排。不巧的是，根据会议组织者的表格，每个人都坐在错误的位子上。组织者可以说服两名高管更换座位，但前提是她们必须相邻且都没坐在正确的位子上。

组织者可以组织更换座位以使每个人都坐在正确座位上吗？

生活不是一碗樱桃吗？

在你和朋友 Amit 面前有 4 碗樱桃，碗中樱桃的颗数分别是 5、6、7 和 8。你和 Amit 将交替挑选一个碗并从中取一个或多个樱桃。如果你先挑，并且想确保 Amit 拿到最后一个樱桃，应该从哪个碗中拿多少樱桃呢？

摆正煎饼

伟大而挑剔的汤大厨的一位副手做了一叠煎饼，但是可惜，其中有些是上下颠倒的——也就是说，按照汤大厨的说法，它们最好的那一面没有朝上。副手想按以下方法解决该问题：他找到这叠煎饼中连续的一段（至少有一块煎饼），这段的顶部煎饼和底部煎饼都是颠倒的。然后，他取出这一段，将其作为一个整块上下翻转，并放回到整叠煎饼中原先的位置上。

证明：无论如何选择，这个过程最终都将使所有煎饼正确的那面朝上。

天上的馅饼

满月在天空中占多大比例？

测试鸵鸟蛋

为了准备一次广告宣传活动，"不会飞的鸵鸟养殖场"需要测试鸵鸟蛋的耐用性。根据国际标准，蛋的硬度由一个蛋从帝国大厦掉落而不破裂的最高楼层来评级。

养殖场的官方测试员 Oskar 意识到，如果只带一个蛋去纽约，他（可能）需要从帝国大厦 102 层的每一层（从第一层开始）把蛋扔下，方能确定等级。

如果他带上*两个蛋*，在最坏情况下需要扔多少次？

圆形阴影一

一个凸的实心物体在所有三个坐标平面上的投影都是圆盘。它必须是完美的球体吗？

下一张牌是红的

Paula 彻底地洗一副纸牌，然后从牌堆的顶部开始一张张将牌翻开。在任何时候，Victor 可以打断 Paula 并下注 1 美元，赌下一张牌是红色的。他只能下注一次；如果他从不打断，则认为他自动下注最后一张牌。

Victor 的最佳策略是什么？能比百分之五十的机会好多少？（假设一副牌中有 26 张红色和 26 张黑色。）

黑色星期五恐惧症患者请注意

与一周的其他几天相比，每月的 13 号更可能是星期五吗？或者只是*看起来*如此？

全体正确的帽子

如果能够赢得下面这场游戏，一百名囚徒将会获得自由。在黑暗中，每个人会根据一枚公平硬币的投掷结果被戴上红色或黑色的帽子。开灯后，每个人会看到其他人帽子的颜色，但看不到自己的；到那时候囚徒之间的任何交流都是不被允许的。

每个囚徒会被要求写下对自己帽子颜色的猜测；如果所有囚徒都猜对了，他们将被释放。

囚徒们有一次事先合谋的机会。你能为他们想出一个获胜概率最大的策略吗？

提升艺术价值

A 画廊的粉丝们喜欢说，去年当 A 画廊将"有金橘的静物"卖给 B 画廊后，两个画廊作品的平均价值都上升了。假设这个陈述正确，并且两个画廊总共持有的 400 幅画中每一件的价值都是整数（单位是美元），那么在出售前，A 画廊和 B 画廊作品之平均价值的最小可能差异是多少？

第一个奇数

字典中的第一个奇数是什么？更具体地说，假设从 1 到（比方说）10^{10} 的每个整数都用正式英语写下（例如，"two hundred eleven"，"one thousand forty-two"），忽略空格和连字符后按字典顺序列出。列表中的第一个奇数是什么？

格点和线段

在三维空间中，你可以取多少个格点（即有整数坐标的点），使得连接其中任何两个的线段上没有其他格点？

掰开巧克力

你有一块含 6 × 4 方格阵列的矩形巧克力，并且希望将它掰成一个个小方块。每一步你都可以拿起一块并沿着标记的竖线或横线将其折断。

例如，你可以掰三次，形成每行六格的四行，然后将每一行掰五次分解成小方块，从而用 3 + 4 × 5 = 23 步完成任务。

你能做得更好吗？

Williams 姐妹相遇

Venus Williams 和 Serena Williams 在锦标赛中相遇会让一些网球迷很激动。发生这种情况的概率通常取决于球员的种子排位及能力，所以让我们设计一个包含 64 名球手的理想淘汰赛，每名球员在任何一场比赛中获胜和失败的概率均等，并且均匀随机地分组。Williams 姐妹最终在比赛中相遇的概率是多少？

从总和猜牌

魔术师随意洗了一下牌，将其中五张面朝下递给你。她让你暗自从中任意选几张牌，并告诉她这些牌的总和（ J 为 11，Q 为 12，K 为 13 ）。你照做后魔术师能准确告诉你选的是哪几张牌，包括花色！

不久，你发现她的洗牌是有问题的——洗牌没有改变前五张，所以魔术师提前选出它们并且知道它们是什么。但是她仍须仔细挑选那些牌的大小（ 并记住每张的花色 ），以便她总能从总和推断出是哪几张牌。

总之，如果你想自己变这个魔术，则需要在 1 到 13 中找到五个不同整数，使得每个子集的和都不同。你能做到吗？

等待正面

如果你反复掷一枚公平的硬币，平均要等多少次才能看到连续的五次正面？

一半正确的帽子

如果能够赢得下面这场游戏，一百名囚徒将会获得自由。在黑暗中，每个人会根据一枚公平硬币的投掷结果被戴上红色或黑色的帽子。开灯后，每个人会看到其他人帽子的颜色，但看不到自己的；到那时候囚徒之间的任何交流都是不被允许的。

每个囚徒会被要求写下对自己帽子颜色的猜测；如果至少一半的囚徒猜对了，他们将被释放。

囚徒们有一次事先合谋的机会。你能为他们想出一个获胜概率最大的策略吗？

找到一张 J

在某些扑克游戏中，第一发牌者（从一副充分洗好的牌中）面向上发牌直到有某位玩家得到一张 J。此过程平均会发多少张牌？

用导火线测量

你手头有两根细长的导火线，每根都能燃烧 1 分钟，但它们不是沿着长度匀速燃烧的。即便如此，你能用它们来量出 45 秒的时间吗？

赛马评级

你有 25 匹马，可以进行 5 匹一组的比赛，但是由于没有秒表，只能观察赛马在比赛中的完成顺序。你需要多少次 5 匹马的比赛才能确定这 25 匹中速度最快的 3 匹？

排队的红帽子和黑帽子

这次有 n 名囚徒，每个人还是会根据一个公平硬币的投掷结果被戴上一顶红色或黑色的帽子。囚徒们要排成一队，这样每个囚徒只能看到他前面那些帽子的颜色。每个囚徒必须猜测自己帽子的颜色，如果猜错就将被处决；但是，猜测是从队尾到队首逐个进行的。这样，例如队中第 i 个囚徒可以看到第 $1, 2, \ldots, i-1$ 个囚徒的帽子颜色，并且会听到第 $n, n-1, \ldots, i+1$ 个囚徒的猜测（但他并不会被告知哪些猜测是正确的——处决是稍后进行的）。

囚徒们有一次事先合谋的机会，以保证有尽可能多的幸存者。在最坏情况下，有多少位囚徒可以活下来？

三根木棍

你有三根不能组成三角形的木棍；也就是说，一根的长度大于其他两根长度的总和。你把长木棍截去另两根长度之和的一段，这样又有了三根木棍。如果它们还不能组成三角形，你再把长木棍截去另两根长度之和的一段。

重复这个操作，直到它们可以组成三角形，或者长木棍彻底消失。

这个过程能一直持续下去吗？

立方体上的蜘蛛

三只蜘蛛试图捉住一只蚂蚁。蜘蛛和蚂蚁的活动范围都限制在一个立方体的棱上。每只蜘蛛最快的速度是蚂蚁最快速度的三分之一。蜘蛛们能捉住蚂蚁吗？

跳来跳去

一只青蛙在一排长长的睡莲叶之间跳来跳去；在每片叶子上，它会掷硬币决定是向前跳两片，还是向后跳一片。这排睡莲叶中被它跳到的占多大比例？

整除游戏

Alice 选一个大于 100 的整数并将其秘密写下来。Bob 则猜一个大于 1 的数 k；如果 k 整除 Alice 的数，则 Bob 获胜。否则，将 Alice 的数减去 k，Bob 再试一次，但不能用他用过的数。这样一直持续到 Bob 找到一个数可以整除 Alice 的数（此时 Bob 获胜），或者 Alice 的数变为 0 或负数（此时 Alice 获胜）。

Bob 在这个游戏中是否有必胜策略？

蛋糕上的蜡烛

这是 Joanna 的 18 岁生日，她的蛋糕呈圆柱形，在 18 英寸的圆周上插了 18 支蜡烛。两支蜡烛之间任何一条弧长（以英寸为单位）大于该弧上的蜡烛数（不包括两端的蜡烛）。

证明：Joanna 的蛋糕可以被切成 18 块相等的楔形，使得每块上都有一支蜡烛。

两个平方之和

平均而言，有多少种方法可以将正整数 n 写成两个平方数之和？换句话说，假设在 1 到一个大数之间随机取一个整数 n。满足 $n = i^2 + j^2$ 的有序整数对 (i, j) 的期望个数是多少？

最大距离对

X 是平面上的一个有限点集。假设 X 包含 n 个点，并且两两之间的最大距离为 d。证明：X 中最多有 n 对点的距离为 d。

比大小（一）

Paula 在两张纸条上各写一个整数。除了这两个数必须不同之外，没有其他限制。然后，她每只手攥一张纸条。

Victor 选一只手查看那张纸条上的数。此时 Victor 必须猜测这是两个数中较大还是较小的那个；如果猜对，他将赢得 1 美元，否则将输掉 1 美元。

显然，Victor 至少可以在游戏中不赔不赚，例如他可以通过掷硬币来决定猜"大"还是"小"，或者随机选择一只手并总是猜"大"。在对 Paula 的心理一无所知的情况下，他有办法做得更好吗？

比大小（二）

现在我们让事情变得对 Victor 更有利：两个数不再由 Paula 选择，而是从 [0, 1] 上的均匀分布中独立随机选取（标准随机数生成器的两个输出就可以）。

为了补偿 Paula，我们允许她看到这两个随机数并决定给 *Victor* 看哪一个。Victor 还是必须猜测他看到的数是两个数中较大还是较小的那个，赌注为 1 美元。他能比输赢各半做得更好吗？他和 Paula 最好的（即"均衡"）策略是什么？

国王的工资

锆石小国迎来民主，国王和其他 65 个公民每人的工资都是一锆币。国王不能投票，但有权提出改革议案——特别是，重新分配工资。每人的工资都是整数锆币，工资总和必须是 66。每个提案都要投票表决，如果赞成票多于反对票则予以通过。每个投票人如果涨薪则会投出赞成票，如果降薪则会投出反对票，否则不会投票。

国王既自私又聪明。他可以获得的最高工资是多少，为此他需要多少次投票？

加法、乘法和编组

42 个正整数（不必是不同的）写成一排。证明：你可以在它们之间放上加号、乘号和括号，以使所得表达式的值能被一百万整除。

另一张牌

Yola 和 Zela 想出了一个聪明的纸牌戏法。当 Yola 不在房间里时，观众会从一副桥牌中拿出五张交给 Zela。她看过后抽走一张，然后叫 Yola 进入房间。Yola 拿到剩下的四张牌，便可以正确猜出另一张牌是什么。

他们是怎么做到的？想明白后，计算出为成功表演这个戏法，他们使用的这副牌最多能有几张。

乒乓球比赛

Alice 和 Bob 进行乒乓球比赛，Bob 赢一个球的概率为 30%。他们一直打到有人得 21 分为止。预期的总得分大概是多少？

奇数个灯的开关

假设你用一组开关控制灯泡。每个开关改变一部分灯泡的状态，即把这部分灯泡中关着的点亮，亮着的关闭。你被告知，对于这些灯泡的任何一个非空集合，都有一个开关控制该子集中的奇数个灯泡（可能还控制其他灯泡）。

证明：无论灯泡的初始状态如何，你都可以用这些开关把所有灯泡关闭。

漆立方体

你是否可以用 10 种不同颜色漆 1000 个单位立方体，使得对 10 种颜色中的任何一种，这些小方块都可以组装成表面只有这种颜色的 $10 \times 10 \times 10$ 的立方体？

红点和蓝点

给定平面上没有三点共线的 n 个红点和 n 个蓝点，证明：红点和蓝点可以两两配对，使得它们之间的线段互不相交。

识别多数

一份长长的名单被念出，有些名字会出现多次。你的目标是最后得到一个在这个名单中出现次数超过一半以上的名字（如果存在这样的名字）。

但你只有一个计数器，外加在脑子里只能存下一个名字的能力。你能达成目标吗？

返回式击球

一个球从每个角都是直角的（但不一定是凸的）多边形台球桌的一个角射出；假设球桌的所有边都恰好是东西向或南北向。

起始角是凸的，即所在内角为 90°。每个角上都有袋口，如果球恰好碰到一个角就会落入袋中。否则球会完美反弹，且没有能量损失。

这个球能回到它出发的那个角吗？

两叠煎饼

两名饥饿的学生 Andrea 和 Bruce 坐在桌前,桌子上摆放了两叠煎饼,分别有 m 块和 n 块。每个学生须依次从较大那叠煎饼中吃掉较小那叠煎饼数量的非零倍数。当然,每叠煎饼的底部是受潮的,因此首先吃完某一叠的一方是输家。

对于什么样的数对 (m, n),(先吃的)Andrea 有必胜策略?

如果游戏的目标相反,先吃完一叠的是赢家呢?

被困在稠密国

稠密国(Thickland)是介于 Edwin Abbott 的平面国(Flatland)和我们的三维宇宙之间某处的一个世界,其居民集合由生活在两个平行平面之间的无穷多个全等凸多面体组成。直到最近,他们可以自由地从所在的平板离开,但从未想要这样做。然而现在,经历了迅速繁衍,他们开始考虑向其他平板移民。他们的大祭司担心人口已经如此拥挤,除非其他人先移动,否则稠密国中没有哪个居民可以离开。

这真的可能吗?

帽子与无穷

编号为 $1, 2, \ldots$ 的无穷多个囚徒每位都被戴上一顶红色或黑色帽子。在得到一个预先安排好的信号时,所有囚徒都会互相看到,这样每个人都可以看到所有其他狱友的帽子颜色,但不允许做任何交流。然后每个囚徒被带到一边,让他猜自己帽子的颜色。

如果只有有限多个人猜错,所有囚徒都将被释放。囚徒们有机会事先合谋。是否有一种策略能确保他们获得自由?

全对或全错

这次的情景相同,但目标却不同:所有猜测必须是全对或者全错的。有必胜策略吗?

磁性美元

将一百万个磁性"1 美元硬币"(Susan B. Anthony 银圆)以下列方式扔入两个瓮中:开始时每个瓮中放 1 个硬币,然后将剩余的 999998 个硬币逐个抛向空中。如果瓮一中有 x 个硬币,而瓮二中有 y 个,磁引力将使下一个硬币以 $x/(x + y)$ 的概率落入瓮一里,而以 $y/(x + y)$ 的概率落入瓮二里。

你愿意预付多少钱，来买那个最终硬币较少的瓮里的东西？

在机场系鞋带

你在奥黑尔国际机场走向登机口时需要系一下鞋带。前方是一条你打算利用的电动步道。为了尽量缩短到达登机口的时间，你应该现在停下来系鞋带，还是等到上了电动步道再系？

电子掷币的麻烦

你受聘担任仲裁员，要将一个不可分割的小部件以每位 1/3 的概率随机判给 Alice、Bob 或 Charlie 中的一位。幸运的是，你有一个带模拟拨盘的电子掷币装置，可输入任何所需的概率 p。然后按下按钮，设备将以概率 p 显示"正面"，其他显示"反面"。

天呐，你的设备显示"电量不足"，警告你只能设置一次概率 p，然后最多按 10 次按钮。你还能完成这项工作吗？

聚会上的握手

Nicholas 和 Alexandra 同另外 10 对夫妇一起参加酒会；那里的每个人都与他或她不认识的人握手。后来，Alexandra 向参加聚会的其他 21 人询问了他们与多少人握过手，每次都得到一个不同的答案。

Nicholas 与多少人握了手？

匹配面积和周长

找到所有面积和周长相等的整数边长矩形。

素数测试

$4^9 + 6^{10} + 3^{20}$ 是否碰巧是个素数？

丢失的登机牌

一百个人排队上一架满售的飞机，然而第一个人弄丢了自己的登机牌，于是随机挑选了一个座位坐下。随后的每位乘客在自己的座位还空着的情况下会坐到自己的座位，否则就随机坐一个空座位。

最后登机的乘客发现自己座位还空着的概率是多少？

棋盘上的旅鼠

在一个 $n \times n$ 棋盘的每个方格中有一个指向其八个邻居之一的箭头（如果是边上的正方形，则可能指向棋盘之外）。不过，相邻（包括对角相邻）的正方形中箭头方向相差不超过 45 度。

一只旅鼠从中心的某个方格开始，沿着箭头在方格间移动。它注定会掉到棋盘之外么？

装下斜杠

给定一个 5×5 的正方形网格，你可以在其中多少个方格里画上对角线（斜杠或者反斜杠），使得没有任何两条对角线碰到一起？

偷看的优势

你对一副充分洗好的牌下注 100 美元，赌顶上那张的颜色。你可以选择颜色；如果正确，你赢 100 美元，否则你输 100 美元。

偷看这副牌最底下那张会对你有多大帮助？偷看最底下的两张呢？

真正的平分

你能不能把 1 到 16 的整数划分为两个大小相等的集合，使得它们具有相同的总和、相同的平方和以及相同的立方和？

按高度排队

洋基队主教练 Casey Stengel 曾有一次叫球员们"按身高字母顺序排成一队"。假设有 26 位球员（其中没有两个球员身高完全相同）按姓氏的字母顺序排成一队。证明至少有 6 位球员也符合身高顺序（最高到最矮，或者最矮到最高）。[1]

土豆上的曲线

给定两个土豆，你能在每个土豆的表面各画一条闭合曲线，使得这两条曲线在三维空间中完全一样吗？

---

[1] 这是一个美国的知名笑话，主教练因为口误而下达了一个荒诞的命令，显然同时按身高和姓氏的字母顺序排队是无法做到的。——译者注

跌落的蚂蚁

二十四只蚂蚁被随机放在一米长的横杆上；每只蚂蚁面朝东或西的概率相同。在信号发出后，它们以 1 cm/s 的速度向前（即它们面朝的方向）走。当两只蚂蚁相撞时，它们会各自反转方向。多长时间后你才能确信所有蚂蚁都离开了杆子？

多边形中点

n 为一个奇整数，给定平面上 n 个不同点的序列。找到一个依次以给定点作为其各边中点的 n 边形（可能自相交）。

行和列

证明：如果对矩阵的每一行进行排序后，再对每一列进行排序，则每一行仍是排好序的！

金字塔上的虫子

四只虫子生活在一个三角形金字塔（正四面体）的四个顶点上。它们决定在正四面体的表面上散一会步。散步结束后，其中两只回到了家，但另外两只发现它们到了对方的顶点上。

证明：有一个瞬间，所有虫子位于同一平面上。

蛇形游戏

Joan 首先在一个 $n \times n$ 棋盘上标记一个方格；接着 Judy 标记一个与之水平或竖直相邻的方格。此后，Joan 和 Judy 继续交替，每人都标记一个与对手最后标记方格相邻的方格，从而在棋盘上构成一个蛇形。第一个无法标记的玩家输掉游戏。

对什么样的 n，Joan 有取胜策略？此时她应该从哪个方格开始？

三个负数

一个大小为 1000 的整数集具有以下性质：该集合中的每个元素都超过其余所有元素的和。证明该集合包含至少三个负数。

额头上的数字

有十个囚徒，每人额头上都涂了一个 0 到 9 之间的数字（例如，可以全都是 2）。在某个时刻，每个人会看到其他所有的人，然后被带到一边，猜他自己的数字。

为了避免被集体处决，至少一名囚徒必须猜对。囚徒们有机会事先合谋；请找到一个他们确保成功的方案。

偏差测试

你面前有两枚硬币；一枚是公平的硬币，另一枚更偏向正面。你试图区分它们，为此你可以掷两次硬币。你应该将每个硬币掷一次，还是把其中一个掷两次？

无重复字符串

是否有一个由拉丁字母组成的有限字符串，它没有一对相邻的相同子串，但在任一端添加任何一个字母都会产生一对？

三方选举

Alison、Bonnie 和 Clyde 竞选班长，结果是三者同分。为了打破这种局面，他们征求同学们的第二选择，但同样是三者同分。选举委员会陷入困局，直到 Alison 指出，由于投票人数是奇数，他们可以进行两两表决。因此，她建议同学们在 Bonnie 和 Clyde 之间选一个，然后获胜者将和 Alison 对决。

Bonnie 抗议说这样不公平，因为和其他两位候选人相比，这给 Alison 带来了更大的获胜机会。Bonnie 的说法正确么？

跳过一个数

在 2019 赛季开始时，美国女子篮球联盟的明星 Missy Overshoot 的职业生涯罚球命中率低于 80%，但到赛季末超过了 80%。这个赛季是否一定有一个时刻，她的罚球命中率恰好是 80%？

红边和黑边

George 在数学课上闲得无聊，在纸上画了一个正方形并把它分割成若干矩形（每条边都平行于正方形的某边）。他在黑笔墨水用完后换了一支红笔。画完后，他注意到每个矩形都至少有一条边全是红色的。

证明：George 所画红线总长度至少是大正方形的边长。

不间断的线

你能将下面的 16 个方块重新排列为 4×4 的正方形（不可旋转），使得大正方形的边界内没有间断的线么？

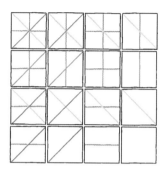

小青蛙

为了给小青蛙做跳跃练习，它的四位长辈站在一块方形田地的四个角上。当某位长辈呱呱叫时，小青蛙向那个角跳一半的距离。田地中有一小块圆形空地。无论小青蛙从这片田的哪里开始，长辈们总能让它跳到空地上吗？

排列数字

你有多少种方法可以将数字 0 到 9 写成一行，使得除最左边以外的每个数字都和其左侧的某个数字相差 1？

复原多项式

德尔斐的神祇构想了一个（以 x 为变量的）非负整系数多项式 p。你可以向神庙询问任何整数 x，神谕将会告诉你 p(x) 的值。

你需要进行多少次查询才能确定 p？

有缺陷的密码锁

一个密码锁有三个拨盘，每个拨盘上有数字 1 到 8。它的缺陷是，你只需要把两个拨盘拨到正确的数字就可以把它打开。为了确保打开这把锁，你最少需要尝试多少种（三个数的）组合？

囚徒和手套

有 100 个囚徒, 每人的额头上都写着一个不同的实数, 每人有一只黑手套和一只白手套。看到其他囚徒额头上的数之后, 每个囚徒必须给每只手戴一只手套, 当囚徒们按实数顺序排成一排并手拉手时, 要求握在一起的手套颜色相同。囚徒们可以事先合谋, 他们怎样才能确保成功?

加固网格

给你一个由单位长度木棍构成的 $n \times n$ 网格, 木棍的尾部相连。对这些小方格的某个子集 S, 你可以用 (长为 $\sqrt{2}$ 的) 木棍加固它们的对角线。

哪些 S 可以保证这个网格在平面上是刚性的?

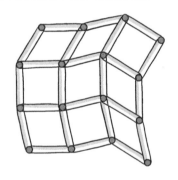

被子竞彩

你到教堂时, 彩票活动快要开奖了。奖品是一个你来说价值 100 美元的被子, 但他们只卖了 25 张彩票。每张彩票的价格是 1 美元, 你应该买几张彩票?

高的和宽的矩形

容易验证, 用一些 3×2 的矩形可以铺出一个 6×5 的矩形, 但前提是某些块横铺, 某些块竖铺。

证明：当大矩形是正方形时这种情况不会发生；也就是说，如果一个正方形由若干全等小矩形铺成，则它可以用相同矩形沿同一方向重铺而成。

守护画廊

某个博物馆房间的形状是一个非常不规则、非凸的 11 边形。在最坏的情况下，房间中需要设立多少个岗哨，才能确保房间的任一处都能至少被一个岗哨看到？

飞碟

Xylofon 星球派来一支飞碟舰队，到某幢被随机选中的房子里，要把里面的居民带回去放在 Xylofon 地物园里展览。现在，这幢房子里恰好有五男八女，他们将被按照随机的顺序一个个上传。

由于 Xylofon 人执行严格的性别隔离政策，一个飞碟不能同时载有两种性别的地球人。为此，它会把人传送上去，直到得到另一种性别的人为止，这时最后那个人会被送回，飞碟载着装好的东西出发。然后，另一个飞碟按照相同规则开始传送，依此类推。

最后一个被传送上来的人是女性的概率是多少？

递增的路线

在 Sporgesi 岛上，每个（从一个路口和下一个路口之间的）路段都有自己的名称。令 d 为每个路口汇集路段数量的平均值。证明：你可以在 Sporgesi 岛上驾车至少经过 d 个路段，并且沿途碰到的路段名称严格按字典序递增排序！

球面上的曲线

证明：如果单位球面上一条闭曲线的长度小于 2π，则它被包含在某个半球中。

有偏向的博彩

Alice 和 Bob 每人有 100 美元和一枚有偏差的硬币（出现正面的概率为 51%）。收到信号后，每人开始每分钟掷一次自己的硬币，并对每次结果和一家资金无限的庄家赌 1 美元（赔率是 1∶1）。Alice 押正面，Bob 押反面。已知两个人最终都破产了，谁更可能先破产？

现在假设 Alice 和 Bob 使用同一枚硬币，所以当一个人破产时，另一个人的资金将变为 200 美元。同样的问题：已知他们俩都破产了，谁更可能先破产？

升序和降序

给定正整数 n，如果一个从 1 到 n 的排列没有长度为 10 的递降子序列，则称它为"好的"排列。证明：最多有 81^n 个好的排列。

不间断的曲线

你能将下面的 16 个方块重新排列为 4×4 的正方形（不可旋转），使得大正方形的边界内没有间断的曲线么？

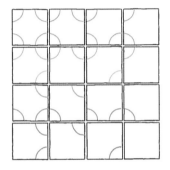

出点镇记

每个点镇（Dot-town）居民的额头上都有一个红点或蓝点，一旦他认为自己知道它的颜色，他就会立刻永久地离开小镇。每天居民们都要聚会；一天，一个陌生人来到镇上告诉他们一个——任何一个——关于蓝点数量的非平凡信息。证明：即使每个人都能看出陌生人是在胡说八道，点镇终将会变成一座空城。

摸袜子

你在抽屉里有 60 只红袜子和 40 只蓝袜子，你每次随机摸取一只袜子，直到一种颜色的袜子被全部摸出为止。抽屉里剩余袜子数量的期望值是多少？

穿过小区的路径

在一个特定的蜂窝电话网络中，每个小区被分配频率时，没有两个相邻小区使用同一频率。证明：（在满足条件的情况下）如果使用的频率数量已经是最少的，那么可以设计一条路径，每次从一个小区移动到相邻小区，并且按频率升序的次序，每个频率恰好只访问一次！

多面体涂色

设 P 是一个有红绿两种面的多面体，每个红面都被绿面包围，但是红面总面积超过绿面总面积。证明：你无法在 P 中内切一个球。

Whim 版 Nim

你和一个朋友厌烦了普通版或 Misère 版的 Nim 游戏，决定玩一个变种：在任何时候，任何一位选手都可以声明玩"Nim"或"Misère"，而不是拿掉筹码。这在一局游戏中最多只能发生一次，当然，随后游戏按照被声明的版本正常进行。（在未作声明的游戏中，将剩下筹码全部拿掉会输掉游戏，因为这时你的对手可以声明"Nim"作为其最后一步。）

这款游戏被其发明者（最近过世的 John Horton Conway）称为"Whim"。它的正确策略是什么？[1]

平面上的细菌

假想世界始于无限平面网格原点处的一个细菌。当分裂时，它的两个后继者一个向北移动一个顶点，一个向东移动一个顶点，这样就有了两个细菌，分别在 $(0, 1)$ 和 $(1, 0)$ 处。细菌继续分裂，每次两个后继者分别向北和向东移动一格，前提是那两个位置均未被占用。

证明：无论这个过程持续多久，在以原点为中心、3 为半径的圆内总会有细菌。

乱放的多米诺骨牌

最少能在国际象棋棋盘上放多少个多米诺骨牌（每个占据两个相邻格子），使得再也放不下别的多米诺骨牌？

圆上的蚂蚁

二十四只蚂蚁被随机放在一米长的圆形轨道上；每只蚂蚁面向顺时针或逆时针方向的概率相同。在信号发出后，它们以 1 cm/s 的速度前进；当两只蚂蚁相撞时，它们会各自反转方向。100 s 后，每只蚂蚁恰好在它出发位置的概率是多少？

---

[1]Nim 游戏的这两个版本分别在谜题"生活是一碗樱桃"和"生活不是一碗樱桃吗？"中。你如果不知道 Nim 的规则，可以先完成那两个谜题并阅读它们的解答。——译者注

中国版 Nim

桌上有两堆豆子。Alex 必须从一堆中取出一些豆子，或者从每堆中取出相同数量的豆子；然后 Beth 做同样的事情。他们这样交替进行，直到某人拿走最后一颗豆子从而赢得游戏。

这个游戏的正确策略是什么？例如，如果两堆豆子的大小分别为 12000 和 20000，Alex 应该怎么办？如果是 12000 和 19000 呢？

不要烤焦的布朗尼

当你烤一锅布朗尼蛋糕时，有一边贴着锅边的蛋糕通常会被烤焦。例如，在一个方形锅中烘烤 16 个方形布朗尼时，有 12 个容易被烤焦。设计一个平底锅，使其恰好可以烤 16 块形状相同的布朗尼，其中被烤焦的块数越少越好。你能把烤焦的布朗尼减少到四个吗？厉害了！那么三个呢？

直线的双重覆盖

令 $\mathscr{L}_\theta$ 为平面上与水平线成 θ 角的所有直线的集合。如果 θ 和 θ' 是两个不同的角度，则集合 $\mathscr{L}_\theta$ 和 $\mathscr{L}_{\theta'}$ 的并集构成一个平面的双重覆盖，即每个点恰好属于两条线。

还有其他方式么？也就是说，你能否用一个直线集合（其中的直线有两个以上不同的方向）恰好覆盖平面上的每个点两次？

整数矩形

平面上的一个矩形被划分为若干个小矩形，每个小矩形的高或宽至少有一个是整数。证明大矩形本身也有这个性质。

输掉掷骰游戏

在拉斯维加斯，你碰到如下游戏。掷出六个骰子，并统计出现的不同数字的数量。显然，这个数量可以是 1 到 6 之间的任何数字，但得到各数字的可能性是不同的。

如果得到的是数字 "4"，你赢 1 美元，否则你输 1 美元。你喜欢这个游戏，并计划一直玩下去，直到输光你带来的 100 美元。

按照每局一分钟的速度，你平均需要多长时间才会输光？

偶数和台球

你从一个装有标号为 1 到 9 的九个台球的瓮里拿 10 次球。(当然每次要放回!) 你拿到的球标号之和为偶数的概率是多少?

争夺程序员

硅谷的两家初创公司正在争夺程序员。他们隔日轮流招聘,每家公司一开始可以聘用任何人,但随后聘用的每个人必须是某个已聘雇员的朋友——除非不存在这样的人,这时公司可以再次聘用任何人。

在所有候选人中有 10 名天才;自然,每家公司都希望得到尽可能多的天才。有没有可能出现这种情况:先招聘的公司无法阻止其竞争对手聘到 9 名天才?

赛程强度

大学橄榄球“十二大联盟”的 10 支球队将在新赛季捉对厮杀,最后有一支球队将成为联盟冠军。比赛没有平局,每支球队每击败一个对手将获得一分。

假设为应付平分局面,联盟组委会的一位成员建议为每支球队额外计算一个“赛程强度”分数,为该队所击败球队的分数之和。

另一位成员问:“要是所有参赛队得到相同的赛程强度分数怎么办?”

啊,真的吗?这种情况会发生吗?

储物柜门

在欧几里得初中的主廊里,标号为 1 到 100 的储物柜排成一排。第一个学生抵达后打开了所有储物柜。第二个学生经过时重新关闭了第 2、4、6、…号储物柜;第三个学生改变了编号为 3 的倍数的储物柜状态,下一个则是编号为 4 的倍数,照此类推,直到最后一个学生只打开或关闭第 100 号储物柜。

这 100 名学生通过后,哪些储物柜是开着的?

汽油危机

在一次汽油危机期间,你需要驾车进行一次长途环形旅行。调查结果表明,沿途加油站的所有汽油刚好只够绕行一圈。假设油箱是空的,但你可以选一个加油站出发,你能顺时针绕一圈吗?

操场上的士兵

操场上有奇数个士兵。没有两个士兵与其他两个士兵之间的距离完全相同。指挥官在广播里命令每个士兵关注他最近的邻居。

是否有可能每个士兵都受到了关注？

主场优势

每年，埃尔克顿先锋队和林蒂库姆后浪队会在一个棒球系列赛中对垒，首先赢得四场比赛的队为胜方。双方势均力敌，但每支球队都会有一个微弱的主场优势（比如 51% 的获胜机会）。

每年，前三场比赛在埃尔克顿举行，其余比赛在林蒂库姆举行。

哪支球队更有优势？

0 和 1

证明：每个正整数都有一个非零倍数，其十进制表示只包含 0 和 1。更巧的是，如果你的电话号码以 1、3、7 或 9 结尾，它会有一个倍数，其十进制表示中全都是 1！

随机交集

两个单位球在相交的前提下随机放置。它们相交部分体积的期望是多少？它们相交部分表面积的期望又是多少？

利润与亏损

在部件工业公司最近的股东大会上，首席财务官展示了自上次会议以来逐月的利润（或亏损）图表。她说："请注意，在每段连续八个月的时间里我们都在盈利。"

一位股东抱怨说："也许是吧，但我发现在每段连续五个月的时间里我们都在亏损。"

自上次会议以来，最多过去了几个月？

封住检查井

一个敞开的检查井直径为 4 米，必须用总宽度为 w 米的木板将其封上。每块木板的长度都超过 4 米，因此当 $w \geqslant 4$ 时，显然你可以并排放置木板来盖住井口（见下图）。如果 w 只有 3.9 米，看上去木块的面积还是足够的，并且你想的话允许封条之间有重叠，你还能盖住井口吗？

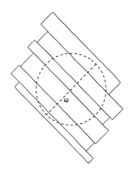

半平面上的棋子

在 XY 平面中，X 轴及其下方的每个格点都有一枚棋子。在任何时候，一枚棋子可以（沿水平、垂直或对角线方向）跳过一枚相邻棋子，跳到另一侧的下一个格点处，前提是该点未被占据。然后，拿走被跳过的棋子。

你能把一枚棋子移到 X 轴上方的任意高度么？

牢不可破的多米诺覆盖

如下图所示，一个 6×5 的矩形可以被 2×1 的多米诺骨牌覆盖，使得多米诺骨牌之间没有任何直线可以贯穿整个矩形。你能对 6×6 的正方形做同样的覆盖吗？

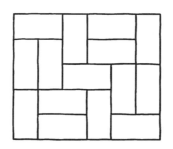

翻转骰子

在转骰子游戏中，一个骰子被掷出，出现的数字被记下。然后，第一个玩家将骰子翻转 90 度（她有四个选择），新的值被加到原先的值上。第二个玩家做同样的事情，两个玩家交替进行，直到总和等于或大于 21。如果总和正好是 21，则达到这个数的玩家获胜；否则，使总和超出的玩家输掉。

你想成为先手还是后手？

保护雕像

在佛罗伦萨,米开朗基罗的大卫雕像(在平面上)受到激光束的保护,没有人能在不碰到光束的情况下接近雕像或任何激光源。

做到这一点最少需要多少光束?(假定光束的可达长度是 100 米。)

疯狂的猜测

David 和 Carolyn 是数学家,他们不惧怕无限,并在需要时乐于搬出选择公理。他们玩以下的由两步构成的游戏。在 Carolyn 那一步,她选择一个无限的实数序列,并将每个数放在一个不透明的盒子里。David 可以打开任意数量(哪怕是无限多)的盒子,但必须留下一个盒子不打开。为了获胜,他必须准确猜出那个盒子里的实数。

你会赌谁在这场游戏中获胜,Carolyn 还是 David?

激光枪

你发现自己站在一个很大的、墙壁都是镜子的长方形房间里。你的敌人站在房间里的另一点,手中挥舞着激光枪。你和她是房间里的两个定点;你唯一的防御手段是召唤保镖(也是点)并将其安置在房间里,替你吸收激光束。你需要多少个保镖才能阻挡敌人所有可能的射击?

分堆

你的工作是将一堆 n 个物品分成单个。任何时候,你都可以将一堆分成两堆,并获得相当于两堆大小乘积的报酬。

例如,对 $n = 8$,你可以分为 5 个一堆和 3 个一堆,并获得 15 美元的报酬;5 可以分为 2 和 3,你又拿到 6 美元。再分两个 3(每堆获得 2 美元)和剩下的三个 2(每堆获得 1 美元),则总收入为 $15 + 6 + (2 \times 2) + (3 \times 1) = 28$ 美元。

对 n 个物品,你最多能获得多少钱?怎样做?

变色龙

一群变色龙目前有 20 条红的、18 条蓝的和 16 条绿的。当两条不同颜色的变色龙相遇时,它们都会变为第三种颜色。一段时间后,所有变色龙是否可能变成相同颜色?

哈德逊底部的电缆

50 条相同的电线穿过哈德逊河下的一条隧道，它们看起来一模一样，你需要确定末端的哪根电线是同一根。为此，你可以在隧道一端将电线一对对地连在一起，并在另一端一对对地进行闭路测试。换句话说，你可以确定两条电线在另一端是否被连在一起。

为了完成任务，你需要穿越哈德逊河多少次？

两个循环赛

游戏俱乐部的 20 名成员在星期一进行了跳棋循环赛，在星期二又进行了国际象棋循环赛。在每个比赛中，一名选手每击败一名对手得 1 分，打平一局得 0.5 分。

假设每位选手在两个比赛中的得分至少相差 10 分。证明：事实上，这些分差恰好都是 10 分。

阶乘巧合

假设 a、b、c 和 d 是正整数，它们两两不同且都大于 1。$a!^b = c!^d$ 可能成立吗？

巴士上的对话

Ephraim 和 Fatima 是佐恩大学数学系的同事，她们一起乘巴士去学校。

Ephraim 为谈话开了头："Fatima，你的孩子们怎么样了？他们现在都几岁了？"

Fatima 一边将巴士司机找的 1 美元放进钱包里，一边说道："事实上，他们年龄的总和就是这辆巴士的号码，而乘积恰好是现在我钱包里的美金数。"

"啊哈！"Ephraim 答道，"所以，如果我记得你有几个孩子，并且你告诉我你带了多少钱，我就能推断出他们的年龄吧？"

"并非如此。"Fatima 说。

Ephraim 说："那样的话，我知道你的钱包里有多少钱了。"

巴士的号码是多少？

桌上的硬币

一张矩形桌子上放着 100 枚 25 美分硬币，再放入任何一枚都会有重叠。（我们允许硬币伸出桌沿，只要它的中心在桌子上。）

证明：你可以重新开始，用 400 枚 25 美分硬币覆盖整张桌子！（这次我们允许硬币重叠和伸出桌沿）。

草率的轮盘赌

Elwyn 在拉斯维加斯庆祝自己的 21 岁生日，他的女友送给他 21 张 5 美元纸币用来赌博。他闲逛到轮盘赌桌前，注意到轮盘上有 38 个数字（0、00 以及 1 到 36）。如果他在一个数字上下注 1 美元，则他将以 1/38 的概率获胜，并获得 36 美元（他下注的 1 美元仍然归庄家所有）。当然，出现其他情况，他只输掉 1 美元。

Elwyn 决定用他的 105 美元在数字 21 上下注 105 次。他赢钱的概率大概是多少？好于 10% 么？

烘焙店的标准

一位面包师有一打（13 个）硬面包圈，其中的任何 12 个都可以分成两堆，每堆 6 个，放到天平两端，左右完美平衡。假设每个硬面包圈的重量为整数克。所有硬面包圈都要一样重吗？

三维空间中的平板

一个"平板"是三维空间中两个平行平面之间的区域。证明：你不能用一组厚度总和有限的平板覆盖整个三维空间。

正方形里的棋子

假设在一个平面网格中有 n^2 个棋子，每个棋子占据 $n \times n$ 方形的一个顶点。棋子只能沿水平或竖直方向跳过一枚相邻棋子，跳到另一侧未被占据的顶点处；然后，拿走被跳过的棋子。我们的目标是将 n^2 个棋子减少到只剩一个。

证明：如果 n 是 3 的倍数，这不可能办到！

装满一只桶

你面前有 12 个两加仑的桶和 1 个一加仑的瓢。在每一步，你可以将瓢装满水，按照个人意愿将水分配给各只桶。

但是，每次你这样做之后，你的对手都会选两只水桶清空。

如果你能使其中一只桶溢出，那么你将获胜。你能确保获胜吗？如果可以，你需要多少步？

网格上的多边形

在坐标平面上绘制一个凸多边形，它的所有顶点都在整数点上，但没有边平行于 x 轴或 y 轴。令 h 为在整数高度处的水平线和多边形内部相交的线段长度之和，而 v 为等同的竖直线段的长度之和。证明：$h = v$。

绝望的游戏

在一张纸上有 n 个空方框排成一排。Tristan 和 Isolde 轮流在一个空着的方框中写上 "S" 或 "O"。获胜者是在连续方框中形成 "SOS" 的那一方。对什么样的 n，后手（Isolde）有必胜策略？

粘贴金字塔

所有棱均为单位长度的正四棱锥和正四面体，通过匹配的两个三角形粘贴在一起。

生成的多面体有几个面？

指数叠指数

第一部分：如果 $x^{x^{x^{\cdot^{\cdot^{\cdot}}}}} = 2$，$x$ 是多少？

第二部分：如果 $x^{x^{x^{\cdot^{\cdot^{\cdot}}}}} = 4$，$x$ 是多少？

第三部分：如果第一部分和第二部分得到相同的答案，你怎么解释？

随机区间

对数轴上的点 $1, 2, \ldots, 1000$ 进行随机配对，形成 500 个区间的端点。在这些区间中，有一个与其他所有区间相交的概率是多少？

西北偏北

如果你从未看过阿尔弗雷德·希区柯克 1959 年的著名电影《西北偏北》，你应该去看一下。可是，那到底是什么方向呢？假设北是 0°，东是 90°，等等。

缺席的数字

2^{29} 是一个各位数字都不相同的 9 位数。哪个数字不在里面呢？

一排硬币

桌子上有一排 50 个不同面值的硬币。Alix 从硬币的一端拿起一枚放进她的口袋；然后 Bert 从（剩余）硬币的一端选择一枚，如此交替，直到 Bert 将最后一枚硬币放入口袋。

证明：Alix 有办法保证她拿到的钱至少和 Bert 的一样多。

四条线上的虫子

在平面上有四条一般位置（没有两条平行，没有三条交于一点）的直线。在每条直线上，一只幽灵虫以匀速爬行（每只虫的速度可能不同）。作为幽灵，如果两只虫子恰巧在路上碰到，它们会相安无事地穿过对方继续爬行。

假设六次可能的碰面中有五次真的发生了。证明：第六次也发生了。

一年级分组

上课的第一天，Feldman 小姐将她的一年级班分为 k 个学习小组。第二天，她以不同的方式分组，这次得到了 $k+1$ 个小组。

证明：至少有两个孩子，他们第二天所在的小组比第一天的小。

确定性扑克

出于对运气时好时坏不满，Alice 和 Bob 选择玩完全确定性的抓牌扑克。一副纸牌面朝上散在桌面上。Alice 抓五张牌，然后 Bob 抓五张。Alice 垫出任意数量的牌（垫出的牌将不能再用）后，会补充相同数量的其他牌；然后 Bob 也一样。进行所有动作时，对手都能看到牌面。拥有更好的一手牌的玩家获胜；因为 Alice 是先手，如果两家最后的牌一样强，则 Bob 获胜。采用最佳玩法时，谁会获胜？[1]

---

[1]关于读者需要知道的扑克规则，可以见谜题扑克速成的译注，或者本题解答的第一部分。——译者注

摇摇欲坠的画

　　你希望用系在画框上两点的绳子来挂一幅画。通常，你会将绳子挂在两颗钉子上，把画挂起来（如下图所示），当其中一颗钉子脱落，这幅画仍会挂在另一颗钉子上（尽管有点歪）。

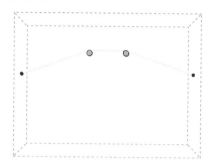

　　你能这样挂画么：如果任何一颗钉子脱落，画都会掉下来？

寻找机器人

　　在时间 $t = 0$ 时，一个机器人被放在三维空间中的某个未知格点上。每分钟，机器人都会沿着一个未知的固定方向移动一个未知的固定距离，到达一个新的格点。每分钟，你都可以探测空间中的任何一个点。设计一个算法，可以确保在有限时间内找到机器人。

早到的通勤者

　　一个通勤者提前一个小时到达她家的车站，然后步行回家，直到遇上按正常时间开车来接她的丈夫。结果她比平常早 20 分钟到家。她走了多久？

拐角的减法

　　一张纸上写着一个由 n 个正数组成的序列。在一次"操作"中，根据以下规则，一个新序列写在旧序列的下方：每个数与其后继之差的绝对值写在该数下方；第一个数与最后一个数之差的绝对值写在最后一个数下方。例如，序列 4 13 9 6 的下方是 9 4 3 2。

　　对 $n = 4$ 使用例如 1 到 100 之间的随机数进行测试。你会发现，经过极少次的操作，该序列就会退化为 0 0 0 0，当然之后它就不变了。这是为什么？$n = 5$ 也是如此吗？

平方根的幂

　　$(\sqrt{2} + \sqrt{3})$ 的十亿次方小数点后的第一个数字是什么？

一个迷人的游戏

你有机会在 1 到 6 之间的一个数字上下注 1 美元。然后三个骰子被掷出。如果你的数字没有出现，你输掉你的 1 美元。如果它出现一、二和三次，你相应赢得 1、2 和 3 美元。

这个赌局对你有利、公平还是不利？有办法不用笔和纸（或计算机）就能确定答案吗？

圆形阴影二

证明：如果一个实心物体在两个平面上的投影都是完美的圆盘，则这两个投影的半径相同。

寻找矩形

证明：一个正 400 边形的任何平行四边形平铺中都必定包含至少 100 个矩形。

平面上的 8

平面上可以画多少个不相交的拓扑"图形 8"？

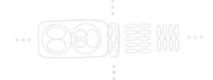

交替连接

圆上有 100 个点。Alice 和 Bob 轮流用一条线连接点对，直到每个点至少有一个连接。最后一个连线的一方获胜；哪个玩家有必胜策略？

平铺多边形

"菱形"是具有四条相等边的四边形。如果无法平移（无旋转地移动）一个菱形使之与另一个重合，则认为两个菱形是不同的。给定一个正 100 边形，你可以取任意两条不平行的边，每条边复制两份，并将它们平移形成一个菱形。以这种方式你可以得到 $\binom{50}{2}$ 个不同的菱形。你可以使用这些菱形的平移副本平铺你的 100 边形；证明：如果这样做，你将使用每个不同的菱形恰好一次！

旋花和忍冬

两种藤本植物——一株旋花和一株忍冬——爬上树干，在同一处开始也在同一处结束。旋花逆时针绕了树干三圈，忍冬顺时针绕了树干五圈。不算顶部和底部，它们交叉多少次？

联结闭环

你能否将下面的 16 个方块重新排列（不许旋转）为 4 × 4 的正方形，使得所有曲线形成一个闭环？假定从底部出去的线在顶部的同一点处延续，从右到左也类似；换句话说，想象这个正方形被卷成一个甜甜圈。

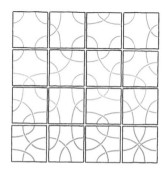

分割多边形

多边形内的一根弦是一条直线段，它只在端点处碰到多边形的边界。

证明：每个多边形（不管是不是凸的）都有一根弦，它将多边形分成两个区域，每个区域的面积至少为多边形面积的 1/3。

山里有两个和尚

还记得周一爬上富士山、周二下山的那个和尚吗？这一次，他和另一个和尚在同一天爬山，出发的时间和高度相同，但走的路线不同。通往山顶的路起起伏伏（但从未低于起始高度）；请证明：他们可以改变速度（有时向后走），使得他们在一天中的每个时刻都处于同一高度！

另类骰子

你能设计两个不同的骰子，使它们的和像一对普通骰子一样吗？也就是说，必须有两种方式掷出 3、六种方式掷出 7、一种方式掷出 12，等等。每个骰子必须具有 6 个面,且每个面必须标上一个正整数。

均分

证明:从每个大小为 2n 的整数集合中,都可以选出一个大小为 n 的子集,使其元素和能被 n 整除。

椰子经典

五个人和一只猴子被困在一个岛上,他们收集了一堆椰子,准备第二天早上平分。然而,到了晚上,其中一个人决定现在就拿走他的那一份。他把一个椰子扔给猴子,然后拿走剩余椰子的恰好 1/5。随后来了第二个人,也做了同样的事,然后是第三、第四和第五个人。

第二天早上,这些人一起醒来,又给猴子扔了一个椰子,然后将其余的平分。要使这一切成为可能,一开始最少要有多少个椰子?

感染棋盘

一种传染病在一个 $n \times n$ 棋盘的方格间以如下方式传播:如果一个方格有两个或两个以上的邻居被感染,那么它也会被感染。(邻居只在正交方向上,因此每个方格最多有四个邻居。)

例如,假设一开始主对角线上的所有 n 个方格被感染。于是,传染病会传染相邻斜线,最终感染整个棋盘。

证明:如果一开始被感染的方格少于 n 个,那么不能感染整个棋盘。

交错幂

由于序列 $1 - 1 + 1 - 1 + 1 - \cdots$ 不收敛,函数 $f(x) = x - x^2 + x^4 - x^8 + x^{16} - x^{32} + \cdots$ 在 $x = 1$ 处没有意义。不过,对任意正实数 $x < 1$,$f(x)$ 收敛。如果我们想赋予 $f(1)$ 一个值,令其等于当 x 从下方趋近 1 时 $f(x)$ 的极限,这可能是有意义的。这个极限存在吗?如果存在,它是什么?

发球选项

你将参加一场简短的网球比赛,第一个赢得四局的球员获胜。你先发球。不过关于双方的发球顺序有下面这些选项:

1. 标准方式:交替发球(你、她、你、她、你、她、你)。

2. 排球风格:上一局的胜者在下一局发球。

3. 反排球风格:上一局的胜者在下一局接球。

你应该选择哪个选项? 你可以假设发球对你有利。你还可以假设任何一局的结果都与比赛时间和先前任一局的结果无关。

Conway 的固定器

三张牌（分别是 A、2、3）面朝上放在桌上三个标记好的位置（记为"左"、"中"、"右"）的某些位置上。如果它们都在同一位置，你只能看到顶部那张牌；如果它们处于两个位置，你只能看到两张牌，并且不知道哪一张下面藏着第三张。

你的目标是让牌都堆到左边那个位置，并且从上到下依次是 A、2、3。为此，每次你把一张牌从一堆的顶部移到另一堆（可能是空的）的顶部。

问题在于，你没有短期记忆，所以必须设计一种算法，让每一步完全取决于你所看到的，而不是基于你先前看到或做了什么，或者已移动了多少次。当你成功时，会有人通知你。你能否设计一种算法，无论初始状态如何，都可以在一个确定的步数之内达成目标?

同和骰子

你掷一组 n 个红色的 n 面骰子和一组 n 个黑色的 n 面骰子。每个骰子的各面都用 1 到 n 标号。证明：总是会有一个红色骰子的非空子集和一个黑色骰子的非空子集，它们朝上的面标号总和相同。

匹配硬币

Sonny 和 Cher 在玩下面的游戏。每一轮次都会掷一枚公平的硬币。在掷硬币之前，Sonny 和 Cher 同时宣布他们的猜测结果。如果双方都猜对了，他们将赢得这一轮次。当游戏进行很多轮次时，目标是最大化获胜轮次的比例。

到目前为止，答案显然是 50%：Sonny 和 Cher 说好一个猜测序列（例如他们始终说"正面"），他们不能做得更好了。然而，游戏开始前玩家被告知，在第一次抛掷之前，Cher 将提前获得所有硬币抛掷的结果！现在她有机会与Sonny 讨论策略，而一旦她获得了硬币抛掷的信息，就没有机会进行合谋了。Sonny 和 Cher 如何确保在 10 次抛掷中至少赢得 6 次?

（如果这对你来说太简单，说明他们如何确保在 9 次抛掷中至少赢得 6次!）

赌下一张牌

从一副完全洗好的牌的顶部开始，一张张地翻开。你从 1 美元开始，并且可以在每张翻开前，用当前资金的任意一部分投注下一张牌的颜色。无论目前牌的构成如何，你都将获得对等赔率。这样，例如你可以拒绝下注直到最后一张牌，你当然会知道它的颜色，然后下注所有资金，并确保带着 2 美元回家。

有什么办法可以保证结束时，你的钱比 2 美元多吗？如果有的话，你可以确保自己赢的最大金额是多少？

分数求和

Gail 让 Henry 想一个介于 10 到 100 之间的整数 n，但不告诉她是什么。现在，她告诉 Henry 找到所有互质的（无序）整数对 j, k，它们都小于 n，但加起来大于 n。他现在把所有分数 $1/jk$ 相加。

啊哈！最后，Gail 告诉了 Henry，他的这个和是多少。她是怎么做到的？

盒子里的盒子

假设邮寄一个长方体盒子的费用按照它的长宽高之和计算。是否有可能把你的盒子装进一个更便宜的盒子里来省钱？

有选项的帽子

一百个囚徒被告知，在伸手不见五指的午夜，每个囚徒都将按照一枚公平硬币的抛掷结果被戴上一顶红色或黑色的帽子。囚徒将围成一圈，这使得开灯后，每个囚徒都能看到其他囚徒的帽子颜色。一旦灯亮起，囚徒就没有机会互相发信号或以任何方式交流了。

然后，每个囚徒被拉到一边，他可以选择猜自己的帽子是红色还是黑色，但是他也可以选择弃权。如果 (1) 至少有一个囚徒选择猜测自己帽子的颜色，并且 (2) 每个选择猜测的囚徒都猜对，那么所有囚徒将全部获释。

像往常一样，囚徒们有机会在游戏开始前制定策略。他们能否取得超过 50% 的成功率？

易受影响的思想家

扑腾镇（Floptown）的市民每周开会讨论城邦政策，特别是关于是否支持在市中心新建购物商场。在会议期间，每位市民都与他的朋友们交谈（出于某种原因，每位的朋友数总是奇数），并在第二天（如果需要的话）改变他对购物中心的看法, 以符合他的大多数朋友的观点。

证明: 最终, 他们*每隔一周*持有的观点是相同的。

一个灯泡的房间

n 名囚徒中的每个人会被单独送到某个特定房间 (无穷多次), 但顺序由监狱长随意确定。囚徒有机会事先合谋, 但是一旦开始进入房间, 他们唯一的交流手段是打开或关闭房间中的一盏灯。请帮助他们设计一个协议, 以确保某个囚徒最终能推断出每个人都来过这个房间。

球面和四边形

空间中的一个四边形的所有边都与一个球面相切。证明: 四个切点在同一平面上。

用实数诈唬

考虑下面这个简单的诈唬游戏。Louise 和 Jeremy 每人下注 1 美元, 每人得到一个介于 0 和 1 之间的保密的随机实数。Louise 可以决定不叫牌, 这样 2 美元的赌注归持有更大数的玩家所有。但是, 如果 Louise 愿意, 她可以加注 1 美元。Jeremy 可以再加注 1 美元来 "跟注", 现在底池中已有 4 美元, 还是归持有更大数的玩家所有。或者, Jeremy 可以弃牌, 将包括他的 1 美元的底池让给 Louise。

当然, Louise 在这场比赛中占有优势, 或至少不落下风, 因为她可以通过始终不叫牌而不赚不赔。这个游戏对她来说值多少钱? 两位玩家的均衡策略是什么?

十字形平铺

你能用 5 个方格组成的十字形铺满平面吗? 你能用 7 个方块组成的十字体铺满三维空间吗?

平面上的 Y

证明: 在平面上只能画出可数个不相交的 Y。

感染立方体

一种传染病在一个 $n \times n \times n$ 立方体的 n^3 个单位立方体间以如下方式传播: 如果一个单位立方体有三个或三个以上的邻居被感染, 那么它也会被感染。(邻居只在正交方向上, 因此每个单位立方体最多有六个邻居。)

证明：你能够从仅仅 n^2 个被感染的单位立方体开始将病毒传遍整个大立方体。

最差路线

一位邮递员要在一条很长的街道上给如下地址送货：2、3、5、7、11、13、17 和 19。任意两间房子之间的距离都与它们的地址之差成正比。

为了使行走距离最短，邮递员当然应该按地址的顺序（或逆序）来投递。但我们发福的邮递员想要尽量锻炼身体，希望最大化送货时行走的距离。但是他不能在镇上闲逛；为了做好工作，他必须直接从一个送货点走到下一个送货点。

他应该按什么顺序送货？

阶乘和平方

考虑乘积 $100! \cdot 99! \cdot 98! \cdots 2! \cdot 1!$。这 100 个因子中的每个 $k!$ 称为一"项"。你能移除一项，留下一个完全平方数吗？

中点

令 S 为单位区间 $[0, 1]$ 上的一个有限点集，假设每个点 $x \in S$ 要么是 S 中另两个点（不一定是与之最近的点）的中点，要么是 S 中另一个点和一个端点的中点。

证明：S 中的所有点都是有理点。

谁赢了系列赛？

两支势均力敌的球队将进行一场七局四胜的世界棒球大赛。每支球队在主场比赛时都有同样的微弱优势。按照赛事惯例，一支球队（例如 A 队）在主场进行第 1、2 场比赛，如有需要则进行第 6、7 场比赛。B 队在主场进行第 3、4 场比赛，如有需要则进行第 5 场比赛。

你去欧洲参加一个会议，回来时发现系列赛已经结束，并得知一共进行了 6 场比赛。哪支球队更有可能赢得系列赛？

用 L 平铺

你能用不旋转的三连块平铺平面网格的第一象限么？每个三连块的形状都像字母 L 或者 J。

洗碗游戏

你和妻子每天晚上掷硬币来决定谁洗碗。出"正面"，她洗；出"反面"，你洗。

今晚她告诉你，她要采用另一种方案。你掷 13 次硬币，她掷 12 次硬币。如果你的正面比她多，她洗；如果你的正面少于或等于她的，你洗。

你应该感到高兴吗？

随机的法官

经过上岸的一夜疯狂后，你因行为不当而受到美国海军上级的审讯。你要么选择只有一名法官的"简易"军事法庭，要么选择由三名法官通过多数票做出裁决的"特别"军事法庭。

每位可能的法官都会（独立地）以 65.43% 的概率做出对你有利的判决，除了一名将参与特别（而不是简易）军事法庭的军官出了名地喜欢用掷硬币做出决定。

哪种军事法庭更有可能让你免受处罚？

空间中的角度

证明：在 $\mathbb{R}^n$ 中，任何超过 2^n 个点的集合都有 3 个点构成一个钝角。

连胜

你想加入某个国际象棋俱乐部，但录取条件是你和俱乐部目前的冠军 Ioana 进行三场比赛并连赢两场。

由于执白先行具有优势，所以你们交替执白棋和黑棋。

掷硬币的结果是：你在第一局和第三局中执白棋，在第二局中执黑棋。

你应该感到高兴吗？

棋盘猜测

Troilus 与 Cressida 订婚后，面临被驱逐出境的威胁，移民局正对婚姻的合法性提出质疑。为了测试他们的关系，Troilus 被带到一个有国际象棋棋盘的房间，棋盘上的某个方格被指定为特殊的。每个方格上都有一枚硬币，硬币的正面或者反面向上。Troilus 需要翻转其中一枚硬币，然后他将被带出房间，Cressida 会被带进来。

Cressida 在观察棋盘后，必须猜出那个特殊的方格。若她猜错了，Troilus 将会被驱逐出境。

Troilus 和 Cressida 能挽救他们的婚姻吗？

平分秋色

你是一个狂热的棒球迷，你的球队奇迹般地赢得了锦标，从而有机会参加世界棒球大赛。不幸的是，对手是一支更高水平的球队，他们在任何一局比赛中战胜你的球队的概率是 60%。

不出所料，你的球队输了七局四胜制比赛的第一局，你情绪低落以致喝了个酩酊大醉。当你恢复意识时，发现又有两局比赛打完了。

你跑到街上，抓住第一个路过的行人问："世界大赛的第二、三局发生了什么？"

"平分秋色，"他说，"每队一局。"

你应该感到高兴吗？

棋盘上的框

你有一个普通的 8×8 的红黑格国际象棋棋盘。一个精灵给了你两个"魔法框"，大小分别是 2×2 和 3×3。当你将其中一个框整齐地放在棋盘上时，它们围成的 4 或 9 个方格会立即翻转颜色。

你能够得到所有 2^{64} 种可能的颜色布局吗？

愤怒的棒球

与平分秋色中一样，你的球队是实力较弱的一方，在七局四胜制的世界大赛中赢得任何一局的概率是 40%。但是，别急：这一次，每当你的球队在局分上落后时，球员就会变得愤怒并超水平发挥，从而使你的球队赢得那一局的概率提高到 60%。

在一切开始之前，你的球队赢得世界大赛的概率是多少？

多面体上的虫子

在一个实心凸多面体的每个面上都有一只虫子，它沿着面的边界顺时针变速爬行。证明：没有任何方法可以使所有虫子绕各自的面一周，返回到它们的初始位置，而不发生任何碰撞。

重要的候选人

像通常那样，假设没有人知道谁会成为在野党的下一位美国总统候选人。特别是，目前还没有人的获选概率能达到 20%。

随着政局的变化和初选的进行，概率不断变化，有些候选人将超过 20%
的门槛，而另一些则永远不能。最终，一位候选人的概率将升至 100%，而其
他所有人的概率都降为 0。我们说，在大会后，如果一位候选人在某一时刻被
提名的概率超过 20%，那么他或她有权说自己是一名"重要的"候选人。

你认为重要候选人的期望数量会是多少？

和与差

给定 25 个不同的正数，你是否总可以选择其中的两个，使得其他任何一
个数都不等于它们的和或差？

二分转换

你是霍博肯原始人橄榄球队的教练，球队落后对手（格洛斯特类人猿）
14 分，直到比赛还剩下一分钟，你们完成了一次达阵。你可以选择踢附加分
（成功率为 95%），也可以选择二分转换（成功率为 45%）。你应该怎么做？[1]

瑞典彩票

在瑞典国家彩票提案的机制中，每个参与者选择一个正整数。提交没有
被其他人选中的最小数字的人将成为胜者。（如果没有数字只被一个人选中，
则没有获胜者。）

如果只有三个人参与，并且每个人都采用了最优的随机均衡策略，具有
正概率被提交的最大数是多少？

随机弦

圆的一条随机弦的长度大于圆内接等边三角形的边长的概率是多少？

立方体魔术

你能将一个立方体从另一个更小立方体中的洞穿过吗？

---

[1]在美式橄榄球中，一次达阵得 6 分，之后选择踢附加分有机会得 1 分，而选择二分转换有机
会得 2 分。——译者注

随机偏差

假设你均匀随机地选一个介于 0 和 1 之间的实数 p，然后制作一枚硬币，使得当你投掷它时其出现正面的概率恰好是 p。最后，你将这个硬币投掷 100 次。在整个过程中，你恰好得到 50 次正面的概率是多少？

角斗士（一）

Paula 和 Victor 各管理一组角斗士。Paula 的角斗士们的战力是 $p_1, p_2, \ldots, p_m$，Victor 的是 $v_1, v_2, \ldots, v_n$。角斗士一对一对决直至死亡，当战力分别为 x 和 y 的角斗士对决时，他们获胜的概率分别是 $x/(x+y)$ 和 $y/(x+y)$。此外，如果战力为 x 的角斗士获胜，他会收获信心，并继承对手的战力，使自己的战力提升到 $x + y$；同样，如果另一名角斗士获胜，他的战力会从 y 提升到 $x + y$。

每场比赛后，Paula 会从（她的队伍中还活着的）角斗士中选出一名，Victor 则必须选出他的一名角斗士来面对对方。获胜的是最后至少有一名选手存活的一组。

Victor 的最佳策略是什么？例如，如果 Paula 从她最好的角斗士开始，那么 Victor 应该以强者还是弱者来应对？

角斗士（二）

Paula 和 Victor 再次在罗马竞技场中对峙，但这一次不再考虑信心的因素，当角斗士获胜时，他将保持以前的战力。

和先前一样，每场比赛前，Paula 先选择参赛选手。Victor 的最佳策略是什么？如果 Paula 以她最好的选手开局，Victor 应该派谁？

掷出一个 6

你在过程没有掷出过奇数的条件下，平均掷一个骰子多少次得到一个 6？

旅行商

假设在俄罗斯的每对主要城市之间，往返的单程机票价格相同。旅行商 Alexei Frugal 从圣彼得堡出发，游历各个城市，他总是选择最便宜的航班飞往尚未去过的城市（他无须返回圣彼得堡）。旅行商 Boris Lavish 也需要访问每个城市，但他的起点是加里宁格勒，他的原则是：在每一步中选择最昂贵的航班飞往尚未去过的城市。

看上去显然 Lavish 先生的旅行开销至少和 Frugal 先生一样多，但你能证明这一点吗？

随机场景中的餐巾

在女性数学协会的会议宴会上，与会者发现她们被安排到一张大圆桌。在桌子上，每对相邻的餐具之间，有一个装有一块餐巾布的咖啡杯。当每位数学家就座时，她会从左边或右边拿一块餐巾布；如果左右都有餐巾布，她会随机选择一块。假设就座顺序是随机的，且数学家的人数很多，（渐近地）有多大比例的人最终没有餐巾？

瘸腿车

瘸腿车像国际象棋中的普通车一样——可上下左右直线行走，但一次只能移动一个方格。假设瘸腿车从 8×8 棋盘的某个方格出发，遍历整个棋盘，途经每个方格一次，并在第 64 步返回起始方格。证明：在遍历过程中，水平移动步数和竖直移动步数不相等！

硬币测试

"不公平优势魔法公司"（UAMCO）为你这位魔术师提供了一枚特殊的一美分硬币和一枚特殊的五美分硬币，其中一枚掷出"正面"的概率是 1/3，另一枚则是 1/4，但是 UAMCO 没有告诉你哪个是哪个。

由于耐心有限，你打算这样来确定：你逐次掷一分或五分硬币，直到其中一个正面朝上，那时你将宣布这个硬币是 1/3 概率出正面的那个。

你应该以什么顺序掷硬币，才最有可能得到正确答案，同时又不失公平，即两枚硬币有相同机会被指定为以 1/3 概率出正面？

曲线和三个影子

在三维空间中是否有一条简单闭曲线，其在坐标平面上的所有三个投影都是树状？这意味着，曲线在三个坐标方向的影子不包含任何闭合的圈。

超过半数的帽子

一百个囚徒被告知，在伸手不见五指的午夜，每个囚徒都将按照一枚公平硬币的抛掷结果被戴上一顶红色或黑色的帽子。囚徒将围成一圈，这使得开灯后，每个囚徒都能看到其他囚徒的帽子颜色。一旦灯亮起，囚徒就没有机会互相发信号或以任何方式交流了。

然后，每个囚徒被拉到一边，必须试着猜自己帽子的颜色。如果大多数（在这里至少有 51 个）囚徒猜对了，那么所有囚徒将全部获释。

像往常一样，囚徒们有机会在游戏开始前制定策略。他们能否取得超过 50% 的成功率？你相信会有 90% 吗？95% 呢？

直线上的虫子

正半轴上的每个正整数点都有一盏绿灯、黄灯或红灯。一只虫子被放在"1"处，并始终遵守以下规则：如果它碰到绿灯，则将其切换成黄灯，并向右移动一步；如果它碰到黄灯，则将其切换成红灯，并向右移动一步；如果它碰到红灯，则将其切换成绿灯，并向左移动一步。

最终，虫子要么从正半轴左侧掉出，要么走向右侧无穷远处。然后第二只虫子被放到"1"处，从上一只虫子留下的状态开始，遵循同样的交通规则；然后，第三只虫子上场。

证明：如果第二只虫子从左侧掉出，那么第三只虫子将会走向右侧无穷远处。

篱笆、女人和狗

一个女人被囚禁在一个由圆形篱笆围成的大块田地里。篱笆外有一条凶猛的看守犬，其奔跑速度是女子的四倍，但被训练成只能待在篱笆附近。如果女子能设法到达篱笆上狗不在的位置，她可以迅速翻过篱笆逃走。但是，她能赶在狗的前面到达篱笆上的某个位置吗？

角上的棋子

平面上一个正方形的四个角上各有一个棋子。在任何时候，你都可以将一个棋子跳过另一个，将前者放在后者的另一侧，距离保持不变。被跳过的棋子仍在原位。你可以把这些棋子移动到一个更大正方形的四角上吗？

空间中的圆

你能将整个三维空间划分成圆吗？

15 比特和间谍

一个间谍与其上线通信的唯一机会，是当地电台每天播出的 15 位（比特）0 和 1 组成的序列。她不知道这些位是如何被选择的，但她每天都有机会更改任何一位，将其从 0 变为 1 或相反。

她每天可以传递多少信息？

反转五边形

一个五边形的每个顶点都标有一个整数，其总和为正。在任何时候，你可以更改一个负标签的符号，但要从两个邻居的值中都减去这个新值，以保持总和不变。

证明：无论更改哪个负标签的符号，该过程都会在有限步后不可避免地终止，所有标签均为非负值。

克莱普托邦的爱情

Jan 和 Maria 正在网恋；Jan 想给对方寄一枚戒指。不幸的是，他们居住在克莱普托邦，任何邮寄的东西都会被偷，除非它装在一个挂锁的盒子里。Jan 和 Maria 各自有许多挂锁，但没有一个是对方有钥匙的。Jan 如何将戒指安全寄到 Maria 手中？

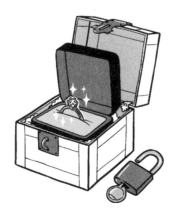

小岛之旅

Aloysius 在一个岛上驾驶保时捷时迷了路，岛上的每个路口都是三条（双向）道路的交汇。他决定采用以下算法：从当前路口的任意方向出发，在下一个路口右转，再在下一个路口左转，然后右转，然后左转，依此类推。

证明：Aloysius 最终必定回到开始时的那个路口。

设计糟糕的时钟

某个时钟的时针和分针是无法区别的。一天中有多少时刻不能从该时钟上分辨出当前的时间？

Fibonacci 倍数

证明：每个正整数都有一个倍数是 Fibonacci 数。

蠕虫和水

Lori 碰上了麻烦，不少蠕虫爬到她的床上。为了阻止它们，她将每个床腿放在一桶水中。由于蠕虫不会游泳，因此它们无法从地板爬上床。但它们却可以爬上墙，越过天花板，从上方掉到她的床上。可恶！

Lori 如何阻止蠕虫到达她的床上？

圆上的灯泡

在一个圆上，按顺时针方向从 1 到 n（$n > 1$）编号的所有灯泡在一开始全被点亮。在时刻 t，你检查灯泡 $t \pmod n$，如果它亮着，则改变灯泡 $t + 1 \pmod n$ 的状态；即，沿顺时针方向的下一个灯泡如果亮着，则把它关闭，否则把它打开。如果灯泡 $t \pmod n$ 关着，则你什么都不做。

证明：如果你以这种方式在圆上周而复始地操作，最终所有灯泡会再一次全被点亮。

生成有理数

你有一个数集 S，其中包含 0 和 1，并且包含 S 的每个有限非空子集的平均数。证明：S 包含 0 到 1 之间的所有有理数。

清空一只桶

你有三只大桶，每只桶里装有整数盎司的某种非挥发性液体。在任何时候，你都可以把液体从较满的桶中倒入较空的桶中，使后者的含量加倍；换句话说，你可以把液体从装 x 盎司液体的桶中倒入装 $y \leqslant x$ 盎司液体的桶中，直到后者装有 $2y$ 盎司（此时前者剩下 $x - y$ 盎司）。

证明：无论一开始三只桶各装了多少液体，最终你总能清空其中的一只桶。

有趣的骰子

你与朋友 Katrina 约好用三个骰子玩如下的游戏。她选一个骰子，然后你从剩下两个里选一个。她掷她的骰子，你掷你的骰子，掷出更大数字的人获胜。如果你们掷出的数相同，则 Katrina 获胜。

稍等，事情不像你想的那样糟；你可以设计这些骰子！每个骰子都是一个规则的立方体，但你可以在任意面上放置 1 到 6 中的任意点数，并且三个骰子不必相同。

你能设计这些骰子使得你在游戏中占优吗？

挑选体育委员会

体育委员会作为服务机构，深受昆库恩克斯大学教职员工的欢迎——当你是成员时，你可以得到大学体育赛事的免费门票。为了防止成员拉帮结派，大学规定，任何在委员会中有三个或三个以上朋友的人不得进入委员会，但作为补偿，如果你不是成员，但有三个或三个以上的朋友在委员会中，你可以获得你选择的任何体育赛事的免费门票。

因此，为了让所有人满意，大家希望以这样一种方式构建委员会：尽管没有成员在委员会中有三个或三个以上的朋友，但每位非成员在委员会中都有三个或三个以上的朋友。

这总是能做到吗？

冰激凌蛋糕

在你面前的桌子上，摆放着一个圆柱形的、顶部有巧克力糖衣的冰激凌蛋糕。你从中切出有相同角度 θ 的连续楔形。每切下一个楔形，将其上下颠倒，重新插入蛋糕中。证明：不管 θ 的值是多少，经过有限次这样的操作后，所有的糖衣都会回到蛋糕顶部！

分享披萨

Alice 和 Bob 准备分享一个圆形披萨，披萨沿径向切成任意数量的不同大小的块。他们采用"礼貌的披萨协议"：Alice 先选任意一块；此后，从 Bob 开始，他们轮流从空缺的一侧或另一侧选一块。因此，在第一块之后，每次只有两个选择，直到最后一块被拿走（如果块数是偶数，则 Bob 拿走最后一块，否则 Alice 拿走最后一块）。

切披萨的方式是否可能对 Bob 有利——换句话说，使得在采用最优策略时，Bob 能得到一半以上的披萨？

飞蛾之旅

一只飞蛾落在表盘的 12 点处，开始在表盘上随意行走。每碰到一个数时，它会以相同概率前进到顺时针下一个数或逆时针下一个数。这一直持续到它到访过每个数为止。

飞蛾在 6 点处结束的概率是多少？

盒子里的名字

100 名囚徒的名字放在 100 个木盒里，每个盒子中放一个名字，盒子在房间的桌子上被排成一排。囚徒被一一带进房间；每名囚徒最多可以看 50 个盒子，但离开房间时，必须使房间里的东西保持原样，之后不得与其他囚徒进行任何交流。

囚徒们可以提前制定策略，他们的确需要这样做，因为除非*每名囚徒都能找到自己的名字*，否则所有人会被集体处决。

找到一种策略，使囚徒们的生存机会不至于太渺茫。

收取水果

我们有 100 个篮子，每个篮子都装着若干（可以是零）个苹果、若干根香蕉和若干颗樱桃。证明：你可以从这些篮子中取 51 个，使得它们共包含至少一半的苹果、至少一半的香蕉和至少一半的樱桃！

硬币游戏

你和一位朋友各自选一个长度为 4 的不同正反序列（正面用 H 表示，反面用 T 表示），然后掷一枚公平的硬币，直到出现这两个序列之一。该序列的所有者赢得游戏。

例如，如果你选择 HHHH，她选择 TTTT，则如果在出现连续 4 次反面之前，先出现连续 4 次正面，你就赢了。

你希望先选还是后选？如果你先选，应该选什么序列？如果你的朋友先选，你应该如何应对？[1]

停车费引发的轮盘赌

你在拉斯维加斯，身上只有 2 美元，但你急需 5 美元投给停车收费器。你跑进最近的一扇门，在轮盘赌桌旁坐下。你可以对允许的任何一组数下注任意整数美元。哪种策略会使你带走 5 美元的概率最大？

隐秘的角落

有没有可能你站在一个多面体外，却看不到它的任何顶点？

睡美人

睡美人同意参加以下实验。周日在她入睡后，一枚硬币会被掷出。如果正面朝上，则她将在周一早上被唤醒；如果是反面朝上，则她将在周一早上被唤醒，并在周二早上再度被唤醒。在所有情况下，她都不会被告知是周几，不久后便会重新入眠，并且不会保留任何在周一或周二被唤醒的记忆。

---

[1]在英语中关于硬币的两面通常是 head（正面）和 tail（反面），一般用符号 H 和 T 表示。在本书中这样的表示多次出现，特此说明。——译者注

当睡美人在周一或周二被唤醒时，对她来说，硬币正面朝上的概率是多少？

理事会减员

美国国家数学博物馆理事会的规模过大，目前已有 50 名成员，其成员已同意以下的减员协议。理事会将投票决定是否（进一步）缩小规模。超过一半的赞成票将导致入会时间最短的理事会成员立刻离职；然后再进行表决，依此类推。在任何时候，如果有一半或更多的理事会成员投否决票，则会议终止，理事会保持现状。

假设每个成员最优先考虑的是自己能留在理事会，但在此条件下，大家一致认为理事会的规模越小越好。

这个协议会把理事会缩减到多少人？

Buffon 投针

一根一英寸长的针被扔到一个大垫子上，垫子上标有相距一英寸的平行线。针碰到一条线的概率是多少？

黄金七城

1539 年，Marcos de Niza 修士从现今亚利桑那州的所在地回到墨西哥，做了关于他发现"黄金七城"的著名报告。Coronado 不相信这位"骗子修士"，在随后的几次探险空手而归之后，Coronado 放弃了寻找。

据我的（不可靠的）消息来源声称，Coronado 不相信 de Niza 的原因是，后者声称这些城市在沙漠中的布局方式，使得在任何三个城市中，至少有一对的距离恰好是 100 浪。

Coronado 的顾问告诉他，这种布局的点不存在。他们的观点正确吗？[1]

救命的换位

这次只有两名囚徒——Alice 和 Bob。Alice 看到一副 52 张的牌，按一定次序摊开，面朝上摆在桌子上。她被要求选择两张牌调换位置。然后，Alice 被要求离开，没有更多机会与 Bob 沟通。接下来，每张牌都会被翻过来，Bob 被带入房间。典狱长将会指定一张牌；为了避免两位囚徒被处决，Bob 必须在依次翻开最多 26 张牌后，找到指定的那张牌。

---

[1] 浪：Furlong，长度单位，相当于 201 米。——译者注

像往常一样,囚徒们有机会事先合谋。这一次,他们可以确保成功。如何做呢?

更多磁性美元

我们回到磁性美元问题,但我们稍微增强一点它们的吸引力。

这次,无穷多个硬币依次被丢入两个瓮中。当瓮一有 x 个硬币、瓮二有 y 个硬币时,下一个硬币以 $x^{1.01}/(x^{1.01} + y^{1.01})$ 的概率落入瓮一,否则落入瓮二。

证明:在某个时刻之后,其中一个瓮将永远不会再获得更多的硬币!

遮住污渍

就在盛典即将开始之际,女王的宴会承办者惊恐地发现,在桌布上有 10 个小小的肉汁污渍。他唯一能做的就是用不重叠的盘子遮住污渍。他有很多盘子,每个都是单位圆盘的大小。不管污渍如何分布,他都能成功吗?

零和向量

在一张纸上,你(出于某种原因)构建了一个数组,它的行包括了所有 2^n 个坐标在 $\{+1, -1\}^n$ 中的 n 维向量——即所有长度为 n 的 $+1$ 和 -1 的串。

注意,这些行中有很多总和为零向量的非空子集,例如任何向量和它的相反向量,或者整个数组。

然而,你两岁的侄子拿到了这张纸,并把其中的某些数改成了零。

证明:无论你的侄子做了什么,你都可以在新数组中找到一个总和为零向量的非空子集。

种族和距离

在比利时的胡哈尔登镇,正好有一半的房子由佛兰芒人居住,其余的房子则由讲法语的瓦隆人居住。

是否有可能小镇混居得如此之好,从而同族的两两房子之间的距离之和超过了不同族的两两房子之间的距离之和?

两位警长

邻近城镇的两位警长正在追查一名凶手,案件涉及八名犯罪嫌疑人。凭借各自独立、可靠的调查工作,每位警长都把名单缩减到只有两人。现在他们准备通电话,目的是比对信息,如果他们各自的两个嫌疑人恰有一个重合,就可以确认凶手。

麻烦的是，他们的电话线已被当地滥用私刑的暴民窃听，他们知道嫌疑人的最初名单，但不知道警长们各自圈定的是哪两对人。如果他们能够通过电话内容确定凶手的身份，那么凶手将在被逮捕前被处以私刑。

这两位从未谋面的警长能否以某种方式进行通话，（如果可能的话）使他们俩最终都能确认凶手，而这些暴民仍然一头雾水？

粉刷栅栏

有 n 个勤劳的人，每人在一个圆形栅栏上随机选一个点，然后朝着离她最远的邻居方向粉刷栅栏，直到遇到被粉刷过的部分。平均有多少栅栏会被粉刷过？如果每人都朝着离她最近的邻居方向粉刷呢？

一路领先

在同 Bob 竞选地方公职中，Alice 以 105 票对 95 票获胜。在（按随机顺序的）计票过程中，Alice 全程一路领先的概率是多少？

自表数

某个 8 位整数 N 的第一个数字是其常用十进制表示中 0 的个数。第二个数字是 1 的个数；第三个是 2 的个数；第四个是 3 的个数；第五个是 4 的个数；第六个是 5 的个数；第七个是 6 的个数；最后，第八个是出现在 N 中的不同数字的个数。N 是什么？

加满杯子

你去杂货店买一杯米。当你按下机器上的按钮时，它会随机倒出从零粒到一整杯之间数量的米。你平均需要按几次按钮才能得到一整杯米？

两个球和一堵墙

一条直线上有两个外观相同的球和一堵竖直的墙。球是完全弹性且无摩擦的；墙是完全刚性的；地面是完美水平的。如果两个球的质量相同，离墙较远的球滚向离墙较近的球，会将较近的球撞向墙；该球将弹回并击中第一个球，使其（永远）滚离墙的方向。一共发生了三次撞击。

现在假设较远的球的质量是较近的球的一百万倍。这样会有多少次撞击？（你可以忽略角动量、相对论和万有引力的影响。）

保加利亚单人纸牌游戏

在一张桌子上，55 个筹码被分成高度任意的若干堆。在时钟的每次滴答声中，每堆会取出一个筹码，这些筹码会用来建一个新的堆。

最终会发生什么？

提示

下面是每个谜题的提示和/或评论，以及你可以找到其解答的章节编号。（但为了从这些谜题中有最大收获，在你尝试过所有方法之前不要看答案！）

球棒和棒球： 做一下算术！（第 5 章）

今天没有双胞胎： 这不是恶作剧。（第 11 章）

肖像： 谁是"我父亲的儿子"？（第 21 章）

半生长： 想想你自己的小亲戚们。（第 1 章）

鞋子、袜子和手套： 你可以得到的最坏的选择是什么？（第 12 章）

电话： 一个一个小时来解决这个问题。（第 19 章）

二二二二： 从词组的中间开始。（第 1 章）

旋转硬币： 动手试一下！（第 20 章）

山脉之州的方框： 把弗吉尼亚内切到一个正方形的意思是在平面上这个州的形状周围画一个正方形，使得该州在正方形里面并且接触到所有四边。（第 3 章）

围成一圈的土著人： 如果我们把所有说真话的人变成说谎者，反之亦然，他们的回答会有什么变化？（第 11 章）

在温网夺冠： 你可以得到多少次赢得比赛的机会？（第 10 章）

多面体的面： 考虑具有最多边的那个面。（第 12 章）

寻找伪币： 每次称量有三种可能的结果。（第 13 章）

阵列中的符号： 当你翻转一条和为负数的线时，有什么好事一定会发生吗？（第 18 章）

匹配生日： 小心；你想要找到匹配自己的人，而不仅仅是任何一对。（第 10 章）

渡轮相遇： 画一个图！注意所有的时间都是格林尼治时间，所以你不需要担心时区的问题。（第 22 章）

击落 15: 你可以认为玩家能够击落他们想要的任何球, 所以这是一个确定性的游戏。这个看起来眼熟吗?(第 24 章)

山里有个和尚: 将两天重叠。(第 3 章)

数学书虫: 视觉化一下!(第 22 章)

硬币的另一面: 考虑对硬币的各面标号。(第 10 章)

切开立方体: 你会怎样做到它? 可以做得更好吗?(第 24 章)

滚动铅笔: 需要想不止一秒, 不过两秒钟就够了。(第 22 章)

西瓜: 试一些数。(第 1 章)

周二出生的男孩: 仔细计算各种情况。(第 10 章)

空游斯坦的航线: 关于两条航线网络, 你可以说什么?(第 4 章)

反转天平: 一个给定的砝码会在天平两边各待多少时间?(第 8 章)

巧克力排: 总有一个人有必胜策略; 如果是 Bob 会怎样?(第 9 章)

谁的子弹?: 用数学来检验你的直觉。(第 10 章)

扑克速成: 假设没有怪牌, 只有一个对手。(第 11 章)

穿过网格的直线: 19 条平行对角线可以解决问题。你可以做得更好吗?(第 12 章)

盲猜出价: 计算你在一个给定出价后的期望。(第 14 章)

简单的蛋糕切割: 垂直的直线切割可以完成任务。(第 16 章)

过河: 一般情况下, 让男士们先过河。(第 19 章)

细菌繁殖: 进行实验, 并记录雌性的数量。(第 18 章)

田间的洒水器: 离一个给定的网格顶点比到其他顶点更近的点是哪些?(第 19 章)

一袋袋弹珠: 没有限制你把其他东西放到一个袋子中……(第 1 章)

有姐妹的人: 在你和你自己的兄弟姐妹之间, 答案是多少?(第 8 章)

点格棋的变体: 从对手的角度来考虑你的选择。(第 9 章)

公平竞争: 多掷几次, 找到等概率事件。(第 8 章)

涨薪: 每个人的年收入每年增长多少?(第 1 章)

两个跑步者: 把跑过的距离之和和之差关联到相遇时间。(第 5 章)

损坏的 ATM 机: 考虑到机器能提供的选项是 6 美元的倍数, George 最多能指望取出多少现金?(第 6 章)

多米诺骨牌任务: 注意, 如果某行有个洞, 那么该行一个竖直的多米诺骨牌可以变成水平的。(第 7 章)

矩阵中的大对： 假设不是这样，分别查看每行中最大和第二大的数。(第 9 章)

第二个 A： 计算条件概率。(第 10 章)

最少的斜率： 试试正多边形。(第 11 章)

路口的三个土著： 从那个随机回答的土著那里你得不到任何信息。(第 13 章)

掷出所有数字： 分阶段考虑这个实验。(第 14 章)

一致的单位距离： 你可以怎样拓展 n 的情形，使得它得到 $n + 1$ 的情形？(第 15 章)

生活是一碗樱桃： 先考虑一般的两个碗的游戏。(第 17 章)

寻找缺失的数： 必须要保存多少信息？(第 19 章)

三方对决： 当 Alice 击中 Bob、击中 Carol 或者一个也没击中时，比较一下她的存活概率。(第 21 章)

分割六边形： 先从三角形开始。(第 22 章)

做最坏的打算： 把线段弯成一个圆。(第 24 章)

围绕地球的带子： 用一个字母来表示地球的周长。(第 5 章)

直到有一个男孩： 假设很少出现双胞胎。(第 10 章)

阁楼里的灯： 你将需要多于一个比特的信息。(第 13 章)

高效的披萨切割： 你怎样用下一刀产生最多的新块？(第 1 章)

第四个角： 每个格点有四种可能的奇偶性。(第 2 章)

切割项链： 想象这个项链摆成一个圆形，一条过中心的直线将它切割两次。(第 3 章)

连续奇数个正面： 用一个变量来表示这个答案。(第 5 章)

有限制的子集： 把这些数分组，使得每一组为你的集合只提供一个数。(第 6 章)

旋转的开关： 先试一下两个开关的版本。(第 7 章)

桌上的手表： 画一个图，用一点几何。(第 8 章)

圆盘上的窃听器： 假设房顶是平的，并内接一个六边形。(第 9 章)

圆上的点： 首先挑选随机的直径，然后是端点。(第 10 章)

两种不同的距离： 为了找到所有形状，你需要很有条理。(第 11 章)

相同总和的子集： 如果你找到两个总和相等的重叠集合会怎么样？(第 12 章)

比赛方和胜者： 考虑双向的通信。(第 13 章)

意大利面条圈： 第 i 次连接操作会产生一个圈的概率是多少？（第 14 章）

更换高管座位： 先把一个应该坐在一端的高管挪到她正确的位子上去。（第 15 章）

生活不是一碗樱桃吗？： 先使用 Nim 策略，而不是与之相反的策略。（第 17 章）

摆正煎饼： 把煎饼堆的状态表示成一个二进制数。（第 18 章）

天上的馅饼： 月亮的直径大约是 1°。（第 20 章）

测试鸵鸟蛋： 想一下 Oskar 在第一个蛋被打碎后的处境。（第 21 章）

圆形阴影一： 你能稍稍改变一个球，而不影响它在坐标平面上的投影吗？（第 22 章）

下一张牌是红的： 用一副较小的牌试试。（第 24 章）

黑色星期五恐惧症患者请注意： 公历（Gregorian calendar）的周期是多少？（第 1 章）

全体正确的帽子： 如果囚徒们知道红帽子有奇数个，他们会怎么做？（第 2 章）

提升艺术价值： 比较这幅画的价值和两个画廊各自的平均价值。（第 8 章）

第一个奇数： 请列出一个数中可能出现的字典序靠前的那些单词。（第 11 章）

格点和线段： 在何时，两个格点间的线段包含另一个格点？（第 12 章）

掰开巧克力： 试一下，便可恍然大悟。（第 18 章）

Williams 姐妹相遇： 有多少对选手会交手？（第 1 章）

从总和猜牌： 大的数效果更好。（第 6 章）

等待正面： 这比掷出 5 个正面的概率要多一点。（第 8 章）

一半正确的帽子： 不需要所有囚徒都得到同样的指令。（第 2 章）

找到一张 J： 这些 J 把一副牌分成五个部分。（第 8 章）

用导火线测量： 试试同时点燃两根导火线。（第 11 章）

赛马评级： 你当然需要看一下所有的马。（第 1 章）

排队的红帽子和黑帽子： 第一个猜的人能怎样帮助其他人？（第 2 章）

三根木棍： 你可以选择这些长度使得一次操作后它们的比例保持不变吗？（第 3 章）

立方体上的蜘蛛： 若此游戏在树上进行，有多少蜘蛛就够了？（第 4 章）

跳来跳去： 青蛙从当前叶片上永不后退的概率是多少？（第 5 章）

整除游戏： Bob 从小的数中得到很大的好处。（第 6 章）

蛋糕上的蜡烛： 在谜题中，从圆周上的一个定点到第 i 支蜡烛的距离是多少?（第 7 章）

两个平方之和： 把一对整数想成一个圆内的格点。（第 8 章）

最大距离对： 注意，连接最大距离点对的线段必定相互交叉。（第 9 章）

比大小（一）： 让 Victor 选一个阈值。（第 10 章）

比大小（二）： 如果 Victor 选 1/2 作为阈值，Paula 会怎么做?（第 10 章）

国王的工资： 试着减少领薪水公民的人数。（第 11 章）

加法、乘法和编组： 将两个数的和乘以五个数的和。（第 12 章）

另一张牌： 利用留下的四张牌的顺序。（第 13 章）

乒乓球比赛： 当 Alice 赢得 21 分时，Bob 平均会得几分?（第 14 章）

奇数个灯的开关： 注意，翻转开关的顺序是没有影响的。（第 15 章）

漆立方体： 漆整个空间，然后把大立方体挖出来!（第 16 章）

红点和蓝点： 如果你把两条相交的线段变成不相交的，你做了什么改进?（第 18 章）

识别多数： 用计数器来强化你目前记住的名字。（第 19 章）

返回式击球： 球被击打之后有多少可能的行进角度?（第 20 章）

两叠煎饼： 使两叠煎饼的大小接近会限制对手的选择。（第 21 章）

被困在稠密国： 试试正四面体。（第 22 章）

帽子与无穷： 让囚徒们从每一组类似的帽子序列中选一个特殊序列。（第 23 章）

全对或全错： 同时使用选择和奇偶性。（第 23 章）

磁性美元： 用六个硬币代替一百万个试试。（第 24 章）

在机场系鞋带： 想一下行走的时间。（第 1 章）

电子掷币的麻烦： 反复掷几次硬币，注意有些正面次数的情况会让你在 Alice 和 Bob 间做出选择。你能把剩下的给 Charlie 吗?（第 3 章）

聚会上的握手： Alexandra 在她的调查中听到了哪些数?（第 4 章）

匹配面积和周长： 多项式因式分解可能会有帮助。（第 5 章）

素数测试： 如果你找不到任何小的素因子，还可以做什么其他尝试?（第 6 章）

丢失的登机牌： 试一下三个乘客的情况。第三位乘客最后坐在第二位乘客座位的概率是多少?（第 7 章）

棋盘上的旅鼠： 如果旅鼠留在棋盘上，它最终必定会绕圈。（第 9 章）

装下斜杠： 为了证明你的解答是最优的，考虑内部 3×3 网格外围的 12 个顶点可能会有所帮助。（第 11 章）

偷看的优势： 第二次偷看会让你改变主意吗？（第 13 章）

真正的平分： 16 是 2 的幂。（第 15 章）

按高度排队： 当按字母顺序排列时，记录以每个队员为末尾的最长降序子序列和升序子序列的长度。（第 12 章）

土豆上的曲线： 用全息影像来代替土豆。（第 16 章）

跌落的蚂蚁： 注意，对本谜题而言，蚂蚁是可以互换的。（第 20 章）

多边形中点： 如果你在平面上任取一个点，并假设它是一个顶点，会发生什么？（第 22 章）

行和列： 你必须亲自试一试才能知道发生了什么。（第 1 章）

金字塔上的虫子： 给虫子编号，然后问：当一只虫子看向由其他三只虫子组成的三角形时，它看到它们是顺时针还是逆时针的顺序？（第 3 章）

蛇形游戏： 用多米诺骨牌覆盖棋盘！（第 4 章）

三个负数： 考虑集合中最小的两个数。（第 5 章）

额头上的数字： 考虑一下这些数之和模 10。（第 6 章）

偏差测试： 在什么情况下，第二次抛掷会改变你的想法？（第 13 章）

无重复字符串： 让字母表中的字母个数成为一个变量，并使用归纳法。（第 15 章）

三方选举： 考虑每位候选人粉丝的第二选择中的多数。（第 1 章）

跳过一个数： 当 Missy 罚进一个球时，她的命中率会上升（罚失时会下降），所以很容易设置一个情景使它越过 80%，对吗？（第 3 章）

红边和黑边： 这些矩形的面积之和是多少？（第 5 章）

不间断的线： 先解决水平线和竖直线。（第 11 章）

小青蛙： 用 $2^n \times 2^n$ 的格点来覆盖这片田地。（第 15 章）

排列数字： 有不止一种办法去选择这样一个序列。（第 1 章）

复原多项式： 把系数看作是一个数在 x 进制下的展开式。（第 5 章）

有缺陷的密码锁： 试着把 1 到 8 这些数分成两组，利用如下事实：任意组合必定包含其中一组的至少两个数。（第 1 章）

囚徒和手套： 对这个问题，你可能需要考虑置换的奇偶性。（第 2 章）

加固网格： 以方格的行和列为顶点构造一个图，图的边是相交方格被加固的地方。（第 4 章）

被子竞彩： 如果你已经买了 k 张彩票，什么时候值得再买一张？（第 5 章）

高的和宽的矩形: 首先证明, 如果矩形块的边长之比是无理数, 那么任何平铺要么都是水平的, 要么都是竖直的。(第 6 章)

守护画廊: 试着把岗哨放在角落里。(第 15 章)

飞碟: 重要的是, 被送回的那个人可能不是下一个飞碟传送上去的第一个人。(第 7 章)

递增的路线: 注意, 一个图的平均度数是两倍边数除以顶点数。(第 8 章)

球面上的曲线: 在曲线上取两个相距一半路程的点, 并想象连接它们的大圆上的中点是北极。(第 9 章)

有偏向的博彩: 固定一个会导致破产的输赢序列。(第 10 章)

不间断的曲线: 从最繁忙的方块开始。(第 11 章)

升序和降序: 对一个好的排列中的每个数, 考虑以其结尾的最长递减子序列的长度。(第 12 章)

出点镇记: 仔细推导一下人口数为 3 的情况。(第 13 章)

摸袜子: 将所有袜子随机排序, 考虑最后一只的颜色。(第 14 章)

穿过小区的路径: 用编号大的颜色贪心地重新染色, 然后从一个仍然是颜色 1 的小区开始你的路径。(第 15 章)

多面体涂色: 假设你可以内切一个球, 然后以切点为顶点来做三角剖分。(第 16 章)

Whim 版 Nim: 注意, 在未做任何声明前, 把一个 Nim-0 局面或者一堆堆单个筹码留给你的对手是致命的。(第 17 章)

平面上的细菌: 每个子细胞被赋予其母细胞一半的能量。(第 18 章)

乱放的多米诺骨牌: 你可能需要试两次。(第 19 章)

圆上的蚂蚁: 可以用动量守恒!(第 20 章)

中国版 Nim: 从 (1, 2) 开始, 找到你不想落入局面的一个模式。(第 21 章)

不要烤焦的布朗尼: 试试矩形, 然后是某种三角形。(第 22 章)

直线的双重覆盖: 如果逐条线地构造双重覆盖会如何?(第 23 章)

整数矩形: 这个问题有很多办法; 其中之一是把大矩形放置在网格平面的第一象限里, 并构造一个图, 图的顶点是位于矩形角上的格点。(第 24 章)

输掉掷骰游戏: 为了计算在这个奇怪的方式下"掷出 4"的方法数, 你需要考虑两种模式。(第 1 章)

偶数和台球: 如果没有 9 号球, 你的答案会是什么?(第 2 章)

争夺程序员: 同一章中更早提到的一个"朋友关系图"可能对你很有用。(第 4 章)

赛程强度： 考虑一下胜率最高和最低球队的赛程强度分数。（第 5 章）

储物柜门： 哪些数具有奇数个约数（包括 1 和它们自己）？（第 6 章）

汽油危机： 先想象一次带着充足汽油出发的旅行。（第 7 章）

操场上的士兵： 考虑一下离得最近的两个士兵。（第 9 章）

主场优势： 假如总是要打满七场比赛会怎样？（第 10 章）

0 和 1： 当你从一个数中减去另一个与之模 n 同余的数会发生什么？（第 12 章）

随机交集： 给定一个球中的一个点，它也在另一个球内部的概率是多少？（第 14 章）

利润与亏损： 首先注意，不会长达 40 个月。（第 15 章）

封住检查井： 阿基米德也许能帮上忙。（第 16 章）

半平面上的棋子： 给洞加权，使得整个下半平面的权重有限。（第 18 章）

牢不可破的多米诺覆盖： 你可以有一条直线只穿过一个多米诺骨牌吗？（第 19 章）

翻转骰子： 你的局面取决于目前的和及骰子上可供选择的数。（第 21 章）

保护雕像： 首先注意，被保护的区域不能是凸的。（第 22 章）

疯狂的猜测： 对这个问题，你需要实数序列的代表。（第 23 章）

激光枪： 用房间的镜像来覆盖平面。（第 24 章）

分堆： 做一些实验可能会帮助你看到曙光。（第 1 章）

变色龙： 不要只看特定颜色的变色龙数量，还要看数量之间的差异。（第 2 章）

哈德逊底部的电缆： 在两端都把电缆成对相连。（第 4 章）

两个循环赛： 把棋手分为更擅长国际象棋和更擅长跳棋的。（第 5 章）

阶乘巧合： 考虑一个大素数的幂，它可以分解表达式的两边。（第 6 章）

巴士上的对话： 谈话中的一部分使得巴士号码不能太小，而另一部分使得它不能太大。（第 13 章）

桌上的硬币： 桌子的形状也有影响。（第 7 章）

草率的轮盘赌： Elwyn 需要押对多少次才能赢钱？（第 14 章）

烘焙店的标准： 从整数重量开始，并让一个是奇数。（第 15 章）

三维空间中的平板： 无限是棘手的——试试用一个很大的有限区域来代替。（第 16 章）

正方形里的棋子： 找一种有用的方法，将格点染成两种颜色。（第 18 章）

装满一只桶： 你能在多大程度上保持所有桶的水量齐平？（第 19 章）

网格上的多边形： h 或者 v 和多边形面积的关系是什么？（第 19 章）

绝望的游戏： 你能把对手置于什么局面，可以迫使她让你在下一步获胜？（第 21 章）

粘贴金字塔： 除了隐藏面之外，还有什么办法可让它们消失？（第 22 章）

指数叠指数： 如果去掉底部的 x，表达式会发生什么变化？（第 23 章）

随机区间： 试试较小的数，并解释你发现的结果。（第 24 章）

西北偏北： 这是一个足够简单的计算，如果你知道它的含义。（第 1 章）

缺席的数字： 你记得"去九法"吗？（第 2 章）

一排硬币： 你不需要提供一个最优策略，只要能让 Alix 得到一半的钱即可。（第 7 章）

四条线上的虫子： 加一条时间轴。（第 16 章）

一年级分组： 想象一下，每个项目需要相同的总工作量。（第 18 章）

确定性扑克： 至少，Alice 必须阻止 Bob 凑齐一个 A 带头的同花顺。（第 21 章）

摇摇欲坠的画： 你必须排列绳子，使得当一个钉子被忽略时，绳子最终只是经过另一个钉子。（第 22 章）

寻找机器人： 机器人的初始位置和朝向有多少种选择？（第 23 章）

早到的通勤者： 丈夫省下了多少时间？（第 1 章）

拐角的减法： 注意，奇数最终会消失。（第 2 章）

平方根的幂： 试试 10 次幂，看你能否猜到发生了什么。（第 7 章）

一个迷人的游戏： 从庄家的角度来看这个游戏。（第 14 章）

圆形阴影二： 用平行平面去靠近物体。（第 16 章）

寻找矩形： 当穿过这个 400 边形时，你会遇到什么？（第 22 章）

平面上的 8： 注意，在平面上仅有可数个有理点或者（对本谜题而言）有理点对。（第 23 章）

交替连接： 如果按连接顺序给这些点编号，你不想连接哪个点？（第 1 章）

平铺多边形： 你如何在平铺中找到一块，它的两条边和给定 100 边形的两条边平行？（第 22 章）

旋花和忍冬： 当你缠绕一个时，解开另一个。（第 1 章）

联结闭环： 考虑更一般的问题，如何用某些给定的方块得到一个闭环，其中可以有一些重复。（第 2 章）

分割多边形： 非凸多边形是个麻烦，不过你可以从移动一条不平行于任何边的直线开始。（第 3 章）

山里有两个和尚： 你可以假设每条路径由有限个上升和下降的线段组成。（第 4 章）

另类骰子： 用多项式来表示一个骰子，其中 x^k 的系数是有 k 个点的面数。（第 5 章）

均分： 先证明 n 是素数的情况。（第 6 章）

椰子经典： 先允许自己有负数个椰子！（第 7 章）

感染棋盘： 尝试不同的初始局面。是什么阻止了被感染区域变得过于"复杂"？（第 18 章）

交错幂： 注意 $f(x) = x - f(x^2)$。（第 9 章）

发球选项： 假设不管结果如何都打了很多局也许是有好处的。（第 10 章）

Conway 的固定器： 一个好的开始是确保你的算法在快要成功的时候做正确的事情。（第 11 章）

同和骰子： 证明有序骰子的一个更强的陈述更加容易。（第 12 章）

匹配硬币： Cher 需要用她的硬币来传达关于后续抛掷结果的信息。（第 13 章）

赌下一张牌： 对于给定的期望，最好的保证是结果不再随机。（第 14 章）

分数求和： 试一下小的 n 值，然后通过比较从 n 到 $n + 1$ 时新增和消失的东西来证明你的结论。（第 15 章）

盒子里的盒子： 假设可以，计算距离盒子 ϵ 范围以内的所有点构成的物体的体积。（第 16 章）

有选项的帽子： 由于每次猜测只有 1/2 的概率正确，为了提高胜算，囚徒们需要做好安排，使得要么很少人猜并且猜对，要么很多人猜并且猜错。（第 17 章）

易受影响的思想家： 考虑一下当前施加影响失败的案例数量，也就是说，一个投票者持一种意见，而她的熟人第二天持另一种意见。（第 18 章）

一个灯泡的房间： 首先考虑如下情形：开始时，房间已知是黑暗的。（第 19 章）

球面和四边形： 给顶点加重量，使得边在切点处平衡。（第 20 章）

用实数诈唬： Jeremy 有一个阈值，Louise 有两个。（第 21 章）

十字形平铺： 用对角线形解决平面，然后在空间里用带有孔和钉子的平面板。（第 22 章）

平面上的 Y： 在 Y 的每个端点周围画小的有理圆。（第 23 章）

感染立方体： 你需要想办法来推广二维中对角线的情况。（第 24 章）

最差路线： 只用四个房子试试；用各种不同的地址做实验。（第 4 章）

阶乘和平方： 用完全平方数的乘积还是完全平方数这个事实。（第 6 章）

中点： 如果 S 中有 n 个点，它们满足 n 个有理系数的线性方程。（第 9 章）

谁赢了系列赛？： 如果你听到的是最多进行了六场比赛，答案会是什么？（第 10 章）

用 L 平铺： 每次从左到右尝试一行。（第 15 章）

洗碗游戏： 先各掷 12 次。（第 10 章）

随机的法官： 设想有一个法官不管怎样都会参加。（第 10 章）

空间中的角度： 平移这些点的凸闭包。（第 16 章）

连胜： 设想比四局而不是三局。（第 10 章）

棋盘猜测： 给棋盘的每个格子赋一个 6 位数。（第 17 章）

平分秋色： 想象一下，出于某种原因这两局比赛的结果可能会被取消。（第 10 章）

棋盘上的框： 找一组方格，其红色方格数的奇偶性不会改变。（第 18 章）

愤怒的棒球： 最后一次打平之后会发生什么？（第 10 章）

多面体上的虫子： 从每个面穿过其上的虫子画一个箭头到下一个面。（第 18 章）

重要的候选人： 想象一下，在每个候选人变得重要时，押注他或她。（第 14 章）

和与差： 假设不可以，并先考虑最大的数。（第 19 章）

二分转换： 不妨假设原始人队会再次得分，并且如果进入加时赛，两队获胜的可能性相等。（第 10 章）

瑞典彩票： 想想押注最大允许的数，并与"作弊"和押注更大的数做个比较。（第 21 章）

随机弦： 和随机弦的选择方式有关系吗？（第 10 章）

立方体魔术： 调整立方体的方向以得到一个大的投影。（第 22 章）

随机偏差： 你能在选择硬币前以某种方式进行"抛掷"吗？（第 10 章）

角斗士（一）： 如果你把战力看作钱，那么每场比赛都变成了公平的游戏。（第 24 章）

角斗士（二）： 把每个角斗士想象成一个试图比对手坚持更久的灯泡。（第 24 章）

掷出一个 6: 注意, 这与忽略奇数投掷结果不同。(第 14 章)

旅行商: 比较 Lavish 和 Frugal 第 k 贵的航班。(第 15 章)

随机场景中的餐巾: 可以把每个就餐者想象成掷了一枚硬币来决定她更喜欢拿哪块餐巾。(第 14 章)

瘸腿车: 对不同的 (偶数)n, 在 $n \times n$ 的棋盘上做尝试, 会发生什么?(第 15 章)

硬币测试: 你需要让每枚硬币的投掷次数尽可能相同——但这还不够。(第 10 章)

曲线和三个影子: 用网格线构成的曲线试试。(第 16 章)

超过半数的帽子: 你能做得比 "多数" 策略更好吗, 即每个囚徒猜他看到更多的那个颜色?(第 17 章)

直线上的虫子: 先验证虫子不会永远徘徊而不走向无穷远处。(第 18 章)

篱笆、女人和狗: 如果狗在对面的点上, 女人什么时候离篱笆足够近, 可以直接跑向它?(第 19 章)

角上的棋子: 注意, 如果棋子开始时在格点上, 它们就会一直留在格点上。(第 21 章)

空间中的圆: 注意, 可以用圆铺满一个去掉任意两点的球面。(第 22 章)

15 比特和间谍: 让广播的 "Nim 和" 成为信息。(第 17 章)

反转五边形: 一个合理的可尝试的能量或许是这些数相互接近的程度。(第 18 章)

克莱普托邦的爱情: Jan 可以想办法把他的一把锁放到盒子上吗?(第 19 章)

小岛之旅: 关于 Aloysius 在某个特定时刻的处境你需要知道哪些东西?(第 22 章)

设计糟糕的时钟: 请注意, 当指针重合时, 你可以知道当时的时间。(第 19 章)

Fibonacci 倍数: 记录两个连续的 Fibonacci 数模 n 的余数。(第 21 章)

蠕虫和水: 你需要在 Lori 上方放一些虫子爬不到其下的东西。(第 19 章)

圆上的灯泡: 在记录所有灯泡的状态的时候, 不要忘了也注意你在看哪个灯泡。(第 21 章)

生成有理数: 注意, 你很容易得到所有分母为 2 的幂的分数。(第 19 章)

清空一只桶: 一种看似矛盾的方法是, 证明一只桶的液体可以一直增加, 直到另一只桶变空。(第 21 章)

有趣的骰子： 你如何让一个骰子比另一个更占优势，即使它们有相同的平均点数？(第 19 章)

挑选体育委员会： 如果你只是随机挑选一个委员会，然后尝试对其进行修正，会发生什么？(第 18 章)

冰激凌蛋糕： 如果你每次都在相同位置切蛋糕，并在切割之间旋转蛋糕，那样会更容易观察。(第 21 章)

分享披萨： 偶数的情况是简单的；对于奇数的情况试试大小为 0 (!) 和 1 的块。(第 19 章)

飞蛾之旅： 从飞蛾第一次到达 5 点或 7 点时开始。(第 21 章)

盒子里的名字： 没有不允许一个囚徒用他在一个盒子里找到的东西来决定下一步打开哪个盒子。(第 19 章)

收取水果： 试试只有苹果和香蕉的情况；加上樱桃会引出一个火腿三明治！(第 3 章)

硬币游戏： 如果一个人选 HHHH，另一个人选 THHH，你想成为谁？(第 10 章)

停车费引发的轮盘赌： 每一次下注都会输钱，所以你需要又快又准。(第 14 章)

隐秘的角落： 你可以先把自己放在一个由六块不接触的木板围成的房间里。(第 22 章)

睡美人： 设想重复 100 次整个实验。(第 10 章)

理事会减员： 首先想一想，如果理事会只剩下三名最资深的成员，会发生什么。(第 21 章)

Buffon 投针： 随机放置一个单位直径的圆，它穿过单位间距的平行线的期望次数是多少？(第 14 章)

黄金七城： 在这个谜题里等边三角形是你最好的朋友。(第 11 章)

救命的换位： 如果你能在盒子里的名字谜题中做到，你在这里也可以做到。(第 19 章)

更多磁性美元： 试着把这个设置成每个瓮在随机的时刻获得硬币。(第 24 章)

遮住污渍： 如果你把眼镜落在家里，看不清污渍在哪里，你会怎样遮住污渍？(第 14 章)

零和向量： 尝试构建一个新行的序列，它的部分和受到严格的控制。(第 12 章)

种族和距离：注意，平面上两点之间的距离和一条（适当约束的）随机直线从它们中间穿过的概率成正比。（第 14 章）

两位警长：让两位警长商定一个把嫌疑人两两配对的列表，使得每一对嫌疑人在列表中只出现一次。（第 13 章）

粉刷栅栏：粉刷者之间的区间是否被粉刷过，取决于该区间的长度相对于其相邻区间的长度如何吗？（第 14 章）

一路领先：可尝试把选票按圆形随机排序，而不是按直线随机排序。（第 10 章）

自表数：如果你试了一个数但不成功，最简单的修改办法是什么？（第 19 章）

加满杯子：注意，你当前所得米量的小数部分也构成一个独立均匀随机变量序列。（第 14 章）

两个球和一堵墙：利用能量和动量守恒，绘制球的速度图像。（第 20 章）

保加利亚单人纸牌游戏：把图旋转 45°，并考虑重力。（第 18 章）

第1章　开始计数

数学里没有什么事情比计数更为基础了。但同时，对数学对象进行计数也可以困难得让人望而生畏。我们将从一些简单的谜题开始，然后逐步介绍一些计数中有时需要用到的特殊工具。

半生长

一个普通儿童的身高在什么年龄是他或她成年后身高的一半？

解答：大多数人都猜得太大。有人可能会想，如果是在 16 岁左右达到成年身高的话，那么应该在大约 8 岁达到一半高度。

上面的推理有两个问题：(1) 人类的生长速度不是恒定的；(2) 婴儿有一个大约 20 英寸的起步身高（当你把他们立起来时）。

正确答案：两岁！（对女孩，实际上是大约 $2\frac{1}{4}$ 岁；对男孩，大约 $2\frac{1}{2}$ 岁。）

二二二二

"两次两对双胞胎"一共是多少人？

解答：这句话中有四个词都表示数字"2"，大多数人有理由猜测这些 2 应该相乘而不是相加。因此答案是 16，对吗？

且慢，一对双胞胎其实只有两个人。所以正确答案是 8。

西瓜

昨天瓜田里有 1000 磅的西瓜。重量中 99% 是水，但经过一夜它们蒸发掉了一些水分，现在只剩 98% 的水。这些西瓜现在重多少？

解答：500 磅。这些西瓜含 10 磅的固体物质，现在占最终重量的 2%；用 10 磅除以 0.02，就是这个答案。显然，这一夜蒸发掉不少！

一袋袋弹珠

你有 15 个袋子。为了使得各袋子中弹珠的数量两两不同，你需要多少颗弹珠？

解答：将 0 也视为一个数量，你可以合理地推断出，你应该在第一个袋子中不放弹珠，在第二个袋子里放 1 颗，第三个袋子里放 2 颗，以此类推，最后一个袋子里放 14 颗。那是多少颗弹珠？

回答这个问题的一个快速方法是，观察这 15 个袋子里弹珠的平均数量是 7。由此，弹珠的总数为 $15 \times 7 = 105$。

但是这里有个陷阱：你可以把袋子放在袋子里！如果你将一个空袋子和一颗弹珠放进第二个袋子，然后把第二个袋子和另一颗弹珠放进第三个袋子，以此类推，最后一个袋子装有所有的弹珠。这样，你总共只需要 14 颗弹珠。

涨薪

Wendy、Monica 和 Yancey 在 2020 年伊始被录用。

Wendy 领取周薪，每周 500 美元，每周加薪 5 美元；Monica 领取月薪，每月 2500 美元，每月加薪 50 美元；Yancey 领取年薪，每年 50000 美元，每年加薪 1500 美元。

谁将在 2030 年赚的钱最多？

解答：Yancey 每年涨薪 1500 美元，这样他在 10 年之后拿到的是 $50000 + 10 \times 1500 = 65000$ 美元。

Monica 每年会涨薪 $50 \times 78(!) = 3900$ 美元，这样她的工资在第 10 年底（2030 年即将开始时）是 $30000 + 10 \times 3900 = 69000$ 美元。因此，Monica 在 2030 年的收入超过了 Yancey，甚至不用考虑她那年会有的额外加薪。

等一下，为什么是 78？这是由于 Monica 的每月涨薪累加得到 $50 \times (1 + 2 + \cdots + 12) = 50 \times 13 \times 12/2 = 50 \times 78$ 美元。

由类似的推理, 每年计作 52 周, Wendy 每年会涨薪 $5 \times 53 \times 52/2 = 6890$ 美元, 她在第 10 年结束时的收入是 $26000 + 10 \times 6890 = 94000$ 美元。Wendy!

这里还有一次机会对连续的数进行累加。

高效的披萨切割

将一个圆形披萨沿直线切 10 刀, 可以得到的最大块数是多少?

解答: 解决这个问题的方法有很多种, 但也许最简单的方法是注意第 n 刀最多可以和之前的 $n - 1$ 个切痕各相交一次, 并且在每对相邻的交点之间把原来的一块饼分为两块。因为你也在第一个交点之前和最后一个交点之后各分出新的一块, 所以这一刀一共增加了 n 个新的块。

因此, 你用 n 刀最多可以割出 $1 + 2 + \cdots + n = n(n + 1)/2$ 个新块, 但别忘了你是从一块 (整张披萨) 开始的, 所以答案是 $1 + n(n + 1)/2$ 块。对于 10 刀, 那就是 56 块。

等一下, 我们其实还没有证明你真可以达成那么多块——那需要每两刀的割痕相交, 而且不能有三条割痕交于同一处。不过我们只需要沿着披萨的边标记 $2n$ 个随机的点, 按照 (比如说) 顺时针顺序对它们编号, 然后从第一个点切向第 $n + 1$ 个点, 再从第二个点切向第 $n + 2$ 个点, 以此类推, 我们实现目标的概率将会是 1。

你不喜欢随机的切割? 我留给你自己去设计一个确定性的方法, 使得你可以切出满足上面条件的 10 刀 (或者 n 刀)。

黑色星期五恐惧症患者请注意

与一周的其他几天相比, 每月的 13 号更可能是星期五吗? 或者只是看起来如此?

解答: 令人惊讶的是, 这确实是正确的——在我们公历的 400 年周期中, 有更多月份的第 13 天是在星期五, 而不是一周中的任何其他日子。

事实上，在 400 年周期的 4800 个月中，有 688 个月的第 13 天是星期五。星期天和星期三各有 687 个，星期一和星期二各有 685 个，而星期四和星期六各只有 684 个。要验证这些，你需要记得被 100 整除的年份不是闰年，除非同时能被 400 整除（比如 2000 年）。

顺便说一句，经过一些练习，你可以快速确定历史上的任何一天是星期几——即使考虑过去的日历调整。对于比较偷懒或者更关注现在的人来说，要记住的一个有用事实是，在任何年份中，4/4、6/6、8/8、10/10、9/5、5/9、7/11、11/7 以及二月的最后一天都在一周中的同一天。（如果你碰巧每天从 9 点到 5 点玩掷骰子，这就更容易记住了。）注意，不管你喜欢把月份放在日期之前或是之后，上面的事实都不受影响。

已故的 John H. Conway（你会在本书中经常看到他的名字）喜欢把一周中的那一天称为该年的"审判日"。审判日每年延后一天，在闰年则延后两天。2020 年的审判日是星期六，所以 2021 年是星期天，2022 年是星期一，2023 年是星期二，但在 2024 这个闰年是星期四。

对于下一个谜题，我们介绍一些基础的组合学——计数艺术中的基本技巧。

大多读者知道，如果你分两步构造某种东西，在第一步有 n_1 种选择，在第二步有 n_2 种选择，则你有 $n_1 \times n_2$ 种方法来完成任务。这可以推广到多个步骤的情况，我称其为"乘法原则"。例如，你可以制作三个字母后跟两个数字的不同车牌号的总数是 $26 \times 26 \times 26 \times 10 \times 10 = 26^3 \times 100$。一个 n 元集合的子集个数为 2^n，因为你可以如下构造一个子集：把大集合的元素排成一排，并逐个决定是否把该元素放入子集。

如果你要对大小为某个特定的 k 的子集计数，则需要除法原则，即如果你"碰巧"把每个对象数了 m 次，那么需要在最后把答案除以 m。为了计数一个 n 元集的大小为 k 的子集，我们先数有序子集——指定第一个元素、第二个元素等的子集。挑选有序子集的第一个元素有 n 种选择，挑选第二个元素有 $n-1$ 种选择，到最后一个元素剩下 $n-k+1$ 种选择，所以总共有 $n(n-1)(n-2)\cdots(n-k+1)$ 种。但每个大小为 k 的子集有 $k(k-1)(k-2)\cdots 1 = k!$ 种方法排序，所以我们把每个这样的子集计数了这么多次。因此，大小为 k 的子集数量实际上是

$$\frac{n(n-1)(n-2)\cdots(n-k+1)}{k(k-1)(k-2)\cdots 1} = \frac{n!}{k!(n-k)!}.$$

最后这个表达式被记成 $\binom{n}{k}$, 通常念作 "n 选 k"。

这里有个例子, k 正好是 2。

Williams 姐妹相遇

Venus Williams 和 Serena Williams 在锦标赛中相遇会让一些网球迷很激动。发生这种情况的概率通常取决于球员的种子排位及能力, 所以让我们设计一个包含 64 名球手的理想淘汰赛, 每名球员在任何一场比赛中获胜和失败的概率均等, 并且均匀随机地分组。Williams 姐妹最终在比赛中相遇的概率是多少?

解答: 这看起来挺复杂的。事实上, 在 Frederick Mosteller 那本令人愉快的小书《五十个具有挑战性的概率问题》里, 对其等价问题的解答是, 先对 k 较小时 2^k 个选手的情况猜测一般的答案, 然后再对 k 归纳证明猜测正确。

但是有一个简单的方法来考虑这个问题: 总共有 $\binom{64}{2} = (63 \times 64)/2$ 对选手, 其中有 63 对会相遇 (因为需要淘汰 63 名选手才能最后产生冠军), 所以任意一对特定选手相遇的概率必定是 $63/((63 \times 64)/2) = 1/32$。

赛马评级

你有 25 匹马, 可以进行 5 匹一组的比赛, 但是由于没有秒表, 只能观察赛马在比赛中的完成顺序。你需要多少次 5 匹马的比赛才能确定这 25 匹中速度最快的 3 匹?

解答: 嗯, 显然所有马匹都需要进行比赛, 因为一匹未经测试的马完全可能是最快的三匹之一。你可以在五次比赛中做到这一点, 但这并不能解决问题, 因此你至少需要进行六次比赛。

好吧, 假设你确实将马匹分成五组比赛; 然后将各组胜者放在一起比赛。那样你会知道些什么呢?

不妨假设第 6 组的胜者来自第 1 组, 第二名来自第 2 组, 第三名来自第 3 组。当然, 所有马中最快的那匹就是第 6 组的胜者, 但是次快的那匹可能是第 6 组的第二名或第 1 组的第二名。第三快的马可能是第 6 组的第三名、第 1 组的第二或第三名、第 2 组的第二名。

因此, 第二和第三快的唯有的 "候选马" (抱歉) 是第 1 组的第二、三名、第 2 组的第一、二名以及第 3 组的第一名。那一共是五匹马, 让这些马进行第 7 组比赛, 你的任务就完成了。不难看到, 你无法比这个简洁的方案做得更好。

在机场系鞋带

你在奥黑尔国际机场走向登机口时需要系一下鞋带。前方是一条你打算利用的电动步道。为了尽量缩短到达登机口的时间，你应该现在停下来系鞋带，还是等到上了电动步道再系？

解答：你应该在电动步道上系鞋带。无论哪种方案，你在地面上行走的时间相同，系鞋带的时间也相同。但如果你在地面上系鞋带，你会花更多时间在电动步道上行走。

行和列

证明：如果对矩阵的每一行进行排序后，再对每一列进行排序，则每一行仍是排好序的！

解答：为了证明这个令人惊讶的断言，让我们假设矩阵有 m 行和 n 列，在每一行排序（比如最小的在左边）之后，第 i 行、第 j 列的元素记为 a_{ij}；在每一列排序之后，该位置的元素为 b_{ij}。我们需要证明，当 $j < k$ 时，$b_{ij} < b_{ik}$。

这结论就属于那一类事情，每次想到它们，你的感觉会在神秘莫测和显而易见之间摇摆不定。有一个论证的办法是注意到 b_{ik} 在原先由 $\{a_{1k}, a_{2k}, \ldots, a_{mk}\}$ 组成的列中是第 i 小的数。对每个最终位置在第 i 行之上的 $a_{i'k}$，原先与之同行但在第 j 列的 $a_{i'j}$ 不比它大；这样，再算上原先与 b_{ik} 同行的第 j 列元素，在第 j 列至少有 i 个数不大于 b_{ik}。因此，原先第 j 列的第 i 小的数（也就是说 b_{ij}）本身不会大于 b_{ik}，从而我们完成了证明。

这是否比仅仅尝试一个例子更有说服力？你自己来判断。

三方选举

Alison、Bonnie 和 Clyde 竞选班长，结果是三者同分。为了打破这种局面，他们征求同学们的第二选择，但同样是三者同分。选举委员会陷入困局，直到 Alison 指出，由于投票人数是奇数，他们可以进行两两表决。因此，她建议同学们在 Bonnie 和 Clyde 之间选一个，然后获胜者将和 Alison 对决。

Bonnie 抗议说这样不公平，因为和其他两位候选人相比，这给 Alison 带来了更大的获胜机会。Bonnie 的说法正确么？

解答：Bonnie 说得对——实际上，她低估了这里的情况；假设没有投票人在中途改变主意，Alison 将确定会胜选！为了看清这一点，假设 Alison 的支持者更喜欢 Bonnie 而不是 Clyde（从而 Bonnie 在被提议的两两表决中会击败 Clyde）。然后，Bonnie 的支持者必定更喜欢 Clyde 而非 Alison，否则 Clyde 得到的第二选择票数将少于 1/3；类似地，Clyde 的支持者更喜欢 Alison 而不是 Bonnie。因此，在这种情况下，Alison 会在决胜局中击败 Bonnie。

如果 Alison 的支持者更喜欢 Clyde 而非 Bonnie，一个对称的论证表明 Alison 会在决胜局中击败 Clyde。♡

这个谜题可以作为一个警示：有些裁决提案可能不是表面上那么简单。

让我们回到基本的乘法原则，不过这次需要一些额外的巧思。

排列数字

你有多少种方法可以将数字 0 到 9 写成一行，使得除最左边以外的每个数字都和其左侧的某个数字相差 1？

解答：当你分步骤来构造某种东西，并运用乘法原则时，你需要每一步的选择数不依赖于在之前各步骤做出的选择。这个问题好像并非如此；例如，假设你选择 8 作为这个数列的第一个数，下一个数你有两种选择（7 或 9），但如果你选择数列从 9 开始，下一步你只有一个选择（8），并且实际上这时整个数列都已经被确定了。

你可以用一些组合数（前面介绍的那些形如 $\binom{n}{k}$ 的家伙）的神奇操作来解决这个问题，不过有一个更漂亮的办法：从后往前构造这个数列！最后一位必须是 0 或 9；如果是 9，倒数第二位必须是 0 或 8；如果最后一位是 0，倒数第二位必须是 1 或 9。不管你怎么做，在每一步有两种选择，直到你来到最左边那位，所以这样的数列的个数是 $2^9 = 512$。

有缺陷的密码锁

一个密码锁有三个拨盘，每个拨盘上有数字 1 到 8。它的缺陷是，你只需要把两个拨盘拨到正确的数字就可以把它打开。为了确保打开这把锁，你最少需要尝试多少种（三个数的）组合？

解答: 从几何上思考往往是解决这类问题的最简便的途径。所有可能组合的空间可以看作一个 $8 \times 8 \times 8$ 的组合立方体，每次尝试一种组合时，你会覆盖相互垂直交于该点处的三条线上的所有组合。

一旦你从这个角度去考虑问题，可能会发现覆盖立方体中所有点的最佳方法是将所有尝试的点集中在八个 $4 \times 4 \times 4$ 象限中的两个。然后你会得到一个和下述等效的解答。

尝试所有取值在 $\{1, 2, 3, 4\}$ 中、和为 4 的倍数的组合；这样的组合总共有 16 个，因为当你确定了前两个（或任意两个）拨盘的数字之后，第三个数字就被唯一确定了。现在，将上述的每个组合加上 $(4, 4, 4)$，也就是说，将每个拨盘的数字加 4；这样多了 16 种组合，我们宣称这 32 种选择共同覆盖了所有的可能情况。

很容易看到这种方法是有效的。正确的组合必须有两个（或更多）数值在集合 $\{1, 2, 3, 4\}$ 中，或者有两个或更多数值在集合 $\{5, 6, 7, 8\}$ 中。如果是前一种情况，第三个拨盘（其数值可能不在 $\{1, 2, 3, 4\}$ 中）有一个唯一的数值，使得这三个数是前 16 种被尝试的组合之一。另一种情况类似。

为了理解我们不能用 31 次或更少的尝试来覆盖所有点，假设 S 是这样一个覆盖且 $|S| = 31$。令 $S_i = \{(x, y, z) \in S : z = i\}$ 为 S 的第 i 层。

令 A 为集合 $\{1, 2, 3\}$，$B = \{4, 5, 6, 7, 8\}$，$C = \{2, 3, 4, 5, 6, 7, 8\}$。$S$ 至少有一层包含 3 个或更少点；我们可以假设这层是 S_1，并且 $|S_1| = 3$。（如果 $|S_1| \leq 2$，很容易得到矛盾。）S_1 的点位于一个 $3 \times 3 \times 1$ 的子长方体中；我们可以假设它们在 $A \times A \times \{1\}$ 中。

$B \times B \times \{1\}$ 的 25 个点必须被 S_1 之外的点覆盖，其中任何两个都不能被同一个 S 中的点覆盖，这样，$S \smallsetminus S_1$（S 中的不在 S_1 的元素组成的集合）有一个大小为 25 的子集 T 包含在 $B \times B \times C$ 中。现在考虑集合 $P = \{(x, y, z) : z \in C, (x, y, 1) \notin S_1, (x, y) \notin B \times B\}$。简单的计数得到 $|P| = (64 - 3 - 25) \times 7 = 252$。$P$ 中的点不被 S_1 覆盖，而每个 T 中的点至多覆盖 $3 + 3 = 6$ 个 P 中的点。于

是，至少有 $252 - (6 \times 25) = 102$ 个点需要被 $S \setminus S_1 \setminus T$ 的点覆盖。

然而，$|S \setminus S_1 \setminus T| = 31 - 3 - 25 = 3$，并且正方体中的每个点恰好覆盖 22 个点。由于 $22 \times 3 = 66 < 102$，我们得到了矛盾。♡

输掉掷骰游戏

在拉斯维加斯，你碰到如下游戏。掷出六个骰子，并统计出现的不同数字的数量。显然，这个数量可以是 1 到 6 之间的任何数字，但得到各数字的可能性是不同的。

如果得到的是数字 "4"，你赢 1 美元，否则你输 1 美元。你喜欢这个游戏，并计划一直玩下去，直到输光你带来的 100 美元。

按照每局一分钟的速度，你平均需要多长时间才会输光？

解答：这当然是个圈套；否则的话这个问题应该出现在第 10 章 "可能之极" 而不是在这一章里。平均而言，你永远不会出局——这个游戏是对你有利的，你的赌金甚至可能永远不会掉到 10 美元以下。

掷骰子总共有 $6^6 = 46656$ 种情况。要出现四个不同的数字，你需要 AABBCD 或 AAABCD 型的结果。在保持数量相同的标号按照字母序排列的条件下，前一种类型有

$$\binom{6}{2} \cdot \binom{4}{2} / 2 = 45$$

个不同版本；例如，AABBCD, ABABCD, ACDABB，但不包括 BBAACD 或 AABBDC。

后一种类型有 $\binom{6}{3} = 20$ 个版本。

在每个版本下，有 $6 \times 5 \times 4 \times 3 = 360$ 种方法将字母替换成数字，所以总共有 $360 \times 65 = 23400$ 种情况。由此，获胜的概率是

$$23400/46656 = 50.154321\%. \quad ♡$$

如果你在这个游戏里赢了一些钱，别忘了把你盈利中的 5% 寄给 Taylor & Francis，让他们转给我。

分堆

你的工作是将一堆 n 个物品分成单个。任何时候，你都可以将一堆分成两堆，并获得相当于两堆大小乘积的报酬。

　　例如，对 $n = 8$，你可以分为 5 个一堆和 3 个一堆，并获得 15 美元的报酬；5 可以分为 2 和 3，你又拿到 6 美元。再分两个 3（每堆获得 2 美元）和剩下的三个 2（每堆获得 1 美元），则总收入为 $15 + 6 + (2 \times 2) + (3 \times 1) = 28$ 美元。

　　对 n 个物品，你最多能获得多少钱？怎样做？

　　解答：尝试其他几种处理 8 个物品的方法，你会发现它们都会给你带来同样的 28 美元。你如何分堆真的不重要吗？

　　这个问题在网上曾被用来演示所谓的"强归纳法"。但有一个简单的方法可以让我们看到，无论你怎么做，结果总是 $\binom{n}{2}$ 美元：每一对（无序）物品都能使你得到 1 美元！

　　想象每一对物品之间都有一根绳连着，当你拆分一堆时，你将跨越这一分割的每一对物品之间的绳割断。如果一边有 i 个物品，另一边有 j 个，你割断 ij 条绳，并得到 ij 美元的报酬。最终你割断了每条绳，并从每条绳上获得 1 美元，所以无论采用什么策略，你都会得到 $\binom{n}{2}$ 美元。

西北偏北

　　如果你从未看过阿尔弗雷德·希区柯克 1959 年的著名电影《西北偏北》，你应该去看一下。可是，那到底是什么方向呢？假设北是 0°，东是 90°，等等。

　　解答：听上去应该是在北（0°）和西北（315°）的正中间，所以是 337.5°。但那实际上是"北西北"（north‑northwest），而不是"北偏西北"（north by northwest）[1]。介词"偏"（by）将指针向其宾语方向移动了 11.25°，因此，"北偏西北"把你置于 $(360 - 11.25)° = 348.75°$ 的方向上。此外，"西北偏北"（northwest by north）是 $(315 + 11.25)° = 326.25°$。使问题变得更加混乱的是，"北偏西北"更多时候被称为"北偏西"（north by west）。所以这部电影的名字并不是一个常用的短语；事实上影片一开始计划的名字是"往西北去的方向"（In a Northwesterly Direction）。但这念起来就不那么顺口了，对吗？

　　下一个谜题只需要一点点算术。真的。

早到的通勤者

　　一个通勤者提前一个小时到达她家的车站，然后步行回家，直到遇上按正常时间开车来接她的丈夫。结果她比平常早 20 分钟到家。她走了多久？

---

[1]电影的中文名并没有完全忠实于原文，"North by Northwest"的直译是"北偏西北"。——译者注

解答：这类行程应用题可以让你抓狂，直到你从"正确的角度"去思考它。在这里，注意到通勤者的丈夫显然比正常时间省下了来回各 10 分钟，所以他必定是比平时早了 10 分钟接到妻子。所以她走了 50 分钟。

为了解决下一个谜题，我们回到那些组合数。

交替连接

圆上有 100 个点。Alice 和 Bob 轮流用一条线连接点对，直到每个点至少有一个连接。最后一个连线的一方获胜；哪个玩家有必胜策略？

解答：连接到第 98 个点的玩家是注定失败的，因为在他或她的这一手结束后，还有一个或两个没有被碰过的点，这样其对手可以结束游戏。在第 98 个点必须被连接之前可以有 $\binom{97}{2}$ 手，而这是一个偶数，所以后手总能获胜。

旋花和忍冬

两种藤本植物——一株旋花和一株忍冬——爬上树干，在同一处开始也在同一处结束。旋花逆时针绕了树干三圈，忍冬顺时针绕了树干五圈。不算顶部和底部，它们交叉多少次？

解答：在心里想象将树干带着上面的藤蔓一起扭转，我们看到，如果旋花竖直地向上而忍冬绕了 5 + 3 = 8 圈的话，答案是不变的。所以它们会交叉 9 次，不计顶部和底部，答案是 7。

记得一种叫电话树的东西吗？假设你曾是某个组织的成员，他们需要一种方式通过电话来传递消息。在这种情况下，建立一个电话树一度是很普遍的。想法是这样的：作为一名成员，你将持有包含其他若干（至少一个）成员的一个特定名单，而其中的每个人在她持有的名单上也会有你的名字。如果你获得了某条其他成员们会感兴趣的外部信息，就给你名单上的所有成员打电话。反过来，如果某个成员打电话告诉你某条信息，你就把它传递给你名单上的所有其他成员。

为了使电话树能够正常运转，每两名成员之间必须有一条路径；也就是说，如果任何成员得到了一个信息，那么最终整个组织要听到它。如果我们把每个成员想成一个点，当两个成员在彼此的电话名单上时，在他们的对应的点之间连一条线，则这些点和线必须形成一个连通图。(关于图的更多问题会出现在第 4 章图的学问中。)

那么，这为什么被称为电话树而不是电话图呢? 因为，如果高效地构建它，图中只需要 $n-1$ 条线——等价地，没有成员发出的消息会被传回到他自己。

下面是一个电话树的例子，组织中有 10 名成员，他们的名字恰好是数字 0 到 9。

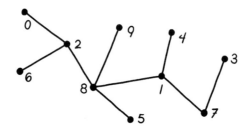

我们要解决的问题是：对一个有 n 名成员的组织，共有多少种办法构建一个电话树? 德国数学家 Carl Wilhelm Borchardt 在 1860 年给出了这个问题的解答；在同一年，Johann Philipp Reis 制造了 (可以说是) 第一个电话的原型。

Borchardt 的贡献大多已被遗忘，而另一位英国数学家 Arthur Cayley 的名字和下面将要介绍的公式联系在一起。

在我们陈述和证明 "Cayley 公式" 之前，请你大致猜测一下，一个有 10 名成员的组织有多少个可能的电话树? 几百个? 还是几千个?

答案是，不多不少，一亿个!

定理. 在 n 个标号的点上树的个数是 n^{n-2}。

证明：我们将证明在点 $\{0, 1, 2, \ldots, n-1\}$ 上的树的集合与由 $\{0, 1, 2, \ldots, n-1\}$ 中元素组成的长度为 $n-2$ 的序列集合之间存在一一对应，从而证明该公式。

因为序列的每一项都有 n 种选择，根据之前的乘法原理，我们知道这样的序列共有 n^{n-2} 个。所以，如果我们能建立上述的一一对应，任务就完成了。

树中的一个叶子是这样的一个点（更好的叫法是"顶点"），它只连到另外一个顶点。为了从一个树得到一个序列，我们找到标号最小的叶子；我们的序列从它仅有的邻居的标号开始，而不是从这个叶子的标号开始。

然后，那个叶子被删去，重复这个操作以确定序列中的下一项，然后继续进行直到树中只剩下两个顶点为止。就是这样！

让我们试试上图中的树。我们得到下面一连串越来越长的序列和越来越小的树；在每个树中，所有的叶子被加了圈，连接当前标号最小的叶子的顶点被加了方框。

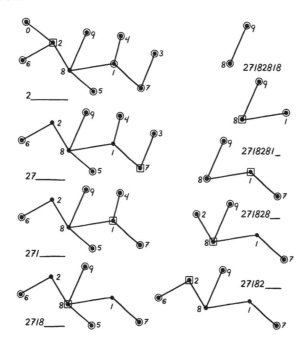

为了证明这是一个一一对应，我们需要从任何序列得到可以生成该序列的唯一的树。实际上，这是非常容易且合乎逻辑的；我们来看看刚刚得到的序列，并检查是否还原出相同的树。

请注意，一个树的所有叶子不会出现在该树产生的序列中。因此，给定一个序列，我们找没有出现的最小数，并将这个顶点连接到序列最左边那个数对应的顶点上，由此开始构建我们的树。下面我们擦掉最左边的数，并重复这个过程，现在寻找最小的没有出现在新的、更短的这个序列中的，并且尚未被用作叶子的数。如此继续直到整个序列消失，最后我们连接尚未被用作叶子的那两个顶点，从而完成整个树的构造。

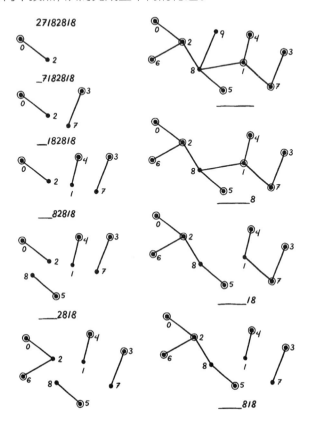

　　我们在这里不给出上述两个算法互逆的形式化证明，但希望这个例子已经足够说明问题了。♡

第2章 得到奇偶性

对数学家来说,"parity"往往指的是奇数和偶数的差别。通常,奇偶性不会被写在一个谜题的题面上;但当你开始把玩这个谜题,奇和偶的概念会显现出来。而一旦到了这一步,你多半已经快把问题解决了。

这里是一个简单的例子。

细菌繁殖

两个皮克素细菌细胞交配时会产生一个新的细胞。如果两个细胞的性别不同,则新的细胞将会是雌性,否则是雄性。当食物匮乏时,交配是随机的,并且交配双方会在新细胞出生时死亡。

由此可见,如果一直处于食物匮乏的环境下,一个皮克素细菌菌落最终将缩减到只有一个细胞。如果该菌落最初有 10 个雄性细胞和 15 个雌性细胞,那么最后那个皮克素细菌为雌性的概率是多少?

解答:实际操作几次,你可能会观察到:雌性细胞数量的奇偶性是不会改变的——也就是说,雌性细胞一直是奇数个。

因此,最终那个皮克素细菌是雌性的概率是 1。

在下一个谜题中,你需要自己想出怎么用奇偶性。

第四个角

一个正方形的三个角上各有一个棋子。任何时候,一个棋子都可以越过另一个棋子,在另一侧相等距离处落下。被跳过的棋子不被移除。你能把一个棋子移到正方形的第四个角上吗?

解答:首先,我们将初始正方形看作平面网格上的一个单位格,例如,XY-平面上的点 $(0,0)$, $(0,1)$, $(1,0)$ 和 $(1,1)$。这样的话,棋子会始终在网格点上。

然而,整数格点有四种可能的奇偶性:每一个坐标可能是奇数或偶数。当一个棋子跳跃时,它的奇偶性是保持不变的:其 X-坐标的增量是一个偶数

（2,0 或 −2 ），Y-坐标也一样。

上述单元格的顶点包含所有的四种奇偶组合，所以开始没有棋子的那个角永远不会被棋子占据。

全体正确的帽子

如果能够赢得下面这场游戏，一百名囚徒将会获得自由。在黑暗中，每个人会根据一枚公平硬币的投掷结果被戴上红色或黑色的帽子。开灯后，每个人会看到其他人帽子的颜色，但看不到自己的；到那时候囚徒之间的任何交流都是不被允许的。

每个囚徒会被要求写下对自己帽子颜色的猜测；如果所有囚徒都猜对了，他们将被释放。

囚徒们有一次事先合谋的机会。你能为他们想出一个获胜概率最大的策略吗？

解答：无论他们采取什么样的策略，Bob（某个特定的囚徒）猜对的概率恰好是 $\frac{1}{2}$，所以他们全部猜对的概率不可能超过 $\frac{1}{2}$。然而神奇的是，他们可以达到 $\frac{1}{2}$ 的概率。

关键在于：假如 Bob 知道红帽子一共有偶数个，那么他就大功告成了。这是因为，如果他看到其他狱友头上有偶数个红帽子，他就知道自己的帽子是黑色的；而如果他看到奇数个红帽子，他就知道自己的帽子是红色的。

所以囚徒们简单地约定，所有人都猜红帽子的个数是偶数。或者他们都猜对，或者都猜错。而红帽子有偶数个的概率恰好是 $\frac{1}{2}$。（即使只有一个帽子的颜色是由抛硬币来决定的，这个结论还是正确的，因为不管其他帽子的颜色如何，那个帽子的颜色决定了红帽子个数的奇偶性。）

一旦你理解了这个问题，下一个就容易了。

一半正确的帽子

如果能够赢得下面这场游戏，一百名囚徒将会获得自由。在黑暗中，每个人会根据一枚公平硬币的投掷结果被戴上红色或黑色的帽子。开灯后，每个人会看到其他人帽子的颜色，但看不到自己的；到那时候囚徒之间的任何交流都是不被允许的。

每个囚徒会被要求写下对自己帽子颜色的猜测；如果至少一半的囚徒猜对了，他们将被释放。

囚徒们有一次事先合谋的机会。你能为他们想出一个获胜概率最大的策略吗？

解答：是的，他们只需要安排 50 个囚徒在红帽子总数是偶数的假设下猜测自己的颜色，而另外 50 个假设红帽子的个数是奇数。这样总有一组会猜对，除非有哪个可怜的家伙神经短路了！

排队的红帽子和黑帽子

这次有 n 名囚徒，每个人还是会根据一个公平硬币的投掷结果被戴上一顶红色或黑色的帽子。囚徒们要排成一队，这样每个囚徒只能看到他前面那些帽子的颜色。每个囚徒必须猜测自己帽子的颜色，如果猜错就将被处决；但是，猜测是从队尾到队首逐个进行的。这样，例如队中第 i 个囚徒可以看到第 $1, 2, \ldots, i-1$ 个囚徒的帽子颜色，并且会听到第 $n, n-1, \ldots, i+1$ 个囚徒的猜测（但他并不会被告知哪些猜测是正确的——处决是稍后进行的）。

囚徒们有一次事先合谋的机会，以保证有尽可能多的幸存者。在最坏情况下，有多少位囚徒可以活下来？

解答：很明显，不可能确保多于 $n-1$ 名囚徒幸存，因为第一个猜的人（即排队尾的那位）没有任何线索。但他可以向前面那个囚徒传递一个线索，让他知道前 $n-1$ 个囚徒头上的红帽子总数是奇数还是偶数。他怎么能传递这个信息呢？当然是通过他的猜测。例如，囚徒们可以商量好，如果排在最后一位的囚徒看到奇数数量的红帽子，则猜测自己为"红色"，否则为"黑色"。

这样可以救下第 $n-1$ 个囚徒；那其他囚徒呢？他们也得救了！每个人都听到了最后一个囚徒的猜测，而且知道此后的所有猜测都将是正确的。例如，假设第 i 个猜测的囚徒听说前 $n-1$ 个囚徒中有偶数个红色，并且在第一次猜测之后听到了 5 个"红色"的猜测，那么他就会得出结论，从他本人开始向前的红色帽子数量为奇数。如果他往前看到了偶数个红帽子，则他就知道自己的帽子一定是红色的，并据此进行猜测。

下一个问题有些棘手。幸运的是，我们的囚徒们现在对这类游戏已经挺拿手了。

囚徒和手套

有 100 个囚徒，每人的额头上都写着一个不同的实数，每人有一只黑手套和一只白手套。看到其他囚徒额头上的数之后，每个囚徒必须给每只手戴一只手套，当囚徒们按实数顺序排成一排并手拉手时，要求握在一起的手套颜色相同。囚徒们可以事先合谋，他们怎样才能确保成功？

解答：这看起来似乎不太可能：每个囚徒看到 99 个不同的实数，而对自己额头上的数应该排在哪里一无所知，那他怎么知道如何是好？他得到了哪些信息？

这里是一种更微妙的奇偶性：置换的奇偶性。按照将其排为升序所需的两两对换次数的奇偶性，每个置换被归类为"偶"的或者"奇"的。如果我们把置换写成"一排的形式"，$(p_1, p_2, \ldots, p_n)$ 表示将 i 映射到 p_i 的置换，那么 $(1, 2, 3, 4, 5)$ 是一个偶置换因为它已经是一个恒等置换（不需要任何对换），而 $(4, 2, 3, 1, 5)$ ——可以通过对换"1"和"4"排为升序——是一个奇置换。

假设把这些囚徒（例如按姓名的字典序）编号为 1 到 100。这样他们额头上的数确定了 1 到 100 这些数的一个置换：如果囚徒 i 额头上的数是第 j 小的，在这个置换中，i 被映射到 j。

举个例子，假设囚徒是 Able、Baker、Charlie 和 Dog[1]，编号依次为 1 到 4。假设他们头上的数分别为 2.4、1.3、6.89 和 π。那么这个置换就是 $(2, 1, 4, 3)$，其中最前面的"2"表示第 1 个囚徒得到的是第 2 小的数，等等。

这是一个偶置换，因为交换 2 和 1，然后交换 4 和 3，可将其还原到恒等置换 $(1, 2, 3, 4)$。

当然，Charlie 看不到他自己额头上的 6.89，所以他不知道这个置换的奇偶性。但是，如果他假设自己的数是最小的，他就可以由此推导置换的奇偶性。如果他的数是最小的，或者第 3 小的，或者第 5 小的，等等，他的推断将是正确的；如果他的数恰好是第 i 小的，而 i 是一个偶数，则他的推断将是错误的。

如果 Charlie 的假设致使他得到一个偶置换，我们让他把白手套戴在左手（黑手套戴在右手），如果得到奇置换，则反过来戴。（在上面的例子中，Charlie 由假设推出的是奇置换 $(3, 2, 1, 4)$，所以他把黑手套戴在左手。）

那样就行了！如果真实情况的确是偶置换，那么额头上数最小的那个囚徒会推导出"偶"，并且将白手套戴在左手。额头上数第 2 小的囚徒会推导出

---

[1] 这是 20 世纪美国军队对字母表前几个字母的读法。——译者注

"奇"，他戴黑手套的左手将会握住第一个人戴着黑手套的右手，以此类推。如果实际情况是一个奇置换，手套的颜色将全部反过来，仍然可以达成目标。

偶数和台球

你从一个装有标号为 1 到 9 的九个台球的瓮里拿 10 次球。(当然每次要放回!) 你拿到的球标号之和为偶数的概率是多少?

解答: 如果没有 9 号球，得到数字和为偶数的概率恰好是 $\frac{1}{2}$，因为不管你前 9 次取到什么球，第 10 个球的奇偶性将会决定总和是奇还是偶; 而那个球是奇是偶的概率相等。

现在把 9 号球考虑进来。不管你以什么顺序取这些球，你可以要求助手先向你透露所有数字中的 9。这样上面的论证依然适用: 最后展示给你的球的奇偶性，其数字将是 1 到 8 之一，将决定总和的奇偶性; 所以，总和是奇是偶的概率相等。

呃，等一下，有一种情况我们没有考虑到: 你每次都得到 9 号球! 这种情况发生的概率是 $\left(\frac{1}{9}\right)^{10}$，而这时总和是一个偶数。所以，总的来说，总和为偶数的概率是

$$\frac{1}{2}\left(1 - \left(\frac{1}{9}\right)^{10}\right) + \left(\frac{1}{9}\right)^{10} = \frac{1}{2} + \frac{1}{2}\left(\frac{1}{9}\right)^{10},$$

大约为 0.50000000014。极其微小的偏差，也许根本不值得为此押注!

当然，"偶数"意味着除以 2 后的余数是 0;"奇数"则意味着余数是 1。在下一个谜题中，你将要把奇偶性的概念扩展到除以 3 后的余数; 而再下一个谜题，则需要除以 9 后的余数。

变色龙

一群变色龙目前有 20 条红的、18 条蓝的和 16 条绿的。当两条不同颜色的变色龙相遇时，它们都会变为第三种颜色。一段时间后，所有变色龙是否可能变成相同颜色?

解答: 关键是观察到，在每次两条变色龙相遇后，任意两种颜色的变色龙数量之差在模 3 下保持不变。用符号来表示，记红色变色龙的数量为 N_R，N_B 和 N_G 代表蓝色和绿色的数量，我们宣称，比如说，在任意两个变色龙相遇后，与之前相比，$N_R - N_B$ 模 3 的余数是保持不变的。这很容易通过检查各种情况来验证。由此，这些数量差模 3 永远保持不变，而在给定的群落里没有一个差模 3 余 0，我们永远不会得到两种颜色的变色龙都是 0 个的情况。

另一方面，如果有两种颜色的个体数量之差（例如 $N_R - N_B$）是 3 的一个正整数倍，我们可以让一个红色和一个绿色的变色龙相遇来缩小这个差（如果没有绿色的，先用一个红色的和一个蓝色的相遇制造出来）。我们重复这个操作，直至 $N_R = N_B$，然后让红色的与蓝色的相遇，直到只剩下绿色的变色龙为止。

综上，并注意到如果两个这样的差是 3 的倍数，那么第三个也一定是，我们得到：

- 如果所有三个数量差都是 3 的倍数，那么任何一种颜色都可以主宰整个群落；
- 如果只有两种颜色的差是 3 的倍数，那么剩下那种是唯一可以主宰整个群落的颜色；
- 最后，如果没有一个数量差是 3 的倍数，那么在给定问题中，群落永远不会变成单色的，而是会保持流动状态，直到其他情况（例如出生、死亡）干预。

下面是一碟小菜。

缺席的数字

2^{29} 是一个各位数字都不相同的 9 位数。哪个数字不在里面呢？

解答：怎么办？你可以在计算机或计算器上键入 "2^29"，然后自己看一下答案。不过，有没有办法在不引发头痛的情况下在你脑袋里得出答案呢？

嗯……，也许你还记得在小学里学过的技巧——弃九法，即不断地把所有数位相加，最后总能得到模 9 的数（也就是除以 9 后的余数）。这用到了 $10 \equiv 1 \bmod 9$ 这个事实，从而对所有 n，$10^n \equiv 1^n \equiv 1 \bmod 9$。如果我们用 x^* 来表示 x 的各位数字之和，那么对任意的 x 和 y，我们有 $(xy)^* \equiv x^* y^* \bmod 9$。

特别地，我们有 $(2^n)^* \equiv 2^n \bmod 9$。2 的幂对 9 的余数从 2, 4, 8, 7, 5, 1 开始，然后重复；因为 $29 \equiv 5 \bmod 6$，所以 $2^{29} \bmod 9$ 是上面序列中的第 5 个数，也就是 5。

现在，所有十位数字的和是 $10 \times 4.5 = 45 \equiv 0 \bmod 9$，所以缺失的那个数字必定是 4。确实，$2^{29} = 536870912$。

拐角的减法

一张纸上写着一个由 n 个正数组成的序列。在一次"操作"中，根据以下规则，一个新序列写在旧序列的下方：每个数与其后继之差的绝对值写在该数下方；第一个数与最后一个数之差的绝对值写在最后一个数下方。例如，序列 4 13 9 6 的下方是 9 4 3 2。

对 $n = 4$ 使用例如 1 到 100 之间的随机数进行测试。你会发现，经过极少次的操作，该序列就会退化为 0 0 0 0，当然之后它就不变了。这是为什么？$n = 5$ 也是如此吗？

解答：考虑对 2 取模可以同时解决这两个问题。在 $n = 4$ 的情况下，考虑旋转和翻转对称，1 0 0 0 和 1 1 1 0 变成 1 1 0 0，然后 1 0 1 0，随后 1 1 1 1，最后 0 0 0 0。由于这包含了所有情况，我们可以看到，对于一般的整数，最多需要四步将所有数都变成偶数；此时，我们不妨在继续操作之前除以最大的二次幂的公约数。由于在序列中的最大数 M 不会变大，并且在每四步会被除以 2 或者更多，这个序列必定会在 $4(1 + \lceil \log_2 M \rceil)$ 步之内到达 0 0 0 0。（符号 $\lceil x \rceil$ 是 x 的"上取整"，也就是大于或等于 x 的最小整数。）

另一方面，对于 $n = 5$，序列 1 1 0 0 0（看成奇偶性或者看成一般的整数都可以）会进入循环 1 0 1 0 0，1 1 1 1 0，1 1 0 0 0。♡

用模 2 整数上的多项式做一点分析，能证明关键因素在于 n 是否为 2 的幂。

在下一个谜题中，我们回到奇数和偶数，但现在你需要一些敏锐的观察力来发现如何应用这个想法。

联结闭环

你能否将下面的 16 个方块重新排列（不许旋转）为 4×4 的正方形，使得所有曲线形成一个闭环？假定从底部出去的线在顶部的同一点处延续，从右到左也类似；换句话说，想象这个正方形被卷成一个甜甜圈。

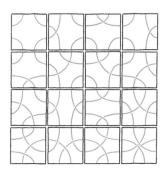

解答：这个谜题（以及书中的其他两个谜题）受到了艺术家 Sol LeWitt 作品的启发，他喜欢用某个组合任务的各种可能方式来构建绘画（和雕塑）。

在本谜题中，仔细观察这些瓷砖可以看到，每一块的每一边上都有两个进/出口。两条相邻边之间有一条曲线段连接：或者是最靠近公共角的两个口配对，或者是另外两个配对（每个四分之一圆），或者将靠近角落的一个口与另一条边的远离角落的口配对（使用四分之一椭圆）。

这可以通过对每条边上连接两条邻边的曲线做一个选择来实现：交叉，或是不交叉。这四个二项的选择恰好产生了你看到的 16 块不同的瓷砖。

当我们环绕这个甜甜圈时，没有任何一条线会终止，所以这些曲线必定形成了一些闭环。问题是，我们是否可以排列瓷砖，使得这些曲线只形成一条闭环。

和许多谜题一样，我们的初始策略是尝试各种不同的排法并计算闭环的数量。你会发现，无论如何排列，似乎总是有偶数个闭环。如果这通常是成立的，那么我们当然不会得到只有一个闭环的情况。但为什么闭环的数量总是偶数呢？

尝试证明这一点的一个自然方法可能是，如果我们交换两块相邻的瓷砖，闭环的数量总是被改变一个偶数。遗憾的是，有太多条（总共 12 条）曲线会进入两块相邻的瓷砖，当这两块瓷砖交换时，处理所有可能发生的不同情况是非常困难的。

我们需要考虑某种小得多的调整。在一块瓷砖上交叉或者解开一对曲线怎么样？当然，如果我们这样做，其效果是有一种瓷砖消失了而另一种被重复了。然后我们将处于一个不同的宇宙中，在那里每种瓷砖都取之不竭，而我们可以选择任意 16 块放到正方形里。

一些实验表明，如果我们从原来那 16 种瓷砖（例如上面的例子）的任何初始状况出发，并交叉或解开某一块的瓷砖的某一边上的两条曲线段，闭环的数量总是增加或减少一。如果这总是成立的，我们得出一个猜想：如果图中交叉总数是偶数，那么闭环的数量也是偶数；如果交叉总数是奇数，那么闭环的数量也是奇数。更多的实验似乎证实了这一点；我们能证明它吗？

下图显示了当你进行交叉或消除交叉时可能发生的三种情况。前两种会产生或消除一个闭环，因此它们会使闭环的个数增加或减少一。第三种是不可能的；如果一个闭环被（比如说顺时针）定向，而瓷砖被像国际象棋棋盘那样染色，那么一个闭环会交替地竖直进入灰色格子、水平进入白色格子，或者反过来。第三种情况所示的闭环违反了这个条件。

现在，如果你从第一个图开始，它有 16 个交叉点和 4 个闭环，你可以通过产生或消除交叉点来得到任何想要的状况。每次你产生或消除一个交叉点

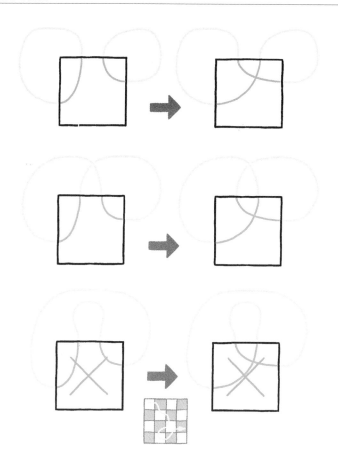

时，交叉点数量和闭环数量保持相同的奇偶性——都是奇数，或都是偶数。最终，当你得到初始 16 块瓷砖的任何排列时，你又回到偶数个闭环的状态。♡

　　我们的定理曾经在一段时间里是一个悬而未决的问题，直到人们使用了奇偶性。它涉及一个抽象的组合构造的划分。

　　固定一个正整数 n。一个方盒是 n 个有限集的笛卡儿积；如果这些集合是 $A_1, A_2, \ldots, A_n$，则这个方盒包含所有形如 $(a_1, a_2, \ldots, a_n)$ 的序列，其中对每个 i，$a_i \in A_i$。

　　如果对每个 i，B_i 是 A_i 的非空真子集，则方盒 $B = B_1 \times \cdots \times B_n$ 称为 $A = A_1 \times \cdots \times A_n$ 的一个真子盒。

　　如果每一个 A_i 至少包含两个元素，从而可以被划分为两个非空集合，那么对每个 A_i 取其两个集合之一并作笛卡儿积，我们可以将方盒 A 划分成 2^n 个真子盒。然而，

定理. 一个方盒不能被划分成少于 2^n 个真子盒。

证明： 若一个子盒有奇数个元素，则称其为奇的，并且令 $\mathbb{O}$ 为大方盒 A 的所有奇子盒组成的集合。如果 B 是 A 的一个子方盒，令 $\mathbb{O}_B$ 为 $\mathbb{O}$ 中所有和 B 的交集大小为奇数的元素组成的集合。

如果 $B = B_1 \times \cdots \times B_n$，那么为了使一个盒子 $C = C_1 \times \cdots \times C_n$ 和 B 有奇数个公共元素，它必须和 B 在每一项有奇数个公共元素（因为 $|C \cap B| = |C_1 \cap B_1| \times |C_2 \cap B_2| \times \cdots \times |C_n \cap B_n|$）。

但是 A_i 的一个随机奇子集 C_i 和 B_i 相交于奇数个元素的概率恰好是 $\frac{1}{2}$。为什么呢？因为我们可以对每个 $a \in A_i$ 抛一个硬币来决定它是否在 C_i 中，除了对某个不在 B_i 中的 a' 不抛硬币（别忘了，B_i 应该是 A_i 的一个真子集）。为了保证 C_i 大小为奇数，这最后一个元素 a' 是否被加入 C_i 是确定的。在这个过程中，我们对 B_i 的元素所抛的那些硬币确定了一个 B_i 的随机子集，而由于每个有限非空集合的奇子集个数恰好为所有子集数的一半，$B_i \cap C_i$ 大小为奇数的概率是 $\frac{1}{2}$。

A 被划分成若干个真子盒。对每个 $C \in \mathbb{O}$，因为 C 的大小是奇数，它和其中至少一个真子盒的交集大小是奇数。从而，假设 A 的这个划分有 m 个部分，存在某个部分 B 使得 $C \in \mathbb{O}_B$ 的概率至少为 $1/m$。然而我们刚刚证明了这个概率是 $1/2^n$，所以 $m \geq 2^n$！ ♡

第 3 章　介值的数学

介值定理（Intermediate Value Theorem，IVT）说的是，如果一个实数连续地从 a 变化到 b，那么它必须经过 a 和 b 之间的每个值。这个简单而又直观的事实——与其说是一个定理，更像是实数的一个性质——是数学中的一个强大工具，并经常在谜题的求解过程中出现。

介值定理的一个有用的变形是，当一个实数从 a 连续变化到 b，而另一个同时从 b 到 a 时，它们必定有一个时刻相等。例如：

山脉之州的方框

西弗吉尼亚州能内切于一个正方形么？

解答：我们在这里指的是将西弗吉尼亚州（以任何你喜欢的方式）投影到一个平面上得到的形状。我们首先在该州西侧之外画一条竖直线，然后将其向东移动，直到它刚好接触到州的边界。然后，我们在该州东侧之外画另一条竖直线，将其向西移动，直到它也接触到州边界。类似地操作两条水平直线，将这个州内切在一个宽度 w 略大于高度 h 的矩形中。

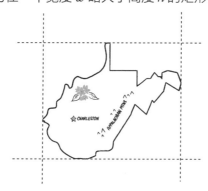

为了得到一个正方形，我们连续旋转这个矩形，在保持四边与州相切的情况下保持其各个 90° 角。在旋转了 90° 之后，图形与开始时相同，但现在 w 变成了 h，而 h 变成了 w。因此，在某个角度，h 和 w 相等；在那一刻，整个州内切在一个正方形中。♡

当然，这对任何州以及平面上的任何有界图形都适用。

这个方法还有一个实际的应用：假设你选择在一个地面没有间断的地方野餐，你总能旋转你的方形四角餐桌，使得四个桌脚都接触到地面。只需要将桌子放下，保持三个脚接触地面，然后旋转直到第四个脚也接触到；这在旋转到90°之前总会发生，因为当你到达90°时，一个接触地面的脚会在第四个脚开始的位置。

你可能会觉得下面这个经典的谜题更加容易。

山里有个和尚

一位和尚在星期一早晨开始爬富士山，在夜幕降临前到达山顶。他在山顶过夜，并于第二天早晨开始原路返回，在星期二的黄昏到达谷底。

证明：和尚在星期二某个时刻所在的位置和他在星期一同一时刻的位置相同。

解答：如果我们把和尚的位置绘制为关于一天中时间的函数，我们会得到两条连接对角的曲线，由介值定理可以推出结论。还有另一种思考方式，其强调介值定理的直观性：将星期一和星期二叠在一起，这样和尚在往上爬的时候他的分身在往下走。他们必定会碰面！

切割项链

两名盗贼偷走了一条项链；项链由10颗红宝石和14颗粉红色钻石组成，并以某种方式串在一条环形金链子上。证明：他们可以把项链切成两段，使得每个小偷拿走其中一段时得到一半的红宝石和一半的钻石。

解答：我们可以检查所有符合上述描述的项链，但它们有不下 40000 种，并且说到底，我们希望解决任意（偶数）数量的红宝石和钻石的问题。

我们需要一些技巧来运用介值定理；首先将问题设置在几何背景上，然后进行几个关键观察。

思路是将项链表示为一个被分为 24 段等长弧的圆，按照项链上红宝石和钻石出现的序列将每一段染成红色或粉色。然后我们画一条经过圆心的直线，交圆于两个点。

我们的直线肯定会将所有宝石等分成两份，因为任何直径会把圆分成两个等长的弧（即两个半圆）。因此，如果一条直径恰好将红宝石分成相等的两份，它也会将钻石等分。

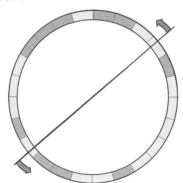

上图中的直线是不行的；在它的一侧比另一侧有更多的红色。但是当我们旋转这条线，在开始更红的那侧红色所占的比例连续地变化着，在旋转 180° 之后，它从红色更多变成粉色更多。介值定理告诉我们，在某一个时刻，线两侧的红色数量相等。

剩下的小麻烦：如果该位置涉及从中间切开一颗宝石怎么办？好吧，它不能在一端切开一颗红宝石，而在另一端切开一颗钻石，因为那样的话，这条线一侧的红宝石数量就不是整数了——而 10 的一半是个整数。

所以，直线的两端所切开的宝石都是红宝石或者都是钻石，如果我们继续一点点旋转这条线直到它不把任何宝石从中间切开，在线一侧的红宝石数量不会改变。

另一个看问题的方法：如果把连续性的要求改为一个整数值每次至多变化 1，你可以把介值定理应用到整数上。如果旋转的直线两端始终指向两颗宝石之间的交界处，并且每次转过一颗宝石，那么一侧的红宝石数量每次的变化都不会超过 1。由此，我们可以得出结论，在直线旋转 180° 的过程中，必定有一刻它的两侧各有一半的红宝石。

在某些谜题中，对介值定理的需要起初并不明显。

三根木棍

你有三根不能组成三角形的木棍；也就是说，一根的长度大于其他两根长度的总和。你把长木棍截去另两根长度之和的一段，这样又有了三根木棍。如果它们还不能组成三角形，你再把长木棍截去另两根长度之和的一段。

重复这个操作，直到它们可以组成三角形，或者长木棍彻底消失。

这个过程能一直持续下去吗？

解答：如果你可以设计出三根木棍的长度，使得在一次操作之后它们之间的比例不变，那当然就可以让这个过程一直进行下去。为此，假设长度 $a < b < c$，你需要 $b/a = c/b = a/(c - a - b)$；令这个比例为 $r > 1$，那么三个长度的比例为 $1, r, r^2$，并且满足 $1/(r^2 - r - 1) = r$，$r^3 - r^2 - r - 1 = 0$。

记 $f(r) = r^3 - r^2 - r - 1$，我们需要找到一个 $r > 1$ 使得 $f(r) = 0$。这样的 r 存在吗？是的，因为 $f(1) = -2 < 0$，而 $f(2) = 1 > 0$；由于所有多项式都是连续函数，我们可以用介值定理推出 f 有一个根在 1 和 2 之间。

最后，只需要验证我们的根给出的木棍不构成一个三角形，但那是容易的，因为 $r^2 = r^3/r = (r^2 + r + 1)/r = r + 1 + (1/r) > r + 1$。♡

在下面的情景中，介值定理又一次为我们省去了对一个多项式求根的麻烦。

电子掷币的麻烦

你受聘担任仲裁员，要将一个不可分割的小部件以每位 1/3 的概率随机判给 Alice、Bob 或 Charlie 中的一位。幸运的是，你有一个带模拟拨盘的电子掷币装置，可输入任何所需的概率 p。然后按下按钮，设备将以概率 p 显示"正面"，其他显示"反面"。

天呐，你的设备显示"电量不足"，警告你只能设置一次概率 p，然后最多按 10 次按钮。你还能完成这项工作吗？

解答：如果你可以设置 p 两次，那么两次掷币就足够了：设置 $p = \frac{1}{3}$，得到"正面"就将小部件给 Alice，否则重置为 $\frac{1}{2}$，并根据掷币结果决定给 Bob 还是 Charlie。由于只能设置 p 一次，因此你可能需要先设计一个方案，然后选择 p 使该方案有效。

例如，你可以掷三次硬币，如果结果不全相同，你可以用"不同"的那个结果所在的位置来决定把小部件给谁（例如，"HTT"表示给 Alice）。但是如果你得到的全是正面或全是反面，你将不得不再来一次，也许再一次——这样，不能保证在任何有限次掷币中完成。

但是，现在假设我们掷四次硬币。得到一个正面的方法有四种，得到两个正面的方法有六种，得到三个正面的方法有四种：都是偶数，所以只要得到的四个结果不全相同，你可以用它们在 Alice 和 Bob 之间做出决定。如果这是一个公平的硬币，剩下的概率——即"全正或全反"的概率 $q = p^4 + (1-p)^4$——只有 $\frac{1}{8}$，对 Charlie 来说太小了。

然而，当你减小 p 时，q 会连续变化并趋近于 1。这样，由介值定理，存在某个 p，使得"全正或全反"的概率恰好是你所需要的 $\frac{1}{3}$。♡

金字塔上的虫子

四只虫子生活在一个三角形金字塔（正四面体）的四个顶点上。它们决定在正四面体的表面上散一会步。散步结束后，其中两只回到了家，但另外两只发现它们到了对方的顶点上。

证明：有一个瞬间，所有虫子位于同一平面上。

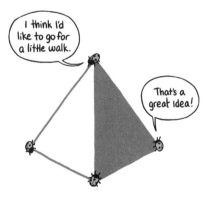

解答：令这四只虫子为 A、B、C 和 D。一开始，当 D 望向平面 ABC 时，

她看到三角形 ABC 的标号是顺时针的, 而在最终位置, 她看到的是逆时针的 (或反之). 由于虫子是连续移动的, 要么存在某个时刻使得它在平面 ABC 上, 要么存在某个时刻 ABC 不能确定一个平面. 但在后一种情况中, ABC 是共线的, 这样她们与任何其他点——特别是 D 所在的位置——共面.

下一个谜题中, 缺少了介值定理的连续性假设.

跳过一个数

在 2019 赛季开始时, 美国女子篮球联盟的明星 Missy Overshoot 的职业生涯罚球命中率低于 80%, 但到赛季末超过了 80%. 这个赛季是否一定有一个时刻, 她的罚球命中率恰好是 80%?

解答: 令 $X(t)$ 为 Missy 截止时间 t 的罚球命中率. 每次 Missy 尝试罚球时, 这个值会上升或下降, 并且始终是一个有理数. 介值定理明显不适用, 所以你的直接反应可能是"不行"——$X(t)$ 没有理由必须在某个时刻恰好是 4/5.

然而, 实际为 Missy 构建一个躲开 80% 的"罚球历史"又显得特别困难 (试试看). 我们当然可以让她的命中率避开 70%; 也许她在赛季开始时是 3 罚 2 中, 然后接下来的一次罚球命中, 命中率从 $66\frac{2}{3}$% 直接跳到 75%. 但 80% 似乎无法跳过. 这是怎么回事?

通常情况下, 尝试使用更简单的数是有帮助的. 我们能让 Missy 的命中率越过而不碰到 50% 吗? 啊, 答案是否定的, 因为如果 $H(t)$ 是她截止时间 t 的命中次数, 而 $M(t)$ 是她的罚丢次数, 那么差值 $H(t) - M(t)$ 一开始是负数, 最后变成正数. 由于这个差是一个整数, 在进行罚球尝试时只改变 1, 因此 (通过应用整数介值定理) 它必须碰到 0; 在那时, $H(t) = M(t)$, 从而 Missy 的命中率恰好是 50%.

回到 80%, 我们观察到如果有一个时刻 $X(t) = 0.8$ 的话, 我们有 $H(t) = 4M(t)$. 现在, 设 t_0 是 Missy 的命中率第一次达到或超过 80% 的时间. 显然, 那一刻是由一次成功的罚球标志的. 换句话说, 在 t_0 时刻, $H(t)$ 增加了 1, 而 $M(t)$ 保持不变. 但 $H(t)$ 不可能从低于 $4M(t)$ 跳跃到高于 $4M(t)$; 再次通过整数介值定理, 它必然会达到 $4M(t)$. 所以 80% 是不能被跳过的!

观察: (1) 我们的论证需要 Missy 从 80% 之下上升到 80%. 事实上, 她很容易从上往下跳过 80%. (2) 这个论证使用了一个事实, 即在 80% 时, 命中次数将是罚丢次数的整数倍. 因此, 它适用于任何形如 $(k-1)/k$ 的百分比, 并且你可以轻松验证 0 到 1 之间的任何其他分数都是可以往上跳过的. 往下的话, 不能跳过的是那些形如 $1/k$ 的分数.

有些过程是分段连续的，也就是说，除了在一组离散的点之外都是连续的。要在这种情况下应用介值定理，你可能需要在跳跃点处进行一些"损害控制"。

分割多边形

多边形内的一根弦是一条直线段，它只在端点处碰到多边形的边界。

证明：每个多边形（不管是不是凸的）都有一根弦，它将多边形分成两个区域，每个区域的面积至少为多边形面积的 1/3。

解答：给这个多边形起个名字叫 P，并且进行放缩使得它的面积为 1。亲爱的读者，您现在已经是一位介值定理的专家，可以轻而易举地证明，当 P 是一个凸多边形时，我们总能找到一条弦将 P 分成两个面积均为 $\frac{1}{2}$ 的部分。事实上，你可以很随意地选择这条弦和水平线的夹角。只需要将一条这样方向上的线移过 P；因为 P 是凸的，其内部和这条线的交集形成一条弦。在那条弦后面是面积从 0 到 1 连续变化的 P 的一部分。

对非凸的 P 试试同样的方法，事情变得很混乱。线与 P 内部的交集可能由几条弦组成。事实上，有些多边形是根本无法被一条弦切割成面积相等的两部分的——见下图的示例。

如果 P 不是凸的，我们首先将事情简化一点，为我们的移动直线 L 选择一个角度来避免不必要的麻烦。为此我们保证 L 不平行于 P 的任何两个顶点的连线。这样，当我们移动弦时，可能发生的最坏情况是它遇到了一个凹的顶点；它不能同时碰到两个顶点（因此也不会和 P 的任何边重合）。

设想我们移动 L 横穿过 P，但到目前为止，P 被切割出的小的那块的面积还没有达到 $\frac{1}{3}$。如果我们迎面碰到一个凹的顶点 v（如下图左侧所示），我们将会被迫断开这条弦。在那时候，我们将 P 切成了三块——在弦后面的 A（面积为 a）以及弦前面的 B 和 C（面积分别为 b 和 c）。b 和 c 中至少有一个（不妨设是 b，如下图）超过 $\frac{1}{3}$；我们保留那一部分的弦。如果事实上 $\frac{1}{3} \leqslant b \leqslant \frac{2}{3}$，我们在那里结束；否则继续向前移动 L。

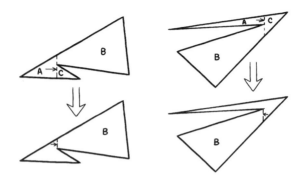

还有另一种情况: L "从后面" 碰到 v, 使得弦的长度突然跳跃性增加, 如图右侧所示。如果前面的区域 (C) 的面积至少为 $\frac{1}{3}$, 我们要么可以在这里结束, 要么继续向前穿梭。有趣的情况是, 如图所示, a 和 c 都小于 $\frac{1}{3}$: 那么, 我们必须将弦在 v 处翻转, 并将其反方向送到 B 中!

这样, 我们就可以持续推进我们的弦穿过 P, 并始终保持前方总有大于 $\frac{2}{3}$ 的面积, 直到得到我们想要的分割。

本章的最后一个 (也是最难的一个) 谜题看起来一点也不像介值定理的案例, 更不像介值定理的三维类比。但让我们看看它是如何展现的。

收取水果

我们有 100 个篮子, 每个篮子都装着若干 (可以是零) 个苹果、若干根香蕉和若干颗樱桃。证明: 你可以从这些篮子中取 51 个, 使得它们共包含至少一半的苹果、至少一半的香蕉和至少一半的樱桃!

解答: 如果只有苹果一种水果, 那么我们显然可以取出苹果最多的 50 个篮子, 这样只用了 50 个篮子就得到了至少一半的水果。或者我们可以任意将篮子分成两组, 每组 50 个, 然后取苹果更多的那组。再或者 (更加几何化的做法), 我们可以把篮子排成一排, 画一条分割线 (可能穿过篮子的中间, 也许还要切开篮子里的苹果) 使得其左右两侧各恰有一半的苹果, 注意在切割的某一侧最多有 49 个完整的篮子。拿这 49 个加上被切到的那个篮子, 就可以得到你需要的 50 个篮子。(如果没有篮子被切割, 就取不超过 50 个篮子的那一侧。)

在有两种水果时, 我们无法保证在 100 个篮子中取 50 个就拿到每种水果的一半; 例如, 1 个篮子里只有 1 个苹果, 剩下的 99 个篮子里每个只有 1 根香蕉, 这样需要 51 个篮子。但是, 如果是从 99 个篮子里取 50 个, 我们有多种办法。

例如，我们将篮子按照苹果的数量降序排列，然后取篮子 1，再从 $(2, 3)$, $(4, 5)$, ..., $(98, 99)$ 的每一对中取出香蕉更多的篮子。这肯定会得到至少一半的香蕉，因为它至少从篮子 2 到 99 中获得了一半以上的香蕉，再加上篮子 1 中的所有香蕉。而且，这也会得到至少一半的苹果，因为最坏的情况是它会得到篮子 1、3、5、7 等的所有苹果，而篮子 k 的苹果数量不少于篮子 $k + 1$ 的。

（注意，这个算法只用到了篮子中苹果或香蕉数量的大小关系，而不涉及实际数量。）

另一种方法是将篮子以任何顺序均匀地排在一个圆周上。现在考虑 99 个不同的"圆弧集"，其中每个由圆周上的连续 50 个篮子组成。我们声称大多数（即至少 50 个）圆弧集包含至少一半的苹果。为什么？如若不然，那么超过一半的圆弧集的补集将包含一半以上的苹果。但是每个这样的补集是 49 个连续的篮子组成的集合，可以看成是一个不同的大小为 50 的圆弧集的子集（例如，通过添加顺时针下一个篮子得到的集合）。因此，如果这些 49 元集的大多数包含一半以上的苹果，那么大小为 50 的圆弧集也一定如此，得到矛盾。

但是，如果大小为 50 的圆弧集中至少有 50 个包含至少一半苹果，并且（通过类似的论证）也至少有 50 个包含至少一半的香蕉，那么至少有一个圆弧集包含两种水果各至少一半。

值得注意的是，这个证明表明，即使篮子是任意编号的，在 5×10^{28} 大小为 50 的子集中，有仅仅由 99 个组成的列表，可以确保其中有一个子集具有所需的性质。更有趣的是，我们可以思考一下，对于篮子在平面上的环形排列，是否存在一个直线的切割同时把两种水果恰好平分——这可能会从中间切过两个篮子，把某些苹果或香蕉也切开。如果是这样，在切割线的一侧或另一侧最多有 48 个篮子，我们可以将被切到的篮子添加到其中，以获得 50 个篮子，其中包含每种水果的至少一半。而这正是我们在解决有三种（或更多种）水果的问题时所需要的。

上面的组合方法看起来无法推广到三种水果的情况[1]，所以让我们尝试几何方法。假设我们将这些篮子放在三维空间中，把它们分散开来，确保没有平面可以切割超过三个篮子。有了三个自由度，我们可以找到一个平面，将苹果、香蕉和樱桃都恰好平分。对于 100 个篮子，平面必定有一侧或另一侧

---

[1] 事实上，将上面的几个办法组合起来可以解决三种水果的情况，但并不容易推广到多种水果。——译者注

包含至多 48 个完整的篮子。把它们和被切到的篮子放在一起，我们得到 51 个篮子，它们包含至少有一半的苹果、一半的香蕉和一半的樱桃。（被切到的篮子少于三个的话，事情更容易。）

我们对于所谓的"自由度"有一点含糊，但事实确实是，在 n 维空间中，任何 n 个集合都可以同时被一个 $n-1$ 维的超平面平分（这通常称为 *Stone-Tukey* 定理）。三维的版本被称为火腿三明治定理，说的是任何由一片火腿和两片面包组成的三明治，无论叠放得多么随意，都可以用一个平面切割，恰好把火腿以及每片面包各自对半平分。这些事实通常用一种神奇的数学（代数拓扑）来证明。

应用 Stone-Tukey 定理，我们可以推广到 b 个篮子和 n 种水果的情况；结果是总能找到 $\lfloor b/2 + n/2 \rfloor$ 个篮子包含每种水果至少有一半[1]。这是最佳的可能结果，因为如果 $b = m_1 + \cdots + m_n + x$，其中所有 m_i 为奇数，并且 $x = 0$ 或 1，那么我们可以有 m_i 个只含一个第 i 种水果的篮子，可能再加上一个空篮子。在这种情况下，为了获得每种水果的至少一半，我们需要在 $(b-x)/2$ 之外再花费至少 n 次个半个篮子。

在许多用介值定理来证明的定理中，最著名的是微积分中的中值定理，它基本上说的是，如果你在一小时内行驶了 60 英里，那么一定有一个时刻你的速度正好是每小时 60 英里。但是我们在本书中避免使用微积分，在这里也不需要它：来一个关于多项式的简单定理（相对于上面提到的某些谜题而言，确实简单！）就足够了。

对我们来说，一个"关于变量 x 的多项式"是指形如 $a_0 + a_1 x + a_2 x^2 + \cdots + a_d x^d$ 的表达式 $p(x)$，其中 d 是非负整数，每个系数 a_i 是实数，并且 a_d 非零。$p(x)$ 的"次数"是 d，即具有非零系数的 x 的最高次幂的指数。

定理. *如果一个多项式 $p(x)$ 的次数为奇数，则它有实数根；也就是说，存在一个实数 r 使得 $p(r) = 0$。*

$p(x)$ 的次数为奇数这个条件当然是需要的；例如，当 d 是非负偶整数时，没有任何实数 x 满足 $1 + x^d = 0$。

如果你在本章中已经一直读到了这里，那么证明就轻而易举了。想法是首先假设 $a_d = 1$（$p(x)$ 除以 a_d 不影响其根）。然后，对于足够大的 x 值，$p(x)$ 的值将为正的；对于负得非常厉害的 x，$p(x)$ 将为负值。因此，由于幂函数进

---

[1] $b \leq n$ 的情况是平凡的，答案总是 b；这里讨论的是 b 不小于 n 的情况。——译者注

而多项式函数总是连续的, 介值定理告诉我们会有一个 x_0, 使得 $p(x_0) = 0$。

　　x 需要有多大才能保证 $p(x) > 0$? 如果我们记 $a = |a_0| + |a_1| + \cdots + |a_{d-1}|$ 为其他系数的绝对值之和, 那么 $x > \max(a, 1)$ 就足够了。这是因为, 那样的话 x 的幂随指数递增, 因此

$$p(x) \geqslant x^d - ax^{d-1} = x^{d-1}(x - a) > 0.$$

　　类似地,

$$p(-x) \leqslant (-x)^d + ax^{d-1} = x^{d-1}(a - x) < 0.$$

这告诉了我们的更多信息, 即 $p(x)$ 在区间 $[-a, a]$ 和 $[-1, 1]$ 的并集中有一个根, 其中 $a = (|a_0| + |a_1| + \cdots + |a_{d-1}|)/|a_d|$。

第4章 图的学问

最简单的数学抽象之一是用点（称为"节点"或"顶点"）来对事物进行建模，并通过节点之间是否连线（称为"边"）来标示一对节点之间的某种关系。这样的结构称为图；请不要与 $y = x^2 - 4$ 之类的函数图像混淆。[1]

在一个图中，如果你可以从任何节点通过沿着边的路径到达任何其他节点，则称该图是连通的。不难看到，连接 n 个节点至少需要 $n - 1$ 条边；对于五个节点，可以实现连通的三种方法如下图所示：

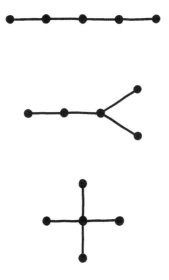

一个具有最少边数保持连通的图称为树（我们在第一章末尾对其进行了计数）。请注意，一个树不能有圈（具有三个或更多节点的闭合路径），因为从圈中移除一条边不会使图变得不连通。因此树也可以被描述为一个具有最大边数的无圈图。

考虑下面这个关于连通性的问题。

---

[1]图论中的图和数值函数的图像的英文都是 graph。——译者注

空游斯坦的航线

空游斯坦国有三家航空公司，它们运营的每条航线往返于国内 15 个城市中的某一对。如果三家航空公司中的任何一家破产，留下的飞行网络仍能将所有城市连在一起，那么目前航线总数的最小可能值是多少？

解答：当然，我们的图会有 15 个节点，每个节点代表一个城市，并且我们可以添加三种类型的边（例如，黑色实线、黑色虚线和粉色实线）来表示三家航空公司的航线。根据之前的讨论，可以得出结论，空游斯坦的任意两家航空公司必须运营至少 14 条航线，因此这三家航空公司总共必须运营至少 21 条航线。（为什么？将不等式 $a+b \geqslant 14$、$a+c \geqslant 14$ 和 $b+c \geqslant 14$ 相加。）

21 条航线能做到吗？如果可以，那么需要每家航空公司恰好有 7 条航线，而且每个圈都有来自所有三家航空公司的航线。（否则，让不出现在圈上的那个航空公司破产，剩下的 14 条边中有一个圈，所以至少有一条边是浪费的。）有很多方法可以做到这一点；也许最简单的方法是选择一个枢纽城市，让航空公司 A 将枢纽连接到其他七个城市，让航空公司 B 将同一个枢纽连接到其余七个城市。航空公司 C 避开枢纽，但将 A 的七个辐条城市与 B 的逐对连接起来。下图展示了这个图的两种画法。

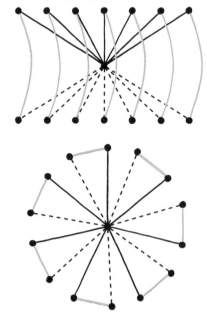

第二种画法说明了为什么这个图被称为"风车图"。而它也被称为"朋友关系图"——如果节点代表人，边代表朋友关系。这个图具有这样的性质：每两个人都有一个唯一的共同朋友。（如果给定节点的个数为某个奇数，只有一个连通图具有这个性质。如果你希望在具有偶数个节点的情况下具备这个性质，那你就不走运了！）

立方体上的蜘蛛

三只蜘蛛试图捉住一只蚂蚁。蜘蛛和蚂蚁的活动范围都限制在一个立方体的棱上。每只蜘蛛最快的速度是蚂蚁最快速度的三分之一。蜘蛛们能捉住蚂蚁吗？

解答：如果我们的主角们在一个树上，那么即使是一只超级缓慢的老蜘蛛，只要沿着蚂蚁移动的方向稳步前进，也可以凭一己之力捉住蚂蚁。由于没有圈可以用来兜转，蚂蚁注定无处可逃。

我们利用这个想法，使用三只蜘蛛中的两只来各"巡逻"一条棱，从而把立方体的棱组成的图变化到树。为了巡逻一条棱 PQ，如果需要的话一只蜘蛛会先将蚂蚁赶出这条棱，然后在这条棱上巡逻且确保他在任何时候他到 P（类似地，Q）的距离最多是蚂蚁到这个点的距离的 $\frac{1}{3}$。这是可能的，因为如果不允许使用 PQ 这条棱，那么沿着立方体的棱从 P 到 Q 的距离是这条棱长度的三倍。

如果选择两条相对的棱作为我们控制的棱（其他选择同样有效），我们发现当这两条棱及其端点被移除后，剩余的棱组成的网络（下图中的黑色部分）不包含圈（所以它只由一些树组成）。因此，第三只蜘蛛可以简单地追逐蚂蚁直到一条被巡逻的棱的末端，蚂蚁将在那里遭遇悲惨的命运。

在一个图中，以一个特定节点为端点的边数称为该节点的度数。由于我们不允许从一个节点到自己的边，或同一对节点之间有多条边，因此一个节点的度数永远不会超过图中的节点数减一。

聚会上的握手

Nicholas 和 Alexandra 同另外 10 对夫妇一起参加酒会；那里的每个人都与他或她不认识的人握手。后来，Alexandra 向参加聚会的其他 21 人询问了他们与多少人握过手，每次都得到一个不同的答案。

Nicholas 与多少人握了手？

解答：看起来 Alexandra 的调查以某种方式告诉了我们 Nicholas 的情况，这似乎令人难以置信，但这正是本谜题的可爱之处。

这里，我们的图有 22 个节点，如果两个人在聚会期间握过手，我们在对应的两个节点之间连一条边。一个节点的最大可能度数只有 20，因为每个人都认识自己的伴侣；最小可能度数当然是 0。所以 Alexandra 调查记录的握手次数必须正好是 $0, 1, \ldots, 20$ 这 21 个数。与其他所有 10 对夫妇握了 20 次手的客人必然是握了 0 次手的那个人的伴侣（否则，这两位极端的家伙就不得不既握过手又没握过手）。类似地，握了 19 次手（只没和握 0 次手的那位客人以及自己伴侣握手）的人必然是那个仅握了 1 次手（和握了 20 次手的那位客人握手）的人的伴侣，依此类推。这让 Nicholas 成为与 10 人握手的那位，因为他不是任何接受调查的人的伴侣。

就像有时候会发生的，如果你相信这个谜题有唯一的答案，有一种取巧的方法得到上面的答案。你可以构造一个图，其中一条边表示两个非伴侣的且没有握过手的客人。无论哪种论证，如果可以使你得出 Nicholas 在原图中与 n 个人握手，也将使你得出结论，在第二个图中，除了 Alexandra 之外，他没有与 n 个人握手。这只有在 $n = 10$ 时才可能。

蛇形游戏

Joan 首先在一个 $n \times n$ 棋盘上标记一个方格；接着 Judy 标记一个与之水平或竖直相邻的方格。此后，Joan 和 Judy 继续交替，每人都标记一个与对手最后标记方格相邻的方格，从而在棋盘上构成一个蛇形。第一个无法标记的玩家输掉游戏。

对什么样的 n，Joan 有取胜策略？此时她应该从哪个方格开始？

解答：如果 n 是偶数，无论 Joan 从哪里开始，Judy 都有一个简单的获胜策略。她只要想象一个由多米诺覆盖的棋盘，每个多米诺骨牌都覆盖棋盘上的两个相邻方格。然后 Judy 在 Joan 开始的每块多米诺骨牌的另一半上标记。

当 n 为奇数时，如果 Joan 从一个角落开始时，她可以想象一个除去她开局角落之外的所有格子的多米诺平铺，从而获胜。

但是，在 n 为奇数时，如果 Joan 选错起始方格，她就会输掉，例如她从一个与角落方格相邻的格子开始。假设棋盘按照国际象棋的方式染色，使得角落方格是黑色的，那么 Joan 的起始方格就是白色的。整个棋盘去掉一个黑色方格，存在一个多米诺平铺；Judy 通过完成标记这些多米诺骨牌而获胜。Joan 永远无法标记未覆盖的那个黑色方格，因为她可标记的所有格子都是白色的！♡

本章末尾会有关于这个游戏的更多内容。

加固网格

给你一个由单位长度木棍构成的 $n \times n$ 网格，木棍的尾部相连。对这些小方格的某个子集 S，你可以用（长为 $\sqrt{2}$ 的）木棍加固它们的对角线。

哪些 S 可以保证这个网格在平面上是刚性的？

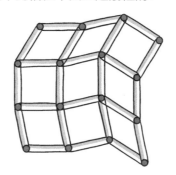

解答：将这个谜题转化为图论问题会有所帮助，但不是以最明显的方式（以连接点为顶点，木棍为边）。反过来，假设你已经做好了加固；现在设想一个图 G，其顶点对应网格的各行和网格的各列。G 的每条边连接被加固的一个方格的所在的行和所在的列，因此 G 的边数与你使用的加固木棍数相同。

下图是一个部分加固的网格及其对应的图。

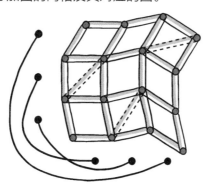

如果一行和一列在 G 中相邻，则那行中的竖直木棍都被迫垂直于那列中的水平木棍。如果 G 是一个连通图，也就是说从任何顶点到任何其他顶点都有一条路径，那么所有的水平木棍都必须垂直于所有的竖直木棍。因此，所有水平木棍都相互平行，竖直木棍也是如此，这样很明显网格是刚性的。

另一方面，假设这个图是不连通的，取一个"连通分支" C，即 G 中连通的并且到其他部分没有边的一块。那么，没有什么可以阻止 C 中某行的任意竖直木棍或者 C 中某列的任意水平木棍相对于网格中的其他木棍随意滑动。

因此，成为刚性的判断标准正是图 G 的连通性。由于 G 有 $2n$ 个顶点，要使其连通，至少需要有 $2n-1$ 条边（如果你还没有见过这个事实，可以很容易地通过归纳法证明），因此你至少需要 $2n-1$ 个木棍使网格成为刚性。但是，请注意，它们不能"随手乱放"。

下图显示了一个有效支撑的 3×3 的网格及其对应的图。作为练习，你可以算一下用最少数量（五根）的木棍来固定 3×3 网格的方法总数。图论的一个定理（大意是每个连通图都有一个边数最少的连通子图，称为"支撑树"）告诉我们，如果支撑的方格超过 $2n-1$ 个且网格是刚性的，那么有方法可以在保持刚性的前提下去除一些支撑木棍，只留下 $2n-1$ 根。

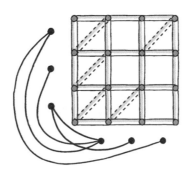

争夺程序员

硅谷的两家初创公司正在争夺程序员。他们隔日轮流招聘，每家公司一开始可以聘用任何人，但随后聘用的每个人必须是某个已聘雇员的朋友——除非不存在这样的人，这时公司可以再次聘用任何人。

在所有候选人中有 10 名天才；自然，每家公司都希望得到尽可能多的天才。有没有可能出现这种情况：先招聘的公司无法阻止其竞争对手聘到 9 名天才？

解答：是的。想象一个朋友关系图，其中包含一个（非天才的）中心人物 Hubert 和他的 10 个朋友，每个朋友分别认识一个不同的天才，还有一个孤独的朋友 Lonnie，他只认识 Hubert。就是这样；每位天才（用外围的黑色顶点表示）都只有一个朋友。

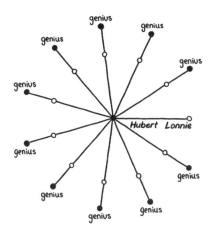

假设 A 公司首先聘用 Hubert。然后 B 公司聘用 Lonnie，之后，每次 A 聘用 Hubert 的朋友时，B 聘用那个人的天才朋友。

如果 A 聘用 Lonnie，B 聘用一个天才。A 必须聘用 Hubert，然后，在 B 聘用那个天才的朋友后，游戏类似上面继续进行。

如果 A 聘用了一个天才，B 聘用另一个天才；三天后，A 聘用 Hubert，然后 B 聘用 Lonnie，之后剩下的天才都被 B 聘到。

最后，如果 A 聘用了一个天才的朋友，B 就会聘用那个天才。在 A 拿下 Hubert 和 B 拿下 Lonnie 之后，A 根本聘不到任何一个天才。

哈德逊底部的电缆

50 条相同的电线穿过哈德逊河下的一条隧道，它们看起来一模一样，你需要确定末端的哪根电线是同一根。为此，你可以在隧道一端将电线一对对地连在一起，并在另一端一对对地进行闭路测试。换句话说，你可以确定两条电线在另一端是否被连在一起。

为了完成任务，你需要穿越哈德逊河多少次？

解答：假设在隧道西端的电缆被标记为 $w_1, w_2, \ldots, w_{50}$，在东端被标记为 $e_1, \ldots, e_{50}$。假设你从河西开始，将 w_1 和 w_2 接在一起，w_3 和 w_4，w_5 和 w_6，等等，直到除 w_{49} 和 w_{50} 都两两配对。

　　然后, 在隧道东端测试电缆对, 直到识别出所有连在一起的对。例如, 你可能会发现 e_4 和 e_{29} 接在一起, e_2 和 e_{15} 接在一起, e_8 和 e_{31} 接在一起, 等等, 最后 e_{12} 和 e_{40} 是单独的。

　　接下来, 你回到河西, 解开所有的配对, 然后将 w_2 和 w_3 接在一起、w_4 和 w_5, 等等, 直到除 w_1 和 w_{50} 都两两配对。

　　最后, 你在东端再次测试电缆对, 直到像先前一样识别出所有成对的线端。继续上面的示例, 新的对可能包含 e_{12} 和 e_{15}、e_{29} 和 e_2 以及 e_4 和 e_{31}, 而 e_{40} 和 e_8 是单独的。

　　这个简单的过程足以识别所有电缆。

　　观察到东端那个第一次配对但第二次没有配对的线端 (在我们的示例中是 e_8) 必定属于 w_1。因此, 第一次与 e_8 配对的东线端 (这里是 e_{31}) 必定属于 w_2。然后, w_3 必定属于在第二次与 e_{31} 配对的东线端, 即 e_4。按照这种方式继续, 你会发现 w_4 属于 e_{29} (e_4 在第一轮的配对对象), w_5 属于 e_2 (e_{29} 在第二轮的配对对象), 依此类推。最终, 这一系列推导将以 w_{50} 属于 e_{40} 结束。

　　如果电缆数量 (记为 n) 是奇数, 你第一次只留下 w_n 不配对, 第二次留下 w_1; 其余部分的处理方法基本相同。

山里有两个和尚

　　还记得周一爬上富士山、周二下山的那个和尚吗? 这一次, 他和另一个和尚在同一天爬山, 出发的时间和高度相同, 但走的路线不同。通往山顶的路起起伏伏 (但从未低于起始高度); 请证明: 他们可以改变速度 (有时向后走), 使得他们在一天中的*每个*时刻都处于同一高度!

　　解答: 方便起见, 将每条路线划分为有限个单调的 "段", 在每一段中路线总是上升或总是下降。(水平的段不会造成任何问题, 因为我们可以让一个和尚暂停, 而另一个走过这样的段)。然后, 我们可以假设每个段都是直线上升或下降, 因为我们可以让和尚们调节他们的速率, 使得他们在任何段上的高度变化率都是恒定的。

　　(在数学上, 存在某些有限长的曲线不能分成有限数量的单调段, 但在我们的问题中, 我们不需要担心比和尚步长更短的段。)

　　用第一个和尚在路线上的位置来标记 X 轴，用第二个和尚在路线上的位置来标记 Y 轴。描出所有两个位置恰好处于同一高度的点；这将包括原点（两条路径的起始点）和山顶（终点，不妨设为 $(1, 1)$）。我们的目标是找到一条沿着描出的点从 $(0, 0)$ 到 $(1, 1)$ 的路径；然后和尚们可以沿着这条路径慢慢移动，慢到保证没有哪个和尚被要求以他能力范围之外的速度移动。

　　任何两个（分别来自两个和尚走的路线）具有相同高度的单调段，在描图中表现为（闭的）直线段，长度可能为零。如果我们将描图中那些可以映射回段端点（对任一或两个和尚）的点视为顶点，则这个描图（plot）就成为一个（组合意义上的）图（graph）；通过简单的分类讨论可以发现，除了顶点 $(0, 0)$ 和 $(1, 1)$ 之外，每个顶点都与 0、2 或 4 条边相关。

　　一旦我们在 $(0, 0)$ 处开始在图上行走，除了在 $(1, 1)$ 处，没有任何地方可能被卡住或被迫回撤。因此我们可以到达 $(1, 1)$，任何这样的路线都为和尚们定义了一个成功策略。♡

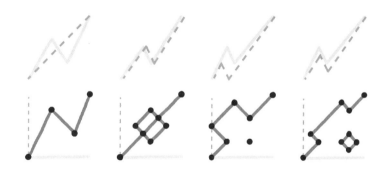

　　图中显示了四种可能的地形，其中一个和尚的路线显示为实线，另一个显示为虚线。每个地形下方是相应的图。请注意，就像最后一种情况那样，图中可能存在和尚们（在不违反高度相同的规则时）无法访问的分离部分。

最差路线

　　一位邮递员要在一条很长的街道上给如下地址送货：2、3、5、7、11、13、17 和 19。任意两间房子之间的距离都与它们的地址之差成正比。

　　为了使行走距离最短，邮递员当然应该按地址的顺序（或逆序）来投递。但我们发福的邮递员想要尽量锻炼身体，希望最大化送货时行走的距离。但是他不能在镇上闲逛；为了做好工作，他必须直接从一个送货点走到下一个送货点。

　　他应该按什么顺序送货？

解答：试图使邮递员的投递距离最大化的"贪心算法"会让他从 2 号开始，一下子走到 19 号，然后回到 3 号，接着到 17 号，等等，最后在 11 号结束投递。这样，总距离为 17 + 16 + 14 + 12 + 8 + 6 + 4 = 77 个单位。这是他能做到的最好结果吗？

下面这个看问题的方式挺有用。按照数从小到大的顺序将地址记为 A、B 等直到 H，并用 XY 表示从房子 X 到房子 Y 的行程。无论邮递员做什么，他的旅途都可以表示为由 AB、BC、CD、DE、EF、FG 和 GH 组成的一张行程列表。

邮递员可以走过 AB 多少次？最多两次，一次是去 A 的路上，一次返回。GH 也是类似的情况。那么 BC 呢？那一段他或许能走四次：去 A 和返回（但不从 B），以及去 B 和返回（不从 A）。继续推理，我们可以看出，邮递员不可能比 2AB + 4BC + 6CD + 8DE + 6EF + 4FG + 2GH 做得更好，在我们的谜题中总计为 86 个单位。

等一等，邮递员实际上无法将 DE 重复走 8 次，因为他在各次投递之间只进行 7 次行走。所以，事实上，他最多只能达到 2AB + 4BC + 6CD + 7DE + 6EF + 4FG + 2GH，这在我们的谜题中是 82 个单位。他能达到这个数值吗？

是的，他可以，但他必须从 D 或 E 开始，并在另一个位置结束，其间在低编号房子（A、B、C、D）和高编号房子（E、F、G、H）之间来回折返。例如：D、H、C、G、B、F、A、E。共有 2 × 3 × 3 × 2 × 2 × 1 × 1 = 72 种方法可以做到这一点，每一种都给出了最大可能的长度，即 82 个单位。

问题中给定的这些地址完全不重要，甚至需要投递的房子数量也无关紧要（只要那仍然是偶数）。上面的推导非常有一般性，结论是邮递员应该总是 (a) 从中间的两栋房子之一开始，到另外那栋结束，以及 (b) 在小的那一半地址和大的那一半地址之间来回折返。

又来到定理时间，让我们再看看蛇形游戏谜题。我们可以在任何一个图 G 上玩这个游戏：规则是玩家交替标记顶点，在先手（Joan）标记她的第一个顶点之后，每个后续的顶点必须是未被标记且与对手刚标记的顶点相邻。第一个不能标记的玩家输掉游戏。

前面证明显示了后手在 8 × 8 棋盘上获胜，它实际表明在具有完美匹配——即覆盖所有顶点的一组不相交的边（就像棋盘上的多米诺骨牌一样）——的任何图中，后手都会获胜。

事实上，当图 G 具有完美匹配时，即使允许先手无视游戏的首要规则，标记任何（未标记的）顶点而不仅是与后手最后一步相邻的顶点，后手也会获胜!策略是相同的:每当先手标记一个顶点 v 时,后手只需标记覆盖 v 的匹配边的另一个端点。

由此你可能认为,拥有完美匹配比确保后手在原来的游戏中获胜所需的条件要强得多。但事实并非如此。

定理. 在最优策略下,后手在 G 上获胜当且仅当 G 有一个完美匹配。

证明: 我们已经证明了定理的充分性部分,所以让我们假设 G 没有完美匹配,并打算为先手提供一个获胜策略。

关键是选择一个最大匹配 M,即一个尽可能大的由互不相交的边组成的集合。由于不存在完美匹配,图 G 中会有某个顶点 u_1 不在 M 中,我们让先手从那里开始。随后,先手打算遵循上面的"匹配策略"进行操作,即根据后手标记的顶点,来选择对应匹配边的另一端。如果先手总能做到这一点,她当然会获胜,但我们如何知道她总能做到这一点呢?如果后手标记的顶点不在 M 的边上怎么办?好吧,后手不能立刻就这样做,因为她的第一步(记为 v_1)必须与 u_1 相邻。如果 v_1 不在匹配中,则可以添加边 (u_1, v_1) 到 M 中,以形成一个更大的匹配——而我们已经假设 M 是最大的了。

而且,她以后也无法这样做。假设先手已经在前 k 步成功执行了她的匹配策略,现在必须回应后手的第 k 步。到目前为止的标记依次是 $u_1, v_1, u_2, v_2,$ $\ldots, u_k, v_k$;根据假设,所有这些顶点都是不同的,所有 (u_i, v_i) 对都是 G 的边,并且所有 (v_i, u_{i+1}) 对不仅是 G 的边,也是匹配 M 中的元素。

但是现在我们声称,后手的最新一步 v_k 属于 M 的某条边。为什么呢?因为如果不属于,我们可以通过将 $k-1$ 条边 $(v_1, u_2), (v_2, u_3), \ldots, (v_{k-1}, u_k)$ 替换为 k 条边 $(u_1, v_1), (u_2, v_2), \ldots, (u_k, v_k)$ 而使 M 变得更大——再次与 M 的最大性矛盾。

所以先手永远不会面对无路可走的局面,定理得以证明! ♡

第 5 章　代数也来了

当谜题需要求一个数量时, 头号有用的方法是简单地为该数量指定一个字母 (x 和 n 是常见的选择), 写下谜题告诉你的量之间的关系, 然后用代数解决问题。

我们的第一个例子是简单的, 但总是会有人搞错。

球棒和棒球

一根球棒比一个棒球贵 1 美元; 它们的价格加在一起是 1.10 美元。球棒的价格是多少?

解答: 你说答案是 1 美元? 哎呀呀! 设球棒的价格为 x 美元, 这样, 球的价格为 $x - 1$ 美元。然后我们有方程 $x + (x - 1) = 1.10$, $2x = 2.10$, $x = 1.05$。

注意, 我们也可以将球的价格设为另一个变量 (可能是 y), 然后解关于两个未知数的两个方程。如果你能通过用已有的未知数表示新的量来避免这种情况, 能省去不少麻烦。

两个跑步者

两个跑步者在圆形跑道的同一地点同时出发, 以不同速度恒速奔跑。如果他们朝相反方向前进, 他们在一分钟后会合。如果他们朝着同一方向前进, 他们将在一个小时后碰到。他们的速度比是多少?

解答: 这是个简单而同时又令人困惑的问题。设跑道的长度为 L。那么, 当跑步者朝相反方向前进时, 相遇时他们一共跑了 L 的距离。而当他们朝同一方奔跑时, 相遇时他们所跑的距离*差*是 L。

由此, $(s + t)L/(s - t)L = 60$, 解得 $s/t = 61/59$。

围绕地球的带子

假设地球是一个完美球体, 紧贴赤道系一条带子。然后, 带子因为长度被增加了 1 米而变松了, 现在它各处和地面保持相同的距离。

带子下面是否有足够的空间可以塞进一张信用卡?

解答: 地球的腰围长约为四千万米, 可是那又怎样呢? 设它为 C, 并设地球的半径为 R, 所以 $C = 2\pi R$, 从而 $R = C/(2\pi)$。当我们增加带子的长度到 $C + 1$, 新的半径是 $(C + 1)/(2\pi) = C/(2\pi) + 1/(2\pi) \approx R + 16\,\mathrm{cm}$。带子下面的空间可以让大约 200 张信用卡叠在一起通过。

有不少措辞如 "John 的年龄是 Mary 的两倍, 当……" 的谜题, 可以像上面那样直接解决。让我们来看一些略微不同的东西。

连续奇数个正面

平均要掷多少次硬币才能连续出现奇数个正面, 而其之前和之后都是反面?

解答: 首先, 我们需要得到一个反面, 因为一开始就是连续奇数个正面对我们是没用的。如果平均需要时间 x 得到一个反面, 那么, 由于掷出正面 (H) 没有帮助, 我们有

$$x = 1 + \frac{1}{2} \cdot x,$$

得到 $x = 2$。现在我们需要一段奇数个连续正面; 设这平均需要时间 y。如果我们再掷出一个反面 (T, 概率为 $\frac{1}{2}$) 或两个正面 (HH, 概率为 $\frac{1}{4}$), 这相当于我们没有取得任何进展; 如果我们掷出一个正面和一个反面 (HT, 概率为 $\frac{1}{4}$), 则任务完成。因此,

$$y = \frac{1}{2} \cdot (1 + y) + \frac{1}{4} \cdot (2 + y) + \frac{1}{4} \cdot 2,$$

得到 $y = 6$。所以总共平均需要掷 $x + y = 2 + 6 = 8$ 次得到所需的那段。

随机性也在下一个谜题中也出现了。这是个棘手的问题, 但所用的一般技巧是相同的。

跳来跳去

一只青蛙在一排长长的睡莲叶之间跳来跳去; 在每片叶子上, 它会掷硬币决定是向前跳两片, 还是向后跳一片。这排睡莲叶中被它跳到的占多大比例?

解答：让我们按顺序对睡莲叶用整数编号。解决这个问题的一个方案是先计算青蛙从 1 号出发，在某个时刻"退落"到 0 号的概率 p。为了这不发生，青蛙必须跳到 3 号睡莲叶（概率为 $\frac{1}{2}$），接着从那里开始不连续退落三次（概率为 $(1-p^3)$）。因此，$1-p = \frac{1}{2}(1-p^3)$；两边除以 $(1-p)/2$ 得到 $2 = 1 + p + p^2$，从而 $p = (\sqrt{5}-1)/2 \sim 0.618034$，这是我们熟悉的黄金比例。

计算青蛙不到达特定位置（例如 1 号）的概率似乎有些难办。你可能想从青蛙第一次到达 0 号时（如果有的话）开始计算，但它可能已经到过 1 号。一个更好的主意是尝试计算青蛙在*某次特定的跳跃*时跃过一片它从未到过也永远不会到达的睡莲叶的概率。

要做到这一点，他必须 (a) 在那一刻向前跳跃，(b) 永远不从那刻将要着陆的位置后退，(c) 在过去没有到过他现在跃过的这片叶子。

我们不妨设青蛙这时跃过的是 0 号睡莲叶。关键是要注意，如果同时反转空间和时间，则事件 (c) 是事件 (b) 的一个独立副本。沿着时间反向观察青蛙，并将编号较低的睡莲叶视为向前，青蛙的行动看起来和之前一样：等概率地向前跳两格或后退一格。事件 (c) 要求当青蛙到达 -1 之后，不能再"后退"到 0。

因此，这三个事件同时发生的概率是 $\frac{1}{2} \cdot (1-p) \cdot (1-p) = (1-p)^2/2$。然而，别忘了，我们只计算了在某次特定跳跃中青蛙跳过一个被略过叶子的概率，还没有计算出 0 号被略过的概率。

由于青蛙平均以 $\frac{1}{2}$ 的速率前行，相对于其空间进展，他以 $(1-p)^2$ 的速率制造出被略过的睡莲叶。由此，他所到达的叶子比例是 $1 - (1-p)^2 = (3\sqrt{5}-5)/2 \sim 0.854102$。哇！♡

下面的谜题几乎是一个代数的直接应用，但当得到的方程或方程组是*丢番图*方程（即方程需要整数解）时，我们需要一点额外的聪明才智。

匹配面积和周长

找到所有面积和周长相等的整数边长矩形。

解答：这样的矩形有两个。

设边长分别为 x 和 y，且 $x \geqslant y$。我们需要 $xy = 2x + 2y$，等价地，$xy - 2x - 2y = 0$，但后者的左侧让我们想到乘积 $(x-2)(y-2)$。重写得到，$(x-2)(y-2) = 4$，因此 $x-2 = y-2 = 2$，或者 $x-2 = 4, y-2 = 1$。我们有 $x = y = 4$，或者 $x = 6, y = 3$。

剩下的这些谜题涉及解方程之外的代数。

三个负数

一个大小为 1000 的整数集具有以下性质: 该集合中的每个元素都超过其余所有元素的和。证明该集合包含至少三个负数。

解答: 设集合中仅有 a 和 b 两个负数, 并且集合中所有数之和为 S。我们知道 $a > S - a$, 且 $b > S - b$; 将这两个不等式相加得到 $a + b > 2S - a - b$, 因此 $a + b > S$, 除非集合中还有其他负数, 否则这是不可能的。

红边和黑边

George 在数学课上闲得无聊, 在纸上画了一个正方形并把它分割成若干矩形 (每条边都平行于正方形的某边)。他在黑笔墨水用完后换了一支红笔。画完后, 他注意到每个矩形都至少有一条边全是红色的。

证明: George 所画红线总长度至少是大正方形的边长。

解答: 为什么这能是正确的? 也许每个矩形都瘦瘦长长并且唯一的红色边是短边。然而我们知道的是, 这些矩形的总面积是 s^2, 其中 s 是大正方形的边长。

我们先做一个预处理。对每个矩形取一条全红的边 (如果有两条的话任意选择一条), 并将它分成小的红色段, 使得每一段内部没有其他矩形的顶点。然后将矩形沿着垂直于全红边的方向分成更小的矩形, 使得每个小矩形以一个红色段为其全红的边。

现在, 对一条全红的边 R_i, 设其长度为 r_i。选择 R_i 为全红边的 (至多两个) 矩形的另一个维度的总长度至多为 s, 所以这些矩形的面积之和至多为 $r_i s$。因此, 按照所选全红边进行分组, 对所有矩形面积求和, $s^2 \leqslant \sum_i r_i s$, 从而 $\sum_i r_i \geqslant s$。

复原多项式

德尔斐的神祇构想了一个 (以 x 为变量的) 非负整系数多项式 p。你可以向神庙询问任何整数 x, 神谕将会告诉你 $p(x)$ 的值。

你需要进行多少次查询才能确定 p?

解答: 只需要两次查询, 第一个查询仅用于获取多项式系数大小的一个界限。神谕对查询 $x = 1$ 的回答 (设为 n) 告诉你没有任何系数可以超过 n。然后你可以递上 $x = n + 1$, 当你将神谕的答案写成 $n + 1$ 进制时, 你就得到了这个多项式!

例如,(方便一些)假设 $p(1) < 10$,所以你知道每个系数都是 0 到 9 之间的整数。然后你递上 10 这个数,如果神谕答复 $p(10) = 3867709884$,你就知道这个多项式是

$$3x^9 + 8x^8 + 6x^7 + 7x^6 + 7x^5 + 9x^3 + 8x^2 + 8x + 4.$$

下面这个谜题的解答可能是一个有用的策略。

被子竞彩

你到教堂时,彩票活动快要开奖了。奖品是一个你来说价值 100 美元的被子,但他们只卖了 25 张彩票。每张彩票的价格是 1 美元,你应该买几张彩票?

解答:很明显,假设你正在尝试最大化期望收益,你至少得买 1 张彩票,因为那样的话你有 1/26 的机会用 1 美元赢得 100 美元;你的平均收益将接近 3 美元。

另一方面,购买 100 张或更多的彩票将是一个失败的方案(除非是为教会着想!),因为那样你最多只能勉强保本。

所以,看起来某个中间的票数是正解,但具体是多少呢?如果你恰好了解一些微积分,可以尝试使用微积分来最大化购买 x 张彩票时的期望值 $(x/(25 + x)) \cdot 100 - x$,但是如果(很可能)最优的 x 值不是整数,你该怎么办?

通常,解决此类问题的一个有效方法是弄清楚:当你将变量增加 1 时,你是赚还是亏。如果你将购买彩票的数量从 m 张增加到 $m + 1$ 张,你的预期收益将增加 $100((m + 1)/(m + 26) - m/(m + 25)) - 1$。这个值会稳步下降,并最终变为负数(这意味着你不应再买更多的彩票)。因此,如果你能找到使该表达式为负的最小的 m,你就会知道要购买的正确票数是 m。

这只是代数运算:解(二次)方程 $100((m+1)/(m+26) - m/(m+25)) - 1 = 0$ 得到 $m = 24.5025$。这样,25 是最小的 m,再多购买一张彩票就会赔钱,因此 25 是最佳的购买数量。在你到达那里之前售出的彩票数量也是 25,这是巧合吗?事实上,是的。

如果你不喜欢解二次方程怎么办?你仍然可以很快得到答案:把你对 m 的猜测代入表达式 $100((m + 1)/(m + 26) - m/(m + 25)) - 1$,直到你缩小范围抓到使表达式为负的最小的 m。

赛程强度

大学橄榄球"十二大联盟"的 10 支球队将在新赛季捉对厮杀，最后有一支球队将成为联盟冠军。比赛没有平局，每支球队每击败一个对手将获得一分。

假设为应付平分局面，联盟组委会的一位成员建议为每支球队额外计算一个"赛程强度"分数，为该队所击败球队的分数之和。

另一位成员问："要是所有参赛队得到相同的赛程强度分数怎么办？"

啊，真的吗？这种情况会发生吗？

解答：不可能。

首先，我们观察到如果所有球队最终获得相同的赛程强度分，那么他们也必须都有相同的积分。为什么？否则的话，令 b 为最高积分，s 为最低积分。每支赢得 b 场比赛的球队都至少获得了 bs 个赛程强度分（下面简称 SSP [1]），因为在最差情况下，他们所赢的每场比赛的对手都只得了 s 分。同样，只赢得 s 场比赛的球队最多获得 sb 个 SSP。哎呀，这意味着积 b 分的队和积 s 分的队都得到了 sb 个 SSP，因此所有 b 分队的胜利都是对 s 分队取得的，反之亦然。但这是不可能的，除非只有一个 b 分的队和一个 s 分的队，否则就会有两个 b 分队或两个 s 分队之间的比赛。

因此那个积 b 分的队只赢了一次。但那样的话，任何第三支球队都必须同时击败那个积 b 分的队和那个积 s 分的队，得分超过积 b 分的那个队，从而与 b 的定义矛盾。

我们得出结论，（因为"十二大联盟"中有超过两支球队）如果每支球队都有相同的 SSP，那么每支球队都拥有相同的积分。这在有偶数球队的联赛中是不可能的，因为那样每支球队都必须赢得一半的比赛，而它参加的比赛数是奇数。

循环赛是极好的谜题素材；再来一个。

两个循环赛

游戏俱乐部的 20 名成员在星期一进行了跳棋循环赛，在星期二又进行了国际象棋循环赛。在每个比赛中，一名选手每击败一名对手得 1 分，打平一局得 0.5 分。

---

[1] 赛程强度分的原文为 strength-of-schedule points。——译者注

假设每位选手在两个比赛中的得分至少相差 10 分。证明：事实上，这些分差恰好都是 10 分。

解答：让我们将俱乐部的成员分为跳棋好手（在跳棋比赛中得分更高）和国际象棋好手。其中必一类包含至少 10 名成员；假设有 $k \geqslant 10$ 名国际象棋好手，他们在国际象棋比赛中的总得分比在跳棋比赛中高出 $t \geqslant 10k$ 分。

这个差异必定是完全从跳棋好手身上获得的，因为国际象棋好手相互之间比赛的总得分在两个循环里是相同的——即 $\binom{k}{2}$，也就是 $k(k-1)/2$。由于在每个循环赛中，两类棋手之间有 $k(20-k)$ 场比赛，这些比赛对 t 的最大贡献是 $k(20-k)$。所以我们有 $10k \leqslant k(20-k)$，$k \leqslant 10$。

但是，按照假设 k 至少为 10，因此我们推断出 $k = 10$，并且所有上述不等式都必须取等。

特别地，由于 $t = 10k$，每个国际象棋好手在国际象棋赛中的得分恰好比在跳棋赛中高 10 分。此外，由于 $t = k(20-k)$，国际象棋赛中的每场两类棋手间的比赛都必须由国际象棋好手赢得，而在跳棋赛中，这样的较量必须由跳棋好手赢得。

另类骰子

你能设计两个不同的骰子，使它们的和像一对普通骰子一样吗？也就是说，必须有两种方式掷出 3、六种方式掷出 7、一种方式掷出 12，等等。每个骰子必须具有 6 个面，且每个面必须标上一个正整数。

解答：两个骰子标号的唯一方案是 $\{1, 3, 4, 5, 6, 8\}$ 和 $\{1, 2, 2, 3, 3, 4\}$。

也许你通过反复试验得出了这个方案，对于解决本谜题来说，这样做完全可以。然而，这里还有另一种方法，涉及被称为 *生成函数* 的强大数学工具的一个简单示例。

这个想法是, 用一个关于变量 x 的多项式表示一个骰子, 其中 x^k 项的系数代表在骰子的面上 k 的出现次数。这样, 举例来说, 一个普通的骰子由多项式 $f(x) = x + x^2 + x^3 + x^4 + x^5 + x^6$ 表示。

关键的观察是, 掷两个 (或更多) 骰子的结果由它们所对应的多项式的乘积表示。例如, 如果我们掷两个普通骰子, 乘积 (即 $f(x)^2$) 中 x^{10} 的系数恰好是从 $f(x)$ 中选出两项使得乘积为 x^{10} 的方法数。这些方法是: $x^4 \cdot x^6$、$x^5 \cdot x^5$、$x^6 \cdot x^4$; 这些对应了掷出总和为 10 的三种方式。

因此, 如果 $g(x)$ 和 $h(x)$ 是我们的另类骰子所对应的多项式, 那么 $g(x) \cdot h(x) = f(x)^2$。和自然数一样, 多项式有唯一的素因子分解; 多项式 $f(x)$ 分解为 $x(x+1)(x^2+x+1)(x^2-x+1)$。为了使 $g(x)$ 和 $h(x)$ 的乘积为 $f(x)^2$, 我们需要考虑上述四个因子中的每一个, 将其两个副本或者给 $g(x)$ 和 $h(x)$ 各分配一个, 或者都分配给 $g(x)$ 和 $h(x)$ 之一。但还有一些限制条件: 特别是, $g(x)$ 或 $h(x)$ 不能有非零常数项 (这样会对应某些面标记为 "0") 或任何负系数, 并且系数总和必须为 6, 因为我们有六个面要标记。

做到这些的唯一方法 (除了 $g(x) = h(x) = f(x)$) 是

$$g(x) = x(x+1)(x^2+x+1)(x^2+x-1)^2 = x + x^3 + x^4 + x^5 + x^6 + x^8$$

和

$$h(x) = x(x+1)(x^2+x+1) = x + 2x^2 + 2x^3 + x^4,$$

或反之。

这看起来还是有点反复试验之嫌, 但用这个手段, 你可以解决比本题复杂得多的问题。作为起步, 你可以为一对标记了 1 到 8 的八面骰子设计出另类版本 (有三种新方法), 或者设计出掷三个普通骰子的替代方案 (方法有很多)。

读者应该并不感到惊讶, 数以千计 (真的有这么多) 的定理是被用代数手段证明的。以下这个只使用了我们上面见过的初等的代数。

你有没有想过: 你的姓氏消失的概率是多少? Francis Galton 在 1873 年提出了这个问题, 而 Henry William Watson 牧师给出一个答案, 并且他们合作发表了一篇论文。Galton 感兴趣的是贵族姓氏的兴衰存亡, 但如果是在更现代的环境下, 他也可能会等价地去思考某个 Y 染色体的延续状况。

在 Galton 和 Watson 的传播模型中, 每个个体独立地拥有一个随机的后代数量, 这由一个固定的概率分布给出: 有 i 个后代的概率为 p_i。(在追踪父系姓氏的情况下，我们只计算男性后代。）

我们想知道：从（比如说）某个个体开始，家族姓氏最终消失的"灭绝"概率 x 是多少？当然，这取决于那个概率分布；就像你能够预料的那样，如果后代的平均数量

$$\mu = \sum_{i=0}^{\infty} i p_i < 1,$$

那么这个姓氏总会消失，但如果大于 1，则该姓氏可能会永远传下去。在后一种情况下，你怎样确定 x？

定理. 令 T 是一个具有子代概率 $p_0, p_1, \ldots, p_k$ 的 Galton-Watson 树。则灭绝概率 x 满足 $x = \sum p_i x^i$。

在进行证明之前，让我们举一个例子。设每个个体没有后代的概率为 0.1，有一个后代的概率为 0.6，有两个后代的概率为 0.3。那么 $\mu = 1.2$，我们预期这个树有时是有限的（即姓氏消失），有时是无限的（永远延续）。定理中的方程变为 $x = 0.1 + 0.6x + 0.3x^2$，化简得 $3x^2 - 4x + 1 = 0$；因式分解得 $(3x - 1)(x - 1) = 0$，所以 $x = 1$ 或者 $x = \frac{1}{3}$. 因为灭绝概率不是 1，所以它必定是 $\frac{1}{3}$。

证明：我们注意到，如果初始个体没有后代，或者他有后代但每个孩子本身都是一个有限树的起点，那么该树是有限的。如果 x 是灭绝概率，那么 i 个个体中的每一个都生成一个有限树的概率为 x^i，因此，如定理宣称，

$$x = \sum_{i=0}^{k} p_i x^i. \quad \heartsuit$$

定理中的方程总有一个根 $x = 1$，因为这些 p_i 之和为 1。如果 $\mu > 1$，方程会有另一个根——正确的解。如果 $\mu \leqslant 1$，除非 $p_1 = 1$ 且对所有 $i \neq 1$ 都有 $p_i = 0$，否则 $x = 1$ 是唯一解，从而姓氏的消亡是无法避免的。

第6章 安稳的数

数，无处不在，魅力无穷。你可能知道每个正整数都可以唯一表示为素数的乘积（素数是除了自身和 1 以外不能被其他任何数整除的数）。让我们利用这个事实和其他若干基本结论来解决一些谜题，怎么样？

损坏的 ATM 机

George 只有 500 美元，而且全都存在银行账户中。他急需现金，但现在只有一个损坏的 ATM 机，该机器只能处理 300 美元的提款和 198 美元的存款。George 可以从他的账户中取出多少现金？

解答：由于存款和取款金额都是 6 美元的倍数，George 不能指望得到超过 498 美元（500 美元以下最大的 6 的倍数）。使用"−300"表示提款，"+198"表示存款，我们看到 George 可以通过 −300、+198、−300、+198、+198 来得到 6 美元。这样做 16 次得到 96 美元，然后 −300、+198、−300 完成任务。

有限制的子集

从 1 到 30，你最多可以取多少个整数，使得没有两个数的乘积是一个完全平方数？如果把限制条件换成没有一个数可以整除另一个呢？或者，如果没有两个数有公因数（1 除外）呢？

解答：这些谜题都可以用同样的方式解决。想法是尝试用若干组数来覆盖 1 到 30 这些数，并具有这样的性质：从每一组中，你只能取一个数到你的子集中。然后，如果你的确可以从每组中选一个数来构成一个满足要求的子集，你就得到了一个最大的子集。

在第一个问题中，固定任何没有平方因子的数 k（换句话说，它的素因子分解包含每个素数最多一次）。现在看看通过将 k 乘以所有可能的完全平方数而得到的集合 S_k。

如果你从 S_k 中取两个数，比如 kx^2 和 ky^2，那么它们的乘积是 $k^2x^2y^2 = (kxy)^2$，所以它们不能同时在我们的子集中。另一方面，来自不同的 S_k 的两个数不会有平方乘积，因为两个 k 中必定有一个包含另一个没有的素因子，该因子将在乘积中出现奇数次。

现在，每个数都属于这些集合 S_k 中的恰好一个——对给定的 n，你可以把在 n 的因式分解中指数为奇数的那些素数相乘来得到那个 k，从而 $n \in S_k$。在 1 到 30 之间，这样的 k（即无平方因子的数）有 1、2、3、5、7、11、13、17、19、23、29、2×3、2×5、2×7、2×9、2×11、2×13、3×5、3×7 和 $2 \times 3 \times 5$：总共 20 个。你可以选择每个 k 本身作为 S_k 的代表，因此可以实现大小为 20 的子集，这也是最好的结果。

为避免一个数被另一个数整除，注意到如果你固定一个奇数 j，那么在 $B_j = \{ j, 2j, 4j, 8j, \dots \}$（即 j 乘以 2 的幂）中，你只能取一个。如果你选择 1 到 30 中大的一半（即 16 到 30）作为你的子集，你就从每个 B_j 得到了一个数，当然该子集没有任何元素能够整除另一个元素，因为它们相互间的比值都小于 2。所以，你用这种方式得到的 15 个数是最佳的。

最后，要获得一个最大的两两互素的子集，你自然会考虑由固定素数 p 的所有倍数组成的那些组。你可以选择 p 本身作为其所在组的代表，因此你的子集最好包括所有 30 以下的素数，加上 1 本身，总共 11 个元素。♡

从总和猜牌

魔术师随意洗了一下牌，将其中五张面朝下递给你。她让你暗自从中任意选几张牌，并告诉她这些牌的总和（J 为 11，Q 为 12，K 为 13）。你照做后魔术师能准确告诉你选的是哪几张牌，包括花色！

不久，你发现她的洗牌是有问题的——洗牌没有改变前五张，所以魔术师提前选出它们并且知道它们是什么。但是她仍须仔细挑选那些牌的大小（并记住每张的花色），以便她总能从总和推断出是哪几张牌。

总之，如果你想自己变这个魔术，则需要在 1 到 13 中找到五个不同整数，使得每个子集的和都不同。你能做到吗？

解答：如果你有一张大小为 16 的牌就好了：2 的幂，特别是 1、2、4、8 和 16 具有所需的性质。事实上，当你用二进制表示一个数时，其中那些 1 的位置会准确告诉你在总和中有哪些幂。例如，假设被蒙在鼓里的观众告诉你总和为 13；它的二进制是 1101，那就是 8 + 4 + 1，所以他的牌必定由一张 8、一张 4 和一张 A 组成。

从五张牌中选出一个子集有 2^5 = 32 种方法（如果包括总和为 0 的空集）。我们可以不用大于 13 的数而让这些子集的和都不同吗？

首先要意识到大的数更好：更容易判断一张大的牌是否被选中。因此，让我们尝试使用贪心算法来构造我们的集合：从 K 开始，在不导致相同的总和出现两次的情况下，尽可能放入最大的牌。

如果你这样做，最终会得到 K、Q、J、9、6；这是可以的！（事实上，另外只有一种方法可以做到，即同样的牌但用 3 代替 9）。

花色呢？我推荐黑桃 6、方块 9、梅花 J、红桃 Q 和黑桃 K。不过你可以选择任何看起来随机而你又能记住的组合。然后勤练习（包括那个假的洗牌），你将会在派对上光彩照人。想了解更多精彩的数学扑克牌魔术，可阅读 Colm Mulcahy 的书（参见注释和来源）！

整除游戏

Alice 选一个大于 100 的整数并将其秘密写下来。Bob 则猜一个大于 1 的数 k；如果 k 整除 Alice 的数，则 Bob 获胜。否则，将 Alice 的数减去 k，Bob 再试一次，但不能用他用过的数。这样一直持续到 Bob 找到一个数可以整除 Alice 的数（此时 Bob 获胜），或者 Alice 的数变为 0 或负数（此时 Alice 获胜）。

Bob 在这个游戏中是否有必胜策略？

解答：关键是有足够多较小的数，只要 Bob 聪明地使用它们，就可以找到 Alice 的数的一个约数。例如，Bob 可以使用 2、3、4、6、16、12 获胜（或者 6、4、3、2、5、12，或者别的方法）。为了理解这一点，我们考虑 Alice 的数模 12；也就是说，Alice 的数（让我们叫它 A）除以 12 的余数。

用建议的序列 2、3、4、6、16、12，如果 Alice 的数是偶数，即 $A \equiv 0$、2、4、6、8 或 10 模 12，那她立刻就输了。如果 $A \equiv 5$ 或 11 模 12，则减去 2 后模 12 为 3 或 9，Bob 可以在第二回合获胜。如果 $A \equiv 1$ 或 9 模 12，Alice 将在第 3 回合输掉；如果 $A \equiv 3$ 模 12，则在第 4 回合输掉。到这里为止，Alice 开始可以用的数模 12 唯一幸存下来的是 1，在减去 2、3、4 和 6 之后，现在模 12 是 4。减去 16 把它下降到模 12 为 0，现在 Bob 的 12 将注定使 Alice 失败。当然，我们必须检查 Bob 的猜测加起来最多为 100，的确是的（2 + 3 + 4 + 6 + 16 + 12 = 43）。

素数测试

$4^9 + 6^{10} + 3^{20}$ 是否碰巧是个素数?

解答: 由于这个数是 $(2^9)^2 + 2 \cdot 2^9 \cdot 3^{10} + (3^{10})^2 = (2^9 + 3^{10})^2$, 它是一个完全平方数(所以,它不是素数)。如果你猜对了这个数是合数,但试图通过找到一个小的素因子来证明它,那就麻烦了,因为 $2^9 + 3^{10}$ 本身是个素数——所以我们的数没有小于 59561 的素因子。

是的,很容易忘记找到一个约数并不是显示一个数是合数的唯一方法。证明它是平方数(或立方数等)是另一个办法;其他更精巧的方法也存在。

额头上的数字

有十个囚徒,每人额头上都涂了一个 0 到 9 之间的数字(例如,可以全都是 2)。在某个时刻,每个人会看到其他所有的人,然后被带到一边,猜他自己的数字。

为了避免被集体处决,至少一名囚徒必须猜对。囚徒们有机会事先合谋;请找到一个他们确保成功的方案。

解答: 在许多问题中引入概率是很有用的,即使陈述中并未提及任何概率。在这里,如果我们假设涂在额头上的数是独立、均匀随机选择的,我们可以看到无论他怎么做,每个因犯都有 1/10 的概率猜对。

把囚犯从 0 到 9 编号。因为我们想要某个囚犯猜对的概率为 1,我们需要"囚犯 k 猜对"这 10 个事件是互斥的:换句话说,没有两个同时发生。否则,至少一个成功的概率将严格小于 $10(\frac{1}{10}) = 1$。

为此,我们有必要将所有可能的情况分成 10 种等可能的情形,然后让每个囚犯根据一种情形来进行猜测。这个推理可能已经让你找到了最简单的解决方案:令 s 为所有囚犯额头上数字的总和模 10(也就是说,总和的个位数)。现在让囚犯 k 猜 $s = k$,也就是说,猜他自己的数字是 k 减去他看到的数字之和后模 10。

这将确保囚犯 s,不管那是谁,得到正确答案(并且其他人都猜错)。

高的和宽的矩形

容易验证,用一些 3×2 的矩形可以铺出一个 6×5 的矩形,但前提是某些块横铺,某些块竖铺。

证明:当大矩形是正方形时这种情况不会发生;也就是说,如果一个正方形由若干全等小矩形铺成,则它可以用相同矩形沿同一方向重铺而成。

解答：首先我们宣称，如果小块的两边长不可公度（即它们的比是无理数），那么一个更强的结论成立：任何矩形的任何平铺要么所有小块水平，要么所有小块竖直。为了证明这一点，假设结论不成立，在正方形的顶部画一条水平线，然后想象将其向下移动。假设在正方形的顶部边界下方一点点处，我们的直线穿过 a 个竖向块和 b 个横向块。那么，除非它与某个小块的边界重合，我们的线必须始终穿过 a 个竖向块和 b 个横向块；否则，如果小块的尺寸是 $x \times y$，我们将有 $ax + by = cx + dy$，其中 $(a, b) \neq (c, d)$，得到 $x/y = (b - d)/(a - c)$，一个有理比例。

如果 a 或 b 为零，则所有小块方向相同，我们就完成了证明。如果我们的线穿过横向小块的部分永远不变，那么大矩形的高度既是 x 的倍数也是 y 的倍数，这是不可能的。因此，在某个时刻，我们的线在某处碰到的一些竖向的块变成横向的块，同时一些横向的切换成竖向的，但这也是不可能的，因为从大矩形顶部到那个地方的距离将同时是 x 和 y 的倍数。

如果小块的两边之比是有理数，我们不妨假设边长为整数 a 和 b，并且被平铺的正方形 C 是 $c \times c$ 的。如果没有完全同向的平铺，则 a 和 b 不能同时整除 c。我们不妨假设 a 不整除 c，并写成 $c = ma + r$，其中 $0 < r < a$。

我们要证明在这种情况下根本没有任何平铺。例如，不能用 4×1 的小块平铺 10×10 的正方形。

我们用一个由 c^2 个单位正方形 $S(i, j)$ 组成的网格覆盖 C，如同一个矩阵那样用有序对 (i, j) 编号，$1 \leqslant i \leqslant c, 1 \leqslant j \leqslant c$。下面我们把所有满足 $i - j \equiv 0 \bmod a$ 的正方形 $S(i, j)$ 染上颜色。

这样，主对角线上的所有 c 个单位正方形，以及与主对角线隔 a 的倍数的对角线上的方格都被染上了颜色；并且它在每行或每列中每隔 a 格对一个正方形进行染色。因此，假设 R 是从网格中切割出来的任何矩形。如果 R 的高度或宽度是（或两者都是）a 的倍数，则 R 是"平衡的"，即 R 中恰好有 $1/a$ 的单位正方形被染了颜色。

因此，包含 $S(1, 1)$ 的 $c \times ma$ 矩形 U 是平衡的，包含 $S(1, 1)$ 的 $ma \times c$ 矩形 V，以及 U 和 V 的交集——同样包含 $S(1, 1)$ 的 $ma \times ma$ 正方形 W，也都是平衡的。令 L 为包含 $S(c, c)$ 的小 $r \times r$ 正方形（这在 $S(1, 1)$ 的对角处）。

下图显示了 $a = 4, c = 10$ 的情况，其中矩形 U 和 V（从而正方形 W）以黑色粗线勾出轮廓。

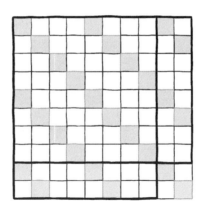

如果用 $|R|$ 代表矩形 R 的面积，那么 $|C| = |U| + |V| - |W| + |L|$，并且类似的等式也适用于这些矩形中每个矩形的染色方格数。然而 L 不是平衡的：它的主对角线上的 r 个格子是被染色的，所以被染色格子的比例为 $r/r^2 = 1/r > 1/a$。由此可知，C 不是平衡的。

但我们的小块都是平衡的，所以它们不能平铺 C。♡

储物柜门

在欧几里得初中的主廊里，标号为 1 到 100 的储物柜排成一排。第一个学生抵达后打开了所有储物柜。第二个学生经过时重新关闭了第 2、4、6、… 号储物柜；第三个学生改变了编号为 3 的倍数的储物柜状态，下一个则是编号为 4 的倍数，照此类推，直到最后一个学生只打开或关闭第 100 号储物柜。

这 100 名学生通过后，哪些储物柜是开着的？

解答：对 n 的每一个约数 k，当第 k 个学生通过时，n 号储物柜的状态发生变化。在这里，我们利用约数往往成对出现的事实，形如 $\{j, k\}$，其中 $j \cdot k = n$（包括 $\{1, n\}$ 这对）；所以学生 j 和 k 对这个储物柜的影响相互抵消。例外情况是当 n 为一个完全平方数时，没有其他约数来抵消第 $\sqrt{n}$ 个学生的影响；因此，最后开着的储物柜恰好是那些完全平方数，1、4、9、16、25、36、49、64、81 和 100。♡

对于下一个谜题，你可能想知道某首小巧的打油诗[1]，它出自数学家 Nathan Fine，但灵感来自伟大的已故数学家 Paul Erdős 的一个漂亮证明：

Chebyshev 说过，我再说一次，在 n 到 $2n$ 之间总有一个素数。

---

[1]原文：Chebyshev said it and I say it again / There's always a prime between n and $2n$. ——译者注

这被称作 Bertrand 假设，由 Chebyshev 在 1852 年证明，后来 Ramanujan 和 Erdős 给出了更简洁的证明。

阶乘巧合

假设 a、b、c 和 d 是正整数，它们两两不同且都大于 1。$a!^b = c!^d$ 可能成立吗？

解答：假设这样的数存在，设 $a < c$ 从而 $b > d$。那么 $c > 2$，由 Bertrand 假设，有一个素数 p 满足 $\frac{c}{2} < p < c$。这个 p 在 $c!^d$ 的素因子分解中恰好出现 d 次，但在 $a!^b$ 的素因子分解中出现 b 次或者根本不出现。这个矛盾表明所求的四元组 (a, b, c, d) 不存在。

均分

证明：从每个大小为 $2n$ 的整数集合中，都可以选出一个大小为 n 的子集，使其元素和能被 n 整除。

解答：如果一个集合的元素和模 n 为 0，那么我们称这个集合是"平坦"的。首先让我们注意，我们要证明的命题蕴含了以下看似较弱的命题：如果 S 是由 $2n$ 个数构成的平坦集，那么 S 可以分成两个大小为 n 的平坦集。然而，这继而蕴含了：任何只有 $2n - 1$ 个数的集合都包含一个大小为 n 的平坦子集，因为我们可以添加第 $2n$ 个数使原集合变得平坦，然后应用前面的命题将其分为两个大小为 n 的平坦子集。其中之一（不包含新数的那个）可以满足条件。

所以这三个命题是等价的。假设我们可以证明 $n = a$ 和 $n = b$ 情况下的第二个命题。则当一个大小为 $2n = 2ab$ 的集合 S 的元素总和模 ab 为 0 时，特别地，它对 a 而言是平坦的，我们可以依次剥离大小为 a 的关于 a 的平坦子集 $S_1, \ldots, S_{2b}$。我们可以将每个这样的子集 S_i 的元素和写成 ab_i 的形式。这些数 b_i 现在构成了一组大小为 $2b$ 的集合，总和模 b 为 0，因此我们可以将它们分成两个大小为 b 的关于 b 的平坦集。两部分的元素各自对应的集合 S_i 的并集将原集合 S 分成大小为 ab 的两个子集，并且都是 ab-平坦的，这正是我们想要的结果。

因此，如果我们能证明命题在 $n = p$ 为素数时成立，那么它对所有 n 成立。令 S 是一个大小为 $2p$ 的集合，我们想要创建一个大小为 p 的 p-平坦子集。

如何创建这样一个子集？一种自然的可能手段是将 S 的元素配对，并从每一对中选一个元素。当然，如果要这样做，有必要确保每对中的元素模 p 是不同的，以免自己面临的是 Hobson 的选择[1]。我们能做到吗？

是的，将 S 的元素按照模 p 进行排序（例如，0 到 $p-1$），并考虑 (x_i, x_{i+p}) 这些对，$i = 1, 2, \ldots, p$。如果对某个 i，x_i 和 x_{i+p} 关于 p 同余，则 $x_i, x_{i+1}, \ldots, x_{i+p}$ 都是模 p 同余的，我们可以选择其中的 p 个元素来构成我们想要的子集。

现在我们有了配对，下面进行"动态规划"。设 A_k 是所有可以从前 k 对中的每一对取一个数得到的和（模 p）组成的集合。则 $|A_1| = 2$，而我们宣称 $|A_{k+1}| \geq |A_k|$，并且只要 $|A_k| \neq p$ 就有 $|A_{k+1}| > |A_k|$。这是因为 $A_{k+1} = (A_k + x_{k+1}) \cup (A_k + x_{k+1+p})$；因此如果 $|A_{k+1}| = |A_k|$，$(A_k + x_{k+1})$ 和 $(A_k + x_{k+1+p})$ 这两个集合必定相同，这意味着 $A_k = A_k + (x_{k+1+p} - x_{k+1})$。由于 p 是素数且 $x_{k+1+p} - x_{k+1} \neq 0 \mod p$，这是不可能的，除非 $|A_k| = 0$ 或 p。

因为有 p 对，我们最终必定有某个 $k \leq p$ 使得 $|A_k| = p$，因此 $|A_p| = p$，特别地，$0 \in A_p$。从而证明了我们的命题。

阶乘和平方

考虑乘积 $100! \cdot 99! \cdot 98! \cdots 2! \cdot 1!$。这 100 个因子中的每个 $k!$ 称为一"项"。你能移除一项，留下一个完全平方数吗？

解答：完全平方数有一些很好的性质。例如，任意数量的完全平方数的乘积仍然是一个完全平方数：比如说，$A^2 \cdot B^2 \cdot C^2 = (A \cdot B \cdot C)^2$。

称我们的大乘积为 N，并观察到它其实离成为完全平方数的乘积已经不远了。例如，N 的前两项的乘积为 $100 \cdot 99!^2$（由于 $100 = 10^2$，这碰巧是一个完全平方数）。

事实上，我们可以将所有的项配对，并将 N 写成以下形式：$100 \cdot 99!^2 \cdot 98 \cdot 97!^2 \cdot 96 \cdot 95!^2 \cdots 4 \cdot 3!^2 \cdot 2 \cdot 1!^2$，它是一个完全平方数乘以数 $M = 100 \cdot 98 \cdot 96 \cdots 4 \cdot 2$。而我们又可以将 M 重写成 $2^{50} \cdot 50 \cdot 49 \cdot 48 \cdots 2 \cdot 1 = (2^{25})^2 \cdot 50!$。

所以，N 是许多完全平方数和 50! 的乘积。从而，如果从 N 中去掉 50! 这一项，我们仍得到一个完全平方数。♡

现在是定理时间。你也许知道 $\sqrt{2}$ 是无理数，也就是说，它不能写成任何分数 a/b 的形式，其中 a, b 是整数。你甚至有可能知道一个证明，像下面这样：

---

[1] 即 Hobson's Choice，实际只有一个选项的自由选择。Thomas Hobson 是 16 世纪末和 17 世纪初英国的租马房经营者，他允许顾客租用任意一匹马，但是只能选择靠门最近的那匹。——译者注

假设 $\sqrt{2}$ 是一个分数，并将它写成最简分数形式 a/b。那么 $2 = a^2/b^2$，从而 $a^2 = 2b^2$，这样 a^2 是偶数，从而 a 也必须是偶数；记 $a = 2k$。然后 $b^2 = 2k^2$，所以 b 也是偶数，但这和 a/b 是最简分数的假设矛盾。

定理. 对任意正整数 n，$\sqrt{n}$ 不是一个整数就是一个无理数。

证明：$n = 2$ 时的证明自动扩展到 n 是一个素数 p 的情况：如果 $\sqrt{p} = a/b$ 为最简分数，则 $p = a^2/b^2$，所以 a 是 p 的倍数，因此 $a^2 = (pk)^2$ 是 p^2 的倍数，但这样 b^2 是 p 的倍数，因此 b 也是，我们再次和 a/b 是最简分数的假设矛盾。

但是，这个证明在 n 不是素数时行不通，因为我们无法从 a^2 是 n 的倍数推断出 a 也是。但是别急，当 n 没有平方因子时，也就是说，当它是不同素数的乘积时，证明还是有效的；这时，我们可以对每个素因子单独运用上面的论证。

所以，我们知道当 n 没有平方因子时，$\sqrt{n}$ 要么是整数，要么是无理数。但是每个 n 都是一个完全平方数和一个无平方因子的数的乘积（后者通过将在 n 的分解中出现奇数次的所有素数相乘得到）。所以让我们设 $n = k^2m$，其中 m 是无平方因子的。那么 $\sqrt{n} = k\sqrt{m}$，并利用整数的整数倍还是整数，而无理数的非零整数倍仍然是无理数的事实，完成我们的证明。♡

再少许花些力气，你可以将上述论证扩展到 n 的 k 次方根，其中 k 和 n 是大于 1 的整数。

第 7 章　小数定律

听起来有点好笑，但有不少在其他方面非常聪明的人，在遇到包含数的谜题时，会把这些数字看作圣典中被划线的文字。这是数学——你完全可以改变这些数看看会发生什么！如果谜题中的数大得令人望而生畏，试着将其替换为小一些的数。多小呢？尽可能小，只要别让谜题变得过于平凡；如果那还不足以给你足够的洞察力，再慢慢把这些数变大。

多米诺骨牌任务

一个 8×8 的棋盘被 32 个 2×1 的多米诺骨牌以任意方式覆盖。一个新的正方形添加到棋盘的右侧，使第一行变成了 9 个格子。

你可以随时提走任何一个多米诺骨牌，并将它放回两个相邻的空格里。

你是否能在这个扩展的棋盘上重铺多米诺骨牌使得每一块的方向都是水平的？

解答：是的。设 T 为下述"蛇形"平铺，在最左列放置四个竖直块，在最右列放置三个竖直块（缺少顶部和底部方格），并用水平的多米诺骨牌填充新棋盘上除右下角方格之外的所有方格。我们的目标是得到这个平铺，然后移动它获得所需的棋盘水平覆盖。

我们从顶部开始实现蛇形平铺。由于 32 块多米诺骨牌盖住的是我们新棋盘的 65 个格子中的 64 个，总有一个未被覆盖的方格，我们称之为"洞"。假设有某个竖直的多米诺覆盖了洞所在的那行的某个格子；那么我们可以移动一些水平的多米诺骨牌，然后将洞左侧或者右侧最近的这样一个竖直多米诺骨牌变成水平的。我们称这个过程为"压平"。

由于压平操作会增加水平多米诺骨牌的个数，它总会在某刻停下，那时洞所在的行只有水平向的多米诺骨牌。但那必定是第一行，因为只有那行有奇数个格子。

平移第一行的多米诺骨牌并且用一个竖直的多米诺骨牌补上左上角的洞，我们得到了蛇形平铺的第一行。现在我们回到压平操作（但是不要去动左上角的那个竖直的多米诺骨牌）；这样停下时洞会在第二行，这时我们可以平移使得第二行符合蛇形平铺。

我们重复上述的操作直到实现整个蛇形平铺。压平这条蛇将会完成整个操作。

这个神奇的分成两部分的算法是怎么找到的？先在 4×4 的棋盘上试试这个问题！

旋转的开关

四个相同、末标记的开关串联一个灯泡。开关是简单的按钮，其状态无法识别，但可以通过按动来改变；它们被安装在一个可旋转正方形的四个角上。在任何时候，你都可以同时按下开关的任意组合，但是接下来对手会快速旋转这个正方形。是否有一种算法可以保证在有限次旋转内点亮灯泡？

解答：看一下这个谜题的简化版本是至关重要的。考虑两个开关的版本，即只有在正方形对角的两个按钮。同时按下两个按钮可以查出两个开关是否处于相同状态，因为是的话灯泡将被点亮（如果之前没有亮着）。否则，按下其中一个按钮，它们将会处于相同状态，并且最多再同时按下两个按钮就会点亮灯泡。所以三次操作就足够了。

回到四个开关的情况。将按钮命名为 N（北）、E（东）、S（南）和 W（西），当然，你现在所称的 N 可能在旋转后成为 E、W 或 S。假设在开始时，对角线上的开关（N 和 S、E 和 W）处于相同状态——都打开或都关闭。然后你可以将对角的一对视为一个按钮，并使用两个按钮的方案：同时按下两对（即所有四个开关）；然后按下一对（例如 N-S）；再次同时按下这两对，大功告成。所以先进行这三个操作；如果灯不亮，则对角的按钮中有一对或两对不匹配。尝试翻转两个相邻的开关，比如 N 和 E，然后回到三步两个按钮的操作方案。如果当时两对都不匹配，那你就成功了。如果没有成功，只按下一个按钮；这会使得两对对角按钮或者都匹配，或者都不匹配。第三次执行对两个按钮的解决方案。如果灯泡仍然不亮，再次按下 N 和 E，现在你知道两对对角按钮都匹配, 第四次应用两个按钮的解决方案将会点亮灯泡。

总之, 按下按钮 NESW、NS、NESW、NE、NESW、NS、NESW、N、NESW、NS、NESW、NE、NESW、NS、NESW, 必定会在某个时候点亮灯泡——一共 15 次操作。没有任何少于 15 个操作的序列能确保成功, 因为四个开关有 $2^4 = 16$ 种可能的状态, 而且它们都必须进行测试; 有一个状态 (起始状态) 是不用付出代价就可以测试的。

看了四个按钮的解决方案后, 你可以推广到按钮数量是 2 的任意幂的情况; 如果有 2^k 个灯泡, 解决方案将需要 (而且必须要) $2^{2^k} - 1$ 步。(当有 n 个按钮时, 它们位于可旋转的正 n 边形的角上。)

当按钮数量 n 不是 2 的幂时, 这个谜题是没有解决方案的。我们这里只证明, 对于三个按钮, 没有固定的操作次数可以保证点亮灯泡。(对于一般的 n, 将 n 写成 $m \cdot 2^k$ 的形式, 其中 m 是大于 1 的奇数; m 在下面的论证中扮演 3 的角色。)

你可以假设在你第一次操作之前, 开关会被旋转一次。假设在旋转之前, 开关并非都处于相同状态。容易验证, 无论你计划进行什么操作, 如果这次旋转让你不太走运, 那么在这次旋转和你的一次操作之后, 开关仍然不会都处于相同状态。

因此, 你永远无法确保所有开关都处于相同状态, 因此没有固定的操作序列可以保证点亮灯泡。有趣的是, 你可以解决 32 个按钮的问题 (尽管在每秒操作一次的情况下大约需要 136 年), 但不能解决只有 3 个按钮的情况。

蛋糕上的蜡烛

这是 Joanna 的 18 岁生日, 她的蛋糕呈圆柱形, 在 18 英寸的圆周上插了 18 支蜡烛。两支蜡烛之间任何一条弧长 (以英寸为单位) 大于该弧上的蜡烛数 (不包括两端的蜡烛)。

证明: Joanna 的蛋糕可以被切成 18 块相等的楔形, 使得每块上都有一支蜡烛。

解答: 问题中的条件多多少少保证了蜡烛的间距比较均匀; 一种表达方式是, 当我们从某个固定原点 0 绕圆周移动时, 我们遇到的蜡烛数量与我们经过的路程之差不会太大。相应地, 设 a_i 为从 0 到逆时针编号第 i 根蜡烛的弧长, 令 $d_i = a_i - i$。

我们声称对于任意 i 和 j, d_i 和 d_j 之差小于 1。我们可以假设 $i < j$。如果 $d_j - d_i \leqslant -1$, 那么 $j - i - 1 \geqslant a_j - a_i$, 可是 $j - i - 1$ 是 i 号和 j 号之间的蜡烛

数, 与条件矛盾。同样, 如果 $d_j - d_i \geq 1$, 则 $d_i - d_j \leq -1$, 相同的论证适用于另外那段从 j 逆时针到 i 的弧。

因此, 这些 "偏差" d_i 都位于长度小于 1 的某个区间内。设 d_k 是最小的一个, 在 0 到 d_k 之间取一个 ϵ, 使得所有 d_i 都严格在 ϵ 到 $\epsilon + 1$ 的开区间中。现在在 $\epsilon, \epsilon + 1, \ldots$ 等处切蛋糕可以得到想要的结果。

如何找到这个证明? 与其尝试 18 支蜡烛, 不如先试试 2 支蜡烛, 然后是 3 支。

丢失的登机牌

一百个人排队上一架满售的飞机, 然而第一个人弄丢了自己的登机牌, 于是随机挑选了一个座位坐下。随后的每位乘客在自己的座位还空着的情况下会坐到自己的座位, 否则就随机坐一个空座位。

最后登机的乘客发现自己座位还空着的概率是多少?

解答: 如果你要坚持搞清楚 100 名乘客情况下的所有细节, 这个问题会变得令人望而却步; 所有可能情况的总数是个天文数字。所以让我们将这个数减少到可控范围。当只有两名乘客时, 很明显第二位 (即最后那位) 坐到自己座位的概率是 $\frac{1}{2}$。那么对于三名乘客呢?

按照应该坐在那里的人给座位编号是个好主意。如果乘客 1 坐在他指定的座位 1 上, 那么每个人都将坐到自己的座位上。如果他坐在座位 3, 那么乘客 2 将坐在座位 2, 乘客 3 将坐在座位 1。最后, 如果乘客 1 坐在座位 2, 那么乘客 3 是否坐到座位 3 取决于乘客 2 是选择座位 1 还是座位 3。总的来说, 乘客 3 坐到自己座位的概率是 $\frac{1}{3} + \frac{1}{3} \cdot \frac{1}{2} = \frac{1}{2}$。

有意思! 答案难道总是 $\frac{1}{2}$?

在上述分析中我们注意到, 最后一名乘客永远不会坐在座位 2 上。回味一下, 我们可以看到, 当总共有 n 个乘客时, 对任意 $1 < i < n$, 最后一名乘客其实永远不会坐在座位 i 上。为什么? 因为当乘客 i 登机时, 座位 i 要么已被占用, 要么在那时被占用。因此, 座位 i 永远不会留给最后一位乘客。乘客 n 最终可能坐到的座位只有座位 1 和座位 n。

我们还不能得出结论说乘客 n 坐到座位 n 的概率是 $\frac{1}{2}$——我们仍需证明座位 1 和座位 n 最后空着的概率是相等的。但这不难, 因为每当有人随机选择一个座位时, 他们选择座位 1 或座位 n 的可能性相同。换句话说, 在整个过程中, 座位 1 和座位 n 是被同等对待的; 因此, 根据对称性, 当乘客 n 最终上飞机时, 那两个座位空着的概率是相等的。

飞碟

Xylofon 星球派来一支飞碟舰队，到某幢被随机选中的房子里，要把里面的居民带回去放在 Xylofon 地物园里展览。现在，这幢房子里恰好有五男八女，他们将被按照随机的顺序一个个上传。

由于 Xylofon 人执行严格的性别隔离政策，一个飞碟不能同时载有两种性别的地球人。为此，它会把人传送上去，直到得到另一种性别的人为止，这时最后那个人会被送回，飞碟载着装好的东西出发。然后，另一个飞碟按照相同规则开始传送，依此类推。

最后一个被传送上来的人是女性的概率是多少？

解答：让我们试一些较小的数，看看会发生什么。显然，如果房子里全是男性或全是女性，那么最后一个被送上飞碟的人的性别是确定的。如果男女数量相等，那么由对称性，最后被送上飞碟的是女性的概率是 $\frac{1}{2}$。所以最简单有趣的情况是，比如一个男性和两个女性。

在这种情况下，如果那位男士首先被传送（概率为 $\frac{1}{3}$），那么最后一位会是女士。假设一位女士先被传送；如果她之后是那位男性（那样他会被传回），我们又回到了对称的情况，最后一位是女性的概率是 $\frac{1}{2}$。最后，如果跟在第一位女士之后的是第二位女士（概率 $\frac{2}{3} \cdot \frac{1}{2} = \frac{1}{3}$），那位男士将会是最后被传送的。综合考虑这些情况，我们得到最后一个被传送的人是女性的概率为 $\frac{1}{2}$。是否有可能，不管男女的人数如何，只要每种性别都至少有一个人，答案都是 $\frac{1}{2}$ 呢？

进一步观察上述分析，似乎最后一个被传送的人的性别是由倒数第二个飞碟决定的——这个飞碟将使房子里的人只有一种性别。要理解为何如此，不妨想象一下 Xylofon 人的劫掠过程按以下方式进行：每次有一个飞碟到达时，房屋中的现有居民会均匀随机地把他们自己排成一列，然后从左到右被传送上去。

例如，当一个飞碟到达时，居民包括男性 m_2 和 m_3，以及女性 f_2、f_3 和 f_5，而他们将自己排成"f_3, f_5, m_2, f_2, m_3"，那么飞碟将上传 f_3、f_5、m_2，然后再把 m_2 退回来，并仅携带 f_3 和 f_5 两位女士起飞。剩下的 m_3、m_2 和 f_2，现在会重新排列自己，等待下一个飞碟的到来。

我们看到，当一个飞碟遇到的排列是所有女性在所有男性之前，或者所有男性在所有女性之前，那它就是倒数第二个飞碟。但无论此时房子里两种性别的数量有多少，这两个事件发生的概率是相等的! 为什么? 因为如果我们简单地颠倒一个排序，就会从"所有男性在所有女性之前"变为"所有女性在所有男性之前"，反之亦然。

还有一点要注意: 如果一开始房子里既有男性又有女性，那么一个飞碟是不够的，因此总会有倒数第二个飞碟。当那个飞碟到来时——即使我们事先不知道它会是哪一个飞碟——它带走剩下所有男士或所有女士的可能性是相等的。

汽油危机

在一次汽油危机期间，你需要驾车进行一次长途环形旅行。调查结果表明，沿途加油站的所有汽油刚好只够绕行一圈。假设油箱是空的，但你可以选一个加油站出发，你能顺时针绕一圈吗?

解答: 可以的。关键是想象你带着充足的油从（比如说）第 1 站开始，沿着路线前进，逐个耗尽每个加油站的油。当你回到第 1 站时，你油箱中的油量将与出发时相同。

在这个过程中，要记录每次进入一个加油站时你剩余的油量; 假设这个数量在第 k 站达到最小值。那么，如果你从第 k 站开始，并且油箱是空的，你不会在站与站之间耗尽燃料。♡

桌上的硬币

一张矩形桌子上放着 100 枚 25 美分硬币，再放入任何一枚都会有重叠。(我们允许硬币伸出桌沿，只要它的中心在桌子上。)

证明: 你可以重新开始，用 400 枚 25 美分硬币覆盖整张桌子! (这次我们允许硬币重叠和伸出桌沿)。

解答: 首先让我们观察一下，如果将每个硬币的半径加倍（例如，从 1 英寸到 2 英寸），结果将是覆盖整个桌子。为什么? 嗯，如果一个点 P 没有被覆盖，它必须与任何一个硬币中心都至少有 2 英寸以上的距离，这样以 P 为中心放一个（小）硬币可以在不重叠的情况下在初始状况下加一个硬币。（初始状况以及这些硬币放大之后的示例，请看下面的前两个图。）

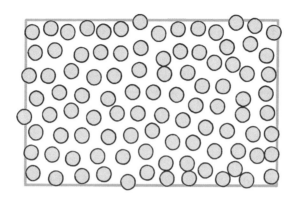

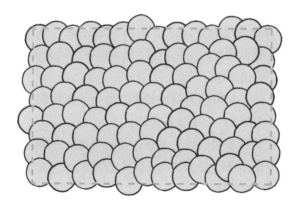

现在，如果我们能把每个大硬币用四个覆盖相同区域的小硬币来替换，问题就解决了——但是我们不能。

然而，矩形倒是有可以分割成自身的四个副本的特性。因此，让我们将整个（大硬币覆盖桌子的）图像在每个维度上缩小两倍，并使用新图像的四个副本（如下图所示）覆盖原来的桌子！

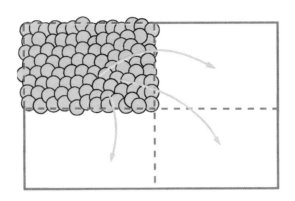

一排硬币

桌子上有一排 50 个不同面值的硬币。Alix 从硬币的一端拿起一枚放进她的口袋；然后 Bert 从（剩余）硬币的一端选择一枚，如此交替，直到 Bert 将最后一枚硬币放入口袋。

证明：Alix 有办法保证她拿到的钱至少和 Bert 的一样多。

解答：一些最明显的方法对此谜题无效。容易验证，如果 Alix 每次都在可选的两个硬币中选择面值更大的那个，或者选择使下一步暴露给 Bert 尽可能小硬币的那个，或者两者的任意组合，她都有可能输得很惨。基本上，如果她只考虑一两步之后的情况，她会陷入困境。

事实上，Alix 的*最优*策略需要她分析之后可能出现的所有状况。这是可以用我们称为"动态规划"的手段解决的。

然而，本题并不要求我们找到 Alix 的最优策略，只需要找到一个能保证她得到至少一半钱的策略。尝试使用 4 或 6 个硬币而不是 50 个硬币，也许会引导你得出以下关键观察结果。

假设这些硬币以 1 元、1 分、1 元、1 分等交替排列，最后一个是 1 分（因为 50 是一个偶数）。那么，Alix 可以得到*所有的* 1 元硬币！实际上，不管这些硬币的面值如何，如果我们将它们从左到右用 1 到 50 编号，Alix 可以拿到所有编号为奇数的硬币，或者所有编号为偶数的硬币。

可是稍等，这两组硬币中总有一组包含至少一半的钱！♡

平方根的幂

$(\sqrt{2} + \sqrt{3})$ 的十亿次方小数点后的第一个数字是什么？

解答：如果你尝试在计算机中输入 $(\sqrt{2}+\sqrt{3})^{1000000000}$，你可能只会得到最多十几个有效数字；那样的答案根本精确不到能让你观察到在小数点之后发生了什么。

但是你可以尝试较小的幂并观察结果。例如，$(\sqrt{2}+\sqrt{3})^{10}$ 的十进制展开以 95049.9999895 开始。稍微试验一下便可发现，$(\sqrt{2}+\sqrt{3})$ 的每个偶数次幂都似乎略小于某个整数。为什么？差多少？

让我们试一下 $(\sqrt{2}+\sqrt{3})^2$，大约是 9.9。如果我们计算一下 $10-(\sqrt{2}+\sqrt{3})^2$，会发现它等于 $(\sqrt{3}-\sqrt{2})^2$。啊哈！

是啊，$(\sqrt{3}+\sqrt{2})^{2n}+(\sqrt{3}-\sqrt{2})^{2n}$ 总是一个整数，因为展开后，奇数次项相互抵消而偶数次项都是整数。当然，$(\sqrt{3}-\sqrt{2})^{2n}$ 非常小，约为 10^{-n}，所以 $(\sqrt{3}+\sqrt{2})^{2n}$ 的十进制表示小数点之后大约有 n 位都是 9。

椰子经典

五个人和一只猴子被困在一个岛上，他们收集了一堆椰子，准备第二天早上平分。然而，到了晚上，其中一个人决定现在就拿走他的那一份。他把一个椰子扔给猴子，然后拿走剩余椰子的恰好 1/5。随后来了第二个人，也做了同样的事，然后是第三、第四和第五个人。

第二天早上，这些人一起醒来，又给猴子扔了一个椰子，然后将其余的平分。要使这一切成为可能，一开始最少要有多少个椰子？

解答：为了解决这个问题，你先考虑两个人而不是五个人，然后考虑三个人，再然后猜测答案。但一旦发现下面的说法，它就是不可抗拒的。

如果你允许负数个椰子（！），这个谜题有一个简单的"解"。一开始那堆有 -4 个椰子；当第一个人向猴子扔了一个椰子时，堆里剩下的椰子数减少到 -5，但是当他"拿走"其中的 $\frac{1}{5}$ 时，实际上是添加了一个椰子，使堆恢复到 -4 个椰子。以此类推，到了第二天早上，仍然有 -4 个椰子；猴子得到 1 个，五个人平分剩下的 -5 个。

这个观察对我们有什么用处并不是很明显，但让我们想一下如果没有猴子会发生什么；每个人只拿走他看到那堆的 $\frac{1}{5}$，早上剩下的椰子数是 5 的倍数，从而他们可以平分。由于每个人都将那堆缩小了 $\frac{1}{5}$，原来的椰子数必须是 5^6 的倍数（到早上缩小为 $4^5 \cdot 5$ 的倍数）。

现在，我们只需要把上述两个伪解法放在一起，从 $5^6 - 4 = 15621$ 个椰子开始。然后这堆依次减少到 $4 \cdot 5^5 - 4$、$4^2 \cdot 5^4 - 4$、$4^3 \cdot 5^3 - 4$、$4^4 \cdot 5^2 - 4$ 和 $4^5 \cdot 5 - 4$ 个椰子。当猴子拿到早晨的那个椰子时，我们有 $4^5 \cdot 5 - 5$ 个椰子，是 5

的倍数，可以给那些人平分。这是最佳结果，因为我们需要开始时有 $5^5 \cdot k - 4$ 个椰子，才能使第二天早上的椰子数是一个整数，而为了使 $4^5 \cdot k - 5$ 是 5 的倍数，我们需要让 k 是 5 的倍数。

毋庸置疑，数学中的许多定理都是被这样"发现"的：有人对一些小数字进行试验，然后看到某种规律，结果发现这个规律是可被证明的。

以下就是一个可能以这种方式被发现的定理。假设你经营的道场有偶数（n）个学生。每天，你将所有学生两两配对进行一对一的对战。你是否有办法在若干天内，使每个学生与其他每个学生都恰好对战了一次？

定理. 对任意正偶整数 n，存在 $\{1, 2, \ldots, n\}$ 的一系列两两配对（"完美匹配"），使得每对 $\{i, j\}$ 恰好出现在一次配对中。

对小的 n 进行检查表明定理似乎是正确的：例如，对 $n = 2$，只有一个完美匹配，包含 $\{1, 2\}$ 这对；对 $n = 4$，我们可以（其实也必须）选择完美匹配 $\{\{1, 2\}, \{3, 4\}\}$、$\{\{1, 3\}, \{2, 4\}\}$ 和 $\{\{1, 4\}, \{2, 3\}\}$。

然而对 $n = 6$，我们需要做出选择。有没有什么比较简洁的方法呢？

事实上还不止一种；下面是我喜欢的一种方法。我们知道学生 n 必须与其他每个学生配对；让我们将其放在一个圆的中心，其余的学生均匀分布在圆周上。在我们的 $n - 1$ 个完美匹配的第 i 个中，学生 n 与学生 i 配对；从 n 到 i 画一条半径。其余的学生通过与该半径垂直的线段两两配对（见下图）。

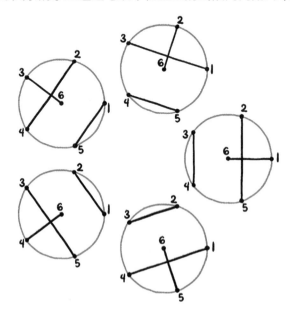

由于 $n-1$ 是奇数，所有从 n 到其他学生的半径都具有不同的角度；因此，没有两个学生会配对两次，并且因为最终的对数是 $(n-1)\times n/2 = \binom{n}{2}$，所以每对学生都出现了。♡

第8章 权重和均值

你一定知道怎样计算一组数的平均值

$$\bar{x} := (x_1 + x_2 + \cdots + x_n)/n,$$

否则你应该根本不会来看这本书。在解决谜题时，有时候把这个过程倒过来是很有用的——从平均值计算总和。

举个例子，你是否忘记了从 1 到 n 的整数求和公式? 没问题。它们的平均值是 $(n+1)/2$（你可以将它们配对来验证），而数的个数是 n，所以它们的总和必定是 $n(n+1)/2$。类似地，从 a 到 b 的整数求和必定是 $(b-a+1)(a+b)/2$。

这里有一个关于平均值的定理在解决问题时非常有用，它几乎太显而易见了，似乎都不该被称为定理:

定理. 如果 $\bar{x}$ 是 $x_1, x_2, \ldots, x_n$ 的平均值，则 $\bar{x}$ 在 x_i 的最小值和最大值之间。并且，最小值、最大值和平均值要么两两不同，要么全都相等。

上面第一部分的另一种说法是，必定有些 x_i 大于或等于 $\bar{x}$，也必定有些 x_i 小于或等于 $\bar{x}$。这很显然，但非常有用!

上述定理也适用于更一般的加权平均（也称为凸组合）。在那里，需要求平均的集合中的每个元素有一个（正实数）权重 w_i，并且

$$\bar{x} := (w_1 x_1 + w_2 x_2 + \cdots + w_n x_n)/(w_1 + \cdots + w_n).$$

不少时候，这些权重之和已经是 1，因此你可以省略最后的除法。例如，当这些 w_i 构成一个概率分布时就是这样，此时 $\bar{x}$ 被称为这些 x_i 的期望值。（在后面的章节中会有不少关于期望的问题。）

在上述定理可以派上用场的谜题中，下面这个比较典型。

反转天平

科学老师 McGregor 女士的桌子上有一个天平。秤盘上有一些砝码，目前天平向右倾斜。在每个砝码上都刻有至少一个学生的名字。

依次进入教室时，每位学生都会把刻有本人名字的每个砝码移到天平另一侧的秤盘上。McGregor 女士是否能放进一组学生使得天平向左倾斜？

解答：为了给我们自己创造计算平均值的条件，考虑学生的所有子集，包括空集和全集。每个砝码在恰好一半的情况中出现在左侧。（选择那个砝码上的任意一个名字，比如小杰，并假设是否将小杰包括在子集是最后做出的决定。）因此，在考虑所有子集的情况下，天平左侧的总重量与右侧的总重量相同。换句话说，平均情况下天平保持平衡。由于空集使得天平向右倾斜，必定有另外一个子集使得它向左倾斜。

在"反转天平"中使用的"取平均"手段经常出现，请多留意！

以下是一个可以很快解决的问题。

有姐妹的人

平均而言，谁拥有更多的姐妹，男人还是女人？

解答：这个谜题可能显得非常令人困惑。如果像我一样，你在一个既有男孩又有女孩的家庭中长大，你可能会观察到，在这样的家庭中，男孩拥有的姐妹数量比女孩多（一个）。所以，或许在平均情况下，男人比女人拥有更多的姐妹？

等等，在一个全是女孩的家庭中，每个女孩都有姐妹；在一个全是男孩的家庭中，这些男孩都没有姐妹。所以，或许这抵消了那些既有男孩又有女孩的家庭的影响。

　　这里真正的问题所在是性别的独立性。如果你做出合理（而且相当准确）的假设，即兄弟姐妹的性别不受自己性别的影响，那么知道一个人的兄弟姐妹数量并不能告诉你这个人是男性还是女性。由此可推出，反过来也一样，因此男性和女性在平均情况下拥有相同数量的姐妹。

　　如果你想了解得更精确些，实际上，兄弟姐妹之间的性别存在轻微的正相关性；也就是说，女孩的兄弟姐妹略微比男孩的兄弟姐妹更可能是女孩。这主要是由于同卵双胞胎是同性这一事实造成的。因此，女性平均拥有的姐妹比男性稍稍多一点。

　　下一个谜题用到我们定理的连续形式。

桌上的手表

　　桌上摆放着五十块走时精确的手表和一颗小钻石。证明：存在一个时刻，从钻石到各个分针末端的距离之和超过从钻石到各个表中心的距离之和。

　　解答：仅考虑一块手表，我们声称在一个小时内，从钻石 D 到手表分针末端 M 的平均距离大于从 D 到手表中心 W 的距离。这是因为，如果我们过 D 画一条垂直于 DW 连线的直线 $\mathscr{L}$，那么从 M 到 $\mathscr{L}$ 的平均距离显然等于 W 到 $\mathscr{L}$ 的距离，继而等于 DW。而 DM 至少等于 M 到 $\mathscr{L}$ 的距离，并且通常更大。

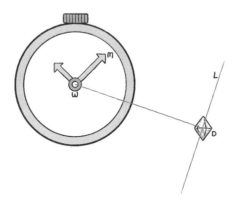

　　当然，如果我们对所有手表求平均情况，会得出相同的结论，由此可得在一小时内的某个时刻所需的不等式成立。

　　所有手表走时精准的条件是为了确保每个分针以恒定速度移动。除非我们的耐心仅限于一个小时，有些手表走得慢些、有的快一些并没什么关系（假设每个分针都以恒定速度旋转）。

额外说明：如果手表走时精准，并且你小心地放置和旋转它们，你可以确保从桌子中心到各分针末端的距离总和一直严格大于从桌子中心到各表中心的距离总和。

关于平均值的另一个很好的性质是，从一堆数据中添加或去除一项时，对平均值的影响是可预测的：如果这个数据超过平均值，则添加它会提高平均值，删除它会降低平均值。如果这个数据低于平均值，则效果相反；当然，如果这个数据恰好是平均值，那么不会有任何影响。下一个谜题使用这个想法来探讨一种常见的嘲讽手段。

提升艺术价值

A 画廊的粉丝们喜欢说，去年当 A 画廊将"有金橘的静物"卖给 B 画廊后，两个画廊作品的平均价值都上升了。假设这个陈述正确，并且两个画廊总共持有的 400 幅画中每一件的价值都是整数（单位是美元），那么在出售前，A 画廊和 B 画廊作品之平均价值的最小可能差异是多少？

解答：有点奇怪的是，谜题中没有任何特定的金额，却要我们求出一个金额，但我们还是继续求解吧。假设在出售前 A 画廊有 p 幅画，这样 B 画廊有 $400 - p$ 幅。假设那时 A 画廊作品的平均价值是 a，B 画廊的是 b；那么平均值发生的变化表明的正是："有金橘的静物"的价值 s 满足 $a > s > b$。

我们知道 a 是一个可以写成 m/p 的分数，其中 m 是整数（美元）；类似地，b 可以写成 $n/(400 - p)$，其中 n 是一个整数。a 可以比一个整数大多小的一个量？很简单：大 $1/p$，当 m 比某个 p 的倍数大 1 时。类似地，b 与整数值的差距可以小到 $1/(400 - p)$。这样，a 和 b 之间的最小可能差是 $1/p + 1/(400 - p)$，当两个分母相等时取到最小值，即 $a - b = 1/200 + 1/200 = 1/100$。结果是，这种嘲讽没有造成太大伤害；我们只能得出这样一个结论，即画廊 A 作品的平均价值比画廊 B 作品的平均价值至少高出一分钱。

求平均值在概率论中经常出现——后面有整章关于概率和期望的内容。但我们可以在不需要任何特殊知识的情况下，完成下面两个平均值的谜题。

等待正面

如果你反复掷一枚公平的硬币，平均要等多少次才能看到连续的五次正面？

解答：由于在特定的连续 5 次硬币投掷中看到 HHHHH 的概率是 1/32，你可能认为平均需要 32 次投掷才能得到 HHHHH。的确，32 次投掷是在 HHHHH 各次出现之间的平均等待次数，但这包括了例如在 HHHHHH 中前五个正面和后五个正面之间的长度为 1 次的等待时间。长度为 1 的等待对我们没有帮助，因为我们在开始投掷时没有任何"正面优势"[1]（好吧，我开个玩笑）。

真正的答案要大得多。在两次出现之间，有一半时间你等待 1 次，其余时间等待 $1 + x$ 次，其中 x 是所求的数量。因此，32 并不是 x 而是 1 和 $1 + x$ 的平均值，从而给出了 $x = 62$。

如果你想尽快达到你指定的一个（比如说特定长度为 5 的）序列，选择什么样的序列最佳呢？HHHHT 就是其中之一，因为看到一个 HHHHT 对让你看到下一个没有任何起始优势。因此，相比之下从头开始掷硬币并没有任何损失，你预计平均只需 32 步就可以达成目标。

找到一张 J

在某些扑克游戏中，第一发牌者（从一副充分洗好的牌中）面向上发牌直到有某位玩家得到一张 J。此过程平均会发多少张牌？

解答：10.6。如果你尝试对每个 k 计算第一张 J 是第 k 张牌的概率，并打算由此直接计算 k 的期望，你可能会发现计算起来很麻烦。但是有一个简单的方法。

每张非 J 的牌落在被 J 分割的五个区域中的任何一个的概率是相等的。（为了看到这一点，插入一张小丑牌，在随机环形排列后，然后在小丑牌处断开并移除它；或者，如下得到一副随机洗好的牌：从四张 J 开始，然后随机逐张插入其他牌，因此下一张牌在五个区域中的任何一个中的可能性相同。）因此，第一个 J 出现之前的期望牌张数为 48/5 = 9.6；这张 J 本身还要加 1。

我们能够谈论无穷多个东西的平均值吗？有时候可以。

---

[1] Head start，原意为先发优势。——译者注

两个平方之和

平均而言, 有多少种方法可以将正整数 n 写成两个平方数之和? 换句话说, 假设在 1 到一个大数之间随机取一个整数 n。满足 $n = i^2 + j^2$ 的有序整数对 (i, j) 的期望个数是多少?

解答: 设 $f(n)$ 为将 n 写成两个平方数之和的方法数。我们无法办到的是: 对所有整数 n 的 $f(n)$ 求和随后再除以 (可数) 无穷大。不过, 如本题所言, 我们可以选择某个很大的数 Z, 并且计算

$$\frac{1}{Z} \sum_{n=1}^{Z} f(n).$$

假如当 $Z \to \infty$ 时这个值收敛于某个数 r, 那么将 r 称为 $f(n)$ 在所有 n 上的平均值看起来是合理的。

而在我们的问题中, 它确实是收敛的。为什么? 和式 $\sum_{n=1}^{Z} f(n)$ 对每一对满足 $i^2 + j^2 \leqslant Z$ 的整数对 (i, j) 计数一次; 它们是圆形区域 $x^2 + y^2 \leqslant Z$ 内的所有整数格点。这个圆的半径为 $\sqrt{Z}$, 所以面积为 πZ, 因此其中的整点数 q 约为 πZ (更准确地说, $q/(\pi Z) \to 1$)。

因此可得, 我们所求的量 q/Z 趋近于 π。

值得一提的是, 如果我们只计算平方和为 n 的无序正整数对的数量, 答案就只有 $\pi/8$。原因是大多数这样的对——特别是满足 $i \neq j$ 的对 $\{i, j\}$ ——在圆内出现 8 次, 即 $(i, j), (j, i), (i, -j)$ 等。

我们也可以问, 一个随机的 n 至少可以用一种方式写成两个平方数之和的概率是多少。我们可以从上述计算推断出这个概率不会超过 $\pi/8$; 如果 (在不考虑交换和加上符号的情况下) 大多数数最多可以用一种方式写成两个平方数的和, 那 $\pi/8$ 就是答案。这是如果大多数数最多可以用一种方式写成两个平方数的和 (不考虑交换和加上符号的情况) 时的答案。但事实完全不是这样, 实际上我们所讨论的概率趋近于 0! 一个著名的定理说, 仅当没有素数满足 (a) 它在 n 的素因子分解中出现奇数次, 并且 (b) 它除以 4 之后得到的余数为 3 时, n 才可以表示为两个平方数之和。n 通过这个测试的概率大约是

$$0.76422365358922066299069873125009232811 6790541/\sqrt{\log n},$$

而由于 $\log n$ 增长没有上界, 我们得出了一个奇怪的事实: 尽管 $f(n)$ 的平均值是 π, 它的值几乎总是零。

递增的路线

在 Sporgesi 岛上，每个（从一个路口和下一个路口之间的）路段都有自己的名称。令 d 为每个路口汇集路段数量的平均值。证明：你可以在 Sporgesi 岛上驾车至少经过 d 个路段，并且沿途碰到的路段名称严格按字典序递增排序！

解答：这个谜题重述了图论中一个非常一般、但却意外地鲜为人知的定理。回想一下，一个图是一个（在我们这里是有限的）顶点集以及一些称为边的顶点对。一个顶点的度数是它所属的边数；如果我们将所有顶点的度数相加，每条边被计数两次，所以图的平均度数为 $2m/n$，其中 m 是边数，n 是顶点数。

一个长度为 k 的游走是一个 k 条边组成的序列，每条边连接前一条边（如果有的话）的终止顶点和下一条边的起始顶点。和"路径"不同之处在于，在一个游走中同一个顶点可能被多次使用。如果图的边有某种顺序，那么一个游走称为递增的，如果其边按照严格递增的顺序出现——特别地，递增游走中的边是没有重复的。下图显示了一个各边按字母排序的图中的一个递增游走。

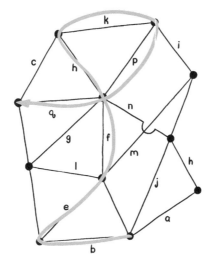

好，现在是刚才提到的定理。

定理. G 是一个任意的图，其边以任意顺序排序。则在 G 中存在一个递增游走，其长度至少为 G 的平均度数。

证明：我们（如谜题陈述中那样）用 d 表示 G 的平均度数。因为 d 已经是一个平均值，所以自然想要寻找一个平均长度为 d 的递增游走集合；那样就可以应用我们的定理来推断出其中一个游走的长度至少为 d。但是我们到哪里去找这样一个游走的集合呢? 所有游走组成的集合是不行的。

这里有个 (公认的绝妙) 想法。在每个顶点处放置一个行人, 在时刻 1, 让处于第一条边两端的两个行人沿着那条边行走, 从而他们交换了位置。在时刻 2, 目前处在第二条边两端的行人交换位置, 如此等等, 直到所有 m 条边都被走过。

现在看: 每个行人都经历了一次递增游走! 这 n 个游走的总长度是 $2m$, 所以它们的平均长度是 $d = 2m/n$。定理得证。♡

值得注意的是, 这个定理是紧的, 即存在边排序的图, 使得其中没有长度超过 d 的递增游走。例如, 设 K_{2t} 表示 $2t$ 个顶点上的完全图 (包含所有的边)。K_{2t} (或任何图) 中的一个完全匹配是一组边, 其端点碰到每个顶点恰好一次。我们在上一章证明的定理表明, K_{2t} 的边可以被划分为不相交的完全匹配 (必定是 $2t - 1$ 个, 因为每个顶点都与 $2t - 1$ 条边相关。)

现在, 假设我们记这些匹配为 $M_1, \ldots, M_{2t-1}$, 并用它们按如下方式对边进行排序。首先, M_1 的边被任意标记为 1 到 t。然后, 将 M_2 的边标记为 $t + 1$ 到 $2t$, M_3 的边标记为 $2t + 1$ 到 $3t$, 等等。

K_{2t} 中的游走不能直接从一条边走到另一条属于同一个匹配的边, 因为没有两条匹配边有任何公共顶点。但是由于我们对边进行编号的方式, 一个递增游走不能回到同一匹配。因此, 一个递增游走会碰到匹配 $M_1, \ldots, M_{2t-1}$ 中的每一个至多一次, 从而长度最多为 $2t - 1 = d$。

第 9 章   逆向思考的力量

矛盾是一个简单得可笑、却又强大得令人难以置信的工具。你想证明命题 A 是正确的? 先假设它不是，然后使用归谬法[1]：推导出一个不可能的结论。哇哈!

伟大的数学家 Godfrey H. Hardy 曾绝妙地表达："Euclid 非常喜欢的归谬法，是数学家最精良的武器之一。它比任何国际象棋的走法都要精妙：棋手可能会弃掉一个兵甚至一个更重要的棋子，但数学家却可以奉上整个游戏。"

事实上，我们对归谬法的第一个应用就是找出谁能在一个特定游戏中获胜，哪怕我们并不知道如何实际玩好这个游戏——直到现在还是不知道。

巧克力排

Alice 和 Bob 轮流咬一块 m 排 n 列单位正方格构成的巧克力排。每一口包括选择一个方格，然后咬掉该方格，再加上所有它上面、右边或右上方剩下的方格。每个玩家都希望避开处于左下角那个有毒的方格。

证明：如果这块巧克力排包含多于一个方格，那么 Alice（先手）有一个获胜策略。

解答：容易看到，如果这块巧克力排是正方形的，Alice 就能赢，因为她可以咬掉除了最左列和最底行之外的所有东西，然后当 Bob 在一条边上咬掉一部分时，她在另一条边上咬掉同样数量的一部分。但是在一般情况下，她怎

[1]原文为拉丁语 *reductio ad absurdum*。——译者注

样获胜呢? 惊人的答案是: 没有人知道!

但我们知道的是, 先手 (Alice) 和后手 (Bob) 中必定有一个人有必胜策略; 假设那是 Bob。那么, 特别地, 当 Alice 在开局时只吃掉右上角的一个方格时, Bob 必定有可以获胜的回应。

然而, 不管 Bob 怎样应这一手, Alice 可以在她自己的第一步就这样做, 之后她可以按照 Bob 所谓的必胜策略来赢得游戏。这当然和 Bob 总能获胜的假设矛盾。所以, 拥有必胜策略的必定是 Alice。

这类证明被称为偷策略的论证 (strategy-stealing argument), 不幸的是, 这并不能告诉你 Alice 究竟怎样才能赢得游戏。类似的论证表明, 在六贯棋 (Hex, 如果你没听说过, 可以查一下) 游戏中先手必胜, 但我们连可以获胜的第一步是什么都不知道。

如果你知道怎么玩点格棋, 可以用类似的想法来试试下面这个问题。

点格棋的变体

假设你正在玩点格棋, 但每个玩家都可以选择是否在获得一个格子后再走一步。假设棋盘上有奇数个格子 (因此, 必有一方会获胜)。证明: 第一个获得格子的玩家具有获胜策略。

解答: 这里只需要注意到, 通过选择多走一步, 你将自己置于你不选择多走时对手将处于的境地。这两个选择之一会是必胜的!

矩阵中的大对

某个正方形矩阵的每一行中最大两个数的和都是 r; 每列中最大两个数的和都是 c。证明: $r = c$。

解答: 假设结论不成立; 由对称性, 我们不妨设 $r > c$。在每行中把最大数圈出来, 并给第二大的数加上方框。被圈的每个数都至少是 $r/2$, 所以它们必须处于不同的列中。假设在被加方框的数中最大的是 x, 设它在第 j 列中, 并且被圈的数在第 j 列的那个是 y。设 y 所在那行被加方框的数为 z; 这样 $y + z = r$, 但是 $y + x \leqslant c$, 这是不可能的, 因为 $c < r$ 而 $x \geqslant z$。

圆盘上的窃听器

联邦调查局的新成员 Elspeth 被派去用七个吸顶式麦克风窃听一个圆形房间。如果房间的直径为 40 英尺, 这些窃听器应该被放置在哪里, 以使从房间中任何一点到最近的窃听器的最大距离最小?

解答: 假设房顶是平的, 问题就变成了二维的: 在直径 40 英尺的圆盘中放置七个窃听器, 使圆盘中的每个点都到某个窃听器的距离在 d 以内, 其中 d 尽可能小。

这意味着以窃听器为中心、半径为 d 的七个圆覆盖整个房间。想象一个正六边形内接在大圆中; 每边的长度会是 20 英尺; 选择每边的中点再加上房间的中心, 这样房间内任何一点将在上述某个点的 10 英尺以内。这使得 $d = 10$; 我们能做得更好吗?

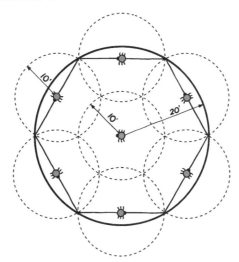

假设我们可以。由于以上述六个外部点为圆心的半径为 10 英尺的圆刚好覆盖了房间圆周的边界, 每个圆都用上了整个直径, 所以至少需要 7 个半径小于 10 的圆才能覆盖圆周。但这将覆盖不到房间的中心, 那是我们想要的矛盾。

有时候使用反证法等同于使用数学归纳法: 你假设希望证明的陈述是错误的, 并考虑一个最小的反例。

最大距离对

X 是平面上的一个有限点集。假设 X 包含 n 个点, 并且两两之间的最大距离为 d。证明: X 中最多有 n 对点的距离为 d。

解答: 为了解决这个问题, 下面的观察是很有用的: 如果 A, B 和 C, D 是两个 "最大对" (X 中距离为 d 的点对), 那么线段 AB 和 CD 必须相交 (否则四边形 $ABDC$ 的对角线之一的长度将超过 d)。

现在假设命题的陈述是错误的, 并让 n 是一个最小反例的大小。由于有

超过 n 个最大对并且每对有两个点, 因此必定有一个点 P 参与了三个最大对 (假设分别和点 A、B 和 C)。线段 PA、PB 和 PC 中的每两条在 P 处形成的角最多为 60°, 从而其中之一, 不妨设为 B, 必定介于另两个之间。

但这使得 B 很难出现在其他最大对中了, 因为如果 BQ 是一个最大对, 它必须同时与 PA 和 PC 相交——这是不可能的。因此, 我们可以从 X 中完全抹去 B, 只损失一个最大对, 并得到一个更小的反例。这个矛盾使得证明完成。

棋盘上的旅鼠

在一个 $n \times n$ 棋盘的每个方格中有一个指向其八个邻居之一的箭头 (如果是边上的正方形, 则可能指向棋盘之外)。不过, 相邻 (包括对角相邻) 的正方形中箭头方向相差不超过 45 度。

一只旅鼠从中心的某个方格开始, 沿着箭头在方格间移动。它注定会掉到棋盘之外么?

解答: 旅鼠的跌落是注定的。看到这点的一个方法是想象旅鼠可以移到任何相邻的方格, 但必须转到该方格中箭头所指的方向。这样的话, 旅鼠不能转过 360 度, 因为否则你可以把那样的一个圈缩小, 直到得到一个矛盾。[1] 然而真正的那个旅鼠, 如果他一直待在棋盘上, 必定会最终进入一个循环, 在那时他必须转了 360°。

结论也可以用归纳法来达成 (因此也是归谬法)。如果旅鼠一直留在棋盘上, 如我们已经说过的, 他最终会进入一个圈。令 C 是 (在任意棋盘上) 使得这发生的面积最小的圈, 并假设它是顺时针的。把整个棋盘切割到 C 及其内部, 然后将每个箭头顺时针旋转 45° 产生一个更小的圈!

球面上的曲线

证明: 如果单位球面上一条闭曲线的长度小于 2π, 则它被包含在某个半球中。

解答: 在曲线上取任意一点 P, 从那里出发沿着曲线走半圈到 Q 点, 令 N (代表北极) 为 P 和 Q 在球面上的中间点。(因为 P 到 Q 的球面距离 $d(P,Q)$ 小于 π, N 是唯一确定的。) 将 N 视为北极为我们定义了一个赤道, 如果曲线

---

[1]这是一类看上去很明显却又很难严格说清的事实。就像本书不少其他解答一样, 尤其是在这里, 作者把不少细节留给了读者。读者可以补充这些细节, 注意使用相邻箭头不超过 45 度的条件。——译者注

完全位于 N 的同一侧，即在北半球上，证明就完成了。如若不然，曲线会穿过赤道，令 E 为它穿过赤道的点之一。那样，我们有 $d(E,P) + d(E,Q) = \pi$，因为如果你将 P 直着往下穿过赤道平面到球面另一侧的点 P'，P' 是 Q 的对径点；因此，$d(E,P') + d(E,Q) = \pi$。

但是，对于曲线上的任何点 X，$d(P,X) + d(X,Q)$ 必须小于 π，这给出了所需的矛盾。

操场上的士兵

操场上有奇数个士兵。没有两个士兵与其他两个士兵之间的距离完全相同。指挥官在广播里命令每个士兵关注他最近的邻居。

是否有可能每个士兵都受到了关注？

解答：解决这个问题最简单的方法，是考虑相互距离最近的两个士兵。他们中的任一个关注的是另外那个；如果有任何其他人关注这两个中的一个，那么我们就有一个士兵被关注了两次，从而必定有其他某个士兵没有被任何人关注。否则，可以移除这两个士兵而不影响其他人。由于士兵的个数是奇数，这个过程最终会递降到有一名士兵不关注任何人，这产生了矛盾。

我们的下一个谜题是一个更严肃、确实经典的数学难题。

交错幂

由于序列 $1 - 1 + 1 - 1 + 1 - \cdots$ 不收敛，函数 $f(x) = x - x^2 + x^4 - x^8 + x^{16} - x^{32} + \cdots$ 在 $x = 1$ 处没有意义。不过，对任意正实数 $x < 1$，$f(x)$ 收敛。如果我们想赋予 $f(1)$ 一个值，令其等于当 x 从下方趋近 1 时 $f(x)$ 的极限，这可能是有意义的。这个极限存在吗？如果存在，它是什么？

解答：这个问题始于 G. H. Hardy 的一篇论文；我们在本章开头正是引用了他对矛盾之力量的赞美。非常有趣的是，尽管哈代正确回答了这个问题，但他评论说似乎没有完全初等的证明方法；大约一个世纪之后，我们有了一个初等证明，而它正涉及矛盾。

如果你试图通过对一批靠近 1 的 x 计算 $f(x)$ 的值，由此来确定问题的答案，你可能会得出错误的结论：它貌似收敛到 $\frac{1}{2}$。但表象可能具有欺骗性，事实上这里的极限不存在！

假设当 x 从下方逼近 1 时，$f(x)$ 确实有一个极限，设为 c。由于 $f(x) = x - f(x^2)$，该极限只能是 $\frac{1}{2}$（因为不断取足够靠近 1 的 x，我们得到 $c = 1 - c$）。但是请注意，对严格介于 0 和 1 之间的 x，$f(x) - f(x^4) = x - x^2 > 0$。由此我

们得出结论, 序列 $f(x), f(x^{1/4}), f(x^{1/16}), \ldots$ 是严格递增的。

因此, 如果存在任何 $x < 1$ 使得 $f(x) > \frac{1}{2}$, 则极限不存在。事实上, 例如, $f(0.995)$ 超过了 0.50088。

实际情况是, $f(x)$ 的值在一个以 $\frac{1}{2}$ 为中心、长度约为 0.0055 的区间内振荡得越来越快。看起来有点喜怒无常, 不是吗? 函数 $g(x) = 1 - x + x^2 - x^3 + x^4 - \cdots$ 在每个正的 $x < 1$ 也有定义, 在 $x = 1$ 处有和 f 同样的问题。但是这个函数等于 $1/(x + 1)$ (你可以通过将 $g(x)$ 加上 $xg(x)$ 来验证), 因此它在 $x \to 1$ 时乖乖地收敛于 $\frac{1}{2}$。

中点

令 S 为单位区间 $[0, 1]$ 上的一个有限点集, 假设每个点 $x \in S$ 要么是 S 中另两个点 (不一定是与之最近的点) 的中点, 要么是 S 中另一个点和一个端点的中点。

证明: S 中的所有点都是有理点。

解答: 假设 S 有 n 个点, $x_1 < x_2 < \cdots < x_n$。根据假设, 它们满足 n 个具有有理系数的线性方程; 例如, 如果点 x_j 是 x_i 和 x_k 的中点, 它们满足 $2x_j = x_i + x_k$。如果 x_j 位于 x_i 和 1 的中点, 则满足 $2x_j = x_i + 1$。

如果这组方程只有一组解, 它们必定都是有理数。为什么? 你可能已经在线性代数中知道, 当某个域上的一个线性方程组有唯一解时, 解中的值都在这个域里。我们很容易用归纳法证明这一点: 取任意一个方程并求解其中一个变量, 比如 x_n。然后代入剩余的方程, 得到一个唯一可解但变量数少 1 的系统。

所以我们只需要证明我们的系统只有一组解; 假设它有第二组解, $y_1, \ldots, y_n$。令 $z_i = y_i - x_i$, 并把对应的方程相减, 我们发现 z_i 满足类似的条件, 除了 (1) 它们可能不是全不相同的 (但它们不全为 0); (2) 它们介于 -1 和 1 之间; (3) 端点 1 不再出现, 即每个 z_j 要么位于其他两个 z_i 的中点, 要么位于另一个 z_i 和 0 的中点。

我们不妨假设某个 z_i 是正的; 令 z_j 具有最大值, 如果有多个最大值, 则取其中下标最大的那个。显然, z_j 不能位于 0 和其他某个 z_i 的中点, 所以它必须是 z_i 和 z_k 的中点, 并且 $z_i = z_j = z_k$。根据 j 的选择, 下标 i 和 k 必须都小于 j, 但这是不可能的, 因为如果那样的话, 在原来的解中 x_j 必须是 x_i 和 x_k 的中点, 这与我们原来的解按照下标大小排序的事实矛盾。

我们这次的定理是非常有名的一个, 而下面给出的证明也经常被 Paul

Erdős 引作 "天书证明" [1] 的例子。(虽然 Erdős 声称不相信上帝, 但他经常谈论上帝所持有的一本书, 其中包含了每个定理的最佳证明。)

定理. 设 X 是一个平面上不全共线的有限点集。则有一条直线经过 X 中的恰好两个点。

证明: 假设每条经过 X 中两个或更多点的直线都至少包含 X 的三个点。想法是找这样一条直线 L 和不在 L 上的一个点 P, 使得 P 到 L 的距离最小。

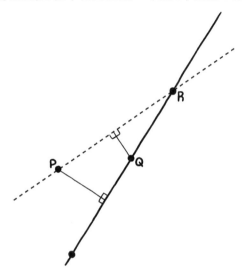

由于 L 包含 X 中至少三个点, 其中有两个 (记为 Q 和 R) 位于从 P 到 L 的垂线的同侧。但那样的话, 假设 R 是较远的那个点, 那么点 Q 离直线 PR 比点 P 离直线 L 更近——矛盾! ♡

―――――――――――――――

[1]《数学天书中的证明 (第六版)》(*Proofs from THE BOOK*) 由高等教育出版社于 2022 年 8 月出版。——译者注

第 10 章　可能之极

和概率打交道对某些人来说是直观的，而对另一些人来说则不然。但是基本的想法只有几种，如果掌握了这些想法，你就会得到强大的力量。

一件可能发生也可能不发生的事情称为一个事件，它的概率度量的是它发生的可能性；如果可以导致这一事件发生的"试验"是可重复的（如掷一个骰子），那么该事件的概率就是在多次试验中它发生的比例。

如果试验有 n 个可能的结果并且（或许是由于对称性）可能性相同，那么事件 A 的概率是导致 A 发生的结果数除以 n。例如，如果我们掷一个骰子而 A 是偶数出现在顶部这个事件，那么 A 出现的概率 $\mathbb{P}(A)$ 是 3/6 = 1/2，因为所有结果中有三个是偶数。所有结果等可能的事实依赖于这样的假设，即骰子表现得像一个真正的、同质的、对称的立方体。

如果我们掷一对骰子，则有 36 种等可能的结果；注意，(2, 3) 和 (3, 2) 是不同的，因为即使你无法区分这两个骰子，机会女神 Tyche 看得很清楚。因此，举个例子，有五种方法可以使得掷出的和为 6 ——(1, 5)、(2, 4)、(3, 3)、(4, 2) 和 (5, 1) ——所以 $\mathbb{P}$(两个骰子掷出的和为 6) = 5/36。

如果两个事件 A 和 B 是独立的，即一个事件的发生不影响另一个事件发生的概率，那么它们同时发生的概率 $\mathbb{P}(A \wedge B)$ 等于这两个事件的概率的乘积 $\mathbb{P}(A)\mathbb{P}(B)$。在没有独立性的假设时，我们只能说 $\mathbb{P}(A \wedge B) = \mathbb{P}(A)\mathbb{P}(B|A)$，其中 $\mathbb{P}(B|A)$ ——读作"给定 A 时 B 的概率"——有其直观的意义但通常就简单地定义为使等式成立的那个量。

从文式图中可以看出，A 和 B 中至少一个出现的概率 $\mathbb{P}(A \vee B)$ 总是等于 $\mathbb{P}(A) + \mathbb{P}(B) - \mathbb{P}(A \wedge B)$。仅在 A 和 B 互斥的情况下（即它们不能同时发生），这简化为 $\mathbb{P}(A \vee B) = \mathbb{P}(A) + \mathbb{P}(B)$。

让我们试试这些概念的若干神奇应用。

在温网夺冠

由于暂时的魔法力量（可能要改变你的性别），你已经进入温布尔登网球公开赛女单决赛，并且正在全力以赴对阵 Serena Williams。但是，你的魔法无法持续整个比赛。你希望在魔法消失时比分是多少，以使你有最大的机会赢得这场原本实力悬殊的对决？

解答：自然地，你希望在这个三盘两胜制比赛中已经赢得了第一盘，并在第二盘中遥遥领先。你的第一感觉可能是希望局分是 5-0，并在你的发球局中以 40-0 领先（或者，如果你的发球水平和我的差不多，则以局分 5-0 领先并且在对手的发球局以 40-0 领先）。不管怎样，但愿事不过三，也就是说，如果你赢得 1 分的概率是一个很小的 ϵ，那么你获胜的概率约为 3ϵ。

（从技术上讲，如果接下来 3 分的结果是独立的，并且你略去在输了这 3 分之后还赢得比赛的可能性，那么你获胜的概率是 $1-(1-\epsilon)^3 = 3\epsilon-3\epsilon^2+\epsilon^3$。）

但是你可以做得更好。让局分成为 6-6，并且假设你在抢七局中以 6-0 领先。这样你有六次机会获胜，当 ϵ 很小时，你获胜的概率几乎翻倍。

在我写下这个问题时注意到，在澳大利亚公开赛上你可以做得更好，那里最后一盘的决胜局要打到 10 分。无论如何，道理是：如果你需要一个奇迹，想办法使得你让它发生的尝试次数越多越好。

匹配生日

你正在一艘游轮上，周围一个人也不认识。船上组织了一项竞赛——如果你能找到一个与你生日相同的人，你们将赢得一顿惠灵顿牛肉晚餐。

为了获得超过 50% 的成功机会，你需要与多少人比较生日？

解答：让我们假设 (a) 你本人（很重要！）和船上的其他任何人（不算太重要）都不是在 2 月 29 日出生的，(b) 对任何给定船友，他出生在任何其他日子的可能性是相同的，并且 (c) 船上没有双胞胎（或三胞胎等）会浪费你的比较次数。那么，一个给定的船友未能匹配你生日的概率是 364/365，因此，如果你问 n 个人，你运气不佳的概率为 $(364/365)^n$。你希望这个数低于 50%，这会在 n 达到 253 时发生；事实上 $(364/365)^{253} = 0.49952284596\cdots$。

253 比你猜的要大吗？如果确保被询问的人有不同的生日，你将只需要 183 次询问就可以使成功概率超过 $\frac{1}{2}$。问题是，你可能会听到很多对你没有帮助的重复答案。（好吧，可能会有点帮助，如果你要求分几口他们赢得的惠灵顿牛排作为引见他们相互认识的回报。）

如果你认为这个谜题的答案是 23，你是把这个问题和那个更著名的问题搞混了——你需要在一个房间里有多少人，才能有超过 50% 的机会找到某两个人有相同的生日? 实际上，你可以从我们问题的答案得到那个"23"。那个房间里的人所组成对的个数是 $\binom{23}{2} = 253$。(这些对并不完全独立，但它们足够接近独立使得这说得通。)

顺便说一下，在不需要大量的反复试验的情况下，你怎么确定 253 是使得 $(364/365)^n < \frac{1}{2}$ 的最小的 n? 我最喜欢的方法是对较大的 m 使用近似 $(1 - 1/m)^m \sim e^{-m}$。如果将其视为等式并求解 $(1 - 1/365)^n = 1/2$，你会得到 $n = \log_e 2 \cdot 365 \sim 252.9987$。

当事件 A 在事件 B 之前确定时，通常很容易得到 A 发生时 B 的条件概率，而 $\mathbb{P}(A|B)$ 就不那么直观。但是，概率的法则并不关心事件的顺序。

硬币的另一面

在一个袋子里有一枚两面都是头像的硬币、一枚两面都是徽章的硬币和一枚正常的硬币。随机摸出其中一枚硬币并抛掷在桌子上，结果"头像"朝上。硬币的另一面也是头像的概率是多少?

解答: 可能你脑门一拍就会说摸到的这个硬币要么是两面头像的要么是正常的，所以它的另一面是头像的概率是 $\frac{1}{2}$。但是，是这样吗? 想象一下，这个硬币又被抛了很多次，而每次都出现头像。它仍然可能是两个中的任何一个，但现在你不禁认为它更有可能是两面都是头像那个。这种推理基本上就是我们从统计观察中学习的方式。

事实上，摸出的硬币更可能是两面头像的推论在一次抛掷之后就已经存在了。我们要计算 $\mathbb{P}(A|B)$，其中 A 是摸到的是双面头像硬币的事件，B 是头像被掷出的事件。对于任意两个事件 A 和 B，我们有

$$\mathbb{P}(A|B) = \frac{\mathbb{P}(A \wedge B)}{\mathbb{P}(B)} = \frac{\mathbb{P}(A)\mathbb{P}(B|A)}{\mathbb{P}((A \wedge B) \vee (\overline{A} \wedge B))}$$

$$= \frac{\mathbb{P}(A)\mathbb{P}(B|A)}{\mathbb{P}(A \wedge B) + \mathbb{P}(\overline{A} \wedge B)}$$

$$= \frac{\mathbb{P}(A)\mathbb{P}(B|A)}{\mathbb{P}(A)\mathbb{P}(B|A) + \mathbb{P}(\overline{A})\mathbb{P}(B|\overline{A})},$$

其中 $\overline{A}$ 是 A 不发生的事件。这个方程被称为贝叶斯法则，而如果代入我们实验中的值，我们得到

$$\mathbb{P}(A|B) = \frac{\frac{1}{3} \cdot 1}{\frac{1}{3} \cdot 1 + \frac{2}{3} \cdot \frac{1}{4}} = \frac{2}{3}.$$

如果你对以上所有分式还存有怀疑，这里有另一种得到答案的方法。从哪个小孩那里偷一支蜡笔或记号笔，并在六个硬币面上分别标记如下：在正反都是头像的硬币的两面分别标 "1" 和 "2"，在正常硬币的头像那面标 "3"，另一面标 "4"，最后在正反都是徽章的硬币的两面标 "5" 和 "6"。

我希望你会同意，现在摸一枚硬币并抛掷出一面和掷一个骰子的效果相同：你得到 1 到 6 之间的任何数字的可能性都是一样的。鉴于你抛出了一个头像，那么，你是等可能地看到 1、2 或 3。其中有两个在硬币的另一面是头像。

"反向" 条件概率在统计学中至关重要，在这里你需要计算 $\mathbb{P}(A|B)$，其中 A 是你要测试的假设，而 B 是你的实验结果。这里还有一些涉及这类计算的谜题。

周二出生的男孩

Chance 夫人有两个不同年龄的孩子，其中至少有一个是在周二出生的男孩。两个孩子都是男孩的概率是多少？

解答：我们先来考虑经典的版本，其中已知信息是 Chance 夫人的孩子中至少有一个是男孩。在这里，解答看来很简单：先验地，孩子们（按年龄顺序）等可能地是男孩–男孩、男孩–女孩、女孩–男孩或女孩–女孩。最后这个被排除，所以两个孩子都是男孩的概率是 $\frac{1}{3}$。

困难在于，几乎在所有你能够得知 Chance 的孩子中至少有一个男孩的途径中，会产生一些附加的推导使得两个都是男孩的概率从 $\frac{1}{3}$ 上升到 $\frac{1}{2}$。

例如，如果你发现较大的孩子是男孩，那么上面女孩–男孩被排除了，很明显年幼的孩子是男孩的概率是 $\frac{1}{2}$。而这种推理也适用于如果你得到的信息是高个子的孩子是男孩，或者头发较深的孩子是男孩，或者你昨天看到 Chance 夫人带的孩子是男孩，或者即使你碰巧在商店里看到 Chance 夫人在买男孩的衣服。

最后一种情况是怎么回事？这是因为，如果 Chance 夫人的另一个孩子是女孩，你碰巧看到她在买男孩衣服的机会就会相对减小。这非常类似于上一

个谜题；事实上，如果硬币是公平的，它可能抛出的不是"头像"，这导致了硬币更可能是两面头像的推断，将两面都是头像的概率从 $\frac{1}{2}$ 提高到 $\frac{2}{3}$。在这里，效果是将两个孩子都是男孩的概率从 $\frac{1}{3}$ 提高到 $\frac{1}{2}$。

为什么我们说"几乎"？有没有任何方法可以让你得知 Chance 夫人的一个孩子是男孩，而又可以得到他们都是男孩的概率为 $\frac{1}{3}$ 这个结论？碰巧，我有一个朋友，他的妻子怀上了异卵双胞胎，新生儿检查显示胎盘中存在 Y 染色体。结论是这对双胞胎中至少有一个是男孩，自然我的朋友和他妻子希望另一个是个女孩——但他们假设这发生的概率是 $\frac{1}{2}$。而事实上这时的概率的确是 $\frac{2}{3}$；我询问并被告知，只要一个或多个胎儿是男性，测试总是会发现 Y 染色体。（结果是，他们的确生了一对龙凤胎。）

现在回到星期二出生的男孩。这是一个非常微妙的问题，你需要假设信息是在没有额外推论的情况下提供给你的——例如，你实际上在许多有两个（非双胞胎）孩子的母亲中随机选择了 Chance 夫人，问她是否至少有一个孩子是在星期二出生的男孩，而她说是的。

与经典版本相比，这里有一个实质性的固有推断，更倾向于两个孩子都是男孩，因为那样会使某个男孩在星期二出生的概率几乎增加一倍。但并不完全是这样，因为如果他们都在星期二出生，这只被算作一次。因此你会预期答案将接近 $\frac{1}{2}$，事实确实如此。计算是很直接的。如果我们根据性别和星期几对所有两个小孩的情况进行分类，我们得到 $2 \times 7 \times 2 \times 7 = 196$ 种可能性，其中 $1 \times 2 \times 7 + 2 \times 7 \times 1 - 1 \times 1 = 27$ 种包含一个星期二出生的男孩（-1 来自对两个都是在星期二出生的男孩的情况的重复计算）。在这些中，$1 \times 1 \times 7 + 1 \times 7 \times 1 - 1 \times 1 = 13$ 种是两个男孩，所以我们所求的概率是 13/27。

谁的子弹？

两名射手，其中一个（"A"）命中某个小目标的概率是 75%，而另一个（"B"）仅有 25%。两人同时射击，有一发子弹命中。它来自 A 的概率是多少？

解答：你可能会认为，因为 A 的射击能力是 B 的三倍，所以目标被他的子弹击中的可能性是 B 的三倍；换句话说，他对此负责的概率应该是 75%。

但是这里发生了两件事：命中和失败。由于 A 命中而 B 未命中的概率为 $3/4 \times 3/4 = 9/16$，B 命中而 A 未命中的概率仅为 $1/4 \times 1/4 = 1/16$，因此那颗成功的子弹属于 A 的概率实际上是整整 90%。

条件概率有时会违背你的直觉。另一个例子：

第二个 A

从 52 张牌中随机抽取 5 张得到一手扑克牌。假设一手牌至少含有一个 A，那么它包含至少两个 A 的概率是多少？假设一手牌里有黑桃 A，它包含至少两个 A 的概率是多少？如果你两次得到的答案不同，那么：黑桃 A 究竟有什么特别之处？

解答：一共有 $\binom{52}{5}$ 种手牌，其中 $\binom{52}{5} - \binom{48}{5}$ 种包含至少一个 A，有 $\binom{52}{5} - \binom{48}{5} - \binom{4}{1} \cdot \binom{48}{4}$ 种包含至少两个 A。将最后一个表达式除以第二个，给出我们第一个问题的答案，0.12218492854。

有 $\binom{51}{4}$ 种手牌包含黑桃 A，而 $\binom{51}{4} - \binom{48}{4}$ 种拥有另一个 A，这给出我们第二个问题的答案，0.22136854741，比第一个答案大了不少。

当然，黑桃 A 没有什么特别之处；具体指明持有哪一张 A 改变了条件概率。

这里有一个更简单的、不需要计算器的例子。假设镇上三分之一的家庭有两个孩子，三分之一的家庭有一个孩子，剩下的三分之一没有孩子。那么一个家庭在至少有一个孩子的条件下，拥有第二个孩子的概率是 $\frac{1}{2}$。但一个家庭在有一个女孩的条件下，拥有第二个孩子的概率是 $\frac{3}{5}$，这是因为只有一个孩子的家庭中只有一半有一个女孩，而有两个孩子的家庭中 $\frac{3}{4}$ 有一个女孩。

直到有一个男孩

某个国家通过了一项法令，禁止任何家庭在生出男孩后再生其他孩子。因此，一个家庭可能有一个男孩，一个女孩和一个男孩，五个女孩和一个男孩，等等。这项法令将如何影响男女比例？

解答：看上去限制每个家庭只有一个男孩似乎应该降低男孩对女孩的比例，但是，假设兄弟姐妹之间的性别是独立的，那么由于有一个哥哥而无法出生的孩子等可能地是女孩和男孩。因此，性别比例不会受到该法律的影响。

有人可以争论说，考虑到同卵双胞胎的可能性，兄弟姐妹之间的性别并不是完全独立的。然而，谜题的陈述中并没有指明这个法律对双胞胎男孩出生的影响（想想可能还有点可怕）。这基本上迫使我们这些解题者忽略那样的情况。

到目前为止，我们一直在讨论离散概率。当从一个实数区间中选择一个随机值时，事情会变得微妙一些。我们必须尴尬地给选到任何特定数的事件赋予概率 0，哪怕这类事件总有一个要发生。通常，我们转而考虑所选点落在某特定子区间的概率。例如，如果我们从单位线段上随机均匀地选取一个点，它落在 0.3 和 0.4 之间的概率是 1/10（不管我们是否将 0.3 和 0.4 算作区间的一部分）。

圆上的点

在圆周上随机取三个点，它们在同一段半圆上的概率是多少？

解答：不难看到，无论我们把前两个点放在哪里，假设它们不重合，第三个点更有可能是和它们同时在某个半圆内的。因此，事实上，谜题的答案应该大于 $\frac{1}{2}$。可是我们怎样计算它，而不至于去麻烦地处理给定前两点距离时的条件概率呢？

答案是（在概率问题中经常出现这种情况）用一个新的方法选择点——当然，还是要使得这些点是均匀随机被选取的。在这里，让我们选择圆的三条随机直径。每条都在两个（对径）点上和圆相交，然后我们抛三枚硬币来决定使用哪三个点。

这看似是一种事倍功半的选取方式——本可以三步解决的事情，为什么要分六步呢？为了看清答案，请任意画三条直径和它们与圆的六个交点。注意在那六个点中，如果连续的三个点被选中，它们必定会在一个半圆内；反之就不会！

嗯，有 $2^3 = 8$ 种方法来抛掷硬币选这三个点，其中 6 种导致连续的点被选中。所以它们被包含在某个半圆中的概率是 6/8 = 3/4。♡

（如果你认为这个问题太简单，试试确定在一个球面上均匀随机地选四个点而它们包含于某一个半球的概率！）

比大小（一）

Paula 在两张纸条上各写一个整数。除了这两个数必须不同之外，没有其他限制。然后，她每只手攥一张纸条。

Victor 选一只手查看那张纸条上的数。此时 Victor 必须猜测这是两个数中较大还是较小的那个；如果猜对，他将赢得 1 美元，否则将输掉 1 美元。

显然，Victor 至少可以在游戏中不赔不赚，例如他可以通过掷硬币来决定猜"大"还是"小"，或者随机选择一只手并总是猜"大"。在对 Paula 的心理一无所知的情况下，他有办法做得更好吗？

解答：神奇的是，有一种策略可以保证 Victor 有超过 50% 的获胜机会。

在游戏开始前，Victor 选择一个整数的概率分布，使得每个整数得到一个正的概率。(例如,他计划抛硬币直到出现"正面"。如果他看到偶数 $2k$ 个反面,他将选择整数 k; 如果他看到 $2k-1$ 个反面,他将选择整数 $-k$。)

如果 Victor 很精明,他会对 Paula 隐藏这个概率分布,但正如你将看到的,即使 Paula 知晓了这个分布,Victor 的优势也会得到保证。也许值得注意的是,尽管 Victor 会希望为每个整数分配相同概率,但这是不可能的——整数上没有这样的概率分布!

Paula 写好她的数之后,Victor 按照他的概率分布选择一个整数并加上 $\frac{1}{2}$ 作为他的"阈值" t。例如,使用上面的分布,如果他在第一个正面之前抛出了五个反面,他的随机整数是 -3,阈值 t 是 $-2\frac{1}{2}$。

当 Paula 伸出两只手时,Victor 掷一枚公平的硬币来决定选择哪只手,然后查看那只手里的数。如果它超过 t,他就猜那是 Paula 的数中较大的一个;如果它小于 t,就猜那是 Paula 的数中较小的一个。

那么,为什么这有用呢?好,假设 t 其实大于 Paula 的任何一个数;那么不管 Victor 看哪只手他都会猜"小",因此猜对的概率恰好是 $\frac{1}{2}$。如果 t 小于 Paula 的两个数,Victor 将注定会猜"大",正确的概率还是 $\frac{1}{2}$。

但是,以正的概率,Victor 的阈值 t 会介于 Paula 的两个数之间;那时无论 Victor 选择哪只手都会获胜。由此,这个可能性给了 Victor 一个优势,使他能够做得比 50% 更好。♡

对于给定的 $\epsilon > 0$,无论是这个策略还是其他任何策略都无法保证 Victor 的获胜概率大于 50% + ϵ。聪明的 Paula 可以随机选择两个非常大的连续整数,从而将 Victor 的优势消减到微不足道的一丁点。

比大小(二)

现在我们让事情变得对 Victor 更有利:两个数不再由 Paula 选择,而是从 $[0, 1]$ 上的均匀分布中独立随机选取(标准随机数生成器的两个输出就可以)。

为了补偿 Paula,我们允许她看到这两个随机数并决定给 Victor 看哪一个。Victor 还是必须猜测他看到的数是两个数中较大还是较小的那个,赌注为 1 美元。他能比输赢各半做得更好吗?他和 Paula 最好的(即"均衡")策略是什么?

解答:相对不能自己选数来说,让 Paula 选择 Victor 看到的数像是对她微不足道的补偿,但实际上游戏的这个版本是严格公平的:Paula 可以阻止 Victor 获得任何优势。

她的策略很简单：看一下这两个随机实数，然后把离 $\frac{1}{2}$ 近的给 Victor。

为了看清这将会迫使 Victor 只能瞎猜，假设向他透露的数 x 介于 0 和 $\frac{1}{2}$ 之间。那么他没有看到的数是均匀地分布在集合 $[0, x] \cup [1 - x, 1]$ 中的，因此等可能地小于或大于 x。如果 $x > \frac{1}{2}$，则集合为 $[0, 1 - x] \cup [x, 1]$ 并且论证相同。

当然，Victor 可以忽略他看到的数而抛一个硬币来保证对付任何策略都有 $\frac{1}{2}$ 的获胜概率，因此这个游戏是完全公平的。♡

这个有趣的游戏是有人在亚特兰大的一家餐馆里向我提出的。当时不少聪明人在场并卡在了上面，所以即使你没有发现 Paula 的这个漂亮的策略，你也不是孤独的。

有偏向的博彩

Alice 和 Bob 每人有 100 美元和一枚有偏差的硬币（出现正面的概率为 51%）。收到信号后，每人开始每分钟掷一次自己的硬币，并对每次结果和一家资金无限的庄家赌 1 美元（赔率是 1：1）。Alice 押正面，Bob 押反面。已知两个人最终都破产了，谁更可能先破产？

现在假设 Alice 和 Bob 使用同一枚硬币，所以当一个人破产时，另一个人的资金将变为 200 美元。同样的问题：已知他们俩都破产了，谁更可能先破产？

解答：在第一个问题中，Alice 和 Bob 率先破产的可能性相同。事实上，在 Alice 破产的条件下，两人在任何特定时间 t 破产的概率完全相同。

要看到这一点，选择任何一个以破产告终的输赢序列 s；假设 s 中有 n 次赢，从而有 $n + 100$ 次输。Alice 得到这个序列的概率为 $p^n q^{n+100}$，而 Bob 的概率为 $p^{n+100} q^n$，这里 $p = 51\%$，$q = 49\%$。这些概率的比是常数 $(q/p)^{100}$，因此 $\mathbb{P}$(Alice 会破产) $= (q/p)^{100}$（约为 0.0183058708；就记成 2% 吧）。当我们将 Alice 遇到 s 的概率除以这个量时，她的条件概率和 Bob 的相同。

在第二个问题中，Alice 和 Bob 抛的是同一个硬币，你的直觉可能会告诉你 Alice 先破产。理由是，如果 Bob 先破产，Alice 就必须在积累了 200 美元后破产，这种情况不太可能发生。但真是这样吗？我们能不能像上面那样比较以双方都破产告终的输赢序列呢？

不。上面的方法行不通，因为在这里，Alice 破产的条件也会影响 Bob 的游戏时长。事实上，在比较一个导致双方都破产的输赢序列时，比例也是同样的 $(q/p)^{100}$，在那里先破产的那个人为 Bob 的概率是其为 Alice 的 $(q/p)^{100}$

倍。直觉是正确的；Alice 首先破产的可能性要高 50 倍以上！

值得提一下，先把 Bob 放在一边，我们可以从第一个计算中得到*在给定 Alice 破产的条件下她破产所需的平均时长*。因为在这个条件下，我们说明了 Alice 的预期破产时间与 Bob 的相同。但 Bob *总是会破产*，而又因为他平均每次投掷损失 2 美分，他的预期破产时间是 100/0.02 = 5000 次投掷。按照每小时投掷 60 次计算，那将是 $83\frac{1}{3}$ 小时，或大约 $3\frac{1}{2}$ 天。

主场优势

每年，埃尔克顿先锋队和林蒂库姆后浪队会在一个棒球系列赛中对垒，首先赢得四场比赛的队为胜方。双方势均力敌，但每支球队都会有一个微弱的主场优势（比如 51% 的获胜机会）。

每年，前三场比赛在埃尔克顿举行，其余比赛在林蒂库姆举行。

哪支球队更有优势？

解答：该系列赛将持续 4、5、6 或 7 场比赛；似乎平均应该在 5 到 6 场比赛之间，在这种情况下，平均来说先锋队主场的次数比后浪队的多；因此，先锋队具有优势。

第一个问题是：平均而言，真的是更多的比赛在埃尔克顿举行吗？为了验证这一点我们需要分别计算系列赛持续 4、5、6 或 7 场比赛的概率。如果所有比赛都是 50-50 的获胜概率，那么系列赛持续 4、5、6 或 7 场比赛的概率将分别为 1/8、1/4、5/16 和 5/16。因此，平均比赛场数将是

$$4 \cdot \frac{1}{8} + 5 \cdot \frac{1}{4} + 6 \cdot \frac{5}{16} + 7 \cdot \frac{5}{16} = \frac{93}{16} = 5\frac{13}{16} = 5.8125,$$

而由于总有三场比赛在埃尔克顿进行，因此平均只有 $2\frac{13}{16}$ 场会在林蒂库姆进行。

可以感觉到，将 1% 的主场优势考虑进去，重新计算上述概率几乎不会把这些数改变多少。实际平均比赛场数增加得可怜，是 5.81267507002。

因此，事实上，更多场比赛在先锋队的主场。在很长一段时间内，这将反映在赛事统计数据中；你可以预计先锋队在一百万年的时间里赢得了大约 50.03222697428% 的场次。

然而，令人震惊的是，你可以预期后浪队赢得了大部分系列赛！这样来看：想象一下，无论结果如何，所有七场比赛都要（以相同的激烈程度）打完。这不会改变赢得系列赛的概率。（如果会改变，我们怎么可能在七场比赛

打满之前结束呢？）这七场比赛中后浪队有四个主场而先锋队只有三个，这给了后浪队优势：他们赢得系列赛的概率为 50.31257503002%。

如果你觉得那有可能不会举行的第 5、6 和 7 场比赛的主场优势和前期比赛的主场优势一样重要有些不可思议，这是可以理解的。但关键是当后浪队需要它时，后期的主场优势的确在那里。当你需要的时候总是出现的东西，就和它一直在那里没什么两样。

你是不是思考过各种体育运动之间不同的发球规则的影响？也许下一个谜题会回答你的问题。

发球选项

你将参加一场简短的网球比赛，第一个赢得四局的球员获胜。你先发球。不过关于双方的发球顺序有下面这些选项：

1. 标准方式：交替发球（你，她，你，她，你，她，你）。

2. 排球风格：上一局的胜者在下一局发球。

3. 反排球风格：上一局的胜者在下一局接球。

你应该选择哪个选项？你可以假设发球对你有利。你还可以假设任何一局的结果都与比赛时间和先前任一局的结果无关。

解答：再次使用（上一个谜题的解答中）假设打多余的局并没有什么坏处的想法，假设你们打了很多局——可能比确定比赛胜者所需的更多。设 A 为在你发球的前四局和对手发球的前三局中，你至少赢四局的事件。那么，容易验证，无论你选择哪种发球选项，如果 A 发生你就将获胜，否则你将失败。因此，你怎么选都没有区别。请注意，因为事件 A 总是涉及你的特定的四个发球局和特定的三个接球局，独立性假设意味着事件 A 的概率不取决于打这些局的时间或顺序。

如果游戏结果不是独立的，则发球选项可能产生影响。例如，如果你的对手在输球时很容易气馁，你可能会受益于使用排球风格的选项，如果你赢了就继续发球。

从上面主场优势问题中学到的方法将在下一个谜题中再次派上用场。

谁赢了系列赛？

两支势均力敌的球队将进行一场七局四胜的世界棒球大赛。每支球队在主场比赛时都有同样的微弱优势。按照赛事惯例，一支球队（例如 A 队）在主场进行第 1、2 场比赛, 如有需要则进行第 6、7 场比赛。B 队在主场进行第 3、4 场比赛, 如有需要则进行第 5 场比赛。

你去欧洲参加一个会议, 回来时发现系列赛已经结束, 并得知一共进行了 6 场比赛。哪支球队更有可能赢得系列赛?

解答: 你可以赋以主场获胜的概率一个变量 $p > 1/2$, 然后进行一堆计算来解决此问题。但是实际上没有必要进行任何计算, 如果你记得潜在比赛中的主场优势与必定发生的比赛一样好。

因此, 如果你知道最多进行了 6 场比赛, 你可以得出结论, A 队和 B 队获胜的可能性相同。另一方面, 如果你知道最多进行了 5 场比赛, 那么 (作为 3 场比赛的东道主) B 队更有可能获胜。

从这两个事实我们推断出, 如果恰好进行了 6 场比赛, 则 A 队更有可能获胜。

如果你相信提出问题的人, 有时候解决谜题另有途径, 这里情况就是这样。由于主队的占优的程度没有具体说明, 你可以相信答案应该是不变的, 哪怕这个优势是巨大的——换句话说, 如果几乎需要一个奇迹来赢得一场客场比赛。

在那种情况下, 很可能在 6 场比赛中只有一次爆冷 (客队赢得了比赛), 但这次爆冷不能发生在第 1 场或第 2 场比赛中, 否则 B 队会在 5 场比赛后获胜。因此, 它发生在第 3、4、5 或 6 场比赛, 而在前三种情况中都是 A 队受益。

接下来是几个概率比较谜题中的第一个。

洗碗游戏

你和妻子每天晚上掷硬币来决定谁洗碗。出 "正面", 她洗; 出 "反面", 你洗。

今晚她告诉你, 她要采用另一种方案。你掷 13 次硬币, 她掷 12 次硬币。如果你的正面比她多, 她洗; 如果你的正面少于或等于她的, 你洗。

你应该感到高兴吗?

解答: 如果 "你应该感到高兴吗?" 有任何含义, 它在这里应该意味着 "你比以前有更好的机会吗?"。

在这里, 最简便的方法是想象你和她先各自抛 12 次硬币。如果你们得到不同数量的正面, 那么不管下一次抛掷的结果如何, 目前正面少的人会洗碗; 所以那些情况相互抵消了。剩下的情况是, 你们得到相同数量的正面, 最后的一次抛掷的结果将决定谁洗碗。所以这仍然是一个 50-50 的提议, 你应该对方案的变化无动于衷（除非你不太喜欢抛硬币）。

　　现在假设对这个硬币的严格试验表明它实际是有轻微偏向的，有 51% 的时间会得到正面。你是否仍然应该对新的决策过程无动于衷？看起来你现在会欢迎它：正面对你有好处，所以抛掷得越多越好。

　　但重新审视上述论证却给出相反的结论。当你和她各自抛掷 12 次时，你得到正面比她多的可能性和比她少的仍然相等。只有当你们两人抛出相同数量的正面时，你才能从最后一次抛掷中获得 51% 的优势。因此，总的来说，你不洗碗的概率下降到 50% 到 51% 之间。

　　我们的分析还导出了第三种方案：你和你的配偶交替掷硬币，直到某个时刻你们都掷了相同的次数，但你们中的一个人（赢家）得到更多的正面。这个方案的好处是什么？即使硬币有偏差，这个方案也是公平的！

　　许多涉及比较两个概率的谜题都可以通过一种称为耦合的手段来解决，在这种方法中，不同状况下的两个事件以某种方式构建到同一个实验中，在其中这两个事件都有意义。

　　然后，如果你想确定两个事件 A 和 B 中哪一个更有可能发生，你可以忽略它们同时发生或同时不发生的结果，只需比较 A 发生而 B 不发生的概率和 B 发生而 A 不发生的概率。这相当于比较下面文氏图中两个月牙形的面积。

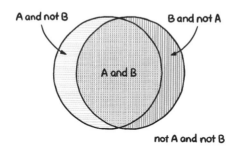

　　好吧，抽象的理论挺多的。让我们来看例子。

随机的法官

　　经过上岸的一夜疯狂后，你因行为不当而受到美国海军上级的审讯。你要么选择只有一名法官的"简易"军事法庭，要么选择由三名法官通过多数票做出裁决的"特别"军事法庭。

　　每位可能的法官都会（独立地）以 65.43% 的概率做出对你有利的判决，除了一名将参与特别（而不是简易）军事法庭的军官出了名地喜欢用掷硬币做出决定。

　　哪种军事法庭更有可能让你免受处罚?

　　解答: 把这个问题当作"计算题"来做并不难; 直接计算出你在特别军事法庭获释的机会, 然后将它与你在简易军事法庭获释的 65.43% 的机会进行比较。(如果你用一个变量, 比如 p, 代替 65.43%, 然后在必要时把数放回去, 可能会节省一些算术。)

　　但是让我们试一下耦合。你也可以假设军官 A 同时在两个法庭上, 并且会以相同的方式对每个法庭进行投票; 军官 C 是随机投票的那个。如果你选择特别军事法庭, 当 A 投无罪票而 B 和 C 投有罪票时你会后悔, 但如果 A 投有罪票而 B 和 C 投无罪票时, 你应该暗自庆幸一下。

　　无须任何计算, 你的这两个事件具有相同的概率——只需交换 A 和 B 的角色并反转 C 的硬币结果即可。所以你的两个选择一样好。

　　假如还有一个"一般"军事法庭的选项, 有五名法官, 其中两名是喜欢抛硬币的。你可以再次应用耦合的方法, 但这次它告诉你 p 大于 $\frac{1}{2}$ 时(如本题中)应该选择五名法官。

　　事实上, 大数定律告诉你, 即使 90% 的法官是喜欢抛硬币的那种人, 剩下的 10% 的人以固定的概率 $p > 1/2$ 对你有利, 只要有足够的法官, 你可以将机会提高到 99%。

连胜

　　你想加入某个国际象棋俱乐部, 但录取条件是你和俱乐部目前的冠军 Ioana 进行三场比赛并连赢两场。

　　由于执白先行具有优势, 所以你们交替执白棋和黑棋。

　　掷硬币的结果是: 你在第一局和第三局中执白棋, 在第二局中执黑棋。

　　你应该感到高兴吗?

　　解答: 你可以用变量 w 代表白棋获胜的概率, 另一个变量 $b < w$ 代表黑棋获胜的概率, 然后通过一些代数计算来回答这个问题。

　　使用耦合, 你无须代数即可得到答案——哪怕问题被修改为你必须在十七局比赛中连赢两局, 或者在 n 局中连赢 m 局。(当 n 是偶数时, 谁先下白没有关系; n 是奇数时, 你要在 m 是奇数时先下白棋, m 是偶数时先下黑棋。)

　　对我们原来的三局中需要连赢两场的谜题, 耦合方法是这样的。想象你要和 Ioana 进行四局比赛, 先下白棋, 然后是黑, 白, 黑。你仍然需要连续赢得两局, 但你必须事先决定最后是第一局还是第四局不算入正式比赛。

很明显，把第一局变成"练习赛"相当于原问题中你依次下黑白黑，不计算最后一局相当于下白黑白，所以新问题和原来的问题等价。

但现在两个事件都在同一个实验中了。为了让你不算的那局影响结果，用 W 记获胜、L 记没有获胜、X 记任意结果，四局的赛果必须是 WWLX 或 XLWW。用语言来描述，如果你赢了前两局，输了（或平了）第三局，你会希望最后一局不算；如果你输了第二局但赢了最后两局，你会希望第一局比赛不算。

但是很容易看出 XLWW 比 WWLX 更有可能。每种情况下的两局胜利是一局黑棋和一局白棋，所以这些情况是抵消的；但是 XLWW 中失利是黑棋，比 WWLX 中白棋失利更有可能。所以你希望第一局不算，也就是在原题中以黑棋开始。

如果你修改总局数或者所需的连胜局数，则需要这个论证稍微更具挑战性的版本。

平分秋色

你是一个狂热的棒球迷，你的球队奇迹般地赢得了锦标，从而有机会参加世界棒球大赛。不幸的是，对手是一支更高水平的球队，他们在任何一局比赛中战胜你的球队的概率是 60%。

不出所料，你的球队输了七局四胜制比赛的第一局，你情绪低落以致喝了个酩酊大醉。当你恢复意识时，发现又有两局比赛打完了。

你跑到街上，抓住第一个路过的行人问："世界大赛的第二、三局发生了什么？"

"平分秋色，"他说，"每队一局。"

你应该感到高兴吗？

解答：在我的印象中，大约有一半人在被问到这个问题时的反应是："对啊——如果那两局不是各得一分的话，你的球队更可能一分都拿不到。"

另外也有约一半人会争论道："不——如果你的球队继续这样的话，他们会输掉总决赛。他们必须做得更好。"

哪个论点是正确的——你如何在避免烦琐计算的前提下验证答案？

我们的任务是，在听到第 2 局和第 3 局比赛平分之后，确定情况是比之前更好还是更差。也就是说，你的球队赢得总决赛的概率是不是较之前更大了？他们之前需要在六局比赛中赢得四局，现在需要在接下来的四局中赢得三局。

计算和比较二项式分布的尾部比较烦琐但并不困难。在得到消息之前，你的球队需要在接下来的六局比赛中赢下四、五或六局。（等等，如果少于七局比赛怎么办？就像主场优势和谁赢了系列赛那两个问题？我们可以不妨想象在任何情况下七局比赛都进行了。）

你的球队赢得六局中恰好四局的概率是"6 选 4"（可能发生的方式的数量）乘以 0.4^4（你的球队赢得特定四局的概率）乘以 0.6^2（对手在剩下两局获胜的概率）。总共算下来，你的球队在六局中至少赢四局的概率是

$$\binom{6}{4} \cdot 0.4^4 \cdot 0.6^2 + \binom{6}{5} \cdot 0.4^5 \cdot 0.6 + \binom{6}{6} \cdot 0.4^6$$

$$= 15 \cdot 2^4 \cdot 3^2/5^6 + 6 \cdot 2^5 \cdot 3/5^6 + 2^6/5^6 = 112/625.$$

在双方平分第 2 和第 3 局之后，你的球队需要赢得剩下四局中的至少三局。现在获胜的概率是

$$\binom{4}{3} \cdot 0.4^3 \cdot 0.6 + \binom{4}{4} \cdot 0.4^4 = 4 \cdot 2^3 \cdot 3/5^4 + 2^4/5^4 = 112/625(!).$$

所以，你对消息的反应应该是完全无动于衷！前面的两种论点（一种放眼过去觉得事情还很不错，另一种着眼未来觉得前景悲观）看上去正好相互抵消了。这是巧合吗？有没有办法"心算"就可以得到这个结果？

当然有啦——用耦合。具体的方法要用到一点想象力。假设在第 3 局比赛后，发现某个参与第 2 局和第 3 局比赛的裁判在他的申请表上撒了谎。有人提议要取消这两局比赛结果，而另一派希望保留它们。棒球协会的总干事——那肯定是很有智慧的人——任命了一个委员会来决定如何处理第 2 局和第 3 局的比赛结果；与此同时，他告诉球队先继续比赛。

当然，总干事心里的盘算是——我们解谜者也是如此希望——在委员会做出决定时，这个问题已经没有实际意义了。

假设在委员会给出报告之前又比了五（！）局。如果你的球队赢了其中的四或五局，那么无论第二局和第三局的结果如何处理，球队都赢得了总决赛。另一方面，如果对手赢了至少三局，他们无论如何都赢得了总决赛。唯一让委员会实际发挥作用的情况是你的球队在那五局新比赛中恰好赢了三局。

在这种情况下，如果第 2 局和第 3 局的结果无效，则需要再进行一局比赛；如果你的球队赢了这局，他们就会赢得总决赛，这种情况发生的概率为 2/5。

另一方面，如果委员会决定第 2 局和第 3 局有效，则该系列赛在最后一

局比赛之前结束，而输掉那局的人就是世界冠军。对你的球队来说听起来不错，不是吗？糟糕，请记住，你的球队赢得了五局新比赛中的三局，因此最后一局是他们输掉的两局之一的概率也是 2/5。♡

愤怒的棒球

与平分秋色中一样，你的球队是实力较弱的一方，在七局四胜制的世界大赛中赢得任何一局的概率是 40%。但是，别急：这一次，每当你的球队在局分上落后时，球员就会变得愤怒并超水平发挥，从而使你的球队赢得那一局的概率提高到 60%。

在一切开始之前，你的球队赢得世界大赛的概率是多少？

解答：枚举所有可能的结果及其概率是一件令人头疼的事，但耦合又要帮上大忙了。令 k 为两队最后一次打平后的第一局的序号。由于两队一开始比分为 0-0，k 可能是 1，但它也可能是 3、5 或 7。（事实证明，这都没关系！）

假设 X 队赢得了第 k 局。让我们用 X 和 Y 的序列代表之后每局的胜者。由于他们不再会打平，X 必定赢得了总决赛，每次 X 获胜的概率为 40%，Y 获胜的概率为 60%。

如果是 Y 队赢得了第 k 局，对上面的序列中 X 和 Y 位置交换后得到的序列用同样的论证，得到相同的概率。实际上，我们将 X 赢得第 k 局后的获胜序列与对应的 Y 赢得第 k 局之后的获胜序列进行了耦合。

我们得出结论，X 队赢得总决赛的概率正是 X 队赢得第 k 局的概率。当 X 是你的球队时，这个概率是 40%。由于这个值对任何 k 都一样，因此比赛开始前你的球队赢得总决赛的概率为 40%。

请注意，与平分秋色不同的是，这对于任何获胜概率 p（当球队比分落后时改为 $1 - p$）都适用。谜题的答案总是 p。

下面让我们讨论（美式）橄榄球。你准备好用概率论来使自己成为一名成功的教练了吗？

二分转换

你是霍博肯原始人橄榄球队的教练，球队落后对手（格洛斯特类人猿）14 分，直到比赛还剩下一分钟，你们完成了一次达阵。你可以选择踢附加分（成功率为 95%），也可以选择二分转换（成功率为 45%）。你应该怎么做？

解答：你必须假设原始人队将能再次完成达阵；并且可以合理地假设，如果比赛进入加时赛那么两支球队机会均等。

　　不管你做哪个选择，如果它失败了，你需要在下一次达阵之后选择二分转换，获胜概率为 $0.45 \cdot \frac{1}{2} = 0.225$。

　　如果你第一次选择成功，下次你会选择加分踢，如果你之前选的也是加分踢，获胜概率为 $\frac{1}{2} \cdot 0.95 = 0.475$，而如果前一次你得到了 2 分，那获胜概率就是整整 0.95。

　　总之（假设你确实能有第二次达阵）你选择"第一次达阵后踢球"后获胜的概率是

$$0.95 \cdot 0.475 + 0.05 \cdot 0.225 = 0.4625,$$

而如果你在第一次达阵后选择二分转换，你获胜的概率是

$$0.45 \cdot 0.95 + 0.55 \cdot 0.225 = 0.55125,$$

所以选择二分转换会好得多。

　　这样想可能会更清楚地看到为什么这是正确的：想象加分踢是肯定成功的，而二分转换成功的概率是 $\frac{1}{2}$。那样的话如果你选择加分踢你必定会去加时赛了（当然在有第二次达阵的前提下），你获胜的概率是 $\frac{1}{2}$。而如果你选择二分转换并成功，你已经注定会赢得比赛，这已经给了你 $\frac{1}{2}$ 的概率；但即使二分转换失败了，你还有别的希望。总的来说，二分转换策略的成功概率是 5/8。

　　那么为什么教练们经常会在这种情况下选择加分踢呢？他们是不是担心转换失败会打击球队的士气从而使得第二次达阵希望渺茫？

　　我自己的理论是，教练们倾向于做出保守的决定，以免事后他们的经理指着比赛中的关键决定说三道四。例如，在这里的情况下，如果球队的二分转换都没有成功，责任很可能会落在教练身上；但如果他们进行两次加分踢，却输了加时赛，那么不管哪个队员在加时赛里搞砸，责任基本就是他的了。

随机弦

　　圆的一条随机弦的长度大于圆内接等边三角形的边长的概率是多少？

　　解答：如果一条弦的长度大于我们内接的三角形的边长，则称它为"长的"。

　　假设我们通过固定某个方向来选择我们的随机弦——水平方向可以作为一个很好的示例。然后我们可以在我们的圆内画一条竖直的直径，在上面随机均匀地选取一个点，并通过该点画一条水平弦。

在下图左边画了一个底边水平的内接正三角形，因此我们刚刚画的直径垂直于底边。我们宣称三角形的底边恰好在圆心到直径底端一半的位置。一个验证的办法是画另一个倒置的内接正三角形，使两个三角形构成"大卫王之星"。星中间的六边形可以分成六个等边三角形，一旦我们这样做，很显然在我们的直径上会产生长的弦的那部分和剩下那部分等长。由此，随机弦有 $\frac{1}{2}$ 的概率是长的。

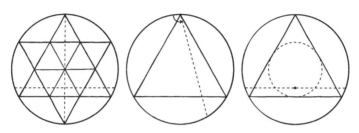

但是……我们可以代之以先固定弦的一端，比如在三角形的顶端，并随机均匀地选择它的角度，如中间那个图。由于三角形的内角是 60°，而我们的随机角度在 0° 和 180° 之间，我们推出弦是长的概率为 $\frac{1}{3}$。

等等，这里还有问题的另外一个解答。除了直径（取到它们的概率为 0），每条弦都有不同的中点，反之圆内除圆心外的每个点都是唯一一条弦的中点。因此，让我们随机均匀地在圆内选取一个点，并使用以该点为中点的那条弦。容易看到，我们得到一条长的弦的等价条件是我们所取的点比三角形边的中点离圆心更近（见右边那个图）。因此，我们得到一条长的弦当且仅当被选的点在等边三角形的内切圆内部。但这个圆的半径是大圆的一半，所以面积是大圆的 $\frac{1}{4}$；因此我们以 $\frac{1}{4}$ 的概率得到一条长的弦。

发生了什么？这里的正确答案是 $\frac{1}{2}$、$\frac{1}{3}$、$\frac{1}{4}$，还是别的什么？

答案是，从无限集合中选择的对象的"均匀随机性"概念不是自动定义的。诚然，当在几何形状（例如，一条线段或一个多边形）中选择点，我们通常认为均匀性意味着该点落在特定子集中的概率与那个子集的度量（例如，长度或面积）成正比。

对于弦，我们没有均匀随机性的标准概念，正如我们刚刚看到的，定义均匀性的不同尝试会导致不同的答案。

随机偏差

假设你均匀随机地选一个介于 0 和 1 之间的实数 p，然后制作一枚硬币，使得当你投掷它时其出现正面的概率恰好是 p。最后，你将这个硬币投掷 100

次。在整个过程中，你恰好得到 50 次正面的概率是多少？

解答：这个谜题再次需要一种形式的耦合；这里的想法是耦合硬币的抛掷，即使它们涉及依赖于 p 的选择而不同的硬币。为了做到这点，我们提前为第 i 次硬币抛掷选择一个独立的、均匀随机的阈值 $p_i \in [0, 1]$。随后选定 p，当 $p_i < p$ 时，认为第 i 次硬币抛掷的结果是正面。

现在我们只需要看到 50 次正面等价于 p 是中间数，即 101 个值 p_1、p_2、……、p_{100}、p 中的第 51 大的。由于这些数字都是随机且独立的，因此它们的顺序是均匀随机的，从而 p 最终位于中间位置的概率恰好为 1/101。

硬币测试

"不公平优势魔法公司"（UAMCO）为你这位魔术师提供了一枚特殊的一美分硬币和一枚特殊的五美分硬币，其中一枚抛出"正面"的概率是 1/3，另一枚则是 1/4，但是 UAMCO 没有告诉你哪个是哪个。

由于耐心有限，你打算这样来确定：你逐次掷一分或五分硬币，直到其中一个正面朝上，那时你将宣布这个硬币是 1/3 概率出正面的那个。

你应该以什么顺序掷硬币，才最有可能得到正确答案，同时又不失公平，即两枚硬币有相同机会被指定为以 1/3 概率出正面？

解答：从精确性的角度来看，当两枚硬币被抛了相同次数时，你下一次抛哪个都无所谓。当一分硬币被抛的次数超过五分硬币时，你下一次应该抛五分硬币，反之亦然。

因此，为了精确起见，只要对于每个 i，第 $2i - 1$ 和第 $2i$ 次抛的是不同的硬币，顺序并不重要。

然而，如果你想要一个公平的测试——一个对两枚硬币都同样严格的测试——你需要更加小心。想象一下，当第一个正面出现在第奇数次抛掷时，你进行了一次额外的抛掷，如果随后的抛掷（当然是对另一个硬币）也是正面，宣布结果还不确定。这对两个硬币肯定是公平的，但这可能意味着更多的抛掷。如果你正在阅读本书，你应该是那种宁可花一个小时搞清楚某件事，然后再花一分钟实际去做的人。

考虑到这种平局情景，对（比如说）一分硬币的偏袒正是当"平局"发生在一分硬币首先抛出正面而紧接着五分硬币抛出正面的概率；或者反之。

为了调控这些偏袒使得它们相互抵消，我们需要一个抛掷顺序使得若"本该可能"的平局出现，则一分和五分先出现正面的可能性相同。

假设我们先抛一分硬币，即我们以"15"开始。在前两次抛掷都得到正面

的概率是 $\frac{1}{3} \cdot \frac{1}{4} = \frac{1}{12}$。

修改后的游戏以平局结束的概率是多少？你将会成对抛掷硬币——第奇数次，然后第偶数次——直到你得到 HT、TH 或 HH，其中最后一种情况是平局，它的概率是 $\left(\frac{1}{3} \cdot \frac{1}{4}\right) / \left(\frac{2}{3} \cdot \frac{1}{4} + \frac{3}{4} \cdot \frac{1}{3} + \frac{1}{3} \cdot \frac{1}{4}\right) = \left(\frac{1}{12}\right) / \left(\frac{6}{12}\right) = \frac{1}{6}$。

所以，要想抵消一分硬币先抛的优势，剩下的所有奇数轮抛掷都必须是五分硬币！

总之，抛掷顺序应该是 155151515151… 或 511515151515… 。

硬币游戏

你和一位朋友各自选一个长度为 4 的不同正反序列（正面用 H 表示，反面用 T 表示），然后掷一枚公平的硬币，直到出现这两个序列之一。该序列的所有者赢得游戏。

例如，如果你选择 HHHH，她选择 TTTT，则如果在出现连续 4 次反面之前，先出现连续 4 次正面，你就赢了。

你希望先选还是后选？如果你先选，应该选什么序列？如果你的朋友先选，你应该如何应对？

解答：乍一看，这似乎必定是个公平的游戏；毕竟，任何的四次抛掷的特定序列和任何另一个具有相同的出现概率（都是 $\frac{1}{16}$）。的确，如果硬币被抛四次之后游戏重新开始，没有任何问题会发生。但是由于获胜的序列可以从任一次抛掷开始，包括第二次、第三次或第四次，严重的不平衡出现了。

例如，如果你选 HHHH（一个可怜的选择）作为你的序列而你的朋友应之以 THHH，只要游戏开始不是连续抛出四个正面（这只有 $\frac{1}{16}$ 的概率）你就会输。为什么？因为否则第一次出现的 HHHH 之前会是一个反面，因此你的朋友将先得到她的 THHH。

你怎样确定最佳的游戏策略？为此，你需要一个公式来告诉你序列 B 击败序列 A 的概率。事实上，无与伦比的 John Horton Conway 发现了一个非常漂亮的公式。我们在这里看一下。

我们使用表达式"A · B"来表示当 A 首先开始（或它们同时开始）时 A 和 B 可以重叠的程度。我们用一个四位二进制数 $x_4 x_3 x_2 x_1$ 来衡量，如果 B 的前 i 个字母和 A 的后 i 个字母相同，则 x_i 为 1，否则为 0。例如，HHTH·HTHT = 0101(二进制) = 5，因为 H[HTH] T 是一个长度为 3 的重叠，而 HHT[H]THT 是一个长度为 1 的重叠。只有在 A = B 时，最左边的数字 x_4 是 1；因此 A · B 大于或等于 8 当且仅当 A = B。

现在如果你的朋友选择了 A 作为她的序列，你应该如何选择 B? 你希望 B 的等待时间较短，因此 B·B 应尽可能小。你也希望 B·A 大，这样你就可以最大化抢到你朋友前头的概率；你还希望 A·B 小，以最小化她抢在你前头的概率。公式是，B 击败 A 的概率是 (A·A - A·B) : (B·B - B·A)。

例如，假设你的朋友选择 A = THHT 作为她的序列（这样 A·A = 9）。你最好的选择是（其实总是）在她的序列前面加上一个 H 或 T 并去掉最后一个字母；这确保了 B·A 至少为 4。如果你选择 B = HTHH，你会得到 B·B = 9、B·A = 4 和 A·B = 2，Conway 的公式表明对你有利的概率是 (9 − 2) : (9 − 4) = 7 : 5。而如果你选择 B = TTHH，你会得到 B·B = 8、B·A = 4 和 A·B = 1，公式表明对你有利的概率是 (9 − 1) : (8 − 4) = 2 : 1。所以在这种情况下 B = TTHH 是更好的选择。

你朋友的 A = THHT 是一个糟糕的选择吗? 事实上，它是最好的之一。你的朋友选择的任何序列面对你的最优选择都会让她处于 2:1 的或更糟劣势。

Conway 的公式对于长度为 $k \geqslant 2$ 的序列、以及对非二进制的随机产生器（例如骰子）都有效。在骰子的情况下，重叠向量仍然由 0 和 1 组成，但现在被解释为 6 进制。

睡美人

睡美人同意参加以下实验。周日在她入睡后，一枚硬币会被掷出。如果正面朝上，则她将在周一早上被唤醒；如果是反面朝上，则她将在周一早上被唤醒，并在周二早上再度被唤醒。在所有情况下，她都不会被告知是周几，不久后便会重新入眠，并且不会保留任何在周一或周二被唤醒的记忆。

当睡美人在周一或周二被唤醒时，对她来说，硬币正面朝上的概率是多少?

解答: 这个谜题由哲学家 Adam Elga 在 2001 年引入,并成为之后 20 年哲学界的一个重要争议话题。许多人被以下论证说服: 在周日睡美人知道正面向上的概率是 $\frac{1}{2}$。她知道自己会被唤醒,所以当她(在周一或者周二)醒来时,她没有新的信息因此没有理由改变主意。所以答案是 $\frac{1}{2}$。

这个推理的缺陷在于,确实是有新信息的: 她现在醒了。许多论证表明正确答案是 $\frac{1}{3}$; 哲学家 Cian Dorr 和 Frank Arntzenius 提供了如下的漂亮论证。

假设无论硬币结果如何,睡美人两天都被唤醒,但如果硬币出现正面,那么在周二她被唤醒 15 分钟后,她将被告知"今天是周二,硬币出现的是正面"。她在事先知道所有这些。

当她被唤醒时,(由对称性)那等可能地是周一或周二,硬币也(还是由对称性)等可能地是正面或反面。因此,四个事件"周一,反面"、"周一,正面"、"周二,反面"和"周二,正面"的可能性都相同。

15 分钟后,当睡美人没有被告知"今天是周二,硬币出现的是正面"时,她排除了最后一个选项,其余的可能性仍然相同。

另一方面,你可能更容易被一个使用频率的论证说服。如果实验运行 100 次,你会期望大约 150 次周一/周二醒来,其中大约 $\frac{1}{3}$ 是抛出正面之后。

最后一个谜题将引出我们本章的定理。

一路领先

在同 Bob 竞选地方公职中,Alice 以 105 票对 95 票获胜。在(按随机顺序的)计票过程中,Alice 全程一路领先的概率是多少?

解答: 当然,我们真正想做的是解决这个问题的一般形式(当 Alice 以 a 票对 Bob 的 b 票获胜时,其中 a 和 b 是任意正整数且 $a > b$)。

能给出答案的是俗称的 Bertrand 选票定理(尽管它显然先由 W. A. Whitworth 在 1878 年证明,而不是 J. L. F. Bertrand 在 1887 年)。

定理. 设 $a > b > 0$, 并且令 $x = (x_1, x_2, \ldots, x_{a+b})$ 为一个由 1 和 -1 组成的、包含 a 个 1 和 b 个 -1 的均匀随机串。对每个 1 到 $a+b$ 之间的 k, 令 s_k 为 x 的前 k 项之和, 即

$$s_k = \sum_{i=1}^{k} x_i.$$

则 $s_1, s_2, \ldots, s_{a+b}$ 均为正的概率是 $(a-b)/(a+b)$。

让我们先来看一下，这个命题会给出我们所需的答案。字符串 x 对计票过程进行了编码；每个 1 代表一张投给 Alice 的票，每个 -1 代表一张给 Bob 的票。部分和 s_k 告诉我们在统计第 k 票后 Alice 领先多少；例如，假如 $s_9 = -3$，我们得出的结论是，在统计第 9 票后，Alice 实际上落后了 3 票。

如果我们将定理应用于上面的谜题，我们得到答案 $(105-95)/(105+95) = 1/20 = 5\%$。好，我们怎样证明这个定理呢？

有一个很有名的聪明证明用到随机游走的翻转，但并没有真正解释为什么概率会是票数差除以总票数。我们代之以考虑下面的证明。

一个选取随机计票顺序的方法是，先将选票随机放置在一个圆周上，然后在圆上随机选择一张选票并从那里开始（顺时针）计票。因为有 $a+b$ 张选票，所以有 $a+b$ 个位置可以开始，而我们声称无论圆上的顺序是什么样的，这些起点中恰好有 $a-b$ 个是"好"的，也就是它们会导致 Alice 一路领先。

为了看到这一点，我们观察到在任何地方出现的 $1, -1$（即一张给 Alice 的票紧接着顺时针下一张是给 Bob 的票）都可以被删除而不改变好的起始位置的数量。为什么？首先，你不能从那个 1 或 -1 开始，因为如果你从那个 1 开始，在第二票后两位候选人就打平了，而如果你从那个 -1 开始，Alice 实际上落后了。其次，这对 $1, -1$ 不影响任何其他点是否成为好起点，因为它所做的只是将总和（Alice 的领先）加一然后再减回去。

所以我们可以不断删除 $1, -1$，直到剩下 $a-b$ 个 1，这时每一个显然都是一个好的起点。我们得出结论，好起点的个数一直都是 $a-b$，证明完成了！♡

第 11 章　有条不紊

没有办法绕过它——对许多谜题你只能尝试各种想法，直到你找到一个可行的为止。即便如此，这个过程也有好的方法和坏的方法。有些人倾向于多次绕回来尝试相同的答案。

你怎么能避免这样做呢? 通过对你的尝试进行分类。做出一些选择并坚持下去，直到它得到一个解决方案或失去动力; 如果是后者，那样你可以排除一种可能性，并且已经取得了进展。

除了避免冗余之外，这样做还有别的好处: 例如，你可能会实际看到问题所在并直接跳到解决方案!

今天没有双胞胎

开学的第一天，O'Connor 太太的班上来了两位长相相同的学生: 坐在第一排的 Donald 和 Ronald Featheringstonehaugh——这个英语姓氏的发音为"范肖"(Fanshaw)。

"我猜你们两个是双胞胎?"她问道。

"不是。"他们异口同声地回答。

但是检查他们的记录表明，他们有相同的父母，并且在同一天出生。这是怎么回事?

解答: 我们是从一个系统搜索看似并不会产生效果的问题开始的; 你要么看到答案，要么看不到。但是在今天，许多人训练自己"跳出框框思考"，而忘记了先试试在框里面思考。接受两个男孩在基因上相同、并且同时由同一对父母所生的事实，并自问如果他们不是双胞胎的话这怎么会发生。那样，你至少有可能会想到还有另一个兄弟姐妹 (或更多!)。

最有可能的是 Donald 和 Ronald 是三胞胎; 第三个 (也许叫 Arnold?) 在另一个班里。

围成一圈的土著人

一位人类学家被一群围成一圈的土著人包围，每个人要么总是说实话，要么总是说谎。她问每个土著人，他右边的那位是老实人还是骗子，从他们的回答中，她可以推断出骗子在这圈人中所占的比例。

这个比例是多少？

解答：注意到如果所有说真话的人都变成说谎者，反之说谎者变成说真话的人，那么他们的回答都不会改变。因此，如果比例 x 可以被确定，必定有 $x = 1 - x$，因此 $x = 1/2$。

还有待验证的是，存在一组回答使得人类学家可以从中推断出一半的土著人是说真话的。当然，这要求圈上有偶数个土著。一个可能的情况是每个土著人都说他的右边邻居是骗子，在这种情况下，土著人必定是按照说真话的人和骗子间隔交替。

扑克速成

最好的葫芦是什么？

（假设你有五张牌，只有一名对手，并且他握有其他牌中随机的五张。牌中没有小丑。由于幸运女神欠你一个人情，你会得到一个葫芦，并且可以选择任何一个想要的葫芦。）

解答：任何拥有三张 A 的葫芦都一样好，因为在一副牌中只能发出一手这样的牌。但是还有其他手牌可以击败它们：任何四条，这总是有 11 种可能的类型，以及更要紧的是任何同花顺。由于 AAA99、AAA88、AAA77 和 AAA66 防止了最多的同花顺（16 个——每张 A 只阻止两个，但每张点牌阻止五个），因此它们是最好的葫芦。请注意，AAA55 并不在列表里，因为必定有某个 5 和一个 A 同花色，那样该花色中的同花顺 A2345 被算了两次。

如果你贪婪地坚持使用 AAAKK，那么有 40−9 = 31 种可能的同花顺可以打败你——在你没有集齐四个花色时甚至更多——而不仅仅是 40 − 16 = 24。

虽然上面的论证只适用于（两个玩家的）一对一扑克，但实际上由计算机验证过，结论适用于任意数量的玩家。

最少的斜率

如果你在一个圆盘中随机取 n 个点，则它们两两之间产生 $n(n-1)/2$ 个不同斜率的概率为 1。假设你可以有选择地取 n 个点，只要没有任意三点共线，它们可以确定的不同斜率的数量最少是多少？

解答：三个点，因为它们不允许位于一条直线上，会确定一个具有三种斜率的三角形。一点试验会让你相信，对于四个点，不能少于由一个正方形得到的四种斜率。

事实上，正 n 边形的顶点只产生 n 种不同的斜率。如果 n 是奇数，多边形的边已经有 n 种不同的斜率，但每条对角线都平行于某条边。如果 n 是偶数，则边上只展现出 $n/2$ 种不同的斜率，但现在相距偶数条边的两个顶点的所连对角线不平行于任何边，而它们形成 $n/2$ 个平行类；所以我们再次得到 n 种不同的斜率。

你能做得比正 n 边形的顶点更好吗？不能。设 X 是平面中任意的 n 个无三点共线的点组成的集合，令 P 为 X 最南端的点。那么你已经有了过 P 的 $n-1$ 条线，每条线确定一个（相对于北 $= 0°$）$-90°$ 到 $+90°$ 之间的不同角度。其中给出最小和最大角度的两点的连线给了你第 n 种斜率。

两种不同的距离

找到平面上所有四个点构成的形状，使得它们之间只出现两种不同的距离。（注意：这样的形状可能比你想象的要多！）

解答：将这些点视为一个图的顶点可能是有益的，其所有边的长度都相同，并且所有非边的长度也都相同。如果图中存在一个"3-团"，即两两相邻的三个顶点，那么我们的三个点——设为 A、B 和 C——形成一个等边三角形。

第四个点 D 不能同时连接到所有其他点，因为在平面中我们不能有四个点只确定一种距离。如果它与其他两个点相邻，则形成另一个等边三角形，我们得到图中左上角的形状。

如果 D 连接到其余点中的一个，不妨设为 A，它必须与 B 和 C 等距；因此它必须从 A 出发，直直地远离三角形，或者朝向它，这给出图中第一行的剩余两个形状。最后，如果 D 与其他三个点都不相邻，它必须到三个点等距离，因此在三角形的中心；这给出了左下角的形状。

如果图中没有三条边（或三条非边）组成三角形会怎样？如果有一个长为 4 的圈（但没有三角形），它的对角线必须等长，因此这些点是正方形的四个角。

如果图中或其补图中没有三角形也没有长为 4 的圈，则该图必须恰好是三条边组成的一个路径（因此它的补图也是）。这是在长为 5 的圈中删除一个顶点得到的图，对应着从一个正五边形中删除一个点得到的形状。

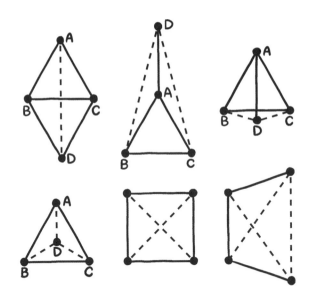

第一个奇数

字典中的第一个奇数是什么？更具体地说，假设从 1 到（比方说）10^{10} 的每个整数都用正式英语写下（例如，"two hundred eleven"，"one thousand forty-two"），忽略空格和连字符后按字典顺序列出。列表中的第一个奇数是什么？

解答：在字典序中，一个单词在另一个单词前面的条件是，在两个单词第一个不同的*字母*处，前者的那个字母在字母表中靠前。空格和标点符号被忽略，如果没有不同的字母，较短的单词排在前面。

因此，要在一组单词中找到字典序第一个单词，只需要仔细地和系统地考虑描述一个数时涉及的单词序列。

最早的单个数字是"eight"，最早的奇数字是"five"。我们不需要考虑其他数字，但在数的描述中可能有用的其他单词包括"billion"、"eighteen"、"eighty"、"hundred"、"million"和"thousand"。我们最早的奇数必须以数字开头，因此应该以"eight billion"开头。在那之后，"eighteen"是我们所能做的最好的，依此推理下去，我们最终得到了答案 8018018885："eight billion, eighteen million, eighteen thousand, eight hundred eighty-five"。

更多的推导可以得出字典序中的第一个素数，8018018851。

恼人的是，（根据维基百科）"字典序"和"字母序"有细微的不同，而这差别会导致答案的差异。问题在于，在字母序（一般用作人名的排序）中，空格通常不被忽略，并且排在所有其他字符之前。因此，按字母序，"eight hundred"
在 "eighteen" 之前，按字母序排列的第一个奇数成了 8808808885。在这种情
况下，第一个素数将是按字母序排列的下一个奇数，即 8808808889。

用导火线测量

你手头有两根细长的导火线，每根都能燃烧 1 分钟，但它们不是沿着长
度匀速燃烧的。即便如此，你能用它们来量出 45 秒的时间吗？

解答：同时点燃一根导火线的两端和另一根的一端；当第一根燃尽时
（这会在半分钟之后），点燃第二根的另一端。在第二根燃尽时，时间过了 45
秒。♡

如果你允许从中间点燃导火线并有无限的灵巧度，你可以用导火线做更
多的事情。例如，你可以如下用一根燃烧 60 秒的导火线度量出 10 秒的时间：
在两端和两个内部点点燃，然后在每次在某段燃尽时点燃一个新的内部点；
这样在任何时候都有三段在两头燃烧，这根导火线在以预期速度的六倍被消
耗着。

当然，越到最后越手忙脚乱。你需要无限多火柴才能获取完美的精度。

国王的工资

锆石小国迎来民主，国王和其他 65 个公民每人的工资都是一锆币。国王
不能投票，但有权提出改革议案——特别是，重新分配工资。每人的工资都
是整数锆币，工资总和必须是 66。每个提案都要投票表决，如果赞成票多于
反对票则予以通过。每个投票人如果涨薪则会投出赞成票，如果降薪则会投
出反对票，否则不会投票。

国王既自私又聪明。他可以获得的最高工资是多少，为此他需要多少次
投票？

解答：有两个关键观察：(1) 国王第一步必须暂时放弃自己的薪水，以及 (2) 他的计划是要在每个阶段使得领到薪水的公民数减少。

国王首先提议 33 个公民的工资翻倍到 2 个锆币，而牺牲其余 33 个公民（包括他自己）的薪水。下一步，他将 33 个有薪公民中的 17 人工资增加（成为 3 或 4 锆币），同时将其余 16 人减少到根本没有工资。在接下来的连续几步中，有薪公民的人数下降到 9、5、3、2。最后，国王各用一锆币拉拢三个身无分文的人，帮助他将这两大笔薪水加到他自己身上，从而他得到 63 锆币的皇家工资。

容易看到，国王在任何阶段都只能将受薪人数减少到比之前的一半稍多；特别地，他永远无法做到只有一个选民受薪。所以，他无法为自己挣得 63 锆币以上，并且上面的七轮是最少的。♡

更一般地，如果公民数为 n，则国王在 k 轮后可以获得 $n-3$ 锆币的工资，其中 k 是大于或等于 $\log_2(2n-4)$ 的最小整数。

装下斜杠

给定一个 5×5 的正方形网格，你可以在其中多少个方格里画上对角线（斜杠或者反斜杠），使得没有任何两条对角线碰到一起？

解答：你可以很容易装下 15 条对角线（见下图），可以使用第 1、3 和 5 行（或列），每行全都是斜杠或全都是反斜杠，或者使用嵌套的 L 型。有可能做得比这更好吗？

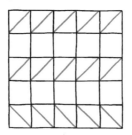 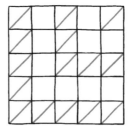

网格中有 $6 \times 6 = 36$ 个顶点（方格的角），每条对角线占两个顶点，因此你肯定无法装下超过 18 条对角线。但你也可以看到，例如，不可能使用最上面一行正方形的所有 12 个角。

事实上，仔细想想，每条接触外围 20 个顶点之一的对角线也必须接触内部 3×3 网格外围的 12 个顶点之一——除非它位于一个角上的方格内、并且没有碰到大正方形的顶点，比如一个在右上角单位方格中的反斜杠。但那时与右上角方格相邻的两个方格中不能同时装下反斜杠，因此在右上角放置反斜杠会导致至少另一个外围顶点被遗漏。总之，无论我们做什么，至少有 4 个外围顶点将不被用到，我们得到新的上界是 (36 − 4)/2 = 16 条对角线。

当尝试达到 16 时，我们注意到用内部 3 × 3 网格的所有外围顶点来对付外面的顶点是行不通的——这会导致没有点去匹配中心方格的四个角，那个方格的一条对角线只能碰到两个角，使我们最多只有 15 条对角线。我们需要让大正方形的四个角中的至少两个不被用到，并省下两个或四个内部 3 × 3 网格的外围顶点来连向中心方格的角。通过一些小小的试验可以得到，只有当你不用大正方形的所有角时这才可行，结果是下面的图形——在允许翻转的情况下这个谜题的唯一解答。

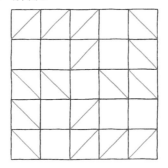

不间断的线

你能将下面的 16 个方块重新排列为 4 × 4 的正方形（不可旋转），使得大正方形的边界内没有间断的线么？

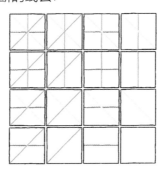

解答：请注意，对每种线段类型选择是否包含该类线，总共可以产生 $2^4 = 16$ 种不同的瓷砖。在这个谜题中每种可能的瓷砖出现了一次。

这又是一个智能搜索的问题。水平线段必须都在某两行里，竖直线段必须在两列里；假设这些是前两行和最左边的两列是没有任何问题的，那样你已经有了一些严格的限制。

左下-右上对角线的长度总和必须等于 8 个正方形，因此只有几种可能性：一个 4 和两个 2，一个 4、一个 3 和一个 1，等等。

实际上有多种可行方案，下图给出了其中一种。

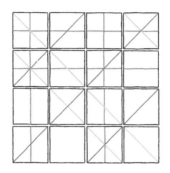

有趣的是，所有在正方形上的解答也都在圆环面上适用——那是指如果你想象正方形从上到下、从左到右环绕，根本没有线会结束；所有线最终都会成圈。

[有关此谜题和下一个谜题背后的作者和灵感，请参阅注释和来源。]

下一个谜题类似，但更难。

不间断的曲线

你能将下面的 16 个方块重新排列为 4×4 的正方形（不可旋转），使得大正方形的边界内没有间断的曲线么？

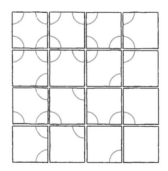

解答：同样，在瓷砖的每个角选择是否在那里放一个四分之一圆，总共可得到 $2^4 = 16$ 种不同的瓷砖。在谜题中每种可能的瓷砖出现了一次。

对于这个难题，获得解答的最佳途径似乎是猜测具有较多四分之一圆的正方形如何组合在一起并（系统地！）尝试各种可能性。

本题的解答并非所有都适用于圆环面，但下图所示的这个是可以的。

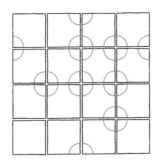

Conway 的固定器

三张牌（分别是 A、2、3）面朝上放在桌上三个标记好的位置（记为"左"、"中"、"右"）的某些位置上。如果它们都在同一位置，你只能看到顶部那张牌；如果它们处于两个位置，你只能看到两张牌，并且不知道哪一张下面藏着第三张。

你的目标是让牌都堆到左边那个位置，并且从上到下依次是 A、2、3。为此，每次你把一张牌从一堆的顶部移到另一堆（可能是空的）的顶部。

问题在于，你没有短期记忆，所以必须设计一种算法，让每一步完全取决于你所看到的，而不是基于你先前看到或做了什么，或者已移动了多少次。当你成功时，会有人通知你。你能否设计一种算法，无论初始状态如何，都可以在一个确定的步数之内达成目标？

解答：既然没有那么多事情是你可以做的，那么随便试试某个规则集看看是否有效，这还是挺诱人的。实际上，满足上述约束条件的不同算法数量是惊人的——超过 10^{18}。所以需要进行一些推理。但是设计一个能取得进展、能避免陷入循环、又不会在即将成功时表现愚蠢的算法是棘手的。

例如，如果你看到"2, A, –"或"2, –, A"，则看起来很明显应该把 A 放在 2 上来试图获胜。那样，如果你看到三张牌，最左边是 3，你把 2 放在 3 上，用两步可以获胜。到目前为止事情很顺利。

假设 2 暴露在左边而没有其他牌被看到；那么我们不妨将 2 移到中间。再来想一下，如果你看到"3, 2, –"，很可能将 2 放在 3 上。但是如果 A 藏在 3 底下，你将陷入循环，永远卡在"2, –, –"和"3, 2, –"之间。因此，你需要在"3, 2, –"时把 2 移到右边。但是你不能在"3, –, 2"时把 2 放在 3 上，否则会陷入一个 3 阶循环。所以你必须从那个位置移动 3。该死！

我们慢慢看到，应该通过向一个方向（比如向右）移牌填洞来避免循环。所以让我们说好，当只看到两张牌时，我们将一张牌向右移动（如果有必要，右边绕回到左边）到一个空位；唯一的例外是"2，A，–"和"2，–，A"，这时我们把 A 放在 2 上以试图获胜。

将卡片向右移动最多在两步之内会将牌摊开，从而我们可以看到所有牌。当只看到一叠牌时，将最上面的牌送到左边，然后也会在两步内摊开所有牌。最后只需要决定在我们看到三张牌并且 3 不在左边的时候怎么做。显然，我们不能把一张牌往左移一位；它会立刻在下一步回来。所以我们向右移动一张牌；哪张呢？不管我们盖住哪张牌，两步之后它将重新露出，而另外两张牌交换了位置。

讨论至此，现在可以描述几个成功的算法。以下是其中一个算法的规则，按优先级排列：

1. 看到"2，A，–"时，将 A 放在 2 上；

2. 否则，当看到两张牌时，向右移动一张牌（有必要的话从右边绕到左边）到空的位置；

3. 只看到一张牌时，把那张牌移到左边；

4. 看到三张牌时，将 2 向右移动。

同样的算法适用于任意数量（编号为 1 到 n）的牌。在最坏或随机的情况下，它需要平方量级的时间，即大约是 n^2 步的常数倍。一个计算机科学家会总结说，只需使用三个 LIFO（后进先出的）堆栈并且不用内存就可以对一个列表进行排序。

这里有另一种较慢的算法，但作为补偿它有一个很好的性质：

1. 看到一张牌时，将它向右移动一位。

2. 看到两张牌时：

(a) 如果左边是空的，把中间的牌移到右边那堆；

(b) 如果中间是空的，把右边的牌移到左边那堆；

(c) 如果右边是空的，把左边的牌移到右边那堆。

3. 看到三张牌时，设这些数从左到右依次为 x、y 和 z。

(a) 如果 z 是最大或最小的，将 x 和 y 中的较小一张移到 z 之上；

(b) 如果 z 是中间的，将 x 和 y 中较大的一张移到 z 之上。

这个算法是立方量级的，如果开始时所有牌按照逆序堆在最左边，它需要 $(2/3)n^3 + (1/2)n^2 - (7/6)n$ 步。一旦开始，它的中间位置永远不会超过一张牌。因此，我们看到排序可以只用两个 LIFO 堆栈、一个寄存器、并且不用内存来完成！如果你能做得更好，请让我知道。

黄金七城

1539 年，Marcos de Niza 修士从现今亚利桑那州的所在地回到墨西哥，做了关于他发现"黄金七城"的著名报告。Coronado 不相信这位"骗子修士"，在随后的几次探险空手而归之后，Coronado 放弃了寻找。

据我的（不可靠的）消息来源声称，Coronado 不相信 de Niza 的原因是，后者声称这些城市在沙漠中的布局方式，使得在任何三个城市中，至少有一对的距离恰好是 100 浪。

Coronado 的顾问告诉他，这种布局的点不存在。他们的观点正确吗？

解答：把我们自己放在 Coronado 的顾问的位置上，我们需要决定是否能在平面上放七个点，其中任三点都至少有两个相距为一个指定的距离。

我们能怎么试？我们想要的是画在平面上的一个七个顶点的图，其每条边都是一条单位长的线段（这里单位长度为 100 浪 = $12\frac{1}{2}$ 英里），并具有下面的性质：每三个顶点包含一条边。

如果只有三个顶点，我们当然可以放置它们形成一个边长为 1 的正三角形，这时我们得到更多：每对顶点之间都有边。事实上，两个等边三角形（记为 *ABC* 和 *DEF*），无论它们的相对位置如何，都会为我们提供六个顶点的解。为什么？因为任何三个顶点中都会有两个属于同一个三角形，它们之间有我们要的边。

所以让我们看看是否可以在我们的两个三角形之外添加第七个顶点 *G*。那样我们只需要担心包含 *G* 的三元顶点集。

我们不能将 *G* 同时连接到某个正三角形的三个顶点，但我们可以作共享

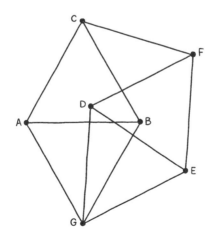

G 的菱形 $AGBC$ 和 $DGEF$，这样 G 连接到每个三角形的两个顶点（第一个三角形中的 A 和 B，以及第二个三角形中的 D 和 E）。这样只剩下一组不含边的三元顶点集：集合 $\{G, C, F\}$。小事一桩：我们只需将铰接在 G 处的两个菱形调整角度，使它们的远端相距单位距离。完毕！上图是它的样子.

上图被称为"Moser 纺锤"，它是唯一具有所需性质的图。

定理. 假设平面中的七个不同的点具有这样的性质：在其中任意三个点里，存在两个相距恰好一个单位距离。则以这七个点为顶点、相距一个单位距离的点对连边所得的图是 Moser 纺锤。

证明：为了证明定理，我们再次需要做得有条理。假设图 H 满足所需性质，并逐渐深入刻画它，直到我们可以证明它实际上就是 Moser 纺锤。

第一步：我们观察到，对于任何顶点 v，非 v 并且不与 v 相邻的顶点必须构成一个"团"，即它们必须两两相连。为什么？因为如果有两个（设为 x 和 y）不相连，那么集合 $\{v, x, y\}$ 将违反条件。但是四个顶点不可能用单位线段两两相连，所以非 v 且不与 v 相邻的顶点数最多为三；因此 v，也就是 H 的每个顶点，至少有三个邻居。

第二步：没有一个顶点可以有多达五个邻居。理由：假设顶点 u 有五个邻居，它们都在以 u 为圆心的单位圆上；它们之间的连接不可能好于一个长为四条边的路径。这样的路径有三个顶点，其中任两个不相邻，这是不允许的。

第三步：我们现在知道每个顶点都有三个或四个邻居，但它们不可能都只有三个邻居——因为那样的话，H 的顶点的度数之和将是 $3 \times 7 = 21$，这是一个奇数，而每条边对该总和贡献为 2。因此，至少有一个顶点，设为 w，有四个邻居。

第四步：w 的邻居之间是怎样连接的？至少需要两对，设为 p 和 q，r 和 s，否则就会有三个点之间没有边。剩下的两个顶点（称为 x 和 y）必须相邻，否则 $\{w, x, y\}$ 将是一个坏集合。x 和 y 都不能与 p、q、r 和 s 中的三个相邻，因为这样的点不能有两个，而 w 已经是一个了。

总结：在 p、q、r 和 s 中，不和 x 相邻的那些顶点必须形成一个团，否则我们会有另一个坏集合；对于 y 也一样。只有当 x 和 y 中的一个恰好与 p 和 q 相邻，而另一个与 r 和 s 相邻时，这才是可能的。

而这就是 Moser 图！♡

第12章　鸽巢原理

鸽巢原理所描述的无非就是这样一个显然的事实，如果 n 只鸽子被安排在 m 个洞里住宿，并且 $n > m$，那么必定有一个洞里会有多于一只鸽子。然而这一原理有着广泛的应用，在证明一些令人惊叹的结论和一些重要的数学真理时起了重要的作用。

首先，来一个热身。

鞋子、袜子和手套

你需要收拾行李，准备赶飞往冰岛的午夜航班，但这时候断电了。你的衣橱中有六双鞋、六只黑色袜子、六只灰色袜子、六双棕色手套和六双褐色手套。不幸的是，房间太暗了，没办法找到配对的鞋子或看清任何颜色。

你需要在这些物品中每一样拿几件才能确保带走一双匹配的鞋子、两只相同颜色的袜子以及一双匹配的手套？

解答：对付这种谜题最简单的方法是弄清楚在不能满足要求的情况下你会得到的最大物品数，然后再加 1。这样你在间接地引用鸽巢原理。

对于鞋子来说，你可以在每一双里选一只，总共六只；所以你需要七只来确保得到一双。

对于袜子，一只黑的和一只灰的不满足条件，但第三只会使你得到一双。

手套是另一种情况：你需要一只左手的和一只右手的，所以最糟糕的情况是六只全都是左手或全都是右手的棕色手套，和六只也全都是左手或全都是右手的褐色手套。所以十三只手套是需要的，尽管你会认为自己非常不走运，如果你拿了十二只仍然没有看到一对！

同样的想法可以很容易被运用到一些扑克的计算中。一副标准的 52 张纸牌包含每种花色的 13 张牌，在每种花色中，有一个 A，一个 2, 3, 4，等等，一直到 9, 10, J, Q, K。所以每种大小的牌有 4 张。

一手扑克有 5 张牌。两张大小一样的牌称为一对，3 张构成三联。5 张相同花色的牌构成同花；5 张连续的牌（包括 5432A 以及 AKQJ10）组成顺子。

你需要持有多少张牌才能保证有一对——也就是说，要保证在你的牌中有一手 5 张牌含有相同等级的两张？很简单：最差的持牌量（对于这个问题！）是 13 张牌，每种大小都有一张，因此答案是 14 张（但是注意，12 张牌足以保证有一对或更强）。

如果你寻求的是三联，最差的持有量是每个等级的两张牌，所以你需要 $2 \times 13 + 1 = 27$ 来确保。对于同花，每种花色中的 4 张会使你陷入困境，所以你只需要 17 张牌。顺子是最棘手的。你必须有一张 5 或 10 才能组成顺子，所以你可以持有 $52 - 2 \times 4 = 44$ 张牌而不组成顺子，因此需要惊人的 45 张牌来确保。请注意与之对比的是，当发了 5 张牌时，得到三联、同花或顺子的概率。同花是最难的，而且在扑克中确实胜过顺子和三联，尽管它需要最少的牌来保证。

对于下一个谜题，需要有一些初等的机智。

多面体的面

证明：任何凸多面体都有两个具有相同边数的面。

解答：关键是挑选具有最大边数的面，设它有 E 条边。由于它至少有 E 个相邻的面，所以多面体的面数至少是 $E + 1$。但是每个面的边数只在 3 到 E 之间，只有 $E - 2$ 个不同的数，所以必有两个具有相同的边数。(事实上，由于我们在这里有一些富余，你可以推断出要么有三对边数相同的面，要么有一组三个和一对，或者有四个边数相同的面。)

有时，你必须四处寻找合适的对象来用作你的鸽巢，就像下面这个几何的例子。

穿过网格的直线

如果你想要用一些直线覆盖一个 10×10 正方形格点阵列的所有顶点，但不能有任何一条线平行于正方形的边，至少需要多少条线？

解答：你的第一个想法可能是用 19 条西北到东南的 $45°$ 对角线，但你马上就会发现，两条极端处的对角线可以用一条过西南角和东北角的西南-东北对角线代替，如下图所示。这样就把数量减少到了 18 条；你能做得更好吗？

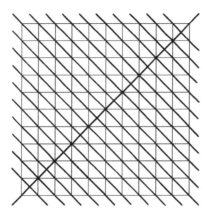

不行，因为网格的边界上有 36 个顶点，任何非竖直、非水平的直线都不能覆盖其中的两个以上。

现在让我们来看看关于数的一个奇怪的、反直觉的事实。

相同总和的子集

Amy 要求 Brad 从 1 到 100 之间选 10 个不同的整数，然后秘密地把它们写在一张纸上。现在，Amy 跟 Brad 说，她愿意用 100 美元对 1 美元赌他的数中有两个总和相等的不相交非空子集！她疯了吗？

解答：当然，答案是，Amy 是完全理智的，事实上，这个赌局不仅仅是对她有利，而是她必定能赢。你怎么能证明这一点呢？

Brad 所能挑选的不具有所需性质的极大集合是大小不定的，所以"鞋-袜子-手套"的手段是行不通的。但是，每当你被要求证明有两个对象共享一个属性时，你可以尝试证明对象的数量比属性要多；然后，通过鸽巢原理，证明就完成了。

在这里，Brad 的 10 个数组成的集合的非空子集的个数是 $2^{10} - 1 = 1023$。可能的总和范围只有 1 到 $100 + 99 + \cdots + 91 < 1000$，所以总和确实比子集少；根据鸽巢原则，一定有不同的两个子集的总和相同。

但是等等，问题要求的是不相交的子集。这是个烟幕弹。在两个总和相等的集合中扔掉共同元素，得到的是总和相等的不相交集合。♡

下一个问题看起来是几何的，但实际上是数论的；第一眼看上去鸽巢原理在这里有什么作用也不明显。

格点和线段

在三维空间中，你可以取多少个格点（即有整数坐标的点），使得连接其中任何两个的线段上没有其他格点？

解答：这里要解决的第一个问题是：什么时候对于两个格点，比如 (a, b, c) 和 (d, e, f)，在连接它们的线段上有另一个格点？稍微思考一下就会知道，当 $a - d$、$b - e$ 和 $c - f$ 有一个共同的约数时，这种情况就会发生。最"容易"拥有的共同约数是 2，这会发生在当 $a - d \equiv b - e \equiv c - f \equiv 0$ 模 2 时，也就是说，如果这两个向量在各坐标上有相同的奇偶性。当这种情况发生时，两个向量的中点就是一个格点。

但是只有 $2^3 = 8$ 种奇偶性组合，所以由鸽巢原理，我们的集合中不能有九个点。我们可以有八个点吗？可以，取一个单位立方体的八个角。

这里是另一个关于数的问题。

加法、乘法和编组

42 个正整数（不必是不同的）写成一排。证明：你可以在它们之间放上加号、乘号和括号，以使所得表达式的值能被一百万整除。

解答：这道谜题具有鸽巢原理的风味，而且鸽巢原理在这里确实很有用，但是也许不是你所期望的那样。由于一百万是 $2^6 \cdot 5^6$，而 $42 = 6 \cdot 2 + 6 \cdot 5$，那么一个合乎逻辑的想法是将这些数分成六个大小为 2 的连续组和六个大小为 5 的连续组，并在组与组之间加上乘号；然后只需要"说服"每个大小为 2 的组代表一个偶数，而每个大小为 5 的组代表一个 5 的倍数。

大小为 2 的组很容易处理：如果一个组内的两个数都是偶数或都是奇数，就把它们相加；否则就把它们相乘。

大小为 5 的组只稍微麻烦一点。如果我们能从 5 个数中得到一串连续的数，并且其总和是 5 的倍数，任务就完成了；我们可以将那些数相加，然后将总和乘以其余的数。

在这里需要鸽巢了。令这些数为 $n_1, \ldots, n_5$，并查看部分和 $s_1, \ldots, s_5$，其中 $s_i = n_1 + \cdots + n_i$。令 r_i 为 s_i 模 5，也就是 s_i 除以 5 得到的余数。如果任何一个

r_i 是 0，我们就用 $n_1, \dots, n_i$ 这一串；否则，这 5 个 s_i 都在集合 $\{1, 2, 3, 4\}$ 中。这样有相等的两个，设为 r_i 和 r_j，其中 $i < j$。于是 $s_j - s_i = n_{i+1} + n_{i+2} + \cdots + n_j$ 是 5 的倍数，我们的证明完成了。♡

注意，在这个论证中把 5 换成任意的 n 都可以。我们事实上证明了一个很好的引理，即每一串 n 个数都有一个非空的子串，其总和为 n 的倍数。

按高度排队

洋基队主教练 Casey Stengel 曾有一次叫球员们"按身高字母顺序排成一队"。假设有 26 位球员（其中没有两个球员身高完全相同）按姓氏的字母顺序排成一队。证明至少有 6 位球员也符合身高顺序（最高到最矮，或者最矮到最高）。

解答：让我们试一些小的数来看看会发生什么。显然，两个球员就足以保证他们同时也按高度排好了顺序。三位或四位球员不会让你得到更多。例如，他们的身高可能依次分别是 $73''$、$75''$、$70''$ 和 $72''$。但是五个球员会让你得到其中三个按身高排序；当你按姓氏顺序到达第五个球员（比如叫他 Rizzuto）时，之前有一个球员（叫他 Berra）在其前方同时有一个更高和一个更矮的球员。那么，无论 Rizzuto 比 Berra 高还是矮，都会有一个长度为 3 的按身高排序的子序列以他结束。

这个推理使我们想到用一种"动态规划"的方法来解决 26 人的问题。给每个球员两个数，一个"向上"数和一个"向下"数。向上数记录的是以该球员结尾的最长的身高递增子序列的长度，向下数的定义与之类似。例如，在上面的高度序列 $73''$, $75''$, $70''$, $72''$ 中，上–下数对是 $(1, 1)$，$(2, 1)$，$(1, 2)$ 和 $(2, 2)$。

注意，这些都是不同的——必定如此！例如，Rizzuto 和 Berra 不能有相同的数对，因为如果按姓氏顺序排在后面的球员（Rizzuto）比较高，他的向上数会更大，如果他比较矮，他的向下数会更大。

现在我们知道为什么五个球员能保证有三个的子序列身高也符合顺序了。只有四种不同的上–下对可以由小于 3 的数组成。同样地，如果在 26 名球员的序列中没有长度为 6 的按身高排列的子序列，所有的上–下对都必须由 1 到 5 的数字组成，而这样的数对只有 25 个。根据鸽巢原理，一定有一个球员的向上数或向下数是 6。

关键的关系是，如果想要的子序列的长度是 $k + 1$，你需要球员数大于 k^2。更一般地说，如果球员的数量至少是 $jk + 1$，你就能保证有一个长度为 $j + 1$

的身高递增的子序列或者一个长度为 $k+1$ 的身高递减子序列。论证是一样的：如果你没有这样的子序列，上–下对的数量将被限制在 jk，而由于这些数对都是不同的，你会得到一个鸽巢矛盾。

事实上，最后这个命题被称为 Erdős-Szekeres 定理，并可以（用几乎相同的鸽巢原理的证明）进一步拓广到一个关于——对于那些知道这是什么的读者——偏序集的高度和宽度的命题。Erdős-Szekeres 定理是"紧"的，因为如果只有 jk 个球员，你可能确实仅有长度为 j 的身高递增子序列和长度为 k 的身高递减子序列。一个例子。比如说，$j=4$，$k=3$，高度（以英寸为单位）可能是 76, 77, 78, 79, 72, 73, 74, 75, 68, 69, 70, 71。

这里有一个相关的问题，我们可以使用类似的想法。

升序和降序

给定正整数 n，如果一个从 1 到 n 的排列没有长度为 10 的递降子序列，则称它为"好的"排列。证明：最多有 81^n 个好的排列。

解答：令 $x_1, \ldots, x_n$ 是一个好的排列，令 d_i 是最长的以 x_i 结尾的递降子序列的长度。那么 d_i 是一个介于 1 到 9 之间的数，我们称之为位置 i 的"颜色"，也是数 x_i 的颜色。事实上，d_i 是上一个谜题的解法中的"向下数"。

d_i 是某个特定颜色（比如说 7 号颜色）的那些数 x_i 构成一个递增的子序列。假设我们知道哪些位置颜色为 7 以及哪些数颜色为 7。那么我们就可以将这些数填入这些位置，因为我们知道它们是按递增顺序排列的。

例如，如果排列的开始是 42, 68, 35, 50，那么得到颜色 1 的有位置 1 和 2，以及数 42 和 68。得知 $d_1 = d_2 = 1$ 和得到颜色 1 的数的集合后，我们可以推出 $x_1 = 42$ 和 $x_2 = 68$，因为前两个位置的颜色是 1，得到第一个颜色的最小的两数是 42 和 68。

现在，由于最多可以有 9^n 种方法给位置分配颜色，以及 9^n 种方法给数分配颜色，我们（再次使用鸽巢原理）有最多 $(9^n)^2 = 81^n$ 个不同的列表。

请注意，这个 81^n 的界，尽管大到了指数级别，在 1 到 n 的所有 $n!$ 种排列方法中只占微小的比例。

有时候，即使一道谜题只要求一件东西，而不是两件类似的东西，鸽巢原理也可以派上用场。诀窍是用减法将两个类似的对象变成一个有用的对象。

0 和 1

证明：每个正整数都有一个非零倍数，其十进制表示只包含 0 和 1。更巧的是，如果你的电话号码以 1、3、7 或 9 结尾，它会有一个倍数，其十进制表示中全都是 1！

解答：有无限多的数的十进制表示只包含 1 和 0 ——或者说，只包含 1。所以其中理应有一些 n 的倍数，除非某种原因使它们都不行。但我们如何证明这一点呢？

也许我们可以利用这样一个事实：如果我们将两个对 n 同余的数相减，那么得到的结果将是 n 的倍数。当你除以 n 时，只有 n 个不同的余数，所以鸽巢原理告诉我们，$n+1$ 个数足以保证有两个数的余数相同。

现在我们只需要找到 $n+1$ 个具有以下性质的数：其中任何两个的差只包含数字 0 和 1。这并不难：取形如 $111 \cdots 111$ 的数，其中数字的个数从 1 到 $n+1$。形式化地，这些数是 $(10^k-1)/9$，$1 \leqslant k \leqslant n+1$。(实际上我们只需要 n 个，因为如果它们对 n 的余数都不同，其中已经有一个余数是 0，我们可以直接用它。)

总之，我们找到了两个不同的仅由数字 1 构成的数，它们除以 n 时有相同的余数；将大的那个减去小的那个，得到的数形式为 $111 \cdots 111000 \cdots 000$。

这意味着我们实际上证明了一个比所求更强的命题，即任何 n 都有一个形如 $111 \cdots 111000 \cdots 000$ 的倍数。但是，正如经常发生的那样，要求更多的东西会使问题更容易解决。我们将在下一道谜题中看到这种现象的一个更极端的例子。

等等，你的电话号码呢？我们现在知道它有一个倍数形如 $N = 111 \cdots 111000 \cdots 000$，其结尾是，比如，$k$ 个 0。但如果你的号码以 1、3、7 或 9 结尾，它就不是 5 或 2 的倍数。由此，$N/(5 \cdot 2)^k$ 只包含 1，并仍然是你的电话号码的倍数。

鸽巢看起来在下一个谜题中无能为力。需要一些真正的洞察力才能看到它最终是如何工作的。

同和骰子

你掷一组 n 个红色的 n 面骰子和一组 n 个黑色的 n 面骰子。每个骰子的各面都用 1 到 n 标号。证明：总是会有一个红色骰子的非空子集和一个黑色骰子的非空子集，它们朝上的面标号总和相同。

解答：这看似是一个理想的鸽巢原理的应用：有非常多的非空子集（每个颜色有 $2^n - 1$ 个），而总和只能在 1 到 n^2 之间。但是，如果有两个红色子集的总和相同，而两个黑色子集都有另一个总和，那就没有什么用处。

仔细想想，比如说，红色骰子里可能有很少的不同子集和；例如，它们可能都显示相同的点数，设为 j。同时所有黑色骰子可能都给我们看到另一个数 k。这并没有给我们提供一个反例，因为那样的话，k 个红色骰子之和以及 j 个黑色骰子之和都是 jk，但是这种巧合似乎是鸽巢原理难以邀功请赏的。

尽管如此，用一个类似于 0 和 1 谜题中的减法的技巧，鸽巢原理帮上了大忙。这个想法是这样的：假设红色骰子的子集 R 和黑色骰子的子集 B 不符合条件，原因是 R 中的骰子之和比 B 中的骰子之和大某个非零数 d。让我们往 R 中添加一些红色骰子得到一个较大的集合 R^+，同样地往 B 中添加一些黑色骰子得到 B^+。现在我们检查 R^+ 和 B^+ 的总和，它们仍然不一样，但假设差异与之前相同：R^+ 中的骰子之和比 B^+ 中的多了恰好 d。那么我们就成功了，因为我们加到 R 中的骰子与加到 B 中的骰子的总和一定是相同的。

为了让这个想法奏效，我们把每组骰子各按某种固定的从左到右的顺序排列。令人惊讶的是，我们选择什么样的顺序完全无关紧要。令 r_i 为从左到右前 i 个红色骰子的总和，同样令 b_j 是最左边 j 个黑色骰子的总和。我们声称，存在着总和相同的红色骰子和黑色骰子的连续子集。

一个子集是"连续的"，如果它是排列好的骰子的一个子串。例如，所有从第三个到第七个的红色骰子。每种颜色有 $\binom{n+1}{2} = n(n+1)/2$ 个这样的子集，因为我们可以从骰子之间的间隔或两端这 $n+1$ 个位置中选择两个来放下超市那种隔板，从而得到一个连续子集。很难相信，我们能以这种看似随意的方式，将自己限制在每种颜色的指数级数量的子集中的区区这几个，还能获得成功——无论骰子被掷出的结果如何，并且无论我们如何排列它们，这真的能行得通吗？

我们可以假设 $r_n < b_n$；如果它们相等，我们已经成功了，如果不等号反向，我们就调换两种颜色的角色。让我们对每个 i 找到 j 使得 b_j 最接近而又

不超过 r_i。更正式地说，令

$$j(i) = \max\{j : b_j \leqslant r_i\},$$

并约定 $b_0 = 0$，因此，如果红色序列开始的数比黑色序列的小，那么 $j(i)$ 对某些小的 i 来说可能是 0。

现在让我们来看看差异 $r_i - b_{j(i)}$。根据 $j(i)$ 的定义，所有的差异都非负；此外，所有的差异都小于 n，因为如果 $r_i - b_{j(i)}$ 大于或等于 n，我们就可以扔进下一个黑色骰子并不超过 r_i。（由于 $r_n < b_n$，总会有下一个黑色骰子。）

如果任何一个差异 $r_i - b_{j(i)}$ 是 0，我们就成功了，所以我们可以假设所有的差异都在数 $1, 2, \cdots, n - 1$ 中。有 n 个这样的差异，每个 i 都有一个，所以必定有两个是相等的；也就是说，有两个不同的下标 $i < i'$ 使得

$$r_{i'} - b_{j(i')} = r_i - b_{j(i)}.$$

现在我们玩减法的游戏，得到结论：从第 $i + 1$ 个到第 i' 个红色骰子与从第 $j(i) + 1$ 个到第 $j(i')$ 个黑色骰子加起来的值必须相同。成功了！

和前面这些问题比起来，我们的最后一个谜题不太像一个鸽巢原理的问题。但是现在你已经看到了减法技巧，就不会被骗过了。尽管如此，这问题并不容易。

零和向量

在一张纸上，你（出于某种原因）构建了一个数组，它的行包括了所有 2^n 个坐标在 $\{+1, -1\}^n$ 中的 n 维向量——即所有长度为 n 的 $+1$ 和 -1 的串。

注意，这些行中有很多总和为零向量的非空子集，例如任何向量和它的相反向量，或者整个数组。

然而，你两岁的侄子拿到了这张纸，并把其中的某些数改成了零。

证明：无论你的侄子做了什么，你都可以在新数组中找到一个总和为零向量的非空子集。

解答：在同和骰子中使用的技巧表明，为了获得一组和为零的新行，我们可以尝试构建一个新行的序列，并使用鸽巢原理来证明其两个部分和相同；然后序列中这两个部分和之间的一段将加得零向量。

为了使之奏效，必须设计这个序列使其部分和属于某个小的集合。我们能把它设计得多小呢？你相信我们可以迫使所有的部分和都是 $\{0, 1\}$-向

量吗?

我们当然可以用一个 {0,1}-向量来开始列表: 我们就用曾经是 $u = \langle 1, 1, 1, \ldots, 1 \rangle$ 的那行 u'。如果令侄把 u 的坐标都改成了 0,我们就完成了。否则,u' 中会有一些 1,我们需要在我们的序列中选择下一行 v',使 $u' + v'$ 的坐标都在 {0,1} 里。但我们可以通过选择 v 为那个在 u' 有 1 的地方都是 -1,而在 u' 是 0 的地方都是 $+1$ 的向量来实现这点。那么无论 v 被你的侄子改成什么样子,$u' + v'$ 都会有所需的性质。

我们如下继续这个过程。在 t 时刻,有 t 个被改变的行被纳入我们的序列,所有的部分和,包括所有 t 行的和 x,都是 {0,1}-向量。令 z 成为原来在 x 有 1 的地方是 -1,在 x 有 0 的地方是 $+1$ 的那行; 将 z 改变后得到的行 z' 加入序列。

由于长度为 n 的 {0,1}-向量只有有限个,我们最终会遇到两次相同的和; 让我们在第一次出现这种情况时停止。(我们认为第 0 个部分和是零向量,所以发生这种情况的一种方式是零向量作为一个部分和再次出现。) 称这些向量为 $w_1, w_2, \ldots$,所以我们的关键时刻是最小的 k,使得 $w_1 + w_2 + \cdots + w_j = x = w_1 + w_2 + \cdots + w_k$,其中 $0 \leqslant j < k$。

那样 $w_{j+1} + w_{j+2} + \cdots + w_k$ 就是零向量,我们就成功了。注意,非常重要的是我们没有多次使用任何改变过的向量; 理由是,由于到时间 k 为止所有的部分和是不同的,所有那些改变后被我们加入序列的原始向量 z 都是不同的。

下面是鸽巢原理在数学分析中的一个更严肃的应用。假设我们固定一个实数 r 并记 $\{nr\}$ 为 nr 的分数部分,也就是半开区间 $[0, 1)$ 中唯一可以表示为 nr 减去某个整数的那个数。

如果 r 是一个最简分数 (比如 a/b),那么 $\{r\}, \{2r\}, \{3r\}, \ldots$ 这些值将在 $[0, 1)$ 中的 $1/b$ 的倍数中循环。如果 r 是无理数呢? 那么 $\{nr\}$ 就不会重复,而我们自然地猜想,它们实际上在单位区间内是稠密的; 换句话说,对于任何 $\epsilon > 0$ 和任何实数 $x \in [0, 1)$,有某个正整数 n 使得 $|\{nr\} - x| < \epsilon$。

定理. 对于任何一个无理数 r,如果 $\{nr\}$ 是 nr 的分数部分,那么 $\{r\}$, $\{2r\}, \{3r\}, \ldots$ 这些数在单位区间内是稠密的。

证明: 固定某个无理数 r。当然,对于任何正整数 n,$\{nr\}$ 都不会是零,但是我们可以借用上面 0 和 1 谜题的一个想法来说明,可以选择 n 使得 nr 离一个整数任意近。

令 $1 \leqslant i < j$。如果 $\{ir\} < \{jr\}$，那么 $\{(j-i)r\} = \{jr\} - \{ir\}$；如果 $\{ir\} > \{jr\}$，那么 $\{(j-i)r\} = 1 - (\{ir\} - \{jr\})$。取任何 $\epsilon > 0$，并让 m 是一个大于 $1/\epsilon$ 的整数。将单位区间划分为 m 个相等的区间；由鸽巢原理，其中某个小区间（每个长度 $< \epsilon$）包含 $\{r\}, \{2r\}, \dots, \{(m+1)r\}$ 中的两个。设这两个值为 $\{ir\}$ 和 $\{jr\}$，其中 $i < j$；那么如果 $k = j - i$，我们得出结论，$\{kr\} < \epsilon$ 或者 $1 - \{kr\} < \epsilon$。

假设前一个不等式成立，即 $\{kr\} < \epsilon$。给定任意实数 $x \in [0,1]$，设 p 是使得 $p\{kr\} < x$ 成立的最大整数。那么 $\{pkr\} = p\{kr\} < x \leqslant (p+1)\{kr\}$，但不等式两边相差 $\{kr\}$，小于 ϵ，所以特别地 $|x - \{pkr\}| < \epsilon$，我们得到所需的逼近。

如果 $1 - \{kr\} < \epsilon$，我们取 p 为使 $p(1 - \{kr\}) < 1 - x$ 成立的最大整数，类似可证 $|x - \{pkr\}| < \epsilon$。♡

第 13 章　请提供信息

本章的根基很简单：如果你想区分 n 种可能性，你必须做一些能导致至少 n 种不同的可能结果的事情。常见于谜题中的一个应用是天平问题。

天平的每一次称量最多可以产生三种结果：向左倾斜（L），向右倾斜（R），或者平衡（B）。如果你被允许进行两次称量，你会得到 $3 \times 3 = 9$ 种可能的结果：LL、LR、LB、RL、RR、RB、BL、BR 和 BB。类似地，如果进行 w 次称量，你可以有多达 3^w 种结果，但不会更多。

因此，如果一道谜题给了你一堆要测试的对象，有 k 种可能的答案，并允许在天平上进行 w 次称量，那么首先要问自己是否有 $k \leqslant 3^w$。如果不是，那这个任务是不可能的（或者你漏掉了一些措辞上的把戏）。如果你有 $k \leqslant 3^w$，任务可行或不可行都有可能，你可以用上面的想法来帮助你构建一个方案或者证明不可行性。

这里有一个经典的例子。

寻找伪币

你有一个天平和 12 枚硬币，其中 11 枚是重量相同的真币；但有一枚是伪币，比其他的更轻或者更重。你能使用天平三次，确定哪一枚是伪币，并且判断出它比真币重还是轻吗？

解答：可能的结果有 24 种，小于 $3^3 = 27$，所以这个任务可能是可行的，但需要做得相当有效率——换句话说，大多数称量需要有所有三种可能的结果。我们肯定想以 k 枚硬币对另 k 枚硬币开始，其中 $k \leqslant 6$。如果第一次称量结果是平衡的，就会留下 $12 - 2k$ 枚可疑的硬币，那样需要能在两次称量中对付那么多硬币。两次称重最多可能有 9 个结果，所以我们不能在第一次称量后留下超过 4 枚硬币；因此 k 至少是 4。事实上，k 不能超过 4，因为那样的话，"向左倾斜"会包含 $10 > 3^2$ 种可能结果。所以我们已经得出了一个确定的结论：如果任务能够完成，那么在第一次称量放上 4 枚硬币对 4 枚硬币（设为硬币 ABCD 对 EFGH）一定是正确的。

假设它们平衡了。那时诱人的想法是从剩下的硬币中放上 1 对 1 或 2 对 2，但这两种做法在信息论上都是有缺陷的：如果 1 对 1 结果平衡，就会剩下四种（所以，多于三种）可能性；如果 2 对 2 结果倾斜，也会有四种可能性。无论哪种方式，再进行一次称量都是不够的。因此，我们必须在第二次称量时使用已知的真币 A 到 H，最简单的做法是取其中的三枚硬币对可疑硬币中的三枚（例如，IJK）。如果它们平衡了，硬币 L 就是假的，我们可以用它和 A 相比来确定它是轻还是重。如果 IJK 是轻的或重的，就再测试一次 I 对 J。

如果最初的 4 对 4 称量向左倾斜，因此或者 ABCD 之一是重的，或者 EFGH 之一是轻的，那就用（比如）ABE 对 CDF。如果它们平衡了，那么问题就出在一枚轻的 G 或轻的 H，你可以用真币 L 来测试其中任何一枚。如果它们向左倾斜，你剩下的可能性是 A 重、B 重或 F 轻，你可以放上 A 和 F 来比对两枚真币，例如 K 和 L，从而确定答案；如果 CDF 比 ABE 重，解决办法也类似。

现在假设给你同样的问题，但有 13 枚硬币。现在有 26 个可能的结果，仍然没有超过 27，但我们之前的推理已经可以表明，尽管如此，三次称量是不够的。为什么呢？因为我们看到，在第一次称量中，5 对 5 是不行的，而 4 对 4 呢，当它们平衡时，留下 5 枚硬币没有被测试——这太多了。

路口的三个土著

一位逻辑学家正在南海游历。正如谜题中的逻辑学家们通常会碰到的情况，她来到了一个岔路口，想知道面前的两条道路中哪一条通往村庄。这次出现的是三个爱搭话的土著，分别来自一个永远讲真话的部落，一个总是说谎的部落，和一个随机作答的部落。当然，逻辑学家不知道哪位来自哪个部落。此外，她只被允许问两个答案为 "是" 或 "否" 的问题，每个问题只能询问一个土著。她有办法获得所需的信息吗？如果她只能问一个答案为 "是" 或

"否" 的问题呢?

解答: 我们可以很容易地排除掉只问一个问题的情况。如果问题是向随机回答者提出的,那么逻辑学家就无法获得任何信息,因此永远无法保证能确定正确的道路。(如果你假设随机回答者在你提问之前会在心里抛一枚硬币来决定是撒谎还是说真话,这个论证会不适用;那样你可以通过一个精心选择的自指问题来获得信息,例如,"在其他两个人中,如果我挑选那个和你的回答真实性最不一致的人,问他 1 号路是否通往村庄,他会不会回答'是'?"。但我们这里假设随机回答者只是随机地回答"是"或"不是",而不管问题是什么,所以不会传出任何信息。)

同样地,如果逻辑学家在一个问题之后不知道正确的道路,而她的第二个问题是提向随机回答者的,她就有麻烦了。由此可见,在得到第一个答案之后,她必须能够确定出某个土著不是随机回答者。

如果她能做到这一点,她就走上正轨了,因为她可以使用一个传统的对付单个土著的询问作为她的第二个问题。例如"如果我问你 1 号路是否通往村庄,你会说'是'吗?"。

为了达到这个目的,她需要向土著 A 询问有关土著 B 或土著 C 的情况,然后用得到的回答在 B 和 C 之间做出选择。这里是一个可以用的问题:"B 比 C 更可能说实话吗?"。

奇怪的是,如果 A 说"是",她就选 C,如果他说"不是",她就选 B! 如果 A 是说真话的人,她接下来要询问更不可能说真话的那位朋友,即永远说谎的人。如果 A 是说谎者,她就会询问他的同伴中更诚实的那个,即说真话的人。

当然,如果 A 是随机回答者,她接下来询问的是 B 还是 C 并不重要。♡

如果在一个谜题中,信息看上去是不够的,我们可能需要找到额外的来源。

阁楼里的灯

阁楼上的一个老式白炽灯由楼下的三个开关之一控制,但究竟是哪一个呢? 你的任务是对开关进行一些操作,然后只跑一趟阁楼就确定出控制的开关。

解答: 这似乎是办不到的: 这里有三个可能的答案(关于三个开关中哪个控制灯泡),但是当你到了阁楼上,灯泡要么是亮的要么是暗的。所以可用信息只有一个二进制位,而我们需要一位"三进制信息"。

灯泡除了是开着还是关着,还有什么是可以被观察到的吗? 谜题的措辞里有一个提示。这是一个白炽灯泡，它的效率受限于它在发光的同时也放出很多热量的习惯。所以你可以摸摸灯泡，看看它是否是热的；这有帮助吗？

有。把开关 A 和 B 打开，等待 10 分钟左右，然后把开关 B 关掉。迅速走到阁楼上。如果灯泡是亮的，那控制开关就是 A；如果是暗的但有热度，控制开关就是 B；如果是暗的并且是凉的，控制开关就是 C。

你甚至可以对付四个开关。把 A 和 B 打开，等待 10 分钟，然后把 B 关掉，把 C 打开，然后跑上楼梯。灯泡的四种可能状态（开/暖，关/暖，开/冷，或关/冷）会告诉你所需的答案。

信息通常是以比特为单位来衡量的；k 比特给了你 2^k 种可能性。蓬勃发展的"通信复杂度"领域旨在确定两方或多方之间为了完成某些任务所需的最小通信比特数，这里是一个小小的例子。

比赛方和胜者

Tristan 和 Isolde 将面临通信极为受限的局面，届时 Tristan 将知道 16 支篮球队中的哪两支参加了比赛，而 Isolde 则将知道谁赢了。Tristan 和 Isolde 之间必须传递多少位信息才能使前者知道谁赢了？

解答：Tristan 和 Isolde 可以事先用二进制数 0000 到 1111 来标记这 16 支队伍（也许按字母顺序）。那样，到时候 Tristan 可以向 Isolde 发送 8 个比特：4 个比特对应一个队，4 个比特对应另一个队。如果获胜的是标号较小的队，Isolde 就可以发回一个 0，否则就发一个 1。这样是 9 个比特，我们可以把它减少到 8 个比特，注意到无序的队伍对数只有 $16 \times 15/2 = 120 < 2^7$，因此 Tristan 只需用 7 个比特就能编码对阵双方。

但一个简单、快速得多的解决方案是，只需 Isolde 直接向 Tristan 发送对应于获胜队伍的 4 个比特。显然，我们没办法做得比 4 个比特更好，是吗？

令人惊讶的是，我们可以！我们可以对四个位置（最左、第二左、第二右、最右）进行编码，比如说，分别用 00、01、10 和 11。两支比赛队伍的代码必须在这四个位置中至少有一个位置不同；Tristan 挑选这样一个位置，并将其编码（两个比特）发送给 Isolde。她现在只需要看一下获胜队那个位置上的比特值，把它发送给 Tristan。总共 3 个比特！

例如，假设比赛队伍是 0010 和 0110，获胜的是 0110。两队唯一不同的位置是第二左，代码是 01，所以 Tristan 把"01"给 Isolde。她检查获胜队的第二左位置——一个"1"——并将其发回给 Tristan。任务完成了。

不难说明 3 比特是不可超越的。请注意，在最有效的交流方案中，从学生传给老师的信息比反过来的多。我们由此可以认识到什么吗？

另一个例子，这里我们需要思考信息的问题，同时也需要机智。

另一张牌

Yola 和 Zela 想出了一个聪明的纸牌戏法。当 Yola 不在房间里时，观众会从一副桥牌中拿出五张交给 Zela。她看过后抽走一张，然后叫 Yola 进入房间。Yola 拿到剩下的四张牌，便可以正确猜出另一张牌是什么。

他们是怎么做到的？想明白后，计算出为成功表演这个戏法，他们使用的这副牌最多能有几张。

解答：让我们试着从信息论的角度来看待这个魔术。当 Zela 把剩下的四张牌交给 Yola 时，传递信息的明显方式（对这个魔术也是正确的方式）是以某种方式排列这些牌。有 4! = 24 种方法来排列四个对象，但这似乎还不够——缺少的那张牌有 48 种可能。当然，我们可以尝试偷偷加入另一些信息，例如，牌的正面是朝上还是朝下。

我们可以很容易地做那种事情；事实上，如果是由一位天真的观众来选择抽走哪一张牌的话，我们还真需要那样做。但决定哪张牌被抽走的是 Zela，这样可能性的数量能够被大大限制在 48 以下。

既然 Zela 可以选择那张牌，那么看待这个问题的正确信息论方法就是问，看到四张牌和它们的顺序是否足以推断出原来的五张牌。从一副桥牌中挑出五张的方法数是

$$\binom{52}{5} = \frac{52 \cdot 51 \cdot 50 \cdot 49 \cdot 48}{5 \cdot 4 \cdot 3 \cdot 2 \cdot 1} = 2598960,$$

而挑选四张_{有顺序}的牌的方法数是

$$52 \cdot 51 \cdot 50 \cdot 49 = 6497400.$$

所以，至少从信息论的角度来看，我们是有希望的。我们需要的是一个常人可实施的、从有序四张组的某个子集到所有无序五张组的一个一一映射，使得每个四张组都被包含在它所映射到的五张中。

那需要一些聪明才智；以下是魔术师 William Fitch Cheney 在 20 世纪 30 年代时所做的。由鸽巢原理，他注意到每五张牌中至少有两张是同花色的。其中一张会被移走，另一张则留在四张牌的最上面，所以 Yola 已经会知道被移走的牌的花色。四张牌中其余的三张可以有六种排列方式，Yola 将利用这些信息来确定缺失的那张牌的大小。

方法是这样的。Yola 和 Zela 约定一个所有牌的顺序，可以是 A，2，3，⋯⋯直到 10，J，Q，K，大小打平的时候用花色来决定（传统魔术师的花色顺序是梅花、红桃、黑桃、钻石，缩写为 "CHaSeD"）。根据上面的顺序，我们把这三张牌称为 A、B、C。如果它们按 ABC 的顺序递给 Yola，那编码就是 1；如果是 ACB，则为 2；BAC=3，BCA=4，CAB=5，CBA=6。

Yola 看最上面那张牌的大小，然后在上面加上她得到的编码号，需要的时候"绕回来"。例如，假设顶牌是黑桃 Q，其他三张牌的顺序是 CAB。由于 CAB 的编码是 5，而 Q 是 13 种大小中的第 12 位，Yola 将 12 加上 5：13=K，14=1=A，2，3，4。她得出结论，另一张牌是黑桃 4。

等等，假设另一张牌是黑桃 6；那么 Yola 就必须在 Q 上加 8，而没有 8 这个编码。不用担心：在这种情况下，Zela 要拿掉的不是黑桃 Q，而是黑桃 6；加上 6 就能从 6 变成 Q。换句话说，给定两张相同花色的牌，我们总是可以挑出一张，使得你可以通过添加 1 到 6 的数字来到达另一张。♡

是的，Yola 和 Zela 需要进行不少练习。

其实这个牌戏有相当大的"空间"。从信息论来说，对任何满足 $\binom{n}{5} \leqslant 4!\binom{n}{4}$ 的 n，一副 n 张不同的牌都可以玩这个魔术，这直到 $n = 124$ 都是正确的。事实上，你真的可以用一副大小为 124 的牌来玩，但我们会把它留给读者您来探索。

信息的价值是什么？我们可以用以下方式来量化它：用你在拥有信息的情况下的期望值减去没有信息时的期望值。由于你不必要根据信息采取行动，这个数量永远不会是负数。反之，如果信息不能或不应该改变你的行动，那么它就没有价值。

偷看的优势

你对一副充分洗好的牌下注 100 美元，赌顶上那张的颜色。你可以选择颜色；如果正确，你赢 100 美元，否则你输 100 美元。

偷看这副牌最底下那张会对你有多大帮助？偷看最底下的两张呢？

解答：如果没有偷看，这个赌注是公平的，即你的期望收益是 0 美元。如果你偷看到底部是一张红牌，你当然会押黑色，并且以 26/51 的概率押对；那样你的期望将是

$$\frac{26}{51} \cdot 100 + \frac{25}{51} \cdot (-100) \sim 1.96.$$

由于在假设底部的牌是黑色时计算相同，所以这个信息的价值是 1.96 美元。

我们可以对偷看两张牌做类似的计算，但为什么要这么麻烦呢？第二次偷看是没有价值的！假设底部的牌是红色的。如果底下第二张也是红的，那么你当然还是赌顶牌是黑的。如果底下第二张是黑的，那么你就回到了一个公平的游戏，所以你不妨继续你的计划，还是赌黑。由于第二次偷看没有能力改变你的策略，它对你的额外价值恰好是 0。

同样的推理在下一个谜题中也很有用。

偏差测试

你面前有两枚硬币；一枚是公平的硬币，另一枚更偏向正面。你试图区分它们，为此你可以掷两次硬币。你应该将每个硬币掷一次，还是把其中一个掷两次？

解答：假设你只有一次掷硬币的机会。如果你抛硬币 A 并得到正面，你当然会猜测它是有偏向的硬币；如果得到的是反面，就猜它是公平的硬币。

现在，如果你抛硬币 B，得到相反的面，你会对你之前的决定的猜测更加满意。如果你得到的是相同的面，你就会变回毫无头绪，那坚持原来的猜测也完全可以。因此，和偷看牌一样，这里掷另一枚硬币是没有价值的。

抛掷同一枚硬币两次可能改变你的想法吗？是的。如果你第一次得到的是正面，你会倾向于猜测这枚硬币是有偏向的，但如果下次看到的是反面，你的最佳猜测就会变成"无偏向"。我们的结论是，将一枚硬币抛两次，要严格优于每枚硬币各抛一次。

事实上这是一个定理，即在试图分辨两个给定的概率分布时，从一个概率分布中抽样两次比从每个概率分布中各抽样一次要好。然而，与上面的谜

题不同的是，在看到第一次抽样的结果*之后*，你可能会选择从另一个分布中抽样。我们让读者自己去构思一个例子。

关于信息的信息——通常涉及一连串的推理，比如某甲在看到 A 时就会推出 B——是一个常见的谜题主题。下面的例子也许是一个经典问题的众多形式中最好的一个。

出点镇记

每个点镇（Dot-town）居民的额头上都有一个红点或蓝点，一旦他认为自己知道它的颜色，他就会立刻永久地离开小镇。每天居民们都要聚会；一天，一个陌生人来到镇上告诉他们一个——任何一个——关于蓝点数量的非平凡信息。证明：即使每个人都能看出陌生人是在胡说八道，点镇终将会变成一座空城。

解答：这个谜题，通常在其并不政治正确的版本中涉及不忠的配偶、谋杀或自杀，已经存在了至少一个世纪。通常版本假设陌生人做出了一个真实的陈述，但正如我们将看到的，这一规定并不是必需的。"非平凡"的意思是，该声明先验地可以是真的也可以是假的；换句话说，有某些蓝点的数量会使它成为真的，而另一些数量会使它成为假的。

例子：所有的点都是蓝色的，但陌生人说它们都是红色的。那么每个人都知道这个陌生人在撒谎，而且也知道其他人都知道陌生人在撒谎。陌生人的声明怎么可能产生任何影响呢？

这在点镇的人口数较小，比如说 3 的时候，是最容易看清的。那么，假设你是点镇的某位居民，你就知道陌生人在撒谎。但是如果你自己的点是红色的，那样你的朋友 Fred 就会看着一个红点和一个蓝点，并怀疑第三位镇民 Emily 是否看到了两个红点。如果是这样，Emily 会相信这个陌生人并离开小镇。当她没有离开时，Fred 会正确地得出结论，他自己的点是蓝色的，并在第二天晚上离开小镇。当这种情况没有发生时，你以及 Fred 和 Emily，都可以得出结论说你们的点是蓝色的，并在第三天晚上离开镇子。

为了给出一般情况的证明，我们需要一些记号。令 $S \subset \{0, 1, \ldots, n\}$ 为所有满足下面性质的数 x 组成的集合：如果点镇的 n 个居民中有 x 个蓝点，那么陌生人的陈述就是真的。换句话说，陌生人的声明等价于"蓝点的数量在 S 中"。我们的非平凡性假设告诉我们，S 是一个非空真子集。令 b 为蓝点的实际数量，它可能在 S 中，也可能不在。

对于居民 i 来说，令 B_i 为从他的角度出发蓝点的可能数量组成的集合。

在陌生人来访前，$B_i = \{b_i, b_i + 1\}$，其中 b_i 是居民 i 在镇上看到的蓝点数量。

如果在任何时候 B_i 下降到单个值，居民 i 就告辞了。当 $|B_i \cap S| = 1$ 时，这会立即发生，但它也会发生在任何撤离之后的那晚。为了看到这一点，我们首先观察到，所有具有相同颜色的居民的行为都是相同的，因为他们都看到相同数量的点。因此，如果居民 i 看到某人离开了小镇，他就会（正确地）推断出那个人的点的颜色与他自己的不同；由此他知道了自己的颜色，并注定要背井离乡。

给定 S 和 b，令 d_b 为从 b 出发每次加减 1 越过 S 的边界所需的步数；也就是说，d_b 是最小的 k 使得 b 不在 S 中而 $b+k$ 或 $b-k$ 在 S 中，或者 b 在 S 中而 $b+k$ 或 $b-k$ 不在 S 中（但仍然需要在 $\{0, 1, \ldots, n\}$ 中）。如果陌生人的声明是假的，你可以把 d_b 想象为它到事实的距离；如果声明是真的，则是它到虚幻的距离。

例子：如果 $n = 10$，$S = \{0, 1, 2, 9, 10\}$，那么 $d_0 = 3$，$d_1 = 2$，$d_2 = d_3 = 1$，$d_4 = 2$，$d_5 = d_6 = 3$，$d_7 = 2$，$d_8 = d_9 = 1$，并且 $d_{10} = 2$。

我们声称，第一次撤离将恰好发生在第 d_b 夜。

证明方法是对 d_b 进行归纳。如果 $d_b = 1$，一些居民会立即发现陌生人是可信的，并且会在第一个晚上离开。假设 $t > 1$，并且我们的命题对所有 $d_b < t$ 为真。在 $t-1$ 夜之后那天，由于还没有人离开，每个人都会推断出 $d_b \geq t$。然而，如果 $d_b = t$，那么 d_{b-1} 或者 d_{b+1} 中有一个为 $t-1$。如果是前者，那么那些有蓝点的居民，认为蓝点的数量是 b（实际数量）和 $b-1$ 之一，就可以排除 $b-1$ 而结束了。如果是后者，则是那些有红点的人可以排除 $b+1$，必定会去收拾行李。最后，如果 $d_{b-1} = d_{b+1} = t-1$，那么没有人会留下来过夜。

由于 d_b 最多为 n，这个证明告诉我们，每个人都会在第 $n+1$ 晚之前离开。但在 $d_b = n$ 时所有居民都有相同的点颜色，所以他们在第 n 个晚上会一起离开。因此，点镇总会在 n 天内被清空。

也许还值得注意的是，d_b 的定义没有区分 S 和它的补集；由此可见，无论陌生人说"X"还是"非 X"都没有区别，在这两种情况下，点镇居民的表现完全相同。

你可能有理由怀疑，当点镇的居民们知道会有一个外来人造访，并有可能打破无可非议的避谈点色的禁忌时，他们是否可以安排一些防御措施。例如，每个知道这个陌生人在撒谎的人都跳起来反驳。唉，稍加思考你会发现，这样或者任何类似的策略都无法拯救这个小镇。这些点镇的居民们，一群脆弱的人。

有一大类谜题是围绕着对话展开的，在其中对话者需要进行几轮的推理。你的任务是要从对话中推导出你自己的结论，哪怕你掌握的信息比讲话者少！

其中我最喜欢的是下面这个。这个谜题的一个美妙之处在于陈述中没有提到任何数。

巴士上的对话

Ephraim 和 Fatima 是佐恩大学数学系的同事，她们一起乘巴士去学校。

Ephraim 为谈话开了头："Fatima，你的孩子们怎么样了？他们现在都几岁了？"

Fatima 一边将巴士司机找的 1 美元放进钱包里，一边说道："事实上，他们年龄的总和就是这辆巴士的号码，而乘积恰好是现在我钱包里的美金数。"

"啊哈！"Ephraim 答道，"所以，如果我记得你有几个孩子，并且你告诉我你带了多少钱，我就能推断出他们的年龄吧？"

"并非如此。"Fatima 说。

Ephraim 说："那样的话，我知道你的钱包里有多少钱了。"

巴士的号码是多少？

解答：我们将假设谜题中的所有数都是正整数，并且 Ephraim 知道他所乘坐的巴士的号码。这个数（设为 n）必须使得存在两个不同的孩子的年龄集合，它们孩子的数量相同，总和都为 n，并且乘积也相同；否则 Ephraim 就能从总和、乘积和孩子的数量推断出孩子们的年龄。

人们会期望大的 n 将倾向于具有这种性质；是什么阻止了任何大的数成为答案？啊，对话的最后一行表明，不能有两对孩子年龄集的总和为 n，一对共享一个积，另一对共享一个不同的积。如果有这样的两对，那么在对话的最后，Ephraim 就无法推断出 Fatima 钱包里的钱数。

巴士号码 $n = 13$ 就是这样一个例子。Fatima 可能有五个孩子，年龄分别是 6、2、2、2 和 1，或者是 4、4、3、1 和 1；这两种情况都会使她的钱包里有 48 美元。但是她也可能有三个孩子，分别是 9 岁、2 岁和 2 岁，或者是 6 岁、6 岁和 1 岁；这两种可能性都会使得她的钱包里有 36 美元。因此，如果巴士号码是 13，即使在得到了"（在车号之外）知晓孩子的数量和钱包的内容还不足以推断出孩子们的年龄"这一信息的情况下，Ephraim 仍然无法推断出钱包中的钱数。

那更大的数呢？这里有一个关键的观察：一旦你遇到一个 13 这样有"歧

义"的数,每一个更大的数也都具有这种特性!为什么?因为你可以取这四组孩子的年龄,在每组中增加一个 1 岁的孩子。这不会改变任何乘积,但会使所有的总和都增加 1,所以如果 n 是有歧义的,$n+1$ 也是。

现在是做算术的时候了,检查 13 以下的 n 值,试图找到某个,使得存在恰好一对孩子数量相同、总和为 n、乘积相同的孩子年龄组。这并不像听起来那么费时,因为 (a) 你只需要考虑大小至少为三的集合(一个或两个数总是可以被它们的和与积确定),以及 (b) 因为有素因子的唯一分解,往往很容易从乘积推出孩子的年龄。

事实证明,出题人并没有误导你。只有一个巴士号码符合条件,即 $n=12$。关键的孩子年龄集是 $\{4, 4, 3, 1\}$ 和 $\{6, 2, 2, 2\}$。

下一个例子说明了在玩游戏的时候试图交流的复杂性。

匹配硬币

Sonny 和 Cher 在玩下面的游戏。每一轮次都会掷一枚公平的硬币。在掷硬币之前,Sonny 和 Cher 同时宣布他们的猜测结果。如果双方都猜对了,他们将赢得这一轮次。当游戏进行很多轮次时,目标是最大化获胜轮次的比例。

到目前为止,答案显然是 50%:Sonny 和 Cher 说好一个猜测序列(例如他们始终说"正面"),他们不能做得更好了。然而,游戏开始前玩家被告知,在第一次抛掷之前,Cher 将提前获得所有硬币抛掷的结果!现在她有机会与 Sonny 讨论策略,而一旦她获得了硬币抛掷的信息,就没有机会进行合谋了。Sonny 和 Cher 如何确保在 10 次抛掷中至少赢得 6 次?

(如果这对你来说太简单,说明他们如何确保在 9 次抛掷中至少赢得 6 次!)

解答:确保 10 次抛掷中赢 5 次是轻而易举的:Cher 用她的前五个猜测来展示最后五个硬币的抛掷结果。然后,Sonny 和 Cher 都重复这个序列,从而收获他们的五次胜利。运气好的话,他们可能会在前五次抛掷中得到一两次额外的胜利,不过那是没有保证的。

有更好的方法吗?假设 Cher 试图一次向 Sonny 传递 3 个抛掷结果。三次结果的好处是,它们要么大部分是正面,要么大部分是反面。如果第 2 至第

4 次抛掷大多是正面，Cher 在第 1 次抛掷时叫"正面"，这告诉 Sonny 在第 2、3 和 4 次时猜"正面"。假设第 2 和第 4 次是正面但第 3 次是反面。那么 Cher 就会在第 2 和第 4 次抛掷时叫"正面"，获得两次胜利，并利用第 3 次来告诉 Sonny 在第 5 至第 7 次该怎么做。

如果第 2、3、4 次抛掷结果都是正面呢? 那么，我们约定，就用 Cher 的最后一叫（第 4 次）来告诉 Sonny 在接下来的三次中该怎么猜。

第 5 至第 7 次的处理方法类似，用结果出现较少的那次（或最后一次，如果所有的抛掷结果都一样的话）来告诉 Sonny 在第 8 至第 10 次该怎样猜。

这样，Sonny 和 Cher 就能保证在 2–4、5–7 和 8–10 这三个组中各至少有两次获胜。

乐于畅想在无限渐近的国度中生活的读者们会想知道，当抛掷总数很大时，能确保多大比例的成功猜测。实际上，Sonny 和 Cher 可以做得比 2/3 好得多; 事实是，如果抛掷的数量很大，而且他们努力地从他们的计划中榨出最后一点油水，他们可以做得比 80% 更好（!）。

至于 9 次中的 6 次，这需要一些相当细致的工作，我不想剥夺雄心勃勃的读者设计成功方案的机会。(建议: 先做 5 次中的 3 次。) 有一天我会在网上发布一个解决方案。

在密码学中，通信必须谨慎以防信息落入坏人手中。如果希望通信的各方有一个共享的秘密，这是最容易办到的。

例如，假设 Alice 希望在一个聚会上见到 Bob，并希望对他的某个商业提议说"是"或"不"，尽管聚会上的其他人可能就在附近并对此感兴趣。没问题; 她和 Bob 事先商量好，"你好"意味着"是"，"您好"意味着"不"。这个共享的秘密使他们能够秘密地进行交流。

本章的最后一个谜题旨在表明，只要参与者有一些共同的知识——也就是说，当放在一起时，他们可以推断出窃听者无法知道的事情——那么共享的秘密有时也可以在开放的信道上产生。

两位警长

邻近城镇的两位警长正在追查一名凶手，案件涉及八名犯罪嫌疑人。凭借各自独立、可靠的调查工作，每位警长都把名单缩减到只有两人。现在他们准备通电话，目的是比对信息，如果他们各自的两个嫌疑人恰有一个重合，就可以确认凶手。

麻烦的是，他们的电话线已被当地滥用私刑的暴民窃听，他们知道嫌疑人的最初名单，但不知道警长们各自圈定的是哪两对人。如果他们能够通过电话内容确定凶手的身份，那么凶手将在被逮捕前被处以私刑。

这两位从未谋面的警长能否以某种方式进行通话，（如果可能的话）使他们俩最终都能确认凶手，而这些暴民仍然一头雾水？

解答：将嫌疑人分别编号为 *ABCDEFGH*，并将他们整理成若干列表，使每个列表由四个不相交的（无序）对组成，并且每一对恰好出现在一个列表中。例如：

$$AB \quad CD \quad EF \quad GH$$

$$AC \quad BD \quad EG \quad FH$$

$$AD \quad BC \quad EH \quad FG$$

$$AE \quad BF \quad CG \quad DH$$

$$AF \quad BE \quad CH \quad DG$$

$$AG \quad BH \quad CE \quad DF$$

$$AH \quad BG \quad CF \quad DE$$

让我们给警长们起名字叫 Lew 和 Ralph。Lew 可以通过电话与 Ralph 分享上述列表，然后告诉 Ralph 他的一对（即 Lew 经过调查后缩小范围得到的两个嫌疑人）位于哪一行。如果 Ralph 的一对位于同一行，他就告诉 Lew；这意味着两位警长得到的是同一对，所以他们可以挂断电话了。

否则，Ralph 宣布将该行划分为两组，每组两对，使得他的两个最终嫌疑人在同一组中。

例如，假设 Lew 的一对是 *EF*。那么他就声明他的一对在第一行。如果 Ralph 的一对是 *FG*，他就把这一行分成由 *AB* 和 *CD* 这两对组成的一部分、以及由 *EF* 和 *GH* 这两对组成的另一部分。(在这时，Lew 和 Ralph 已经建立了一个共同的秘密：他们都知道凶手在哪一部分。）

Lew 现在透露他的一对是在这一部分的左边还是右边（在这个例子中，它是左边的）。这将让 Ralph 知道哪一对是 Lew 的，因此知道谁是凶手（这里是 *F*）。为了将这一点安全地传达给对方，他只需告诉 Lew，凶手是他那一对中的左边还是右边的成员（这里是右边）。

如果他们的两对是 *AB* 和 *BC*，那么对话将是完全相同的，这样凶手是 *B* 而不是 *F*。我们希望暴徒不会冒险对一个无辜的人施以私刑，或者没有足够给两个人用的绳子。

　　密码学研究的是在开放信道上发送私人信息的方法。经典的背景是，发送方（比如说 Alice）和接收方（Bob）事先拥有一个"密钥"，使 Alice 能够加密她的信息，Bob 能够解密它，而不拥有密钥的偷听者 Eve 无法理解截获的信息流。

　　假设 Eve 有足够的时间和计算能力来测试每一个可能的密钥，从中找一个，用其来解密她截获的信息时，产生出的是一个可理解的、可能是 Alice 试图让 Bob 接收的信息。在什么情况下这会奏效？

　　如果可能的密钥数量较小，Eve 可以预期其中只有一个会解出一个可理解的信息；但如果它很大，可能会有许多个满足条件。信息论能让我们知道，为了使 Alice 和 Bob 通信安全，应该有多少个可能的密钥。

　　假设对于 Alice 在这个场合可能选择想要发送给 Bob 的每一个信息，以及 Eve 可能截获的每一个"密文" $x_1, \ldots, x_n$，都有唯一的一个密钥会将该信息加密为 $x_1, \ldots, x_n$。那么，假设这个密钥是随机均匀选择的，而且不为 Eve 所知，我们就有一个简单的结论。

　　定理. 在上述情况下，Eve 得不到任何关于 Alice 想发送的消息的信息。

　　证明： 由于每个消息都可能是 Alice 想发送的，每个消息都对应一个密钥，而且所有的密钥被使用的可能性相同，所以 Eve 什么也没学到。♡

　　事实上有一种加密方案可以实现这一目标——在有准确的随机生成能力和完美的被选密钥保密的前提下。它被称为"一次性密钥本"（one-time pad），这里举个例子说明它是如何工作的。Alice（通过某种 Bob 知道、但 Eve 也可能知道的方式）将她的消息写成一个长度为 n 的 0 和 1 组成的串。然后，她从她和 Bob 共享的一次性密钥本中提取下面 n 位，并将这些位逐一和消息的每一对应位相加模 2。例如，如果消息是 00101110，而从一次性密钥本撕下的位是 01001001，那么加密后的信息是 01100111，这就是 Alice 发送的（而 Eve 会拦截的）消息。

　　Bob 知道他和 Alice 在一次性密钥本中的位置，把他收到的消息 01100111，一位接一位地加上一次性密钥本的 01001001，得到 Alice 想发送的原始消息 00101110。（非常完美，因为在模 2 时，加法和减法是等价的。在第 17 章会有更多的关于这种有用的算术的问题。）

　　Eve 完全无所适从，因为只看 01100111，任何八位的信息都可能是 Alice 的消息。

　　正如它的名字所表达的，一次性密钥本的安全性在很大程度上依赖于密钥中的每个比特只被使用一次，而且只在一个消息中使用。否则就会产生一个"深度"以供 Eve 破解密码。

　　一次性密钥本的困难在于，如果 Alice 和 Bob 计划进行任何长时间的对话，他们需要分享（并保密）大量的比特。在大多数场景中，密钥比消息短得多，而加密的安全性依赖于 Eve 没有时间或计算能力来测试足够的密钥。

第 14 章　非凡的期望

一个随机数的期望或预期的值是指当随机数被独立地"重新抽取"多次时（通过大数定律）预期得到的平均值。如果这个随机数可能的取值只有有限个或可数个（例如，如果它只取整数值），我们可以将其期望定义为这些值以它们的概率加权得到的平均值。

概率学家把由机会决定其数值的数称为随机变量，通常用黑体大写的拉丁字母表末尾的几个字母来表示，比如 $\mathbf{X}$。如果 $\mathbf{X}$ 的可能取值为 $x_1, x_2, \ldots$，其对应的概率分别为 $p_1, p_2, \ldots$，那么 $\mathbf{X}$ 的期望是

$$\mathbb{E}\mathbf{X} := \sum_i p_i x_i.$$

这个术语有点容易产生误导；例如，你掷一个正常的骰子得到的期望值为 $3\frac{1}{2}$，但你并不"期望"得到结果 $3\frac{1}{2}$。把 $3\frac{1}{2}$ 称为"期望的平均数"会比称之为"期望值"或"预期的值"更准确。但最后占上风的是便利性。

期望往往比概率更容易处理。假设 $\mathbf{X}$ 和 $\mathbf{Y}$ 是两个随机变量。如果我们想知道（比如说）$\mathbf{X} + \mathbf{Y} > 5$ 的概率，仅仅知道有关 $\mathbf{X}$ 和 $\mathbf{Y}$ 各自的所有情况是不够的；你还需要知道 $\mathbf{X}$ 和 $\mathbf{Y}$ 是如何相互作用的。

但是，如果你只想知道 $\mathbf{X} + \mathbf{Y}$ 的期望值，它总是满足

$$\mathbb{E}(\mathbf{X} + \mathbf{Y}) = \mathbb{E}\mathbf{X} + \mathbb{E}\mathbf{Y},$$

所以你只需要知道的是 $\mathbf{X}$ 的期望值和 $\mathbf{Y}$ 的期望值。举个例子，假设 $\mathbf{X}$ 和 $\mathbf{Y}$ 分别等概率地取 1、2、3、4、5 或 6，所以各自的期望都是 $3\frac{1}{2}$。那么随机变量 $\mathbf{X} + \mathbf{Y}$ 是什么样子的? 好，如果 $\mathbf{X}$ 和 $\mathbf{Y}$ 是独立的——比如，如果 $\mathbf{X}$ 是第一次掷骰子，$\mathbf{Y}$ 是第二次——那么 $\mathbf{X} + \mathbf{Y}$ 取值为 $2, 3, \ldots, 12$，概率分别为 $1/36, 2/36, \ldots, 5/36, 6/36, 5/36, \ldots, 1/36$。但如果 $\mathbf{X}$ 和 $\mathbf{Y}$ 都是第一次掷骰子的结果，也即 $\mathbf{X} = \mathbf{Y}$，那么 $\mathbf{X} + \mathbf{Y} = 2\mathbf{X}$ 就只取 2 到 12 的偶数值，每个概率为 $1/6$。而如果 $\mathbf{Y}$ 碰巧被定义为 $7 - \mathbf{X}$，我们发现 $\mathbf{X} + \mathbf{Y}$ 是常数 7。所有这些都很不一

样, 但注意在每一种情况下, $\mathbb{E}(\mathbf{X} + \mathbf{Y}) = 3\frac{1}{2} + 3\frac{1}{2} = 7$。

这个奇迹是数学家们所说的"期望的线性叠加"的一个特例, 其一般形式为

$$\mathbb{E} \sum_i c_i \mathbf{X}_i = \sum_i c_i \mathbb{E} \mathbf{X}_i,$$

也就是说, 若干个随机变量的加权和的期望等于它们的期望的加权和。

让我们先来看一个为策略选择服务的期望计算。

盲猜出价

你有机会对一个控件进行出价。据你所知, 该控件对其所有者来说价值均匀随机分布在 0 美元到 100 美元之间。你在操作控件方面要比他拿手得多, 所以你确信它对你的价值比对卖家的大 80%。

如果你的出价超过了它对卖家的价值, 那么他会把控件卖给你。但是你只有一次机会。应该出价多少?

解答: 你不应该出价。如果你出价 x 美元, 那么在成交的条件下, 控件对卖主的预期价值是 $x/2$ 美元; 因此, 如果你得到它, 它对你的预期价值是 $1.8 \cdot x/2 = 0.9x$ 美元。因此, 如果中标了, 平均来说你会损失钱, 当然, 你不中标的情况下得失为零, 所以出价是笨的。♡

期望问题的一个常见情景是等待时间; 特别是你预期尝试某事直到成功的平均尝试次数。例如, 平均来说, 你需要掷一个骰子多少次才能得到 6? 我们在第 5 章的 连续奇数个正面 中遇到过这种问题。设 x 是次数的期望。"初试不成功"(概率为 5/6), 你仍然有平均 x 次去"努力勿懈怠", 所以 $x = 1 + \frac{5}{6} \cdot x$, 得到 $x = 6$。同样的论证表明, 一般地, 如果你进行一系列的"试验", 每次试验的成功概率是 p, 那么你获得第一次成功所需的平均试验次数是 $1/p$。

让我们把这个结果应用于一个更困难一点的骰子谜题。

掷出所有数字

平均而言, 在所有六个不同的数字都出现之前, 你需要掷多少次骰子?

解答: 往往运用期望的线形叠加的最重要的一步就是认清你需求的量是若干随机变量之和的期望。本题的关键是把掷出所有数字看成一个 6 阶段的过程, 在第 i 阶段, 你想得到的是你的第 i 个新数字。换句话说, 在你已经看到了 $i - 1$ 个不同的数字的情况下, 令 $\mathbf{X}_i$ 为你获得第 i 个新数字所需的投掷次数。

这样，需要的总次数是 $\mathbf{X} := \mathbf{X}_1 + \mathbf{X}_2 + \cdots + \mathbf{X}_6$，我们所求的是 $\mathbb{E}\mathbf{X} = \mathbb{E}\mathbf{X}_1 + \mathbb{E}\mathbf{X}_2 + \cdots + \mathbb{E}\mathbf{X}_6$。我们已经看到 $\mathbb{E}\mathbf{X}_1 = 1$，因为第一次投掷总是获得第一个新的数字。之后每一次投掷给出第二个新数字的概率都是 5/6，所以平均需要 6/5 次投掷。这样继续下去，我们有

$$\mathbb{E}\mathbf{X} = 1 + \frac{6}{5} + \frac{6}{4} + \frac{6}{3} + \frac{6}{2} + \frac{6}{1} = 14.7,$$

大功告成。

警告：一些实际尝试会提醒你，没有理由确保 $\mathbf{X}$ 总是靠近 14.7；特别是有时掷出最后一个新的数字的时间可能长得令人沮丧。以后我们还会看到，大数定律有时需要不少时间才能显现。

接下来，看看你能不能为下面这个谜题设置一个随机变量的和。

意大利面条圈

50 条煮熟的意大利面条的 100 个末端随机配对并绑在一起。这个过程平均会产生多少个意大利面条圈？

解答：这里的关键是认识到，你开始时有 100 个意大利面条端点，每一次打结操作都会使面条端点数量减少二。只有当你先拿起的一个末端与同一条链的另一端相匹配时，该操作才会产生一个新的圈。在第 i 步，有 $100 - 2(i-1)$ 个末端，因此你可以将任何给定的末端和其他 $100 - 2(i-1) - 1 = 101 - 2i$ 个末端之一绑在一起。换句话说，有 $101 - 2i$ 个选择，其中只有一个能形成一个圈；其他的只是把两条链变成一条长链。

因此，在第 i 步形成一个圈的概率是 $1/(101 - 2i)$。如果 $\mathbf{X}_i$ 是在第 i 步形成的圈数（1 或 0），那么 $\mathbf{X}_i$ 的期望是 $1/(101 - 2i)$。由于 $\mathbf{X} := \mathbf{X}_1 + \cdots + \mathbf{X}_{50}$ 是最终的圈数，我们用期望的线性叠加得到

$$\mathbb{E}\mathbf{X} = \mathbb{E}\mathbf{X}_1 + \cdots + \mathbb{E}\mathbf{X}_{50} = \frac{1}{99} + \frac{1}{97} + \frac{1}{95} + \cdots + \frac{1}{3} + \frac{1}{1} = 2.93777485\cdots,$$

不到三个圈！ ♡

在上面两个谜题中，被加的是一些独立的随机变量——我们在那里无须

知悉，其实独立性对于期望的线性叠加是不需要的。两个事件 A 和 B 独立意味着它们同时发生的概率是它们各自概率的乘积，所以，例如我们想知道只用六次掷骰子就能得到所有六个数字的概率，我们可以得到它为

$$1 \cdot \frac{5}{6} \cdot \frac{4}{6} \cdot \frac{3}{6} \cdot \frac{2}{6} \cdot \frac{1}{6} = \frac{6!}{6^6} \approx 1.5\%.$$

为了使所有的意大利面条最终形成一个大的圈，除了最后一步，你不能把一条链的两端系在一起；换句话说，$\mathbf{X}_1, \dots, \mathbf{X}_{49}$ 必须全部为零。这种情况发生的概率是

$$\frac{98}{99} \cdot \frac{96}{97} \cdot \frac{94}{95} \cdot \dots \cdot \frac{2}{3}$$

$$= \frac{49! \cdot 2^{49}}{99!/(49! \cdot 2^{49})} = \frac{49!^2 \cdot 2^{98}}{99!} = 0.12564512901 \cdots,$$

因此大约是八分之一。

乒乓球比赛

Alice 和 Bob 进行乒乓球比赛，Bob 赢一个球的概率为 30%。他们一直打到有人得 21 分为止。预期的总得分大概是多少？

解答：Alice 获胜的概率非常大，因此 Bob 赢得的预期分数是 $(3/7)21 = 9$，因此总分的期望接近 30。另一种方法得到这个结果：由于 Alice 赢得任何给定一分的概率为 70%，平均需要 $1/0.7 = 10/7$ 个回合能为 Alice 赢得一分，因此平均 $21 \times 10/7 = 30$ 个回合能使她达到 21 分。

实际的答案比 30 少一点点，因为 Alice 得到 21 分对完成比赛是足够的，但并不总是必需的。少多少呢？

为了找出答案，我们运用一点统计学的方法（不熟悉方差和正态近似的读者请跳到下一道题）。

Bob 获胜的概率等于他赢得前 41 球中大多数的概率。令 $X_i = 1$，如果 Bob 赢得第 i 球，否则为 0。X_i 的方差是 $0.3 \times 0.7 = 0.21$，因此 Bob 在 41 球中得分的标准差是 $\sqrt{41 \times 0.21} = 2.9343$。他的期望得分是 $0.3 \times 41 = 12.3$，我们用正态近似来计算 Bob 的分数超过 20.5 的概率；这等于 $(20.5 - 12.3)/2.9343 \approx 2.795$ 个 σ，这意味着概率约为 0.0000387。如果 Bob 真的赢了，他将平均赢大约 2 分，使得比赛打了 40 球而不是我们等到 Alice 打出 21 分所需要的大约 43 球。因此，我们对 30 球的估计大约需要的改动是 $3 \times 0.0000387 \approx 0.0001$。

因此，所有这些的结果是将我们的估计值修改为 29.9999。

你还记得第 8 章中一个名为"找到一张 *J*"的谜题吗? 在下一个问题中你可以用那个解答的技巧——两次!

摸袜子

你在抽屉里有 60 只红袜子和 40 只蓝袜子, 你每次随机摸取一只袜子, 直到一种颜色的袜子被全部摸出为止。抽屉里剩余袜子数量的期望值是多少?

解答: 我们不妨想象一下, 摸袜子的方式是先将所有的袜子按照一个一致随机的顺序排列, 然后从序列的起点处开始拿走袜子, 直到一种颜色的袜子全部被拿走为止。如果最后一只袜子是蓝色的 (概率为 0.4), 那么就是红袜子被全部摸出了, "抽屉里剩下的袜子数"就是从排列的末端开始, 在遇到第一只红袜子前蓝袜子的数量。

如果最后一只袜子确实是蓝的, 那么还有 39 只蓝袜子分布在 61 个区段 (第一只红袜子之前, 第一只和第二只红袜子之间, 等等, 最后是第 60 只红袜子之后)。因此, 我们期望最后一个区段有 39/61 只蓝袜子; 加上最后一只蓝袜子, 抽屉里平均剩下 100/61 只蓝袜子。类似地, 如果最后一只袜子是红袜子 (概率为 0.6), 我们在 41 个区段里还有 59 只红袜子, 所以最后一个区段里平均有 59/41 只红袜子; 剩下的红袜子平均是 $1 + 59/41 = 100/41$。综上所述, 我们得到剩下的袜子数的期望是 $0.4 \times 100/61 + 0.6 \times 100/41 \approx 2.12$。

如果有 m 只一种颜色的袜子和 n 只另一种颜色的袜子, 上面的论证告诉你抽屉里剩下的袜子平均数量为 $m/(n + 1) + n/(m + 1)$。

即使在有不可数无穷个随机变量时, 期望的线性叠加也适用。现代数学家会用积分来代替求和, 但有时阿基米德式的方法就能解决问题。

随机交集

两个单位球在相交的前提下随机放置。它们相交部分体积的期望是多少? 它们相交部分表面积的期望又是多少?

解答: 我们可以假设第一个球的中心在三维坐标系的原点处; 因此第一个球是由空间里所有到原点距离在 1 以内的点组成的。为了使第二个球和第一个相交, 它的中心 C 必须在以原点为中心、半径为 2 的球中某处。问题中的条件意味着, 在这个限制下, C 是一致均匀随机的。

(请注意, 这完全不同于把第二个球心取为 x 轴上 -2 和 2 之间的一个随机点。后一个假设会给出 $\pi/2$ 的相交大小期望, 比我们的答案大得多。)

现在考虑第一个球内的一个点 P: P 属于两个球的相交部分的概率是多

少？这种情况在 C 落在以 P 为中心的单位球内时发生。这个球位于供我们选择 C 的、以原点为中心、半径为 2 的球的内部，其体积为大球的 1/8。因此，P 位于我们的相交部分的概率是 1/8，由期望的线性叠加可以得到，相交部分的期望体积是第一个球体积的 1/8 倍，也就是 $1/8 \times 4\pi/3 = \pi/6$。

如果你觉得像这样把点 P 加起来有些奇怪，挺好的思考！把 P 想成不是一个点，而是球内的一个小单元，或曰"体素"。当 n 是一个很大的整数，而这个球被分成 n 个体积为 $(4\pi/3)/n$ 的体素时，一个正常的有限期望线性叠加可以给出大致相同的答案，$\pi/6$。这并不完全准确，有些体素会部分在相交区域内，部分在外。但随着体素的变小，逼近会变得更好。

对于相交部分的表面积，点 P ——现在代表一个二维的像素 ——取自以原点为中心的单位球的表面。它将位于相交部分的表面上，如果它在第二个球内，也就是说，如果 C 位于以 P 为中心的单位球内。我们已经知道这发生的概率是 1/8，但注意，两个球的相交部分的表面由两个面积相同的曲面构成，一个是第一个球表面的一部分，即会包含 P 的部分，另一个是第二个球表面的一部分。因此，相交部分表面积的期望是 $2 \times \frac{1}{8} \times 4\pi = \pi$。

顺便说一下，你可能已经注意到，所有这些都可以在任意维度上进行；例如，对于平面上的圆盘，你可以得到期望的面积为 $\pi/4$ 和周长为 π。你甚至可以类似地处理（某些）其他的形状。

一个经常会冒出期望的线性叠加的场景是赌局问题。如果一个游戏中每个玩家的预期收益为 0，那么它就被称为"公平"的，并且我们可以推断出任何公平游戏的组合也是公平的。这也适用于即使你对游戏或游戏中策略的选择是"边玩边做"（只要你不能预见未来）的时候。

当然，赌场里的游戏是不公平的；你的期望是负的，而赌场的期望是正的。例如，在（美式）轮盘赌中，轮盘上有 38 个数（0、00、1 到 36），但如果你在一个数上押 1 美元并赢了，作为回报你只得到 36 美元，而不是 38 美元。其结果是，你的期望为

$$\frac{1}{38} \cdot 35 + \frac{37}{38} \cdot (-1) = -\frac{1}{19}（美元），$$

因此你平均每下注 1 美元就会损失约 5 美分。这种负的期望值也适用于对一组数字或颜色进行的投注。

不过：

草率的轮盘赌

Elwyn 在拉斯维加斯庆祝自己的 21 岁生日，他的女友送给他 21 张 5 美元纸币用来赌博。他闲逛到轮盘赌桌前，注意到轮盘上有 38 个数字（0、00 以及 1 到 36）。如果他在一个数字上下注 1 美元，则他将以 1/38 的概率获胜，并获得 36 美元（他下注的 1 美元仍然归庄家所有）。当然，出现其他情况，他只输掉 1 美元。

Elwyn 决定用他的 105 美元在数字 21 上下注 105 次。他赢钱的概率大概是多少？好于 10% 么？

解答：从期望的线性叠加我们知道，平均而言，Elwyn 应该预期会损失 $\frac{105}{19} \approx 5.53$ 美元。但这并没有揭示 Elwyn 赢钱的概率。一个期望值为 −5.53 的随机变量可能永远取负值，也可能几乎不取负值！

在这种情况下，我们需要计算出 Elwyn 在他的 105 次下注中押对 3 次或更多的概率，因为如果他押对了 3 次，他就能得到 $3 \cdot 36 = 108$ 美元而获得盈余。

这需要做一点工作。Elwyn 每一次都押错的概率是

$$(37/38)^{105} \approx 0.06079997242.$$

为了计算他正好押对一次的概率，我们将押注的次数乘以赢得一次特定下注而输掉其余下注的概率；这是

$$105 \cdot \frac{1}{38} \cdot \left(\frac{37}{38}\right)^{104} \approx 0.17254046227.$$

Elwyn 正好赢两次的概率是下注对数乘以赢得两次特定下注而输掉其余下注的概率，结果是

$$\frac{105 \cdot 104}{2} \cdot \left(\frac{1}{38}\right)^2 \cdot \left(\frac{37}{38}\right)^{103} \approx 0.24248929833.$$

从 1 中减去这三个数之和，得到 Elwyn 赢钱的概率：0.52417026698，优于 50%！

不，这并不意味着 Elwyn 已经找到了从拉斯维加斯赢钱的办法。他常常会略微获利，但也同样常常会大亏，因为如果只赢了两次，他的 105 美元赌注就只剩下 72 美元了。Elwyn 的期望值为负，这是更重要的统计结论。

如果你想去拉斯维加斯并能回来跟朋友们炫耀你在轮盘赌中赚了钱，这里有一个建议：挑选一个你能够输得起的、比某个 2 的幂小 1 的美元数。假设是 63 美元，然后在"红色"上押 1 美元。（有一半的正数是红色的，所以你

有 18/38 的概率拿回你的赌注并且赢得额外的 1 美元, 否则你输掉 1 美元。)
如果你真的赢了, 就回家吧。如果你输了, 再在红色上下注 2 美元; 如果你赢
了, 就带着赚到的 1 美元回家。如果你输了, 下次再下注 4 美元, 等等, 直到
你赢或者输到你的连续第六次赌注 (32 美元)。在这时, 你必须收手了, 否则
有被毁掉的风险; 幸运的是, 你会这么倒霉的概率只有 $(20/38)^6$, 大约 2%。当
然, 你这整个试验的期望仍然是负的。

一个迷人的游戏

你有机会在 1 到 6 之间的一个数字上下注 1 美元。然后三个骰子被掷出。
如果你的数字没有出现, 你输掉你的 1 美元。如果它出现一、二和三次, 你相
应赢得 1、2 和 3 美元。

这个赌局对你有利、公平还是不利? 有办法不用笔和纸 (或计算机) 就
能确定答案吗?

解答: 这个游戏看上去很体面, 甚至可能感觉是对你有利的。你有三次
机会得到你的数字; 如果你能保证掷出三个不同的数字, 有 50% 的概率其中
一个是你的数字, 这使得游戏完全公平。如果你没有掷出三个不同的数字,
你最终可能会得到额外的奖励。有什么不喜欢的理由呢?

事实上, 这是一个广为人知的游戏, 通常被称为 "Chuck-a-Luck" 或者
"Birdcage" (后者的原因是骰子通常被放在一个笼子里, 通过摇动笼子来掷
出)。像任何赌博游戏一样, 它被设计得看起来很吸引人, 但却能为庄家赚
钱, 的确如此。

最简单的方法是想象有六个玩家, 每个人押一个不同的数字。由于并没
有受到规则的区别对待, 每位玩家的期望当然是一样的。如果这个期望值是
x, 那么根据期望的线性叠加, 庄家的期望值必定是 $-6x$ —— 这是一个 "零和
游戏", 没有钱流出或从外部流入。

但是现在, 如果三个骰子数字是不同的, 三个玩家赢了, 三个玩家输了,
庄家的收支平衡。如果两个数字相同, 庄家就会付给一个玩家 2 美元, 付给
另一个玩家 1 美元, 同时从剩下的四个玩家那里各赢 1 美元, 所以赚了 1 美
元。如果三个骰子的结果都一样, 庄家付出 3 美元, 收取 5 美元, 赚到 2 美元。
所以庄家的期望是正的, 从而玩家的期望是负的。

(不难算出, 三个骰子结果不同的概率是 $(6 \cdot 5 \cdot 4)/6^3 = 5/9$, 全部相同
的概率是 $1/6^2 = 1/36$, 所以只有两个相同的概率是剩下的 $15/36 = 5/12$。因
此, 庄家的期望是 $(5/12) \cdot 1 + (1/36) \cdot 2 = 17/36$ 美元, 每位玩家的期望是

−1/6 · 17/36 ≈ 0.0787037037 美元, 所以玩家平均每押一美元输掉 8 美分——甚至比美式轮盘赌更糟糕; 之后我们还会聊到后者。)

下面是一个绝对有利于你的游戏; 问题是, 你在多大程度上能把正的期望变成确定的盈利?

赌下一张牌

从一副完全洗好的牌的顶部开始, 一张张地翻开。你从 1 美元开始, 并且可以在每张翻开前, 用当前资金的任意一部分投注下一张牌的颜色。无论目前牌的构成如何, 你都将获得对等赔率。这样, 例如你可以拒绝下注直到最后一张牌, 你当然会知道它的颜色, 然后下注所有资金, 并确保带着 2 美元回家。

有什么办法可以保证结束时, 你的钱比 2 美元多吗? 如果有的话, 你可以确保自己赢的最大金额是多少?

解答: 略加思考, 你等到还剩三张牌时开始下注, 可以赢的比 2 美元更多。如果它们都是一种颜色, 好极了——你可以在剩下的每一轮中用所有的钱下注, 然后带着 8 美元回家。如果有一张是红牌, 两张是黑牌, 就用 1/3 的钱押黑色。如果你对了, 现在就有 $1\frac{1}{3}$ 美元, 你可以在最后一张牌上使之翻倍, 总账为 $2\frac{2}{3}$ 美元。如果你错了, 你的资金下降到 $\frac{2}{3}$ 美元, 但剩余的牌都是黑色的, 所以你可以两次翻倍最后同样达到 $2\frac{2}{3}$ 美元。由于类似的策略在剩余的牌为二红一黑时也成立, 所以你已经找到了一种方法来保证得到 $2\frac{2}{3}$ 美元。

按这个思路往前递推来试图确保更大的金额, 事情会逐步显得很混乱, 所以让我们从另一个角度来看这个问题。无论你使用什么投注策略, 一旦剩下的牌是同色的, 你肯定想在每一轮都下全注; 我们把满足这个性质的策略称为"明智的"。

先想想你的哪些策略从期望角度来说是最优的, 也就是说, 哪些策略能使你的期望收益最大化。容易看到, 所有这样的策略都是明智的。

令人惊讶的是, 反过来也对: 无论你的下注有多疯狂, 只要你在剩下的牌变成单色的时候清醒过来, 你的期望值都是一样的! 为了看清这点, 先考虑以下的纯粹策略。想象这副牌中的一个特定的红色和黑色的分布, 并在每个回合将你的一切都押在这个分布上。

当然, 用这种策略你几乎总是会破产, 但如果你赢了, 你可以把地球买下来——那时你的收益是 $2^{52} \times 1$ 美元, 大约 4.5 万亿美元。由于一副牌有 $\binom{52}{26}$ 种颜色分布的方式, 你的期望回报是 $2^{52}/\binom{52}{26} = 9.0813$ 美元。

显然这个策略是不现实的，但根据我们的定义，它是"明智的"，而且最重要的是，*每个明智的策略都是这种类型的纯粹策略的组合*。要看到这一点，想象你有 $\binom{52}{26}$ 个助手为你工作，每个人实施一个不同的纯粹策略。

我们声称，每一个明智的策略都等价于以某种方式在这些助手之间分配你最初的 1 美元资产。如果在某个时候，你的助手们总共在红色上下注 x 美元，在黑色上下注 y 美元，当 $x > y$ 时，这相当于你自己在红色上下注 $x - y$ 美元，当 $y > x$ 时，这相当于你在黑色上下注 $y - x$ 美元。

每个明智的策略都可以通过对助手们的资金分配来实现，如下所示。假设你想押 0.08 美元在第一张牌是红色上；这意味着先猜"红色"的助手们共得到 0.54 美元，而其他助手们只得到 0.46 美元。如果在押中之后你打算下注 0.04 美元在黑色上，那么你在 0.54 美元的总额中分配给"红黑"助手们的份额比"红红"助手们的多 0.04 美元。以这种方式继续下去，最终每个助手都被分配到自己的赌注份额。

现在，具有同一个期望的策略的任意组合也都具有这个期望，因此每个明智的策略都有同样的期望，即 9.08 美元（产生 8.08 美元的期望利润）。特别地，所有明智的策略都是最优的。

但其中有一个策略能确保 9.08 美元；即 1 美元的赌注由助手们平均分配的那个策略。由于我们永远无法确保超过期望值，所以这是保证能获得的最多的。

这个策略实际上很容易实现（假设在我们的实现过程中美国货币是无限可分的）。如果这副牌中剩下 b 张黑牌和 r 张红牌，其中 $b \geq r$，你就把你当前资产的 $(b-r)/(b+r)$ 押在黑牌上；如果 $r > b$，你就把你资产的 $(r-b)/(b+r)$ 押在红牌上。你将对每次下注的结果完全无动于衷，放松，并在最后收取你的 8.08 美元利润。

有时，即使没有提及游戏，公平游戏的概念也会派上用场。

重要的候选人

像通常那样，假设没有人知道谁会成为在野党的下一位美国总统候选人。特别是，目前还没有人的获选概率能达到 20%。

随着政局的变化和初选的进行，概率不断变化，有些候选人将超过 20% 的门槛，而另一些则永远不能。最终，一位候选人的概率将升至 100%，而其他所有人的概率都降为 0。我们说，在大会后，如果一位候选人在某一时刻被提名的概率超过 20%，那么他或她有权说自己是一名"重要的"候选人。

你认为重要候选人的期望数量会是多少?

解答: 你似乎需要对政治进程和当前局势有不少的了解才能回答这个问题。例如, 在某些条件下, 第一个超过 20% 的候选人有可能继续上升并最终获得提名, 这不是很有道理的吗? 等等, 这是有问题的; 如果他/她在这个关键时刻的概率真的只有 20%, 那么很可能会有其他人最终获得提名。

事实上, "重要的"候选人的期望数量必定是 5。要看到这一点, 想象你带着下面的策略进入预测市场。任何时候, 只要有一个候选人首次达到 20%, 你就在该候选人身上下注 1 美元。如果市场的概率是"正确的"而且市场是公平的, 若该候选人最终获得提名你应该得到 5 美元。

在这个游戏中, 你注定会得到 5 美元; 无论哪位候选人被提名, 你都会在某个时刻在他或她身上下注。因此, 唯一的变量是你下了多少赌注, 由于游戏被假定是公平的, 你的预期支出应该是 5 美元。

为什么上面的"正确"一词要加引号?问题是, 当一切结束之后 (比如说) Smith 赢得了提名, 人们可以争论说, 一个好的政治预言家会, 或者说应该, 一直都知道将是这个结果。因此, 当 Smith 的支持率达到 20% 时, 他或她的支持率可能被预测为 100%, 或者至少比 20% 高得多。我们不谈概率的哲学, 只假设候选人的概率代表了某种共识, 作为下注者的你没有理由对其有这样或者那样的怀疑。

掷出一个 6

你在过程没有掷出过奇数的条件下, 平均掷一个骰子多少次得到一个 6?

解答: 显然是三次。对不对? 这就和骰子上只有三个数字是一回事, 2、4 和 6, 每个数字出现的可能性相同。那么掷出 6 的概率是 1/3, 正如我们谜题 *掷出所有数字* 中看到的, 在一个成功概率为 p 的实验中, 平均需要 $1/p$ 次尝试来获得一次成功。

只是, 它们完全不是一回事。设想你通过一批实验并用大数定律来计算你的答案。你一边掷出你的骰子一边对尝试进行统计。如果你在掷出一个奇数之前得到"6", 你记下试验的次数并重复。(例如, 你掷出"4, 4, 6", 就记下一个 3。）当你掷出一个奇数的时候会发生什么？那时你不应该仅仅把那个结果扔掉并继续数后面的试验。（如果你那样做的话，最终你的答案会收敛到 3。）相反地，你必须扔掉目前的整个实验，清空记录并重新开始，掷出你新的实验的第一个骰子。那样会得到一个比 3 小的平均数，但是小多少呢？

一个直观的看法：当你在没有掷出奇数的时候得到一个 6，有一个推理是你比较快地获得了成功——因为如果你花了长时间得到一个 6，那你很可能已经掷出了一个奇数。

为了得出正确的答案，有益的是思考一下你在你的多重实验中到底做了些什么。本质上，每个子实验是你不断掷出骰子直到你得到一个 6 或者一个奇数。如果你统计所有这些子实验的投掷，你会发现它们的平均长度是 3/2，因为掷出一个 6、1、3、或 5 的概率是 2/3。

在你的思想实验里你只统计那些以 6 结尾的子实验，但那有什么区别吗？最后的一掷（管它是 1，3，5，还是 6）对于之前的结果是独立的，而独立性是一个对等的概念；所以，投掷的次数"不在乎"这个子实验以什么结果结束。从这可推出以 6 结束的子实验的平均长度还是相同的 3/2。

随机场景中的餐巾

在女性数学协会的会议宴会上，与会者发现她们被安排到一张大圆桌。在桌子上，每对相邻的餐具之间，有一个装有一块餐巾布的咖啡杯。当每位数学家就座时，她会从左边或右边拿一块餐巾布；如果左右都有餐巾布，她会随机选择一块。假设就座顺序是随机的，且数学家的人数很多，（渐近地）有多大比例的人最终没有餐巾？

解答：我们要计算的是，在（模 n 下）第 0 号位置的客人拿不到餐巾的概率。这个量当 $n \to \infty$ 时的极限就是所求的没拿到餐巾的极限比例。

我们可以假设，每个人在事先决定，在两块餐巾都有的时候，是要她的右边还是左边的餐巾；当然，后来有些人不得不改变选择或者拿不到餐巾。

假设客人 $1, 2, \ldots, i-1$ 选择"右边"（离 0 较远的方向），而客人 i 选择"左边"；同时客人 $-1, -2, \ldots, -j+1$ 选择"左边"（同样是离 0 的方向），而客

人 −j 选择"右边"。请注意，i 和 j 都可能是 1，这意味着 0 号位旁的两位客人都打算去拿她们和 0 号之间的餐巾。如果 $k = i + j + 1$，那么只要 $k \leqslant n$（这以极高概率发生），这种状态发生的概率为 2^{1-k}。

观察一下，只有当 0 号客人在 $-j, \dots, i$ 中最后一个落座，并且客人 $-j + 1, \dots, -2, -1; 1, 2, \dots, i - 1$ 中没有任何人得到她想要的餐巾时，0 号才得不到任何餐巾。如果 $t(x)$ 是客人 x 的落座时间，那么这恰好发生在当 $t(0)$ 是 t 在区间 $[-j, -j+1, \dots, 0, \dots, i-1, i]$ 上的唯一局部最大值时。

如果把 t 在这个区间上绘制出来，它看起来就像一座山，$(0, t(0))$ 是山峰；更确切地说，$t(-j) < t(-j+1) < \cdots < t(-1) < t(0) > t(1) > t(2) > \cdots > t(i)$。

与其对固定的 i 和 j 计算这一事件的概率，更简单的是对给定的 k 把所有满足 $i + j + 1 = k$ 的 (i, j) 对放在一起。总共有 $k!$ 种方法排列 $t(-j), \dots, t(i)$。如果 T 是所有 k 个拿餐巾时间的集合，$t_{\max}$ 是其中最晚的一个时间，那么每个山形排序都是由一个 $T \setminus \{t_{\max}\}$ 的非空真子集唯一确定的，该子集由 $\{t(1), \dots, t(i)\}$ 的值组成。因此，构成有效山形的排序数是 $2^{k-1} - 2$。

最后，0 号位的客人被剥夺她的餐巾的总概率是

$$\sum_{k=3}^{\infty} \frac{2^{1-k} \cdot (2^{k-1} - 2)}{k!} = (2 - \sqrt{e})^2 \approx 0.12339675. \quad \heartsuit$$

停车费引发的轮盘赌

你在拉斯维加斯，身上只有 2 美元，但你急需 5 美元投给停车收费器。你跑进最近的一扇门，在轮盘赌桌旁坐下。你可以对允许的任何一组数下注任意整数美元。哪种策略会使你带走 5 美元的概率最大？

解答：在试图最大化"你的财富提升到 5 美元"的概率时，有两个主要考虑。一个是避免浪费：也就是说，尽量准确地达到 5 美元。超额完成任务没有奖赏，而由于你的期望受限于你最初的 2 美元减去赌场期望从你那里得到的，所以你不想把钱花在超额完成你的目标。

第二个考虑是速度。正如我们在上面的 草率的 轮盘赌 中所看到的，每次你在轮盘上对无论什么投注 1 美元时，都要期望损失大约 5 美分。

当然，你必须进行某些下注。理想的情况是如果轮盘赌有一个下注选项的回报是 5 : 2，那么你就可以用你的 2 美元下注，一次赢得你需要的或者输光。

不幸的是，轮盘赌中没有这样的赌注，所以看起来你注定要冒超额投注的风险，或者不得不多次投注的风险。举例来说：你可以在数字 1 到 8 上投注 1 美元。如果你赢了就大功告成，否则你可以把剩下的 1 美元押在红色上，如果赢了就相当于重新开始。这样你成功的概率 p 满足

$$p = \frac{8}{38} + \frac{30}{38} \cdot \frac{18}{38} \cdot p.$$

解得 $p = \frac{8}{38} / \left(1 - \frac{30}{38} \cdot \frac{18}{38} \right) = 0.33628318584$，大约是 1/3。

但你可以利用相关性来做得更好。怎么做？通过对两个正确的种类同时下注 1 美元。具体地说，将你的 1 美元押在数字 1 到 12 上，同时将另 1 美元押在 1 到 18 上。然后，如果你真的得到了 1 到 12 之间的数，你就达到了你的 5 美元。如果你得到一个大的数，你就输光了（但至少你很快就输光了）。如果你碰巧得到了 13、14、15、16、17 或 18，你又有了 2 美元，可以重复你的双重投注。

这个方案的成功概率 p 满足

$$p = \frac{12}{38} + \frac{6}{38} \cdot p,$$

得出 $p = \frac{12}{38} / \left(1 - \frac{6}{38} \right) = 3/8 = 0.375$，好了不少。事实上，这个方案可以被证明是最优的。

接下来是一个你可能熟知的谜题。它是由 Georges-Louis Leclerc，即 Buffon 伯爵（Comte de Buffon）在 1733 年提出并解决的，它被认为是几何概率论中被解决的第一个问题。

但为了解决这个问题，我们几乎不用几何学，而是依靠期望的线性叠加。

Buffon 投针

一根一英寸长的针被扔到一个大垫子上，垫子上标有相距一英寸的平行线。针碰到一条线的概率是多少？

解答：设 C 是一根长度为 ℓ 的"面条"：平面上的任意光滑曲线——允许自相交。把面条随机扔到垫子上，令 $\mathbf{X}_C$ 是你得到的交叉点（即 C 穿过某条线）的数量。我们声称，无论 C 长成什么样子，交叉点的平均数 $\mathbb{E}\mathbf{X}_C$ 都与 ℓ 成正比！下图显示了五次扔某根面条的结果，每一个都标上了交叉点的数量。

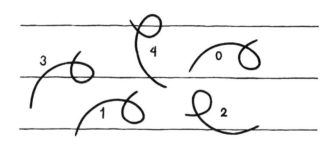

为了验证这一说法，想象 C 是由许多长度为 ϵ 的短线段组成的。只将一条长度为 $\epsilon < 1$ 的线段 L 扔到垫子上，会以某个概率 p 产生一个交叉，但绝不会超过一个交叉，因此 $\mathbb{E}\mathbf{X}_L = p$。暂时我们还不知道 p 是多大。

但是，由期望的线性叠加我们知道，如果 C 是由 n 条这样的线段组成的，那么 $\mathbb{E}\mathbf{X}_C = np$。由于一条光滑的 C 可以用一连串短线段来逼近，通过取非常小的 ϵ，可以推断出 $\mathbb{E}\mathbf{X}_C = \alpha\ell$，其中 α 是某个常数。由于 Buffon 的针 N 的长度为 1，所以只要我们能确定 α 的值，就可以推出 $\mathbb{E}\mathbf{X}_N = \alpha$。

为了找到 α，我们只需巧妙地挑选 C，选法是这样的：让 C 是一个直径为 1 的圆！这样无论 C 怎么掉到垫子上，都会产生恰好两个交叉点。由此 $\mathbb{E}\mathbf{X}_C = 2 = \alpha\pi$，我们解得 $\alpha = 2/\pi$。由此可得 $\mathbb{E}\mathbf{X}_N = 2/\pi$，而由于（以 1 的概率）Buffon 的针要么产生一个交叉点，要么产生零个，它碰到一条线的概率也是 $2/\pi$。♡

这个奇妙的证明是由 T. F. Ramaley 在 1969 年一篇名为 "Buffon 的面条问题"[1] 的论文中发表的。

下面是几个更现代的几何问题，它们看似和概率没什么关系。

遮住污渍

就在盛典即将开始之际，女王的宴会承办者惊恐地发现，在桌布上有 10 个小小的肉汁污渍。他唯一能做的就是用不重叠的盘子遮住污渍。他有很多盘子，每个都是单位圆盘的大小。不管污渍如何分布，他都能成功吗？

解答：褪去表皮，这里所提出的数学问题是：平面上任何 10 个点是否都能被不相交的单位圆盘覆盖？如果这些点靠得很近，你当然可能用一个圆盘覆盖它们；如果它们散得很开，你可以对每个点独自用一个圆盘来覆盖。制造麻烦的是*中*等的距离。

---

[1] Buffon 经典的问题中出现的是针（needle）。巧妙的是，证明中使用的是面条（noodle）。除了确切的具象含义之外，这两个本身很有特色的英语单词的对比也很有趣。——译者注

正如第 7 章中倡导的那样，考虑用其他数代替 10 是一个好主意。很明显，任何一个或两个点都可以被覆盖，而且很容易证明任何三个点也可以被覆盖。

另一方面，如果用 10000 代替 10，答案肯定是"不能"。原因是你不能用单位圆盘来"平铺"平面；换句话说，你不能设计不相交的单位圆盘来覆盖整个平面（你可以用例如单位正方形来平铺）。如果你将 10000 个点摆成一个比单位圆稍大一点的 100 × 100 的网格形图案，用不相交的单位圆盘覆盖每个网格点是不可能的。

所以数量是一个问题——10 是更像 3，还是更像 10000？这里有个想法——平面上多大的部分可以被不相交的单位圆盘覆盖？你可能会猜到，挤进单位圆盘的最佳方式是六边形阵列，如下图所示。事实上，可以证明这是最优的放法。

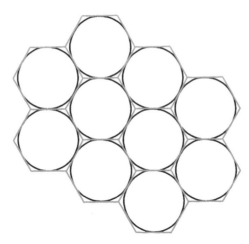

它有多好——换句话说，如果你选择平面上的一个大区域（比如一个 1000000 × 1000000 的正方形），用六边形的形式放入圆盘，该区域有多大的部分会被覆盖？在极限情况下，这个分数应该是其中一个六边形单元的面积被一个内切圆盘所占据的比例。当然，圆盘的半径为 1，面积为 π。六边形是由六个高为 1、面积为 $1/\sqrt{3}$ 的等边三角形组成的，所以总面积为 $6/\sqrt{3} = \sqrt{12}$。由此，被圆盘覆盖的区域占比是 $\pi/\sqrt{12} \approx 0.9069$。

呃。圆盘覆盖了平面的 90% 以上，也就是说，平均每 10 个点中有超过 9 个。我们可以利用这一事实吗？麻烦的是，肉汁渍不是随机的点，它们（在最坏的情况下）就像是被对手安排的一样。

但我们可以随机平移六边形方式的圆盘放置。要做到这一点，只需固定某个六边形单元，并在其中均匀随机地选取一个点；然后通过将单元的中心移到所选的点来平移（而不旋转）整个图形。现在我们可以说，对于平面上的任何一个给定的点，它被随机平移的放置中的某个圆盘盖到的概率是0.9069。

根据期望的线性叠加，我们的 10 个肉汁渍被随机平移的六边形方式放置的圆盘覆盖的期望数量是 9.069 个，也就是说，10 个点中平均有 9 个以上被盖住。但那样的话，有些放置必须覆住所有 10 个点，问题解决了。♡

证明如果我们随机地做某件事，其成功的概率 > 0，由此来推出某件事是可以做到的，这一手段通常被冠以"概率方法"的美名，并且常会使我们想起 Paul Erdős 和 Alfréd Rényi 对它的贡献。我们将在本章末尾的定理中看到另一个例子。

下一个谜题提供了另一个示例，在那里引入随机性对我们有用。

种族和距离

在比利时的胡哈尔登镇，正好有一半的房子由佛兰芒人居住，其余的房子则由讲法语的瓦隆人居住。

是否有可能小镇混居得如此之好，从而同族的两两房子之间的距离之和超过了不同族的两两房子之间的距离之和？

解答：不会的。把胡哈尔登的每座房子用平面上的一个不同的点表示，并固定一个包含所有点的大圆盘。现在考虑一条与圆盘相交的随机直线。（为了得到这样一条线，均匀随机地选择圆盘的一条半径，然后在这条半径上均匀随机地取一个点，过该点作垂直于这条半径的直线。）

你的随机线将把代表房屋的点分成两组（其中一组可能是空的）；我们声称被它分开的不同种族的房屋对数不少于被分开的同种族的房屋对数。为什么？假设每个种族有 n 座房子，在直线的一侧有 f 座佛兰芒人的房子和 w 座瓦隆人的房子。那么，异种族交叉点的数量是 $(n-w)f+(n-f)w$，而同种族交叉点的数量是 $(n-w)w+(n-f)f$；前者减去后者是 $f^2+w^2-2wf = (f-w)^2 \geqslant 0$。

现在我们使用一个关键的事实：对于任何两个特定的点，它们被我们的随机线分开的概率与两点之间的距离成正比。将期望值相加，我们推出异种族（类似地，同种族）点对之间的总距离与被分开的异种族（类似地，同种族）点对的期望数量成正比。由于每条线切开的异种族对不少于切开的同种族对，我们得出结论，前者的距离之和至少与后者的一样大。

请注意，对于不同的点来说，这个不等式是严格的，因为只要有一个点不同时属于两个民族, 那么就有正的概率得到一条使得 $f \neq w$ 的线, 导致偏向异种族对的不平衡。

下一个谜题也有一个几何成分, 但在这里, 我们使用期望的线性叠加不那么令人惊讶。

粉刷栅栏

有 n 个勤劳的人, 每人在一个圆形栅栏上随机选一个点, 然后朝着离她最远的邻居方向粉刷栅栏, 直到遇到被粉刷过的部分。平均有多少栅栏会被粉刷过? 如果每人都朝着离她最近的邻居方向粉刷呢?

解答: 对于 $n = 2$, 很容易得到答案分别为 3/4 和 1/4。对于更大的 n, 我们考虑相邻粉刷匠形成的区间中的任何一个 I, 并将其与相邻的两个区间进行比较。在情况 (A) 中, 每个粉刷匠都朝着她最远的邻居粉刷, 当 I 是三个区间中最短的一个时它就不会被刷到; 在情况 (B) 中, 当它是最长的一个时不会被刷到。这两个事件发生的概率都是 1/3。

我们似乎需要知道通过两个随机点切割一个给定区间 J 而得到的三个区间中最短 (相应地, 最长) 的期望长度。你可以这样计算, 注意从单位区间中选择两个随机点等价于在一个等边三角形中选择一个均匀随机的点; 这个点的重心坐标给出三个区间的长度。然后, 如果你找出三角形中导致第二个区间最短 (或最长) 的区域的面积, 并计算条件期望, 你会分别得到 1/9 和 11/18。

这是对单位区间的计算, 所以如果 I 和它的两个相邻区间的总长度是 x, 那么当 I 是最短的时, 它的期望长度是 $x/9$, 当它是最长的时, 期望为 $11x/18$。

平均来说, I 和它的两个邻居的总长度是 $3/n$, 因为对所有的 I 的这个值求和, 每个区间都被计算三次。但在两个版本中, (在期望下) I 都只有三分之一的时间没有被刷。因此, 在 (A) 中, 未被粉刷的栅栏的期望为 $\frac{n}{3} \cdot \frac{3/n}{9} = 1/9$, 在 (B) 中, $\frac{n}{3} \cdot \frac{11 \cdot 3/n}{18} = 11/18$。

对于下一个谜题, 你最好知道一个期望公式的变形。假设 $\mathbf{X}$ 是一个 "计数" 随机变量, 也就是说, 一个取值为非负整数的随机变量。那么

$$\mathbb{E}\mathbf{X} = \sum_{i=0}^{\infty} \mathbb{P}(\mathbf{X} > i).$$

为了看到这个公式与本章开头的定义是等价的, 我们只需要验证一下, 对于每一个 j, $\mathbf{X} = j$ 的概率在和式中被计算了 j 次。但这是容易的: 对于 0 和 $j-1$

之间的每一个 i，它都被计算一次，所以总共是我们需要的 j 次。

加满杯子

你去杂货店买一杯米。当你按下机器上的按钮时，它会随机倒出从零粒到一整杯之间数量的米。你平均需要按几次按钮才能得到一整杯米？

解答：我们知道至少要按两次，并且事实上有一半时间按两次就够了；有时需要按三次以上。所以答案一定超过 $2\frac{1}{2}$。你会相信是 2.718281828459045 吗？

令 $\mathbf{X}_1$、$\mathbf{X}_2$ 等为各次倒出的数量，并令 $\mathbf{Y}_i$ 为 $\mathbf{X}_1 + \cdots + \mathbf{X}_i$ 的小数部分。则这些 $\mathbf{Y}_i$ 和这些 $\mathbf{X}_i$ 们一样，在单位区间内是独立的并且是均匀随机的。

$\mathbf{Y}_i$ 值的第一次下降标志着米的数量超过 1 杯。因此，我们手头的问题等等价于：$\mathbf{Y}_i$ 的最长的递增初始序列的长度 $\mathbf{Z}$ 的期望值是什么？

前面 j 个值递增的概率是 $1/j!$，因为递增序只是 $j!$ 个置换中的一个。这里我们要用到上面关于计数随机变量期望值的特殊公式：

$$\mathbb{E}\mathbf{Z} = \sum_{j=0}^{\infty} \mathbb{P}(\mathbf{Z} > j) = \sum_{j=0}^{\infty} 1/j!,$$

这正好是 Euler 数 e（也有人叫它 Napier 常数，但是，不奇怪，它是由另一个人——Jacob Bernoulli——发现的）。

现在是我们的定理时间，正如我们说好的，我们会用概率方法来证明这个定理。

可以说是组合学中最著名的一个定理，下面这个非凡的事实是由 Frank Plumpton Ramsey 在 1930 年证明的，他是英国著名知识分子家庭的后代（也是坎特伯雷大主教 Arthur Michael Ramsey 的哥哥）。在其最简单的有限形式中，Ramsey 定理指出，对于任何正整数 k，都有一个数 n，如果你把集合 $\{1, \ldots, n\}$ 中的每一个无序数对都染成红色或绿色，那么一定有一个由 k 个数组成的集合 S 是"同质"的，即 S 中的每一对的颜色相同。

具有这个性质的最小的 n 被称为"第 k 个 Ramsey 数"，表示为 $R(k, k)$。例如，$R(4, 4)$ 结果是 18；这意味着对于 1 到 18 之间数对的任何二染色，都有一个大小为 4 的同质集合；而这不总对集合 $\{1, \ldots, 17\}$ 的数对染色成立。然而，没有人知道 $R(5, 5)$ 的值！Paul Erdős 比历史上任何其他数学家写的论文都要多，也对 Ramsey 定理非常着迷，他津津乐道于下面的忠告。如果一支强大的外星军队要求我们告诉他们 $R(5, 5)$ 的值，否则惩罚将是地球的毁灭，我们应该把地球上所有的计算能力都投入工作, 也许能成功计算出这个数值。

但是如果他们要求的是 $R(6,6)$, 我们应该在他们攻击我们之前先攻击他们。

不难证明——事实上我们将在第 15 章中证明—— $R(k,k)$ 最多是 $\binom{2k-2}{k-1}$, 从而小于 2^{2k}。我们这里要做的是利用期望的线性叠加来得到 $R(k,k)$ 的指数级的下界。

定理. 对所有的 $k > 2$, $R(k,k) > 2^{k/2}$。

Erdős 在 1947 年发表的这一证明的想法是, 从 1 到 $n = 2^{k/2}$ 的数对的一个随机染色将会以正概率导致没有大小为 k 的同色集。所以这样的染色存在 (尽管证明中没有展示出任何一个)。

我们所说的随机染色是这样的: 对于 1 到 n 之间的每一个数对 $\{i,j\}$, 我们抛一枚公平的硬币来决定是将其染成红色还是绿色。如果我们取一个固定的大小为 k 的集合 S, 它包含 $\binom{k}{2} = k(k-1)/2$ 对, 因此它是同质的概率为 $2/2^{k(k-1)/2} = 2^{(k+1)/2-k^2/2}$。

可选作 S 的集合数, 即 $\{1,\ldots,n\}$ 的大小为 k 的子集的个数, 是 $\binom{n}{k} < (2^{k/2})^k/k! = 2^{k^2/2}/k!$, 因此, 由期望的线性叠加, 同质集合的期望个数小于

$$2^{(k+1)/2-k^2/2} \cdot 2^{k^2/2}/k! = \frac{2^{(k+1)/2}}{k!},$$

这在 $k = 2$ 时等于 1, 并随着 k 的增加而减小。

所以同质集合的期望个数小于 1, 我们宣称这意味着没有同质集合的概率大于零。看到这点的一个方法是使用上面加满杯子中的计数随机变量的期望公式。如果 $\mathbf{X}$ 是同质集合的个数, $\mathbf{X}$ 的期望等于 $\mathbb{P}(\mathbf{X} > 0)$ 加上更多的非负项; 所以如果 $\mathbb{E}\mathbf{X}$ 小于 1, 则 $\mathbb{P}(\mathbf{X} > 0)$ 也小于 1。♡

这个定理告诉我们 $R(5,5)$ 至少是 $\lceil 2^{5/2} \rceil = 6$, 我们后面的归纳证明意味着上界为 $\binom{8}{4} = 70$。在写这本书的时候, 事实上我们知道 $R(5,5)$ 在 43 到 48 之间。

第 15 章　精彩的归纳

归纳法（induction，来源于动词 *induce*，而不是 induct！）是数学中最简洁和有效的工具之一。在其最简单的形式中，你想对所有正整数 n 证明某个命题；你先证明 $n = 1$ 的命题，然后证明对于所有 $n > 1$，如果它对 $n - 1$ 是成立的，那么对 n 也是成立的。

更一般地说，在证明对 n 的命题时，你可以假设它已经对所有正整数 $m < n$ 都是真的。这个假设被称为归纳假设，简称 "IHOP"（见注释与资料）。

我也喜欢下面的表述，它甚至更为一般。你想证明某个命题在满足某些条件的所有情况下都是真的。要做到这一点，你假设有某些情况下它是假的，并把注意力放在这些情况中的一个在某种意义上是极小的实例上。然后，你证明如何从这个坏的实例可以变出另一个更小的坏的实例，这与你开始的那个实例是极小的假设矛盾。于是你推出，不存在坏的实例，因此你的命题总是真的。

因此，从某种意义上说，归纳法是归谬法的一个特例——也就是说，去证明一个相反的假设导致一个矛盾。

是不是有点太抽象了？来看看谜题吧。

一致的单位距离

是否对任何正整数 n，平面上都有一个点集，其中的每个点与恰好 n 个其他点的距离为 1？

解答：对于 $n = 1$，一条单位线段的两个端点就可以了。对于 $n = 2$，我们可以把这条线段平移一个单位距离，然后把得到的线段和原来的线段放在一起，得到一个菱形的四个顶点。往哪个方向平移？几乎任何方向都可以（只要它与原线段的夹角不是 $60°$ 的倍数）。所以如果我们取它为一个随机的方向，行得通的概率为 1。

我们现在以这种方式归纳继续。假设点集 S_n（包含 2^n 个点，但我们不关心这个数量）具有以下特性：其中的每一个点都恰与其他 n 个点构成单位距离。现在将 S_n 沿一个随机的方向平移一个单位距离，得到集合 S'_n，并令 S_{n+1} 为 S'_n 和 S_n 的并集。现在对 S_{n+1} 的每个点，除了到 n 个点之外，到自己的平移副本也是单位距离，总共是 $n+1$ 个。（$n=2$ 时的构造见下图。）

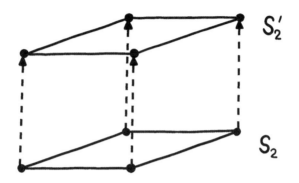

只有有限个平移角度会导致"意外"的单位距离，因此以概率 1 上述操作是可行的。♡

更换高管座位

"妇女在行动"公司的高管们面向股东，在一张长桌旁坐成一排。不巧的是，根据会议组织者的表格，每个人都坐在错误的位子上。组织者可以说服两名高管更换座位，但前提是她们必须相邻且都没坐在正确的位子上。

组织者可以组织更换座位以使每个人都坐在正确座位上吗？

解答：可以的。将座位（以及本该坐在这些位置的高管）从左到右编号为 1 到 n。对 n 进行归纳，只需要对某个 $m \leqslant n$，让编号为 m 到 n 的高管都坐到她们正确的位置上，并保持其他人仍然全都坐在错误的位置。

为了做到这一点，我们将 n 号高管不断向右交换，直到她遇到某位，比如说第 i 号高管，坐在 $i+1$ 号座位上，因此如果我们继续下去，她将会被交换到正确的位置。这时还有可能 $i+1$ 号高管坐在 $i+2$ 号座位上，$i+2$ 号高管坐在 $i+3$ 号座位上，等等，我们将称这个至少包含高管 i 的一段为一个"路障"。

如果路障一直持续到这排的尾端，那我们就继续执行所有的交换，最后 i 号到 n 号高管都在她们正确的座位上，而其余的人都还没有。

如果路障在尾端前结束，令高管 j 为路障右边紧邻的下一位高管。我们不交换 n 和 i，而代之以把 j 向左交换直到她与 n 交换；在这个过程中的任何时刻，j 不会在她的正确座位上，因为她被换入的任何座位都属于路障里的成员。

现在我们把注意力转移到已经向右移动一步的 n 上,并继续把她向右交换,直到下一次遇到某个路障的开始,并像上面一样处理这种情况。

最终,n 号高管到达了最右边,归纳证明就完成了。♡

这个方法可能需要多少次交换? 当处理 n 号高管时,没有一个 i 号会两次处于路障中,因为当她位于一个路障里时,她会被换到右边 (从 $i+1$ 位换到 $i+2$ 号位),然后被 n 号高管越过。我们得出结论,处理 n 号高管至多需要 $2(n-1)$ 步,因此总共最多需要 $2(1+2+\cdots+n-1) = n(n-1)$ 次交换来让每个人坐到其正确的座位。

奇数个灯的开关

假设你用一组开关控制灯泡。每个开关改变一部分灯泡的状态,即把这部分灯泡中关着的点亮,亮着的关闭。你被告知,对于这些灯泡的任何一个非空集合,都有一个开关控制该子集中的奇数个灯泡 (可能还控制其他灯泡)。

证明: 无论灯泡的初始状态如何,你都可以用这些开关把所有灯泡关闭。

解答: 证明是通过对灯泡数 n 的归纳。注意开关操作的顺序并不重要; 有关系的只是每个开关被翻转的次数是奇数还是偶数。这个命题当 $n=1$ 时是显然成立的,所以假设 $n \geqslant 2$,我们面对的是一个由 n 个灯泡组成的状态,以及一组操控它们的开关。根据归纳假设,对每个 i,都有一个开关集合 S_i 可以使得除了第 i 个之外的所有灯泡变暗。如果有任何一个 i 使得 S_i 将灯泡 i 也变暗,那么我们就成功了,所以下面假设没有 i 会是这样。

选择一对不同的灯泡 i 和 j,然后操作 S_i,接着 S_j。结果是,除了 i 和 j,每个一开始暗着的灯泡都保持暗的状态,而每个最初亮着的灯泡都会先被关上,然后再次被打开——因此,仍然处于开始时的状态。但灯泡 i 和灯泡 j 是例外,它们都被改变了状态。

因此,如果灯泡 i 和灯泡 j 都是亮的,我们可以用 $S_i \cup S_j$ 把它们都关掉,而不改变其他任何灯泡的状态。因此,如果有偶数个灯泡是开着的,我们可以把它们成对地关掉,从而把所有的灯泡都变暗。

如果有奇数个灯泡亮着呢? 那么我们就对所有灯泡组成的集合使用给定的条件,把亮着的灯泡变为偶数个。♡

这个证明中有一点神秘之处——我们是不是只在一个特殊情况下,即那个我们需要翻转奇数个灯泡的集合是全集时,才使用了给定的条件? 也许我们就只需要这个条件!? 不,即使是两个灯泡这也行不通,当只有一个开关并且控制一个灯泡; 那样就没有办法把另一个灯泡关掉。

这里的问题是，为了实现归纳，我们需要一个"向下持续"的条件——在这里，当我们移除一个灯泡时需要继续保持的条件。否则，我们就不能在移除灯泡 i 后使用归纳假设。

实际上我们的确需要所有子集满足这个条件。如果在某个灯泡集 S 中我们不能翻转奇数个，并且开始时 S 中只有一个灯泡亮着，那么我们就被困住了。

真正的平分

你能不能把 1 到 16 的整数划分为两个大小相等的集合，使得它们具有相同的总和、相同的平方和以及相同的立方和？

解答：的确有这样一个划分：一个集合是 $\{1, 4, 6, 7, 10, 11, 13, 16\}$，另一个是 $\{2, 3, 5, 8, 9, 12, 14, 15\}$。

为了找到解答，你可以暗自思量一下：嗯，16 是 2 的幂；这会不会是某个更广泛的命题的一个示例？例如，我可以将 1 到 8 划分为两个大小相等的集合，使得它们有相同的和以及相同的平方和吗？把 1 到 4 划分为两个大小相等并且总和相等的集合呢？后者当然很容易：$\{1, 4\}$ 对 $\{2, 3\}$。当然那样的话对数字 5 到 8 来说，$\{5, 8\}$ 对 $\{6, 7\}$ 也有类似的性质，而如果你把这些交叉放在一起，你得到 $\{1, 4, 6, 7\}$ 对 $\{2, 3, 5, 8\}$，这样总和当然没问题了，现在似乎平方和也对了。

一般地，你可以用归纳法证明，从 1 到 2^k 的整数可以被划分为两个集合 X 和 Y，使得两部分有相同的 j 次方和，其中 j 从 0 到 $k-1$；等价地，对于任何次数小于 k 的多项式 P，$P(X)$ 和 $P(Y)$ 相等，其中我们定义 $P(X)$ 为 $\sum\{P(x) : x \in X\}$。

上升到 2^{k+1} 时，取 $X' = X \cup (Y + 2^k)$（其中 $Y + 2^k$ 由 Y 中每个元素加上 2^k 而得），$Y' = Y \cup (X + 2^k)$。我们需要证明，对于任何次数最多为 k 的多项式 P，

$$P(X) + P(Y + 2^k) = P(Y) + P(X + 2^k).$$

如果 P 的次数小于 k，那么由归纳法，我们有 $P(X) = P(Y)$，也有 $P(X + 2^k) = P(Y + 2^k)$，因为后者的每项只是另一个关于 x_i 或 y_i 的多项式（可以称作 Q）。因此，对于次数小于 k 的多项式来说，X' 和 Y' 取相同的值。可是，如果 P 的次数是 k 呢？

这时候我们也没问题，因为上面单行显示的方程两边的 k 次方项都与 $P(X) + P(Y)$ 的 k 次方项相同。♡

无重复字符串

是否有一个由拉丁字母组成的有限字符串，它没有一对相邻的相同子串，但在任一端添加任何一个字母都会产生一对？

解答：是的，对字母表中字母数量 n 进行归纳（然后取 $n = 26$）。设 $L_1, \ldots, L_n$ 为这些字母；对 $n = 1$，单字母串 $S_1 = \langle L_1 \rangle$ 就可以了。我们可以取 $S_2 = \langle L_1 L_2 L_1 \rangle$，$S_3 = \langle L_1 L_2 L_1 L_3 L_1 L_2 L_1 \rangle$，一般地，$S_n = S_{n-1} L_n S_{n-1}$。

证明这是正确的：假设 S_{n-1} 对字母表 $\{L_1, \ldots, L_{n-1}\}$ 满足条件；我们要证明 $S_n = S_{n-1} L_n S_{n-1}$ 对字母表 $\{L_1, \ldots, L_n\}$ 满足条件。首先注意 S_n 不可能有一个连续重复子串，因为这样的子串不可能包含只出现一次的字母 L_n，因此必须完全出现在某段 S_{n-1} 中，和我们的归纳假设矛盾。

现在假设字母 L_k，$1 \leqslant k \leqslant n$，被添加到 S_n 的右端；我们想证明这的确产生出了一个连续重复子串。如果 $k = n$ 这当然成立，这样我们的整个字符串现在会是连续两遍 $S_{n-1} L_n$。否则，归纳假设告诉我们在 $S_{n-1} L_k$ 里面已经有一个连续重复的子串了。当 L_k 被添加到 S_n 的左端时，论证基本上是一样的。♡

对于拉丁字母表，我们的字符串的长度是 $2^{26} - 1 = 67108863$ 个字母。

小青蛙

为了给小青蛙做跳跃练习，它的四位长辈站在一块方形田地的四个角上。当某位长辈呱呱叫时，小青蛙向那个角跳一半的距离。田地中有一小块圆形空地。无论小青蛙从这片田的哪里开始，长辈们总能让它跳到空地上吗？

解答：是的。用一个 $2^n \times 2^n$ 的正方形网格覆盖田地；我们将通过对 n 归纳证明，从任何起点出发，小青蛙都可以被引导到我们想要的任何网格单元。假设目标单元是在西南象限。同时在两个方向上将西南象限的 $2^{n-1} \times 2^{n-1}$ 网格翻倍使得它覆盖整个田地。我们的归纳假设告诉我们，小青蛙可以被呱呱到目标单元翻倍后的位置（原网格的四个单元的并）。

现在，从西南角的长辈那里呱一声，就会把小青蛙带到原来的目标单元。

我们的归纳证明就这样结束了，剩下的就是把 n 取得足够大，使 $2^n \times 2^n$ 网格的某个单元完全位于小青蛙要去的空地内。

守护画廊

某个博物馆房间的形状是一个非常不规则、非凸的 11 边形。在最坏的情况下，房间中需要设立多少个岗哨，才能确保房间的任一处都能至少被一个岗哨看到？

解答：三个岗哨就够了（有时也是必要的，如下图所示的 11 边形）。

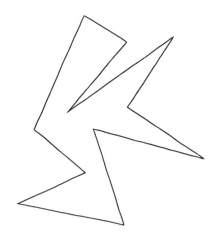

一般来说，对任意 n 边形，$\lfloor n/3 \rfloor$（即不超过 $n/3$ 的最大整数）个岗哨就足够了，而且这个数是可能的最优界。通过推断，$\lfloor n/3 \rfloor$ 个岗哨对下图是必要的；

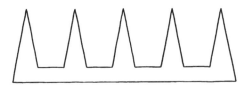

下面的证明得出这也是足够的，并且事实上这些岗哨都可以放在角上。

第一步是三角剖分这个多边形。一条对角线是多边形两个顶点之间的线段，其内部完全位于多边形的内部。三角剖分可以通过不断画不相交的对角线直到不能画更多来实现。

接下来，我们对 n 归纳证明，多边形的顶点可以用三种颜色染色，使得每个三角形的顶点都有所有三种颜色。选择三角剖分中的任何一条对角线 D，并沿着它将原图形切成两个多边形，每个多边形的顶点都少于 n 个，并且每个多边形以 D 为一条边。根据归纳假设给这两个多边形染色，将其中一个染色中的颜色重新置换，使它们在 D 的端点的颜色一致，然后将两个小多边形重新拼起来，得到原多边形的一个染色（如下图所示）。

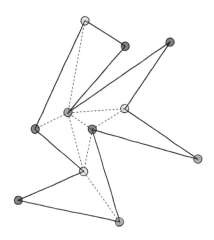

　　被用次数最少的颜色出现在最多 $\lfloor n/3 \rfloor$ 个顶点上，而在那些点派驻警卫可以覆盖所有的三角形，从而覆盖整个房间。♡

穿过小区的路径

　　在一个特定的蜂窝电话网络中，每个小区被分配频率时，没有两个相邻小区使用同一频率。证明:（在满足条件的情况下）如果使用的频率数量已经是最少的，那么可以设计一条路径，每次从一个小区移动到相邻小区，并且按频率升序的次序，每个频率恰好只访问一次!

　　解答: 这实际上是一个抽象的图论问题；将频率或"颜色"分配给图中的顶点，使没有任何两个相邻的节点得到相同的颜色，这被称为一个恰当染色。我们要证明的命题是，在任何一个被用最少颜色进行了恰当染色的图中，都有一条路径能恰好碰到每种颜色一次；更进一步，如果颜色是有序的（例如，它们对应于从 1 到 k 的数），我们可以使得这条路径以升序碰到这些颜色。在我们这里，图 G 的顶点是手机网络中的各个区域，两个顶点的相应区域相邻时（因此可能容易相互频率干扰），它们构成一条边。

　　想法是以一种"贪心"的方式给 G 重新染色，尽量使用编号大的颜色。首先，将任何染色为 $k-1$ 的顶点重新染为颜色 k，如果它不与任何颜色为 k 的顶点相邻。然后将任何染色为 $k-2$ 的顶点重新染为颜色 $k-1$，如果它不与任何颜色为 $k-1$ 的顶点相邻。继续以这种方式得到一个新的染色，根据我们的最小化假设，它仍然使用所有的 k 种颜色。

　　现在从任何一个新的颜色是（从而旧的颜色也是）1 的顶点 v_1 开始走；我们知道有一个新颜色为 2 的顶点 v_2 与之相邻，因为否则 v_1 的颜色应该已经变大了。注意，v_2 的旧颜色也是 2；它不可能是从颜色 1 变过来的，因为

它与 v_1 相邻。类似地,有一个和 v_2 相邻的颜色为 3 的顶点 v_3,由于 v_2 的缘故它不会是从颜色 2 变过来的。以这种方式进行下去,我们得到一条路径 $v_1, v_2, \dots$,它以递增的顺序既在新的染色也在旧的染色中碰到每种颜色。

这个谜题是许多例子中的一个,在这些例子中,要求证明一个较弱的命题(例如,只是说有一条路径恰好碰到每个频率一次)会使谜题变得更难。

利润与亏损

在部件工业公司最近的股东大会上,首席财务官展示了自上次会议以来逐月的利润(或亏损)图表。她说:"请注意,在每段连续八个月的时间里我们都在盈利。"

一位股东抱怨说:"也许是吧,但我发现在每段连续五个月的时间里我们都在亏损。"

自上次会议以来,最多过去了几个月?

解答:当然,这里要求的是一个最长的数列,使每一个长度为 8 的子串的和都大于 0,而每一个长度为 5 的子串的和都小于 0。这个数列必定是有限的,事实上长度小于 40,否则你可以把前 40 项的总和同时表示为 5 个长度为 8 的子串的(正的)和以及 8 个长度为 5 的子串的(负的)和。

让我们更一般地解决这个问题,令 $f(x, y)$ 是满足每个 x-子串的和为正而每个 y-子串的和为负的最长序列的长度;我们可以假设 $x > y$。如果 x 是 y 的倍数,那么 $f(x, y) = x - 1$,我们只能接受没有 x-子串的事实。

如果 $y = 2$ 而 x 是奇数呢?那么你可以有一个长度为 x 的串,例如各项以 $x - 1$ 和 $-x$ 交替出现。但是你不能有 $x + 1$ 个数,理由是在每个 x-子串中,每个奇数位项必须是正数(因为对任何一个奇数位项,你都可以用 2-子串覆盖除去它之后的部分)。但是有两个 x-子串,它们在一起意味着中间的两个数都是正的,这是一个矛盾。

更广泛地应用这一推理表明,当 x 和 y 互质时(也就是除了 1 之外没有公约数时),$f(x, y) \leqslant x + y - 2$。我们可以如下通过归纳法证明。反设我们有一个长度为 $x + y - 1$ 的满足给定条件的序列。设 $x = ay + b$,其中 $0 < b < y$,观察序列中最后的 $y + b - 1$ 个数。注意其中任何连续的 b 个都是整个序列的某个 x-子串去掉 a 个 y-子串得到的;因此,它有正的和。另一方面,最后 $y + b - 1$ 个数的任何 $(y - b)$-子串是 $a + 1$ 个 y-子串去掉一个 x-子串得到的,因此具有负的和。由此,$f(b, y - b) \geqslant y + b - 1$,但这与我们的归纳假设相矛盾,因为 b 和 $y - b$ 互质。

为了证明当 x 和 y 互质时 $f(x, y)$ 的确等于 $x + y - 2$，我们构造一个串使得它在满足所需条件的同时还满足：它只取两个不同的值，而且它同时具有周期 x 和 y。称这两个值为 u 和 v，并先想象我们把它们任意分配为序列的前 y 项。

然后，这个分配一直重复到序列的末尾，自然使得序列具有周期 y。为了同时具有周期 x，我们只需要确保最后的 $y - 2$ 项与开始的 $y - 2$ 项相同，这需要我们开始时的 y 个选择满足 $y - 2$ 个等式。由于没有足够多的等式来迫使所有的选择都相同，我们可以确保至少选到一个 u 和一个 v。

例如，让我们做一下 $x = 8$ 和 $y = 5$。记序列的前五项为 $c_1, \ldots, c_5$，所以序列本身将是 $c_1 c_2 c_3 c_4 c_5 c_1 c_2 c_3 c_4 c_5 c_1$。为了使之以 8 为周期，我们必须有 $c_4 = c_1$，$c_5 = c_2$，$c_1 = c_3$。这允许我们选择，例如 $c_1 = c_3 = c_4 = u$，$c_2 = c_5 = v$；因此整个序列是 $uvuuvuvuuvu$。

回到一般的 x 和 y，我们注意到，一个具有周期 x 的序列自动具有每个 x-子串总和相同的性质；因为，当你每次一步向后移动子串范围时，在一端新得到的那项和另一端掉出去的那项是一样的。如果序列具有周期 y，这当然对 y-子串也成立。

记 S_x 为 x-子串的这个和，类似地记 S_y；我们声称 $S_x/x \neq S_y/y$。原因是，如果设每个 x-子串中有 p 个 u，每个 y-子串中有 q 个 v，那么 $S_x/x = S_y/y$ 将意味着 $y(pu + (x - p)v) = x(qu + (y - q)v)$，简化得 $yp = xq$。由于 x 和 y 互质，在 $0 < p < x$ 和 $0 < y < q$ 时这不可能发生。

然后我们可以调整 u 和 v，使 S_x 为正，S_y 为负。例如，在上述情况中，每个 8-子串包含 5 个 u 和 3 个 v，而每个 5-子串包含 3 个 u 和 2 个 v。如果我们取 $u = 5$ 和 $v = -8$，我们有 $S_x = 1$ 和 $S_y = -1$。最后，解决原始问题的序列是 $5, -8, 5, 5, -8, 5, -8, 5, 5, -8, 5$。♡

烘焙店的标准

一位面包师有一打（13 个）硬面包圈，其中的任何 12 个都可以分成两堆，每堆 6 个，放到天平两端，左右完美平衡。假设每个硬面包圈的重量为整数克。所有硬面包圈都要一样重吗？

解答: 是的。否则的话, 令 $b_1, \ldots, b_{13}$ 为一组满足条件但不全相等的重量。我们可以假设 (通过将每个重量减去一个相等的量) 有一个硬面包圈是 0 克的。设 2^k 是整除所有重量的 2 的最高幂, 假设我们选择了使 k 最小的反例。不能有一个硬面包圈的重量为奇数, 因为使得剩下的硬面包圈可以平衡它们的总重量必须是偶数, 而取走那个 0 克的硬面包圈也必须使剩下的重量和为偶数, 这是不可能的。然而如果所有的重量是偶数, 我们可以将每一个除以 2, 使 k 变小从而和我们的归纳假设矛盾。♡

值得提一下, 称重时每边有 6 个硬面包圈的条件是需要的。否则, 例如, 由 7 个各重 50 克的硬面包圈和 6 个各重 70 克的硬面包圈组成的 (面包师的)"一打" 会具有所述的性质。证明出问题的地方是在我们把每个重量减去一个相等的量时; 这依赖于在称重时每边有相同数量的硬面包圈。

分数求和

Gail 让 Henry 想一个介于 10 到 100 之间的整数 n, 但不告诉她是什么。现在, 她告诉 Henry 找到所有互质的 (无序) 整数对 j, k, 它们都小于 n, 但加起来大于 n。他现在把所有分数 $1/jk$ 相加。

啊哈! 最后, Gail 告诉了 Henry, 他的这个和是多少。她是怎么做到的?

解答: 对 $n = 2$, 唯一符合条件的数对是 $\{1, 2\}$, 所以总和是 1/2。对 $n = 3$, 我们有 $\{1, 3\}$ 和 $\{2, 3\}$ 这两对, 总和是 $1/3 + 1/6 = 1/2$。对 $n = 4$, 我们有 $\{1, 4\}$、$\{2, 3\}$ 和 $\{3, 4\}$ 这几对, 得到 $1/4 + 1/6 + 1/12 = 1/2$。嗯, 有没有可能这个和总是 1/2 呢?

让我们试着用归纳法来证明, 从 $n = 2$ 开始。从 $n - 1$ 到 n, 对每个满足 $\gcd(j, n) = 1$ 的 j, 我们新增了 $1/jn$, 对每一对满足 $\gcd(j, k) = 1$ 以及 $j + k = n$ 的 j 和 k, 我们失去了 $1/jk$。但是如果 $j + k = n$, 那么 j、k、n 中任何一对互质可推出所有三对都互质。所以, 每一对和为 n 的、满足 $\gcd(j, k) = 1$ 的 j 和 k 都标志着失去一个 $1/jk$ 而获得 $1/jn + 1/kn = 1/jk$, 巧妙地抵消。♡

用 L 平铺

你能用不旋转的三连块平铺平面网格的第一象限么? 每个三连块的形状都像字母 L 或者 J。

解答: 答案也许有点令人吃惊。你的确可以做到, 但只有一种方法, 而且这种方法不是周期性的。

如果你动手尝试,从原点开始沿着 X 轴做一整行,然后逐行往上做,你会发现只需要做一点点预判(提前考虑一行)就行。

第一行(左边)开始必须是一个正的 L,我们称之为"捺"。在它的右边,我们需要放一个 J,我们称之为"撇",这样这两个三连块上面的空间才可以被填充。然后你需要另一个捺,另一个撇,另一个捺,等等,交替直到无限。

下一行已经被覆盖了一半;为了覆盖剩下的那些单元格,你需要从一个撇开始。每一个后续的捺或撇的选择都必须在第 3 行留下一个偶数长度的间隔,否则你后面就会尴尬了。好消息是,选择捺或撇的区别总是使得前面这个间隔的长度差 1,因此你总能使这个间距成为偶数。

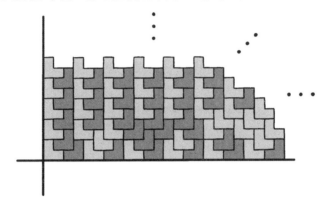

这很好地为我们用归纳法证明构造存在提供了准备。归纳假设应该是什么呢?我们想说的是,从开始直到并包括第 k 行的所有的行都被覆盖了,而下一行,第 k + 1 行,到第 m 个位置(m 可能是 0)都被覆盖了。在位置 m 之后,在第 k + 1 行形成的都是偶数长度的间隔,直到无穷远处。

还有什么?好吧,我们还需要说,第 k + 2 行在位置 m 之前的间隔都是偶数长度,在那之后是空的;并且没有更高的行的任何格子被覆盖。

这是一大堆假设,但我们需要所有这些,并且一旦我们有了这些,证明就容易了。我们插入一个新的三连块,其底部覆盖 k + 1 行的第 m + 1 和 m + 2 格,我们选这块是捺或者撇,使得第 k + 2 行上面的新缺口长为偶数。这也将使第 k + 1 行的下一个间隔缩短两格,会使这个间隔或者消失,或者仍然有偶数的长度,两种情况都没问题。

一切似乎都很好,但是稍等,我们到底是在对什么进行归纳?这不可能是已经放置的三连块的数量,因为在第一行放好后,三连块的数量已经是无限了。我们真正做的是一系列的归纳,对每一行都有一个。每一个归纳的结果都是:第 1 行到第 k 行完全被覆盖,第 k + 1 行部分被覆盖,更高的行完全没有被覆盖，并且第 $k+1$ 行上的所有间隔都是偶数长度。这只是我们的归纳假设的 "$m=0$" 的一个情况。

接着是唯一性，假设任何一个满足条件的平铺，选择任何 k 和 m，考虑该平铺中与我们的归纳假设的 k、m 情形相对应的部分。为了使得它的扩展存在，它必须满足我们的归纳假设，而且由于我们的构造在任何一步上都没有选择，所以这个平铺必定和我们的相同。

旅行商

假设在俄罗斯的每对主要城市之间，往返的单程机票价格相同。旅行商 Alexei Frugal 从圣彼得堡出发，游历各个城市，他总是选择最便宜的航班飞往尚未去过的城市（他无须返回圣彼得堡）。旅行商 Boris Lavish 也需要访问每个城市，但他的起点是加里宁格勒，他的原则是：在每一步中选择最昂贵的航班飞往尚未去过的城市。

看上去显然 Lavish 先生的旅行开销至少和 Frugal 先生一样多，但你能证明这一点吗？

解答：一个方法是去表明，对于任何 k，Lavish 先生乘坐的第 k 便宜的航班（记为 f）至少和 Frugal 先生乘坐的第 k 便宜的航班一样贵。这似乎是一个比所要求的强得多的命题，但实际上不是；如果它有一个反例，我们可以在不改变大小关系的情况下调整票价，使 Lavish 先生总的来说比 Frugal 先生付的少。

为方便起见，设想 Lavish 先生的旅行最终结果是按照从西到东的顺序进行的。设 F 是 Lavish 先生的 k 个最便宜的航班组成的集合，X 是这些航班的出发城市，Y 是到达城市。注意，X 和 Y 可能有重叠。

如果一个航班的价格不超过 f 的价格，则称其为 "廉价" 的；我们想表明，Frugal 先生至少会坐 k 个廉价航班。注意，从 X 中的一个城市向东的每一个航班都是廉价的，因为否则 Lavish 先生就会乘坐这个航班而不是他实际乘坐的 F 中的廉价航班。

如果 Frugal 先生乘坐廉价航班离开一个城市，就称这个城市是 "好的"，否则称其为 "坏的"。如果 X 中的所有城市都是好的，证明就完成了；Frugal 先生从这些城市出发的是 k 个廉价航班。否则，令 x 是 X 中最西边的坏城市；那么当 Frugal 先生到达 x 时，他已经访问了 x 以东的每一个城市，否则他可以乘廉价航班离开 x。但这样一来，当 Frugal 先生访问 x 以东的每个城市时，都有到 x 的廉价的航班可以离开，所以这些城市都是好的。特别地，Y 中在 x

以东的所有城市、以及 X 中在 x 以西的所有城市都是好的；这已经是 k 个好城市了。♡

瘸腿车

瘸腿车像国际象棋中的普通车一样——可上下左右直线行走，但一次只能移动一个方格。假设瘸腿车从 8×8 棋盘的某个方格出发，遍历整个棋盘，途经每个方格一次，并在第 64 步返回起始方格。证明：在遍历过程中，水平移动步数和竖直移动步数不相等！

解答：你应该问自己：对于 $n \times n$ 棋盘也是这样吗？一些试验会提醒你，当 n 是奇数时这样的环游不存在，因为首先这样的棋盘上一种颜色的方格比另一种颜色的多，但是返回起始位置的环游必须访问相同数量的每种颜色的方格。

此外，对于 $n = 2$ 和 $n = 6$，容易构造水平和竖直步数相同的环游。因此，你可能会猜测，当 $n \equiv 0 \bmod 4$ 时，谜题在 $n \times n$ 棋盘上成立，此外，问题可能是（比如）水平移动的数量必须为 $2 \bmod 4$，因此不可能是 64/2。所有这些都是正确的，但怎么证明呢？

假设车是所在方格中心的一个点，设 P 是跟着该点描出的多边形。注意 P 的顶点位于棋盘的对偶网格上，网格的顶点位于棋盘各方格的中心。

多边形 P 在棋盘的网格线上勾勒出一棵树 T（如下图中的粉红色）。

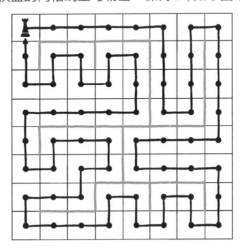

我们将用归纳法证明，当 P 是棋盘网格上任何一棵树的轮廓时，以下情况都成立：如果 P 的边界上有 n_0 个对偶网格的顶点位于偶数列，n_1 个位于奇数列，而 h 是 P 的水平边界长度和，则 $h \equiv n_1 - n_0 + 2 \bmod 4$。

归纳基础是简单的：如果这个树是单个顶点，我们有 $n_1 = n_0 = 2$ 和 $h = 2$。现在设 u 是 T 的任一个叶子；如果它是竖向悬挂的，把它切掉会导致 n_1 和 n_0 同时减少 1 而 h 不变。如果 u 是横向悬挂的，去掉它会把 $n_1 - n_0$ 改变 2，同时使 h 减少 2。

由于对瘸腿车产生的多边形 P 有 $n_1 = n_0$，水平移动的数量为 2 mod 4，因此不可能是 32。♡

现在是本章的定理时间，我们回到 Ramsey 理论，用归纳法给出 Ramsey 数的上界（从而顺带证明它们是存在的）。

给定任何两个正整数 s 和 t，Ramsey 定理声称，对于足够大的 n，在任意的对 $\{1, 2, \ldots, n\}$ 中所有无序数对进行的红绿染色下，都有一个大小为 s 的集合 S，其中的数对都被染成了红色，或者一个大小为 t 的集合 T，其所有数对都被染成了绿色。使上述断言成立的最小的 n 被定义为 Ramsey 数 $R(s, t)$。

定理. 对于任何 s 和 t，$R(s, t)$ 存在，并且不超过 $\binom{s+t-2}{s-1}$。

首先注意，由于大小为 1 的集合内没有二元对，所以对于任何 k，$R(1, k) = R(k, 1) = 1$。此外，为了得到（例如）一个大小为 2 的红色集合（即一个内部所有对都是红色的集合），我们只需要一条红色边。由此可见，$R(2, k) = R(k, 2) = k$，因为（对于 $R(2, k)$ 的情况）如果有任何红色对，其成员就给我们一个大小为 2 的红色集合，否则所有的对都是绿色的，我们可以用所有数来组成大小为 k 的绿色集合。

这些观察结果都符合定理的陈述。现在我们将通过对总和 $s + t$ 的归纳来继续。

固定 s 和 t，并假设对所有满足 $s' + t' < s + t$ 的 s' 和 t'，都有 $R(s', t') \leqslant \binom{s'+t'-2}{s'-1}$。令 U 为集合 $\{1, \ldots, n\}$，其中 $n = \binom{s+t-2}{s-1}$，且假设某个对手将 U 中所有的无序对染成了红色或绿色。我们想在 U 中找到一个大小为 s 的红色子集 S 或大小为 t 的绿色子集 T。这将表明 Ramsey 定理的结论在 $n = \binom{s+t-2}{s-1}$ 时是成立的，因此 $R(s, t)$ 不超过这个数。

记得（在 Pascal 三角形中）$n = j + k$，这里 $j = \binom{s+t-3}{s-2}$，$k = \binom{s+t-3}{s-1}$。注意，当 $s' = s - 1$ 和 $t' = t$ 时，j 的角色是我们的 "n"，而当 $s' = s$ 和 $t' = t - 1$ 时，k 的角色是我们的 "n"。

让我们把注意力集中在包含 1 的数对上。有 $n - 1$ 个这样的对，我们声称这些对中要么至少有 j 个是红色，要么至少有 k 个是绿色。为什么呢？因为否则的话，最多只有 $j - 1$ 对红色，最多只有 $k - 1$ 对绿色，而这加起来只有

$j + k - 2 = n - 2$。（是的，你可以把这看作鸽巢原理的一个应用。）

假设前者成立，即有 j 个 $\{1, i\}$ 形式的红色对。令 V 为其中出现的数 i 组成的集合（不包括 1 本身）。由于 $(s - 1) + t < s + t$，并且 $j = \binom{(s-1)+t-2}{(s-1)-1}$，我们由归纳假设得知或者有一个大小为 $s - 1$ 的红色集合 $S' \subset V$，或者有一个大小为 t 的绿色集合 $T' \subset V$。如果是后者，我们会很高兴；而如果是前者，我们可以把数字 1 加到我们的集合中——因为所有涉及 1 的对都是红的——得到一个大小为 s 的红色集合 $S = S' \cup \{1\}$。

另一种情况是类似的：如果有 k 个 $\{1, i\}$ 形式的绿色对，令 W 为其中出现的数 i 组成的集合；因为 $s + (t - 1) < s + t$，并且 $k = \binom{s+(t-1)-2}{s-1}$，由归纳假设，或者有一个大小为 s 的红色集合 $S' \subset W$，或者有一个大小为 $t - 1$ 的绿色集合 $T' \subset W$。如果是前者，我们已经得到了我们的 S；而如果是后者，我们可以把数字 1 加到 T' 中——因为所有涉及 1 的对都是绿的——得到一个大小为 t 的绿色集合 $T = T' \cup \{1\}$。证明完成！♡

事实上，$R(3, 3)$ 恰好等于 $\binom{3+3-2}{3-1} = \binom{4}{2} = 6$，但 $R(4, 4) = 18$，要严格小于我们的上界 $\binom{4+4-2}{4-1} = \binom{6}{3} = 20$。把我们的定理和上一章中证明的定理放在一起，我们知道 $R(k, k)$ 在 $2^{k/2}$ 和 2^{2k} 之间。大多数组合学家都猜测，存在 $\frac{1}{2}$ 和 2 之间的某个数 α，当 k 增长时 $R(k, k)$ 的表现类似 $2^{\alpha k}$——更确切地说，随着 k 趋向无穷大，$R(k, k)$ 的 k 次根的以 2 为底的对数趋向于某个 α。找到 α 的值会让你从 "Paul 叔叔" Erdős 那里得到 5000 美元，而且他很乐意付这笔钱。

第 16 章　空间之旅

我们都生活在三个空间维度中，并且习惯了三维的思维，尽管在大多数情况下我们的观看和涂画都主要是二维的。因此，三维的几何问题，虽然可能比平面上的问题难得多，但却能令人愉快地吸引我们的直觉，有时甚至是很有用的。

下面的一些谜题中有些本身的设置是在三维空间中的；而另一些可以放在那里以达到良好的效果。

简单的蛋糕切割

一个立方体形状的蛋糕在顶面和每个侧面上都涂了糖霜。你能将它切成三块，使得每块包含相同数量的蛋糕和相同数量的糖霜吗？

解答：用下面的简洁的方案，你能把蛋糕切成任意的 k 块，使得每块包含相同数量的蛋糕和相同数量的糖霜：从顶部往下看蛋糕，将蛋糕顶部正方形的周长分成 k 个相等的部分，然后从周长上的每个分割点直直地切向正方形中心。

这种方法能成功的原因是，从顶部看，每一块都是具有相同高（即蛋糕边的一半）和相同总底边长（即周长的 $1/k$）的三角形并在一起，如图所示。

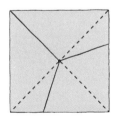

说到立方体，这里有一个关于对它们漆色的问题。

漆立方体

你是否可以用 10 种不同颜色漆 1000 个单位立方体，使得对 10 种颜色中的任何一种，这些小方块都可以组装成表面只有这种颜色的 $10 \times 10 \times 10$ 的立方体？

解答：注意这些数凑得正好。6000 个面需要上色，而大立方体表面上的面数是 $6 \times 100 = 600$。因此我们需要用每种颜色漆恰好 600 个面，并且当我们组装大立方体时，我们不能把被指定的颜色的哪怕一个面埋在里面。

事实是，尽管有这些限制，还是有很多方案可以为单位立方体上色来满足要求。但是靠胡敲乱打来找方案是靠不住的。

相反，用 0 到 9 给颜色编号。以下面的方式给无限的三维立方体网格中的所有立方体上色：用 0 号颜色漆所有在平面 $x = 0$ 正反两面上的面，用 1 号颜色漆在 $x = 1$ 上的所有面，等等，在平面 $x = 10$ 时转回 0 号颜色，以此类推。对所有 y 平面和 z 平面也做同样的处理。

这个方案给每个单位立方体的每个面都涂上了该面的 u-坐标的个位数代表的颜色，其中 u 是 x、y 或 z 之一，取决于哪个轴与该面垂直。特别地，该方案对单位立方体有 10^3 种不同的着色。而现在如果你想让你的大立方体的表面是 i 号颜色，就从空间中用平面 $x = i$，$x = i + 10$，$y = i$，$y = i + 10$，$z = i$，和 $z = i + 10$ 切出你的大立方体。这将使用每一种类型的单位立方体一次，成功了！♡

当然，你可以用任何正整数 n 代替 10（也就是说，你可以给 n^3 个单位立方体上色，然后用这些单位立方体组成一个 $n \times n \times n$ 的立方体，使得其表面都是一种任意给定的颜色）。上述证明仍然成立，事实上，它的一些版本在其他维度上也有效。

只是，别太费劲思索"漆"一个四维超立方体的三维的面意味着什么。

土豆上的曲线

给定两个土豆，你能在每个土豆的表面各画一条闭合曲线，使得这两条曲线在三维空间中完全一样吗？

解答：是的，你可以：把这两个土豆交在一起！

好吧，也许多解释几句也无妨。把土豆想成全息影像，放在一起使它们在空间上有重叠。然后，它们表面的交点将刻画出一条曲线（可能不止一条），这条曲线同时在两个表面上，问题解决了。

多面体涂色

设 P 是一个有红绿两种面的多面体, 每个红面都被绿面包围, 但是红面总面积超过绿面总面积。证明: 你无法在 P 中内切一个球。

解答: 假设有这样一个内切球, 用球的切点来三角剖分 P 的面。那么 P 的任何一边两侧的三角形都是全等的, 因此具有相同的面积; 每一对三角形中最多有一个是红的。由此, 红色总面积最多等于绿色总面积, 与我们的假设矛盾。♡

图中展示了一个二维的版本, 用一个多边形的边和顶点代替了 P 的面和边。

封住检查井

一个敞开的检查井直径为 4 米, 必须用总宽度为 w 米的木板将其封上。每块木板的长度都超过 4 米, 因此当 $w \geq 4$ 时, 显然你可以并排放置木板来盖住井口 (见下图)。如果 w 只有 3.9 米, 看上去木块的面积还是足够的, 并且你想的话允许封条之间有重叠, 你还能盖住井口吗?

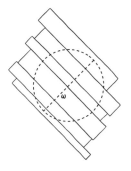

解答: 直观地说, 尽管你有足够的木材, 但似乎不得不浪费其中的不少, 或者是多次覆盖井的中心部分, 或者是把木板铺得离边缘太近从而盖不住多少区域。换句话说, 覆盖井的远离中心的部分是相对比较贵的。你能有效地量化这种说法吗?

事实上你可以，用一个被称为阿基米德帽盒定理的著名的事实。阿基米德用他的"穷竭法"（现在我们会用微积分）证明，如果一个半径为 r 的球面与两个相距 d 的平行平面相交，如下图所示，平面之间球面的表面积为 $2\pi rd$。特别地，这并不取决于两个平面在哪里切割球面，而只取决于平面之间的距离。（"帽盒"想必指的是一个半径为 r、垂直于这两个平面的圆柱面；该圆柱面在平面之间的面积是同样的 $2\pi rd$。）

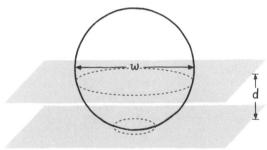

我们的这些平面是从哪里来的？让我们用一个直径为 w 的球面代替井，其赤道是井的边界。每块封条被一块由两个平行的竖直平面组成的竖直平板取代，这两个平面之间的距离 d 是封条的宽度。现在是关键：放置封条来覆盖井，相当于放置平板来覆盖球面。

但根据阿基米德定理，平板不能覆盖超过 $2\pi\frac{w}{2}d = \pi wd$ 的球面，而球面的总面积为 πw^2。所以当 $d < w$ 时，你是没办法的。♡

现在我们已经为征服下一个谜题做好了完美的准备。

三维空间中的平板

一个"平板"是三维空间中两个平行平面之间的区域。证明：你不能用一组厚度总和有限的平板覆盖整个三维空间。

解答：在某种程度上，结论似乎是显然的；如果当平板相互平行且不相交时你无法覆盖空间，那么当它们因重叠而浪费空间时，你当然也无法覆盖。但是"无限"是一个复杂的概念。这些平板都有无限的体积，那么有什么可以阻止它们尽情地覆盖呢？

事实上，我们从前一个谜题知道，它们覆盖不了一个大的球。如果平板的总厚度是 T，那么由阿基米德定理，它们不能覆盖一个直径大于 T 的球的表面，因此它们不能覆盖球本身。

所以它们当然不能覆盖整个三维空间。但奇怪的是，为了证明后者，我们似乎需要把问题缩小到空间中仅仅有限的一块。

四条线上的虫子

在平面上有四条一般位置（没有两条平行，没有三条交于一点）的直线。在每条直线上，一只幽灵虫以匀速爬行（每只虫的速度可能不同）。作为幽灵，如果两只虫子恰巧在路上碰到，它们会相安无事地穿过对方继续爬行。

假设六次可能的碰面中有五次真的发生了。证明：第六次也发生了。

解答：正如本章的标题所建议的，把这个谜题提升到空间里给出了一个优雅的解答。怎么做？用一个时间轴。假设除了 3 号虫子和 4 号虫子之外，每一对虫子都相遇。构建一个垂直于虫子平面的时间轴，令 g_i 为第 i 个虫子在空间中的图像（这里是指函数的图像）。由于每个虫子都以匀速爬行，每个这样的图像都是一条直线；它在虫子平面上的投影就是该虫子所爬行的直线。当（也仅当）两个虫子碰到，它们的图像会相交。

直线 g_1、g_2 和 g_3 是共面的，因为这三对都相交，同样的情况对 g_1、g_2 和 g_4 也成立。因此，所有四个图像都是共面的。现在，g_3 和 g_4 当然不平行，因为它们在原平面上的投影相交，因此它们在新的公共平面上相交。所以 3 号虫子和 4 号虫子也会相遇。

圆形阴影二

证明：如果一个实心物体在两个平面上的投影都是完美的圆盘，则这两个投影的半径相同。

解答：结论看上去非常合理，然而怎样证明它并不完全明显。

让你的直觉变得严格的一个简单方法是选择一个平面使之同时垂直于两个被投影的平面，并用它的两个平行的副本从两侧向实心物体移动。它们在两个投影的相对侧的边缘处碰到物体，在那一刻平行平面之间的距离是两个投影圆的共同直径。♡

盒子里的盒子

假设邮寄一个长方体盒子的费用按照它的长宽高之和计算。是否有可能把你的盒子装进一个更便宜的盒子里来省钱？

解答: 这里的麻烦是, 如果沿着对角线装的话, 里面的盒子可以有一个维度上的大小超过外面的盒子的最大维度上的大小。例如, 一个长度接近 $\sqrt{3}$ 的细针状的盒子可以被装在一个单位立方体里面。这个特殊的例子不会给出作弊的方法, 因为这时外面的立方体的总费用是 3, 比你可能为里面的盒子支付的 1.7 左右要大得多。但是我们怎么知道不会有更好的例子冒出来呢?

这里有一个精彩的证明, 为了表明你无法欺骗这个收费系统, 让 ϵ 趋向无穷大 (!)。

假设你的盒子的尺寸是 $a \times b \times c$, 令 R 为你的盒子及其内部所占据的空间区域。假设 R 可以被装入一个 $a' \times b' \times c'$ 的盒子 R', 其中 $a+b+c > a'+b'+c'$。取 $\epsilon > 0$, 并考虑由空间中所有到 R 的距离在 ϵ 以内的点组成的区域 R_ϵ。这个区域 R_ϵ 是一个包含你的 R 盒的、加了圆角的凸形。R_ϵ 的体积等于: 你的盒子的体积, 加上面上多出来的总共 $2\epsilon(ab+bc+ac)$ 的体积, 再加上棱上多出来的 $\pi\epsilon^2(a+b+c)$, 最后加上各个角上多出来的总共 (相当于一个球的八个卦限) $\frac{4}{3}\pi\epsilon^3$。如果你对外面的盒子 R' 做同样的事情, 你会得到一个当然必定包含 R_ϵ 的区域 R'_ϵ。但这是不可能的! 在表达式 $\mathrm{vol}(R'_\epsilon) - \mathrm{vol}(R_\epsilon)$ 中, ϵ^3 项抵消了, 所以如果你取很大的 ϵ, 主导的是 ϵ^2 项, 即 $\pi\epsilon^2((a'+b'+c')-(a+b+c))$, 一个负数。♡

空间中的角度

证明: 在 $\mathbb{R}^n$ 中, 任何超过 2^n 个点的集合都有 3 个点构成一个钝角。

解答: 一个超立方体的 2^n 个角给出了在 n 维空间中不产生钝角时你最多可以有的点, 这看上去是合理的。但怎么证明这一点呢?

令 $x_1, \ldots, x_k$ 为 $\mathbb{R}^n$ 中不同的点 (向量), 令 P 是它们的凸包。将维度降到 P 的维度, 并且适当地放缩, 我们可以假设 P 的体积为 1; 我们还可以假设 x_1 是原点 (即 0 向量)。如果各点之间没有钝角, 那么我们声称对于每一个 $i > 1$, P 和它的平移 $P + x_i$ 的内部是不相交的; 这是因为过 x_i 的垂直于向量 x_i 的平面将这两个多面体分开。

此外, 对于 $i \neq j$, $P + x_i$ 和 $P + x_j$ 的内部也是不相交的; 这次用的是过 $x_i + x_j$ 并垂直于向量 $x_j - x_i$ 的分离平面。我们得出结论, 对于 $1 \leqslant i \leqslant k$, $P + x_i$ 的并集的体积是 k。

然而, 所有这些多面体都位于体积为 2^n 的加倍的多面体 $2P = P + P$ 内部。从而如我们所愿, $k \leqslant 2^n$!

曲线和三个影子

在三维空间中是否有一条简单闭曲线, 其在坐标平面上的所有三个投影都是树状? 这意味着, 曲线在三个坐标方向的影子不包含任何闭合的圈。

解答: 曾经没有人知道这个问题的答案, 直到坐落在英国剑桥的高级电信模块有限公司的 John Terrell Rickard 实际找到了这样一条曲线。下面图示的是他优美、对称的解决方案及其三个影子。我根本不知道 Rickard 是怎么找到它的。

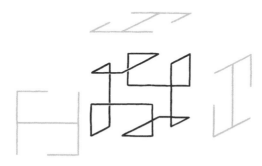

后来, 多卷本经典著作《计算机编程的艺术》的作者 Donald Knuth 在一台计算机上编程来寻找在 Rickard 那样的 $3 \times 3 \times 3$ 的立方体网格中是否还可以挖出其他解。据 Knuth 说, 在他按下回车键的一瞬间, 计算机发现只有另外一个解, 如下图所示。

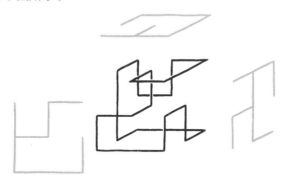

较之 Rickard 的解, Knuth 的解完全没有对称性。

如果你找到了这两条曲线中的任何一条, 你都是非常厉害的!

我们这章的定理可能是世界上最著名的通过进入三维空间来证明平面几何定理的例子。但有个令人啼笑皆非的转折。

给定平面内任意两个半径不同的圆, 没有一个圆包含在另一个圆内, 我们可以作出两条与两圆都相切的直线, 使得对于每条线, 两个圆都在线的

同一侧（见下图）。这两条线将相交于平面上的某一点，它称为这两个圆的
Monge 点。

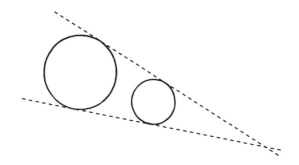

　　定理. 假设给定平面内三个半径都不同的圆，没有一个圆包含在另一个
圆内。那么这三个圆两两之间确定的三个 Monge 点共线。

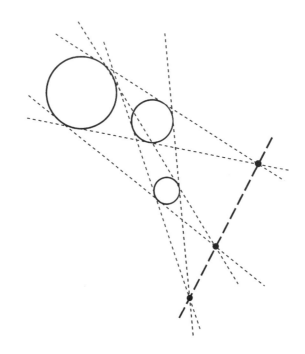

　　这就是图形的样子（我们用了不相交的圆，但事实上它们是可以相
交的）。

　　此定理归功于杰出的法国数学家和工程师 Gaspard Monge（1746–1818）。
（在我写这一段的时候，）你在维基百科上会发现一个优雅的、著名的、但是

错误的证明![1] 它是这样的:

将每个圆替换成以其为赤道的一个球, 这样你现在有三个直径不同的球, 在它们的赤道处与原平面相交。取其中的两个。现在取代你的两条外公切线的是一整个外切圆锥, 其顶点是两圆的 Monge 点。

现在, 取一个与这三个球相切的平面, 从而也与这三个圆锥体相切。三个 Monge 点将全部位于该平面上, 也位于原平面上。但是这两个平面交于一条直线, 所以 Monge 点都在这条直线上, 证明完成!

要找出这个证明中的漏洞并不容易。问题在于, 可能没有一个平面与三个球都相切; 例如, 如果其中两个圆很大, 而第三个圆在它们之间, 而且较小。

下面的证明中在圆上造出的不是球面而是圆锥, 它出现在名为 cut-the-knot 的 org 网站上, 归功于剑桥大学三一学院的 Nathan Bowler。记三个圆锥为 C_1、C_2 和 C_3, 它们都是 "直角" 圆锥——也就是它们的顶端张出 90° 角。(实际上, 我们只需要所有的圆锥都有相同的角度。) 每一对圆锥体都确定了两个外切平面, 记为 P_1 和 Q_1 (圆锥 C_2 和 C_3 的外切平面), P_2 和 Q_2 (圆锥 C_1 和 C_3 的), 以及 P_3 和 Q_3 (圆锥 C_1 和 C_2 的)。

每一对平面 P_i、Q_i 相交于一条直线 L_i, 这条直线通过所切的两个圆锥的顶点, 也通过相应的圆的外公切线的交点。因此, 特别地 L_1 和 L_2 在 C_3 的顶端相遇, L_1 和 L_3 在 C_2 的顶端相遇, 而 L_2 和 L_3 在 C_1 的顶端相遇。因此, 这三条交线是共面的 (都在由三个顶端决定的平面上); 该平面与三个圆的原始平面相交于一条通过三个焦点的线, 这次我们的证明真的完成了。♡

正如你可能会想到的, 还有其他方法来证明 Monge 定理, 其中之一是以保圆的方式变换平面来摆脱先前破坏球面证明的烦人的初始情况。但是没有被修正的球面的证明作为 Monge 定理的 "标准" 证明继续存在, 这的确有些奇怪并令人唏嘘。

---

[1] 在我翻译这一段的时候, 这个证明还在维基百科上。——译者注

第 17 章　Nim 数和 Hamming 码

数学中最著名的等式也许不是 $E = mc^2$ 或者 $e^{i\pi} = -1$，而是 $1 + 1 = 2$。但是，如果你像许多计算机科学家一样喜欢二进制算术，你可能更喜欢 $1 + 1 = 10$；如果你是一位和数字模 2 打交道的代数学家或逻辑学家，你可能更喜欢 $1 + 1 = 0$。

事实证明，在某些情况下，在一个任何数与自己相加都得到 0 的世界里工作，是令人惊讶地有价值的。这就是 Nim 数的世界。

Nim 数很像一般的数，事实上，你可以把它们想成用二进制写下的非负整数。但它们的加减法运算法则和通常的数不同。特别地，你加 Nim 数时不需要进位。

同一件事的另一种说法：要计算一堆 Nim 数之和的（右起）第 i 位，你只需要知道每个 Nim 数的第 i 位。如果其中有奇数个是 1，那么和的第 i 位就是 1；否则就是 0。

我们来试一下。为了避免混淆，我们将给一个 Nim 数的十进制表示加上上划线，因此，举例来说，$\overline{7} = 111$，$\overline{10} = 1010$。为了区别 Nim 数的加法和普通的二进制加法，我们用符号 $\oplus$ 而不是 $+$。

这样，$\overline{7} \oplus \overline{10} = 111 \oplus 1010 = 1101 = \overline{13}$。当然，$\overline{1} \oplus \overline{1} = 1 \oplus 1 = 0 = \overline{0}$，事实上，正如我们所说，对于任何 n，$n \oplus n = 0$。

一旦你习惯了 Nim 算术，它真的相当不错。它满足一般的算术定律——它是可交换的，可结合的，并且对任何 x 满足 $x \oplus 0 = x$。它的加法可逆，像我们看到的：任何 Nim 数都是它自己的加法逆元！因此，我们在 Nim 算术中不需要减号，减法和加法是一样的。如果我们有两个 Nim 数 m 和 n，并且想知道 m 加上哪个 Nim 数等于 n，嗨，那就是 Nim 数 $m \oplus n$，因为 $m \oplus (m \oplus n) = (m \oplus m) \oplus n = 0 \oplus n = n$。

如果你学过线性代数，你可能会认识到 Nim 数是一个两元域上的向量。当你在任何向量空间中作向量加法时，各个分量是独立相加的；这就是我们的 Nim 数所发生的情况，因为我们不进位。一个不同之处在于，对于 Nim

数，我们不事先指定维度（坐标的数量）。如果我们需要更多的坐标（比特），我们总是可以在二进制数的左边添加更多的零而不改变数值或它的 Nim 数性质。

这个名字从何而来？我们会看到，Nim 数是在 Nim 游戏中出现的数。因此，对魅力无穷的数学家 John H. Conway 来说，"nimber" 这个词也是魅力无穷的。所以 "Nim 数" 在很大程度上取代了一个古老的称谓——"Grundy 数"，这是可以理解的。

考虑一下：

生活是一碗樱桃

在你和你的朋友 Amit 面前有 4 碗樱桃，碗中樱桃的颗数分别是 5、6、7 和 8。你和 Amit 将交替挑选一个碗并从中取一个或多个樱桃。如果你先挑，并且想确保拿到最后一颗樱桃，应该从哪个碗中拿多少樱桃呢？

解答：在传统的 Nim 游戏中，装了樱桃的碗被一堆堆石子或（我更喜欢的）一叠叠筹码所取代，问题是如何最优地从任何起始状态开始玩游戏。

我们通过从大到小列出每一叠的大小来表示 Nim 中的状态；例如，在樱桃谜题中，给出的状态是 8|7|6|5。Nim 的规则规定，从一个给定的状态开始，你可以到达任何除了有一个数被减小或删除（如果那叠的所有筹码被拿走）之外其他数都不变的状态。例如，如果你从 7 那碗中取走两个樱桃，你就会到达新的状态 8|6|5|5。

我们的目标是要成为达到空状态的那个玩家。如果只有一叠，这可以马上办到；只要把它全部拿走就可以了。

如果只有两叠筹码，并且它们的大小不同，你（作为先手）有以下获胜策略：从大的那叠中取筹码使其减少到与小的那叠数量完全相同，然后重复这样。

当有多于两叠时，事情开始变得复杂。Nim 数让事情变得简单——它可以帮你在任何应该获胜的时候都能获胜，而且经常（在实战中）在你不应该获胜的时候也能帮你赢！

方法是这样的。我们将一个状态的 *Nim* 和定义为各叠大小的 Nim 数之和。例如，樱桃谜题中初始状态的 Nim 和为

$$\overline{8} \oplus \overline{7} \oplus \overline{6} \oplus \overline{5} = 1000 \oplus 111 \oplus 110 \oplus 101 = 1100 = \overline{12}.$$

事实上，你（作为先手）在任何一个 Nim 和不为零的状态必胜。你怎样做到这一点？很简单：把它换成一个 Nim 和是零的状态。你的对手将不得不把这个状态换成一个 Nim 和再次不为零的状态，然后你重复。最终，你达到 Nim 和当然是零的空状态，你就赢了！

这里有一些事情需要验证。首先，你怎么知道你的对手不能把一个零 Nim 和的状态变成另一个和为零的状态呢？好的，你的对手（像你一样）必须从一叠中取走一个或多个筹码，所以他把其中一叠的大小 s_i 减小到某个 $s_i' < s_i$，这将产生从以前的状态的 Nim 和中减去 s_i 并加上 s_i' 的效果，但记住，Nim 减法与 Nim 加法是一样的。所以新状态的 Nim 和将是 $0 \oplus s_i \oplus s_i' = s_i \oplus s_i' \neq 0$。

更微妙的是，从任何 Nim 和非零的状态，你都可以得到一个 Nim 和是零的状态。下面是你如何做到这一点的。假设当前的 Nim 和是 s，并设 s 的二进制表示中最左边的 1 是右起第 i 位（也就是代表 2^{i-1} 的那位）。那么至少有一叠的大小（设为 s_j）的第 i 位也是 1 ——否则 s 的第 i 位就应该是 0。我们声称我们可以从这叠中取走一些筹码将它的大小变为 $s_j \oplus s$，这样做会使状态的 Nim 和变为 $s \oplus s = 0$。但这很简单，因为 s 和 s_jNim 相加会把 s 的第 i 位从 1 变成 0，而不会影响 s_j 中任何位于第 i 位左边的位。由此，$s \oplus s_j$ 比 s_j 小，所以将 s_j 那叠减少到 $s \oplus s_j$ 是满足规则的一步。

让我们用那些樱桃来试试。我们看到给定状态的 Nim 和是 $\overline{12} = 1100$，其最左边的 1 在右起第四位。这里刚好只有一叠的大小在（二进制）右起第四位是一个 1：大小为 8 的那叠。将 1100 Nim 加到 1000，得到 $100 = \overline{4}$，所以我们将 8 个樱桃那碗中的数量减少到 4。

由此产生的状态 7|6|5|4 的 Nim 和是 $111 \oplus 110 \oplus 101 \oplus 100 = 0$，我们把 Amit 放在了我们想要他面临的处境中。

在某些状态中会有几叠的二进制大小在 Nim 和的最左边是 1 的那个位置上是 1；在这种情况下，每叠中都会有一步胜招。对于我们的樱桃的初始状态，只有一叠是这样的，因此只有一步胜招。在任何其他的第一步之后都是 Amit 必胜。

即使在专业的组合游戏领域（其中两个玩家交替进行，第一个无法移动的玩家被判负），Nim 数所起的作用也远远不止于在 Nim 游戏中。实际上，在一个"公平的"组合游戏——即双方面临任何给定的状态时都有相同的移动选择——中的任何位置都可以用一个 Nim 数来表示！这就是著名的 Sprague-Grundy 定理的内容，感兴趣的读者可以在 *Winning Ways* 或其他任何关于组合游戏的书中读到这个定理。

事实上，这里还有一个我们可以运用 Nim 数的公平游戏——但也许不是你所想的那样运用。

生活不是一碗樱桃吗？

在你和朋友 Amit 面前有 4 碗樱桃，碗中樱桃的颗数分别是 5、6、7 和 8。你和 Amit 将交替挑选一个碗并从中取一个或多个樱桃。如果你先挑，并且想确保 Amit 拿到最后一个樱桃，应该从哪个碗中拿多少樱桃呢？

解答：所以，实际上，在这第二个谜题中，你希望你的朋友赢。（在这种情况下，我们称你玩的是这个游戏的 Misère 版本。）看起来，由于你的目标与之前的谜题相反，你应该走除了把八个樱桃那碗减少到四个之外的任何一步。

如果 Amit 合作的话那是没问题的，也就是说，如果他自己想要最后一颗樱桃，但如果你想坚持让 Amit 得到最后一颗樱桃，那就不行了。令人惊讶的是，你在第二个谜题中第一步的唯一胜招与第一个谜题是一样的！

这个反直觉的解决方案背后的哲学是，下出和为零的状态使得你可以控制游戏，直到你决定让谁得到最后一颗樱桃的关键时刻。那个时刻是在你第一次遇到恰好有一个碗里有多个樱桃的状态时，也就是说，用一般的 Nim 术语，除了一叠之外各叠都只包含一个筹码的状态。

注意，这样的状态的 Nim 数永远不会是零，因为在二进制中那个大叠的大小至少有一个 1 不会被抵消。因此，当这样的局面不可避免地出现时，面临它的将是你而不是你的对手。现在你只需要考虑两手：移除大的那叠的所有筹码，以及移除那叠中除一个筹码外的所有筹码。无论哪种方式，留给对手的将只剩下"单元"叠。如果有偶数叠，你将得到最后一个筹码；如果有奇数叠，他将得到最后一个。由于上述两手中的一个会留下偶数叠，另一个是奇数叠，所以你可以控制谁得到最后的筹码。

让我们做一个樱桃游戏来看看这是怎么进行的。在下图中，我们之字形穿过时间，左边是你的移动，右边是 Amit 的，空心的樱桃是被取走的。每个（在指定的移动之前的）局面的 Nim 和以及每叠的 Nim 数都以二进制示出。

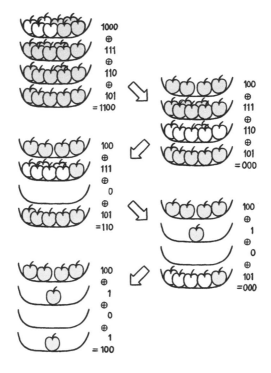

　　在所示的最后一个局面，如果你想得到最后一颗樱桃，你会拿走 4 个樱桃那碗中的所有樱桃；如果你想让 Amit 得到最后一个樱桃，你将只拿走那碗中的三个。

Whim 版 Nim

　　你和一个朋友厌烦了普通版或 Misère 版的 Nim 游戏，决定玩一个变种：在任何时候，任何一位选手都可以声明玩 "Nim" 或 "Misère"，而不是拿掉筹码。这在一局游戏中最多只能发生一次，当然，随后游戏按照被声明的版本正常进行。（在未作声明的游戏中，将剩下筹码全部拿掉会输掉游戏，因为这时你的对手可以声明 "Nim" 作为其最后一步。）

　　这款游戏被其发明者（最近过世的 John Horton Conway）称为 "Whim"。它的正确策略是什么？

　　解答：由于我们之前的分析，一旦有人作声明，游戏实际上就结束了。因此，我们把注意力集中在研究声明之前如何进行游戏。

　　容易看到，如果你面临和为零的局面，你只要声明 "Nim" 就赢了。因此，你绝不能给你的对手创造一个和为零的局面。此外，你也不想把只有单元叠的局面交给对手，因为那样的话他就会适当地声明（如果单元叠的数量是偶数, 就声明"Nim", 否则就声明"Misère") 从而获胜。相反地, 你很乐意给对手只有大小为 2 的一叠的情况。就此而言, 你可以给他任意奇数个 2 的叠, 外加任意偶数个 1 的或者偶数个 3 的叠。然后最终把所有叠变为单元叠的将是他, 而你将作声明并获胜。

John H. Conway 对此有一个很好的思考方法: 假想有大小为 2 的额外一叠, 称为"奇想叠"; 然后采取正常的 Nim 策略, 将 0 局面交给对手。如果你实现 0 局面的唯一方法是去掉那个奇想叠, 你就代之以适当的声明。

唯一的麻烦是: 如果为了实现 0 局面必须要从奇想叠中取 1 个筹码呢? 当有一叠大小为 2 或者有另一叠大小为 3 时, 这种情况不会发生, 如果所有叠都是单个筹码, 你就万事大吉了, 所以只有在有一个或多个大小至少为 4 的"高大"的叠时, 你才会有麻烦。

Conway 对此的解决方案是, 当游戏中有一个高大的叠时, 想象奇想叠的大小只有 1。我们需要检查这个转换不产生麻烦, 但这其实很容易。你的对手永远不会是消去唯一的高大叠的那个人, 因为他处于包含奇想叠的 0 局面 (因此是不包含奇想叠的 1 局面), 他不可能只看到一个高大叠。如果是你面对一个高大叠, 并且为使对手得到 0 局面需要将该叠减少到 0、1、2 或 3 的大小, 那么你可以代之以把它分别减少到 3、2、1 或 0, 得到包含一个大小为 2 的奇想叠的 0 局面。

综上所述: 如果是你的移动, 而且没有高大叠, 只要该局面的 Nim 值 (算上一个假想的大小为 2 的叠) 不为 0, 你就能获胜; 如果有高大叠, 那么 Nim 值 (算上一个假想的大小仅为 1 的奇想叠) 不能为 0。♡

让我们把 Nim 数用到帽子上。

有选项的帽子

一百个囚徒被告知, 在伸手不见五指的午夜, 每个囚徒都将按照一枚公平硬币的抛掷结果被戴上一顶红色或黑色的帽子。囚徒将围成一圈, 这使得开灯后, 每个囚徒都能看到其他囚徒的帽子颜色。一旦灯亮起, 囚徒就没有机会互相发信号或以任何方式交流了。

然后, 每个囚徒被拉到一边, 他可以选择猜自己的帽子是红色还是黑色, 但是他也可以选择弃权。如果 (1) 至少有一个囚徒选择猜测自己帽子的颜色, 并且 (2) 每个选择猜测的囚徒都猜对, 那么所有囚徒将全部获释。

像往常一样, 囚徒们有机会在游戏开始前制定策略。他们能否取得超过 50% 的成功率?

解答：如果囚徒们全都进行了猜测，那他们几乎没有胜算；所以看起来合理的是挑选一个囚徒（比如说，乔）来猜测，让其他人都弃权；那样至少当乔猜对时囚徒们都会得到释放。事实上，看似几乎能证明他们不可能做得更好。每个人的猜测都只有 50% 的概率是正确的，那么让多于一个人猜测哪有任何好处？

假设我们固定某个策略 $\mathscr{S}$，它告诉每个囚徒按照他看到的 99 顶帽子来猜黑（"B"），猜红（"R"），或者拒绝猜测（"D"）。想象一下，我们写下一个巨大的矩阵来表示对于 2^{100} 种可能的帽子组合情况中的每一种，每个囚徒根据 $\mathscr{S}$ 所采取的行为。如果每个正确的猜测（B 或 R）被加粗，那么矩阵中的加粗猜测的数量和没被加粗的猜测的数量完全相同；这是因为，如果在某种特定情况中囚徒 i 的猜测是一个（例如）加粗的 R，那么对于其他帽子不变而囚徒 i 的帽子被改为黑色的情况，那将是一个没有加粗的 R。

换言之，无论是什么策略，在所有可能的情况中一半的猜测是正确的。这提供了一个想法：何不把尽可能多的错误猜测挤在一小部分情况中，并试图在剩下的每种情况中只安排一个正确的猜测？

让我们来做一点点算术。固定一个策略 $\mathscr{S}$，令 w 为成功情况（即所有猜测者都猜对的情况）的数量。设 x 是成功情况中（正确的）猜测的平均数，y 是失败情况中错误猜测的平均数。那么 $wx \leqslant (2^{100} - w)y$，只有在所有失败情况中的猜测都是错误的情况下才取到等号。为了使 w 最大化，我们希望在失败的情况中，每个囚徒都猜测并且全都猜错；在成功情况中，只让一个囚徒猜测并且猜对。如果我们能让 n 个囚徒做到这一点，我们将得到一个 $n/(n+1)$ 的成功概率。我们称这个数为**计数上界**。对于我们的 100 名囚徒来说，实现计数上界将的确会是一个超级好消息，因为他们都将以 100/101 的概率被释放——比 99% 还好。

然而先不要太过激动。有一点是，我们不可能为我们的 100 名囚徒获得 100/101 的成功概率，因为那会要求失败情况的数量是总情况数的恰好 1/101，而 2^{100} 不能被 101 整除。

但对于 $n = 3$，$n + 1$ 确实可以整除 2^n；让我们看看是否可以使得 3 个囚徒获胜概率达到 3/4。我们需要在 $2^3 = 8$ 种帽子组合中的两个成为失败的；合理的尝试是全红的情况和全黑的情况。如果我们让每个囚徒在看到两顶黑帽子时猜"红"，在看到两顶红帽子时猜"黑"，就能达到预期效果。他们在失败的情况中都会猜错。让我们来看看。如果我们要求他们在其他任何时候拒绝猜测，我们的愿望实现了：在任何两种颜色都有的情况中，帽子独占一种颜色的那个囚徒会猜对, 而其他两个人则弃权!

下面是这个策略对应的矩阵。

Prisoner#:	Configuration: 01	10	11	Action: 01	10	11
R	R	R	B	B	B
R	R	B	D	D	**B**
R	B	R	D	**B**	D
R	B	B	**R**	D	D
B	R	R	**B**	D	D
B	R	B	D	**R**	D
B	B	R	D	D	**R**
B	B	B	R	R	R

注意, 我们对囚徒进行了二进制编号——实际上我们对他们进行了 *Nim* 编号。如果我们把一种情况的 Nim 和定义为戴红帽子的囚徒的 Nim 数的 Nim 和, 我们看到那两个失败的情况, RRR 和 BBB, 是 Nim 和为 0 的情况。其余每种情况都有一个非零的 Nim 和, 这个和对应某个囚徒的 Nim 数——那个囚徒在该情况出现时进行猜测 (并猜对)。

这样想来, 上述策略可以推广到囚徒人数为任何 2 的幂减 1 时, 也就是说, 只要对某个正整数 k, $n = 2^{k-1}$。囚徒们的 Nim 编码是 1 到 n, 也就是从 000 ... 001 到 111 ... 111。那些戴红帽子囚徒的 Nim 和为 0 的是失败的情况。策略如下: 每个囚徒都假设所处的情况不是一个失败的情况, 并且在这个假设下如果能推出自己的帽子颜色是什么, 他就相应地进行猜测。否则他就弃权。

那也相当于这样做。囚徒 i 计算他看到的戴红帽子的囚徒的 Nim 和 m_i; 我们称 m_i 为囚徒 i 的 "私人" Nim 和。如果 $m_i = 0$, 囚徒 i 推断他的帽子必须是红色的 (否则整个情况的 Nim 和是 0, 每个囚徒都假设这不发生)。如果 $m_i = i$, 即囚徒 i 自己的 Nim 数, 那么他的帽子必须是黑色的 (否则整个情况的 Nim 和将是 $i \oplus i = 0$)。如果 m_i 是 0 或 i 以外的任何值, 囚徒 i 就知道当前不是一个失败的情况。很好的消息, 但并没有告诉囚徒 i 他的帽子是什么颜色, 所以他拒绝猜测。

这个策略可行的原因如下: (1) 如果实际情况的 Nim 和为 0, 每个囚徒都会猜测, 而且他们全都会猜错; (2) 如果实际情况的 Nim 和是 $s \neq 0$, 那么因

徒 s 会猜对，而其他囚徒都会弃权。因此，囚徒们将恰好达成他们成功概率的计数上界，$n/(n+1) = (2^k - 1)/2^k$。

我们利用了零 Nim 和的情况组成的集合 $\mathscr{L}$ 的以下性质：每一个不在 $\mathscr{L}$ 中的情况都可以通过翻转某人的帽子颜色而得到 $\mathscr{L}$ 中的一种情况。（这里，只有一顶这样的帽子：它所属囚徒的 Nim 数是那个情况的 Nim 和。）被解释为由长度为 n 的二进制字符串（红色 =1，黑色 =0）组成的集合时，$\mathscr{L}$ 被称为一种纠错码，而上述的换位性质使这个特定的编码（称为长度为 n 的 *Hamming 码*）成为一个"完美的 1-错纠错码"。Hamming 码和其他纠错码是具有巨大实践和理论意义的对象——后面我们将会给出一些更严肃的应用。

如果囚徒的数量不是 2 的幂减 1 怎么办？好吧，他们可以找到最大的满足 $2^k - 1 \leqslant n$ 的 k，并让 1 号到 $2^k - 1$ 号囚徒在他们之间执行上述协议，而其他人无论看到什么都拒绝猜测。这通常不是最优的但也不会差太多；失败的概率总是小于 $2/(n+1)$，因此（对大的 n）很小而且永远不会达到由计数上界给出的失败概率的两倍。我们的 100 名囚徒可以让 63 位在他们之间执行 Hamming 码协议，而剩下的 37 人旁观，拒绝猜测。这将给囚徒们带来相当可观的 63/64 = 98.4375% 的成功概率。

为了得到 n 不为 2 的幂减 1 时精确的最优成功概率，囚徒们需要找到最小的情况集合 $\mathscr{L}$ 使得任何情况与 $\mathscr{L}$ 中某种情况最多相差一个颜色翻转。我们从计数上界中看到，这样一个集合，有时被称为"以 1 为半径的覆盖码"，大小至少为 $2^n/(n+1)$ 的上取整。

让我们看看这个推理在几个小的数上发生的情况。对 $n = 4$，计数界说我们需要 $|\mathscr{L}| \geqslant 4$，而我们让三个囚徒运用 Hamming 码的成功概率已经是 $1 - 4/16 = 3/4$，所以这个方案是最佳的。对于 $n = 5$，计数界允许以 1 为半径的覆盖码的大小为 $\lfloor 32/5 \rfloor = 6$。事实上，6 是不可能的，但有一个以 1 为半径的覆盖码的大小为 7：

$$\{00000, 00111, 01111, 10111, 11001, 11010, 11100\}.$$

囚徒们用这个可以得到成功概率 $1 - 7/64 = 57/64$，比 Hamming 码更好。注意在这里，例如，如果实际情况是 11111（所有的帽子都是红色），有两个囚徒——左起 1 号和 2 号——将（正确地）猜测他们的帽子是红的，第一个避免编码 01111，第二个避免 10111。

事实证明，对于大的 n 来说，总是可以找到大小接近 $2^n/(n+1)$ 的以 1 为半径的覆盖码。它们比 Hamming 码难描述得多，但如果囚徒的数量又大又尴尬（例如，对某个 k，囚徒数量等于 $2^k - 2$），这样的努力可以使囚徒们将他们失败的概率降到将近一半。

棋盘猜测

Troilus 与 Cressida 订婚后，面临被驱逐出境的威胁，移民局正对婚姻的合法性提出质疑。为了测试他们的关系，Troilus 被带到一个有国际象棋棋盘的房间，棋盘上的某个方格被指定为特殊的。每个方格上都有一枚硬币，硬币的正面或者反面向上。Troilus 需要翻转其中一枚硬币，然后他将被带出房间，Cressida 会被带进来。

Cressida 在观察棋盘后，必须猜出那个特殊的方格。若她猜错了，Troilus 将会被驱逐出境。

Troilus 和 Cressida 能挽救他们的婚姻吗？

解答：Troilus 必须以某种方式用他翻一枚硬币的机会传递价值 6 比特的信息（因为棋盘有 $64 = 2^6$ 个格子）。他确实有 64 种不同的选择可以做，所以这并不是天然不可能的，但他和 Cressida 需要非常高效。

自然的方法是——如果你了解 Nim 数——为棋盘上的每个方格分配一个长度为 6 的 Nim 数。当 Cressida 进来时，她将硬币显示为正面的方格的 Nim 数相加；这给出一个 Nim 数，她现在猜与之对应的方格就是指定的特殊方格。

所以 Troilus 需要做的是确保总和指向正确的方格，但那是容易的。他计算出交给他的棋盘上的正面方格的 Nim 数之和，并将其与指定的特殊方块的 Nim 数比较。如果它们的和（也即是差！）是 Nim 数 b，他就翻转 b 号格子的硬币。这将从总和中加上（也即减去）b，使总和指向特殊方格。

超过半数的帽子

一百个囚徒被告知，在伸手不见五指的午夜，每个囚徒都将按照一枚公平硬币的抛掷结果被戴上一顶红色或黑色的帽子。囚徒将围成一圈，这使得开灯后，每个囚徒都能看到其他囚徒的帽子颜色。一旦灯亮起，囚徒就没有机会互相发信号或以任何方式交流了。

然后，每个囚徒被拉到一边，必须试着猜自己帽子的颜色。如果大多数（在这里至少有 51 个）囚徒猜对了，那么所有囚徒将全部获释。

像往常一样，囚徒们有机会在游戏开始前制定策略。他们能否取得超过 50% 的成功率？你相信会有 90% 吗？95% 呢？

解答: 太糟糕了, 平局不足以让囚徒们获释。他们可以确保平局 (见第二章中的 "一半正确的帽子"), 方法是其中 50 人在看到偶数个红帽子时猜 "黑色", 否则猜 "红色", 而另外 50 人做相反的事。那确保了恰好有 50 个囚徒能猜对。不幸的是, 按照这个问题的措辞, 那确保了囚徒们的失败。但也许我们可以用别的方式来利用这个想法。

不过, 在开始我们的分析之前, 值得检查一下一种你可能已经想到的可能性。如果每个囚徒简单地猜测他的帽子的颜色和他所看到的颜色中占多数的那种一样呢? 只要戴红帽子的囚徒的数量不恰好是 50, 这就能够成功; 在后一种情况下, 这个计划就会栽一个耀眼的大跟头, 每个囚徒都会猜错。但出现恰好 50 个红帽子的可能性并不高: 在 2^{100} 种选择帽子颜色的方法中, 这会发生在 100 选 50 种里, 所以恰好有 50 顶红帽子的概率为 $\binom{100}{50}/2^{100} = 0.07958923738\cdots$ 。因此, 这个 "从众" 策略以优于 92% 的概率使囚徒们获释; 很不错!

当从众方案失败时会制造出 100 个错误的猜测, 这一事实是它的一个特色, 而不是一个缺点。我们这里有一个非常类似的问题, 其解答让人想起所谓的圣彼得堡悖论。你在拉斯维加斯, 决心带着比你来时更多的钱回家; 你怎样才能使你的概率最大化, 即使你从赌博中得到的期望总是负的? 答案已在第十四章的谜题 *草率的轮盘赌* 那里讨论过。预估你可以承受损失 $2^k - 1$ 美元, k 是尽可能大的整数; 然后连续对 1 美元、2 美元、4 美元等进行尽可能公平的押注, 直到你赢得一注。你在这一刻退出, 赢得 1 美元。

你最终*可能*赢得 1 美元但也可能破产, 那是一个好策略的特征: 你或者只是勉强实现了你的目标, 或者差之千里。

这同样适用于 *超过半数的帽子*。由于每个猜测都是 50% 的正确率, 理想的方案会只有两种可能的结果: 险胜 (指在这种情况下, 恰好有 51 个正确的猜测) 或惨败 (每个猜测都错)。如果你能让 100 名囚徒做到这一点, 他们的成功概率 p 将满足 $51p = 49p + 100(1 - p)$, 因为对于任何方案, 正确猜测数量的期望必须等于错误猜测数量的期望。这样算下来, $p = 100/102 > 98\%$, 非常令人瞩目——如果那能办到的话。

一般地对 n 个囚徒, 当 n 是偶数时, 这个计算表明他们的成功概率不能超过 $n/(n + 2)$; 当 n 是奇数时, 囚徒们只需要正确的猜错比错误的多一个, 他们可以期望一个高达 $n/(n + 1)$ 的成功概率。我们将证明, 当 n 比 2 的幂少 1 或 2 时, 这种 "计数上界" 是可以达到的。

例如, 假设有 $31 = 2^5 - 1$ 个囚徒, 让我们给他们分配从 1 到 11111 (31 的二进制表示）的 Nim 数。我们根据囚徒的 Nim 数中最左边的 1 的位置把他们分成五组；因此第一组只包括囚徒 1，第二组包含囚徒 2 和 3，一般来说每组的囚徒数量是前一组的两倍。

囚徒 1 猜"黑色"。如果他猜对了——记住，其他每个人都能看到他是否会猜对——那么其他每组的行为就像是在玩一半正确的帽子。例如，协议可以是这样的：所有拥有偶 Nim 数的囚徒按照他们组的红帽子总数是偶数的假设来猜测，而所有拥有奇 Nim 数的囚徒则相反地假设。那样第 2 组到第 5 组将各有一半的正确，最后囚徒们会得到 16 比 15 的多数正确。

如果囚徒 1 的帽子是红色的，第 2 组就采取全体正确的帽子的策略——他们全都猜测自己组里的红帽子数量是偶数。如果他们是对的（概率为 1/2），那么之后的每组就像之前一样对半分，囚徒们再次以 1 个正确猜测的优势获胜。

如果第 2 组和第 1 组一样注定失败——再一次，这也是其他人都能看到的——那么就已经出现了三个错误的猜测，但现在可以用尝试全对的第 3 组来拯救。这种模式继续下去，总是产生 16 比 15 的多数正确，除非五组中的每一组都有奇数个红帽子，这种情况发生的概率只有 1/32。因此，31 名囚徒获得成功的概率为 $1 - 1/32 = 96.875\%$。我们知道这是不可超越的，因为它实现了理想状态：囚徒们要么以多出 1 个正确猜测获胜，要么每个人都错。

我们也可以用 30 个囚徒来实现这样的理想状态（当然成功的概率将只有 $1 - 1/16$）；这里没有大小为 1 的组，大小为 2 的组采取全体正确的帽子的策略，试图实现 2 个正确的优势。

那 100 个囚徒呢？由于有 2^n 种帽子情况从而任何策略的成功概率必为 $1/2^n$ 的一个倍数，所以我们无法恰好达到计数上界，除非 $n+1$ 或 $n+2$ 是 2 的幂。一百不是这样一个好数，但我们可以让 1 号到 62 号囚徒使用我们的"圣彼得堡协议"，同时另外 38 名囚徒自行分组使用一半正确的帽子的策略以免影响他人工作。这样，囚徒获释的概率为 $1 - 1/32 = 96.875\%$，相当不错。但这个策略似乎浪费了 38 名囚徒。

我们再次回到小的数。不是比 2 的幂少 1 或 2 的最小的数是 4。4 个囚徒能以优于 1/2 的概率获胜吗？可以：让 1 号囚徒猜黑色。如果他戴着一项黑帽子，其他三名囚徒可以用圣彼得堡协议，以 3/4 的概率得到 3 猜 2 中。如果 1 号囚徒戴的是红帽子，其他三个人就用全体正确的帽子的策略，因此以 1/2 的概率三个人都对。4 名囚徒总共以 $\frac{1}{2} \cdot \frac{3}{4} + \frac{1}{2} \cdot \frac{1}{2} = 5/8$ 的概率达成多 2 个猜中的优势。

根据这一观察，我们可以将 100 名囚徒分成大小分别为 4、6、12、24 和 48 的组，只剩下 6 个多余的。4 人组的玩法如上，成功的概率为 5/8。像往常一样，如果他们会成功（其他人都能看到），所有其他的囚徒都玩一半正确的帽子的策略。如果他们会失败，下一组（6 人的）就玩全体正确的帽子，如果他们还是失败，12 人组就开始玩全体正确的帽子，等等。最后多余的 6 个人总是玩一半正确的帽子。

结果？除非第一个 4 人组失败，并且后四组都遭遇奇数个红帽子。因此，这个策略使囚徒们获释的概率为 $1 - \frac{3}{8} \cdot \frac{1}{2} \cdot \frac{1}{2} \cdot \frac{1}{2} \cdot \frac{1}{2} = 1 - 3/128 = 97.65625\%$。

我们可以进一步改良这个策略吗？可以的，对所有 100 以内的 n 和 k，递归计算实现 n 中 k 个正确猜测的最佳策略。这种"动态规划"的方法可以达到 1129480068741774213/1152921504606846976 的成功概率，约等于 97.96677954%；确实非常接近 $100/102 = 98.039215686\%$ 的计数上界。

最后这个解答最终并没有过多地使用 Nim 数，但下一个谜题把我们带回到 Hamming 码。

15 比特和间谍

一个间谍与其上线通信的唯一机会，是当地电台每天播出的 15 位（比特）0 和 1 组成的序列。她不知道这些位是如何被选择的，但她每天都有机会更改任何一位，将其从 0 变为 1 或相反。

她每天可以传递多少信息？

解答：由于这个间谍可以做 16 件事（改变任何一位或全不变），原则上她每天可以向她的上线传递多达 4 位的信息。但怎么做呢？

一旦你的装备库里有了 Nim 数，答案就很简单了。间谍和她的上线将对应于数 k 的 4 位 Nim 数分配给广播的第 k 位，他们的"消息"定义为广播中 1 所对应的那些位置的 Nim 数之和——广播的"Nim 和"。

我们宣称间谍可以随意发送 16 个可能的 Nim 和中的任何一个，从而实现完整的 4 位通信。假设她希望发送 Nim 和 n，而与电台计划广播中的 1

对应的 Nim 数之和是 $m \neq n$。那她就改变第 $n \oplus m$ 位。产生的 Nim 和是
$m \oplus (n \oplus m) = n$。当然，如果广播的 Nim 和已经是 n，她就不去碰它。♡

在本章的最后，我们简要介绍一下纠错码存在的理由：在不完美的信道
上发送消息。

几乎每一种通信手段都存在一些错误的可能性，无论是语音、电报、广
播、电视、打字的信件、手写的文字、照片，还是互联网上的比特流。你可以
在电子邮件的附件中向你的朋友发送 10 亿个比特，而没有一个比特被意外
翻转，这是很令人惊奇的！

纠错码使这得以实现。如果这些比特需要被缓慢地发送，以使每一个比
特都能保证以 $1 - 1/10^9$ 的概率完好无损地到达，我们就可以忘记流媒体电影
了。不，在互联网上穿梭的单个电子、无线电和光脉冲都是不完美的，以惊人
的频率被误发或误读。挽回这一切的是，信息的编码方式使得错误可以被检
测和纠正。

你可能已经知道一种最简单的错误检测方法，它被典型地用在诸如信用
卡号码上。通过正确选择最后一个"校验"位，你的信用卡公司可以保证你的
信用卡号码中的数字之和是（比如）10 的倍数。然后，如果你在购物时输错
了信用卡的一个数字，数字之和会被打破，警告就会出现。

错误纠正更复杂，但你已经在上面的 Hamming 码中看到了它。最简单的
情况：你想发送一串比特并想确信它们都能完好地到达，哪怕每个比特都会
有一个小概率被破坏。每个比特都发三次！只有在同组的三个比特中有两
个被破坏这样不太可能发生的情况下，你的信息才会被不可修复地弄坏。

事实上，这是长度为 3 的 Hamming 码，当三个囚徒面临我们的那些帽子
问题时被使用过。码字是 000（所有帽子为黑色）和 111（所有帽子为红色）。

当然，将我们的消息的长度增加到三倍的代价太昂贵了。如果我们确信
在给定的 $2^k - 1$ 个比特中出现一个以上错误的可能性非常小，我们可以如下
使用长度为 $n = 2^k - 1$ 的 Hamming 码。

假设要发送的消息是（或者可以表示为）一个 N 比特的长字符串。将消
息分成大小为 $m = n - k$ 的"块"。在传输之前，每一块用一个长度为 n 的码
字取代；在接收端，这些码字被"解码"，只要在接收每个码字时最多只有一
位被翻转，原始的块就能被正确恢复。

我们可以把这叙述成一个定理。

定理. 当 $n = 2^k - 1$ 时，以传输中增加 k 个比特的代价，只要块中最多
一个比特被破坏，一个长度为 $n - k$ 比特的块可以被发送并在接收端被忠实

复原。

证明：我们将证明一些额外的事实，以表明所有这些都可以在发送方和接收方付出极少的计算努力的情况下完成。

首先，我们使用从 $000\cdots001$ 到 $111\cdots111$ 的 k 位非零 Nim 数来对 n 位码字中的各个位进行 Nim 编号。有很多方法可以做到这一点，但尤其方便的是从右到左地把 Nim 数 $2^0 = 000\cdots001, 2^1 = 000\cdots010, 2^2 = 000\cdots100, \ldots, 2^{n-1} = 100\cdots000$ 分配给最右边的 k 位。

同样的 Nim 编码用于长度为 $n-k$ 的块，视为一个码字的最左边 $n-k$ 位。例如，如果 $k = 3$，我们的 7 比特码字的各位，以及相应的 4 比特块，可以如下图所示进行 Nim 编码：

$$\textit{nimbering} \quad {}^{111}\ {}^{110}\ {}^{101}\ {}^{011}\ {}^{100}\ {}^{010}\ {}^{001}$$
$$\textit{codeword digits} \quad \underline{0\ 1\ 1\ 0\ 0\ 1\ 1}$$

$$\textit{nimbering} \quad {}^{111}\ {}^{110}\ {}^{101}\ {}^{011}$$
$$\textit{block digits} \quad \underline{0\ 1\ 1\ 0}$$

一个块或一个码字的 *Nim* 和是出现"1"的各位的 Nim 编码之和。图中码字的 Nim 和是 $\overline{0} = 000$；事实上，我们要定义的码字集合正是 Nim 和为零的 n 位字符串。图中块的 Nim 和是 $\overline{3} = 011$。

将一个块转为码字的最简单方法是在区块的右侧添加 k 位"校验串"，使得产生的 n 位串的 Nim 和是零。使用我们推荐的 Nim 编码方式，这在实际操作中特别简单，因为校验串正好是被转码块的 Nim 和！

这个令人愉快的巧合的原因是，通过为校验位们选择"基"Nim 编码，我们确保了校验位的 Nim 和是校验串本身。因此，如果块的 Nim 和是 s，在我们添加校验串之后，新的 Nim 和将是 $s \oplus s = 0$。

这样一来，我们的 Hamming 码的"编码"部分就极尽简单了；那么"解码"部分呢？没问题。作为一个 n 位字符串的接收方，我们计算它的 Nim 和；如果我们得到 0，我们就认为它被正确地传送了，并接受它最左边的 $n-k$ 位作为预期的消息块。

如果我们得到 Nim 和 $s \neq 0$，我们设定有且仅有一个错误。如果是这样，这个错误一定是在 Nim 编码为 s 的那位上；所以我们翻转这一位，只有现在才取最左边的 $n-k$ 位作为预期的消息块。（传输错误可能发生在一个校验位上，在这种情况下被提取的消息将不会改变。）♡

　　我们已经看到，在帽子谜题中所需要的码字的性质——每个非码字和唯一的一个码字相差一个比特——被用来纠正传输错误。Hamming 码是许多码中的一种，一些编码可以检测或纠正多个错误，并具有许多其他很好的性质。（例子：Reed- Muller 码、Reed-Solomon 码和 Golay 码被用来从各种水手号和旅行者号航天器传送火星和木星的照片。）纠错码在计算理论中同样扮演了重要的角色，引出了（在众多应用中）被称为"可概率检查的证明"（probabilistically checkable proofs）的神奇字符串，进而使我们在理解计算机能够多好地进行近似计算的方向上取得了巨大进展。如果量子计算成为现实，纠错码也将会发挥重要的作用。

第18章 无限潜能

谜题通常涉及过程——随着时间随机地、确定性地或者由你控制地演变的系统。流行的问题包括：这个系统能够到达某种状态吗？它是否总会到达某种状态？如果是的话，需要多长时间？

这类问题的关键可能是确定系统当前状态的某个参数，以衡量朝向目标的进展。我们把这样的参数称为能量。

例如，假设你能证明能量从不增加，但开始时就低于期望的目标状态的能量。那么你就证明了目标状态是不可到达的。

另一方面，也许最终状态的能量为零，初始状态有个正的能量 $p > 0$，而且过程的每一步都至少将能量减少某个固定的量 $\epsilon > 0$ 并保持能量非负，那么你必定达到最终状态，而且必定在不超过 p/ϵ 的时间内达到。

如果每一步的能量损失没有下界，它可能永远不会达到零，甚至可能不趋向于零。但如果系统只有有限多种状态，你就不需要担心这种可能性了。

你能为下面的谜题找到一个合适的能量吗？

阵列中的符号

假设在你面前有一个 $m \times n$ 的实数阵列，并且允许在每一步翻转某行或某列中所有数的符号。你是否总能在有限步内使每一行的总和及每一列的总和都非负？

解答：我们首先注意这里的状态只有有限种：阵列中的每个数最多只有两种状态（正的或负的），所以阵列不可能有超过 2^{mn} 种可能的状态。

实际上还有一个更好的界：如果一条线（一行或一列）被翻转了两次，就相当于它从来没有被翻转过一样。因此，每一行的状态不是"翻转了奇数次"就是"翻转了偶数次"，由此阵列的状态数量不会超过 2^{m+n}。

回到现有的问题。显然的算法是找到一条和为负数的线并翻转它；这最终会解决问题吗？毕竟，翻转一个和为负的（比如说）行可能会导致若干个列的和由正变负。这样，和为负数的线的条数不太适合作为能量。

代之，让我们取阵列中所有数的总和 s！如果你翻转一条总和为 $-c$ 的线，这个数会增加 $2c$。由于只有有限个可能的状态，能量不会一直上升，你必会达到一个状态，其中没有线的总和为负。

合理的警告：从现在开始，发现正确的能量将变得更为棘手。

摆正煎饼

伟大而挑剔的汤大厨的一位副手做了一叠煎饼，但是可惜，其中有些是上下颠倒的——也就是说，按照汤大厨的说法，它们最好的那一面没有朝上。副手想按以下方法解决该问题：他找到这叠煎饼中连续的一段（至少有一块煎饼），这段的顶部煎饼和底部煎饼都是颠倒的。然后，他取出这一段，将其作为一个整块上下翻转，并放回到整叠煎饼中原先的位置上。

证明：无论如何选择，这个过程最终都将使所有煎饼正确的那面朝上。

解答：这里的想法是，尽管一次翻转可能会导致更多的煎饼上下颠倒，但它会使某个在饼叠中相对较高的煎饼朝向正确。如果自底向上的第 k 块饼是颠倒的，让我们对副手记 2^k 的罚分，并记录任何时候的罚分总和。

每一次翻转都会减少总罚分，因为最高煎饼的罚分超过了它下面所有可能的罚分的总和。因此，罚分和必定会达到 0，那时任务就完成了。

思考这个能量函数的一个等效方法是将一叠煎饼编码成一个二进制数，如果最顶上的煎饼是颠倒的，其最左边的数字就是 1，否则就是 0。顶部第二块煎饼决定了下一个数字，以此类推。翻转总是减少这个编码，直到编码达到 0。

掰开巧克力

你有一块含 6×4 方格阵列的矩形巧克力，并且希望将它掰成一个个小方块。每一步你都可以拿起一块并沿着标记的竖线或横线将其折断。

例如，你可以掰三次，形成每行六格的四行，然后将每一行掰五次分解成小方块，从而用 $3 + 4 \times 5 = 23$ 步完成任务。

你能做得更好吗?

解答: 这个令人愉快的问题曾经让一些杰出的专业数学家以及不少业余爱好者感到尴尬, 他们都试图寻找几何灵感。

但这里几何形状只能转移你的注意力: 你所需要的能量函数只是块数! 你从一块开始, 每掰一次增加一块, 最后有 24 块。所以不管你怎么做都是掰 23 次。

红点和蓝点

给定平面上没有三点共线的 n 个红点和 n 个蓝点, 证明: 红点和蓝点可以两两配对, 使得它们之间的线段互不相交。

解答: 假设你将红点和蓝点任意配对并画出连接的线段。如果连接 r_1 和 b_1 的线段与连接 r_2 和 b_2 的线段相交, 那么这两条线段就是一个四边形的对角线, 由三角形不等式, 从 r_1 到 b_2 和从 r_2 到 b_1 这两条非交叉线段的长度之和小于对角线的长度之和。

麻烦在于, 如果你按照上面的建议将这些重新配对, 你可能会在这些线段和其他线段之间制造新的交叉点。所以 "交叉点的数量" 不是合适的能量; "线段的总长度" 呢?

那超级管用! 只要取任何线段长度之和最小的配对, 根据上述论证, 它不包含任何交叉点。

平面上的细菌

假想世界始于无限平面网格原点处的一个细菌。当分裂时, 它的两个后继者一个向北移动一个顶点, 一个向东移动一个顶点, 这样就有了两个细菌, 分别在 $(0, 1)$ 和 $(1, 0)$ 处。细菌继续分裂, 每次两个后继者分别向北和向东移动一格, 前提是那两个位置均未被占用。

证明: 无论这个过程持续多久, 在以原点为中心、3 为半径的圆内总会有细菌。

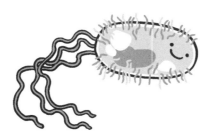

解答: 动手试一下是有益的, 看看细胞是如何堵在原点附近, 使得该区域不能被清空的。我们怎么用一个能量函数来证明这一点?

因为每个细菌细胞分成两个, 所以自然是让每个子细胞得到原来细胞一半的能量。我们可以这样来实现: 在它到原点的最短路径上每多一条边就罚去一半的能量。

这可以通过给 (x, y) 处的细菌细胞赋值 2^{-x-y} 来实现, 这样总的赋值开始时是 1, 并且永远不变。

$y = 0$ 处的射线 (即 x 的正半轴) 上所有细菌细胞的总能量不超过 $1 + 1/2 + 1/4 + \cdots = 2$, $y = 1$ 处的射线上各点的能量不能超过 $1/2 + 1/4 + 1/8 + \cdots = 1$; 以此类推, 我们看到即使整个东北象限都被细菌细胞占满, 总能量加起来也只有 4。

但是在圆 $x^2 + y^2 = 9$ 内的 9 个非负整数格点上的细菌的能量加起来已经达到 49/16, 超过了 3。因此, 不在这个圆内的所有细菌的能量加起来小于 1, 由此推断, 无论这个过程持续多久, 那个圆内一定还有细菌。

半平面上的棋子

在 XY 平面中, X 轴及其下方的每个格点都有一枚棋子。在任何时候, 一枚棋子可以 (沿水平、垂直或对角线方向) 跳过一枚相邻棋子, 跳到另一侧的下一个格点处, 前提是该点未被占据。然后, 拿走被跳过的棋子。

你能把一枚棋子移到 X 轴上方的任意高度么?

解答: 困难在于, 随着棋子的上升, 它们下面的格点会被空出来。我们需要的是一个参数 P, 它可以从高位的棋子获得奖励, 但从留下的空位得到补偿性的惩罚。一个自然的选择是对所有的棋子求某个关于棋子位置的函数的和。由于有无限多的棋子, 我们必须小心确保总和的收敛性。

例如, 我们可以给 $(0, y)$ 处的棋子分配数值 r^y, 其中 r 是某个大于 1 的实数, 这样, Y 的负半轴的棋子值之和是有限的 $\sum_{y=-\infty}^{0} r^y = r/(r-1)$。但是, 相邻列上的值就需要被减少, 使得整个平面的总和保持有限; 如果我们每远离 Y 轴一步就缩小一个系数 r, 我们会得到 (x, y) 处的棋子的权重为 $r^{y-|x|}$, 而初始状态的总权重为

$$\frac{r}{r-1} + \frac{1}{r-1} + \frac{1}{r-1} + \frac{1}{r(r-1)} + \frac{1}{r(r-1)} + \cdots = \frac{r^2 + r}{(r-1)^2} < \infty.$$

如果执行一次跳跃, 那么在最好的情况下 (当跳跃是对角向上的并朝向 Y 轴时), P 的收益是 vr^4, 损失是 $v + vr^2$, 其中 v 是跳出的棋子在跳跃之前的值。

只要 r 不超过那个满足 $\theta^2 = \theta + 1$ 的"黄金比例" $\theta = (1 + \sqrt{5})/2 \approx 1.618$ 的平方根,这个净收益就不会是正数。

如果我们继续,指定 $r = \sqrt{\theta}$,那么 P 的初始值约为 39.0576;但在点 $(0, 16)$ 处的棋子的值本身已经是 $\theta^8 \approx 46.9788$。由于我们不能增加 P,所以我们不能把一个棋子跳到点 $(0, 16)$ 上。但假如我们能使一个棋子到达直线 $y = 16$ 或以上的任何一点,我们就可以在某个棋子到达一个点 $(x, 16)$ 时停下,然后左移或者右移 $|x|$ 并重新运行整个算法,从而使得一个棋子到达 $(0, 16)$。♡

正方形里的棋子

假设在一个平面网格中有 n^2 个棋子,每个棋子占据 $n \times n$ 方形的一个顶点。棋子只能沿水平或竖直方向跳过一枚相邻棋子,跳到另一侧未被占据的顶点处;然后,拿走被跳过的棋子。我们的目标是将 n^2 个棋子减少到只剩一个。

证明:如果 n 是 3 的倍数,这不可能办到!

解答:如果 x 和 y 都不是 3 的倍数,将网格的点 (x, y) 涂染成红色,否则染成白色。这形成了一个 2×2 的红色方块组成的规则图案(如图所示)。

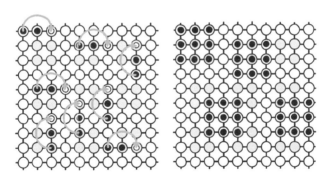

如果网格上有两个(水平或竖直)相邻的棋子,并且都在红点上或都在白点上,那么跳跃后剩下的棋子将在白点上。然而,如果一个在红点上而另一个在白点上,那么跳跃后剩下的棋子将在红点上。因此,如果你从任何有偶数个棋子在红点上的状态开始,那么无论做什么跳跃,这个性质都将保持不变。

很容易检验,对于一个 3×3 的棋子阵列,无论它放在平面网格的什么位置,都会碰到偶数个红点。当 n 是 3 的倍数,$n \times n$ 正方形是由这样的阵列组成的,所以它也总是会碰到偶数个红点。然而,假设有可能将这样的正方形变成一个棋子。那么我们就平移原来的正方形，使仅存的那个棋子最后在一个红点上，这个矛盾结束了证明。

如果 n 不是 3 的倍数，你可以把一个 $n \times n$ 的正方形跳成一个棋子，其证明是一个常规的练习，但并不是特别简单以及有太大启发性。

一年级分组

上课的第一天，Feldman 小姐将她的一年级班分为 k 个学习小组。第二天，她以不同的方式分组，这次得到了 $k + 1$ 个小组。

证明：至少有两个孩子，他们第二天所在的小组比第一天的小。

解答：大多数人发现这个看似简单的组合命题令人沮丧地难以证明，除非他们发现了这个"魔术般"的能量。把每个小组看成是一个工作的团体，这项工作总共需要完成一个单位的努力量；然后，假设一个大小为 s 的小组中的每个孩子贡献了价值 $1/s$ 的努力量。

这些"努力量"分数的和在第一天显然是 k，在第二天是 $k + 1$。一个孩子对这些数的贡献不可能从一天到另一天增加多达 1（因为他的贡献在第一天大于 0，在第二天最多是 1）。因此，至少有两个孩子在第二天对总的努力量做出了更多的贡献——这意味着他们都转到了更小的小组。

感染棋盘

一种传染病在一个 $n \times n$ 棋盘的方格间以如下方式传播：如果一个方格有两个或两个以上的邻居被感染，那么它也会被感染。（邻居只在正交方向上，因此每个方格最多有四个邻居。）

例如，假设一开始主对角线上的所有 n 个方格被感染。于是，传染病会传染相邻斜线，最终感染整个棋盘。

证明：如果一开始被感染的方格少于 n 个，那么不能感染整个棋盘。

解答：纽约大学的 Joel Spencer 把这个谜题介绍给我时形容它有个"一个单词的解答"。这也许是个夸张的说法，但也不是很夸张。

初看下来，要感染整个棋盘，开始时你需要在每一行（和每一列）有一个带病毒的方格。如果这成立就可以推出结论，但这并不成立。例如，在最左边一列和最下面一行的交替位置的带病毒方格可以感染整个棋盘。

我们真正需要的是一个能量函数，而它立刻会展示魔法——这也是 Spencer 心中的那个单词——"周长"。

被感染区域的周长是其边界的总长度。我们不妨认为每条网格边的长度是 1，所以周长也可以定义为一边是被感染方格而另一边是健康方格或没有任何方格的边的数量。

这里是关键的观察：当一个方格被（两个或更多的邻居）感染时，周长不会增加！事实上，很容易验证，当只有两个邻居传播病毒时，周长保持不变；如果原本健康方块有三个或四个被感染的邻居，周长实际上会减小。

如果整个棋盘都被感染了，那么最终的周长是 $4n$；由于周长从未增加，所以最初的周长必定至少是 $4n$。但要从 $4n$ 的周长开始，必须至少有 n 个带病毒的方格。

易受影响的思想家

扑腾镇（Floptown）的市民每周开会讨论城邦政策，特别是关于是否支持在市中心新建购物商场。在会议期间，每位市民都与他的朋友们交谈（出于某种原因，每位的朋友数总是奇数），并在第二天（如果需要的话）改变他对购物中心的看法，以符合他的大多数朋友的观点。

证明：最终，他们每隔一周持有的观点是相同的。

解答：为了证明这些意见最终要么成为固定的，要么每两周循环一次，把公民之间的每一种熟人关系看作一对箭头，每个方向各有一个箭头。让我们称目前一个箭头是"坏"的，如果箭尾的公民的意见与箭头的公民下周的意见不同。

考虑在第 $t-1$ 周从公民 Clyde 那里指出的箭头，假设在当时 Clyde 是支持建商场的。假设其中有 m 个是坏的。如果 Clyde 在第 $t+1$ 周依然（或再次）支持，那么在第 t 周指向 Clyde 的坏箭头的数量 n 将恰好是 m。

另一方面，如果 Clyde 在第 $t+1$ 周是反对建商场的，那么 n 将严格小于 m，因为他的大多数朋友在第 t 周都是反对的。这样在第 $t-1$ 周从 Clyde 指出的半数以上箭头是坏的，现在在第 t 周指向 Clyde 的箭头半数以下是坏的。

当然，如果 Clyde 在第 $t-1$ 周是反对的，同样的结论也成立。

但是，这里有一个问题：在第 $t-1$ 周每个箭头都是从某个人指出的，在第 t 周每个都指向某个人。因此，在第 $t-1$ 周和第 t 周之间，坏箭头的总数不可能增加，事实上，除非每个公民在第 $t-1$ 周和第 $t+1$ 周有同样的观点，否则坏箭头的总数会严格减小。

但是，当然每个星期的坏箭头总数不可能永远减小，最终必须达到某个数 k 并从此不再下降。在这一刻，每个公民要么永远保持自己的观点，要么一周周来回翻腾。

棋盘上的框

你有一个普通的 8×8 的红黑格国际象棋棋盘。一个精灵给了你两个"魔法框",大小分别是 2×2 和 3×3。当你将其中一个框整齐地放在棋盘上时,它们围成的 4 或 9 个方格会立即翻转颜色。

你能够得到所有 2^{64} 种可能的颜色布局吗?

解答:有 $2^{49} \times 2^{36}$ 种选择框的位置的组合,理论上足够得到所有 2^{64} 种颜色状态。但当然,对一个给定的状态可能有多种方法来实现,也许我们可以找到一个能量来表明一些状态是不可达到的。

事实上,你可能还记得,第十五章的谜题 奇数个灯的开关 提供了一个有用的标准:能够在任何集合中改变奇数个元素的颜色(或灯泡状态)。这里是否有一个棋盘方格组成的集合制造麻烦?

通过一点实验,你可能会发现下面这个集合。如果格子位于但不同时在第 3、6 行或 c、f 列上,则将其标记为"特殊的"(见下图),那样每个 2×2 或 3×3 的框都覆盖了偶数个特殊格。

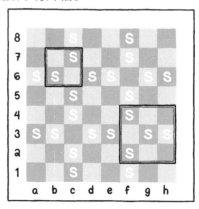

如果棋盘以偶数个红色特殊格的状态开始(就像正常的棋盘那样),你不能到达任何红色特殊格数量为奇数的状态,反之亦然。无论怎样,你都不可能达到所有的颜色状态。

多面体上的虫子

在一个实心凸多面体的每个面上都有一只虫子,它沿着面的边界顺时针变速爬行。证明:没有任何方法可以使所有虫子绕各自的面一周,返回到它们的初始位置,而不发生任何碰撞。

解答: 我们先注意到可以假设（通过让虫子们稍微前进或后退）开始时没有任何虫子在顶点上。我们还可以假设每次都移动一只虫子，并且每次都越过一个顶点。

在任何时候，我们可以从每个面 F 的中心画一个假想的箭头，它穿过 F 面上的虫子，到虫子的另一边的面的中心。如果我们从任何一个面开始沿着这些箭头走，最终必定会再次碰到某个面，完成多面体上的一个箭头的圈。

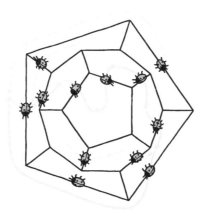

这个圈把多面体的表面分成两部分；让我们把圈的"内部"定义为被圈顺时针包围的那部分。设 P 为在圈内的多面体的顶点数。

最初，P 可以是从 0 到多面体所有顶点数之间的任何数；极端情况发生在有两只虫子在同一条边上时，造成一个长度为 2 的圈。在 $P = 0$ 的情况下，那两只虫子是面对面的，注定要碰撞。

当圈上的一只虫子移动到它的下一条边时，通过它的箭头会顺时针旋转。被它越过的那个顶点之前在圈的内侧，现在到了外侧；也可能有其他顶点从圈的内部移动到圈外，但没有任何顶点有办法移进圈内。要看到这一点，注意新的箭头现在指向圈的内部。从其头部发出的箭头链没有办法逃出圈，所以必定形成一个内部更小的新圈。特别地，P 现在至少下降了 1。

由于我们永远无法将 P 恢复到它的初始值，所以没办法，我们只能希望虫子们买了碰撞保险。♡

直线上的虫子

正半轴上的每个正整数点都有一盏绿灯、黄灯或红灯。一只虫子被放在"1"处，并始终遵守以下规则：如果它碰到绿灯，则将其切换成黄灯，并向右移动一步；如果它碰到黄灯，则将其切换成红灯，并向右移动一步；如果它碰到红灯，则将其切换成绿灯，并向左移动一步。

最终，虫子要么从正半轴左侧掉出，要么走向右侧无穷远处。然后第二只虫子被放到"1"处，从上一只虫子留下的状态开始，遵循同样的交通规则；然后，第三只虫子上场。

证明：如果第二只虫子从左侧掉出，那么第三只虫子将会走向右侧无穷远处。

解答：我们首先要说服自己，这只虫子不是从左侧掉出，就是往右侧走向无限远处；它不可能永远来回游荡。要做到那样，它必须访问某些数无限多次；取 n 是这些数中最小的一个，但现在注意每第三次访问 n 就会看到它是红色的，因此会导致访问 $n-1$，这与 $n-1$ 只被访问有限次的假设相矛盾。

把那说清楚之后，现在把一个绿灯看成一个数字 0，红灯为数字 1，而任性地把黄灯看成"数字" $\frac{1}{2}$。然后，灯的状态可以被认为是用二进制写出的一个 0 到 1 之间的数，

$$x = .x_1 x_2 x_3 \cdots,$$

从数值上来说，

$$x = x_1 \cdot \left(\frac{1}{2}\right)^1 + x_2 \cdot \left(\frac{1}{2}\right)^2 + \cdots.$$

把在 i 处的虫子看成是第 i 位上的一个额外的"1"，这定义了

$$y = x + \left(\frac{1}{2}\right)^i.$$

这些练习的意义是，y 是一个不变量，也就是说，它不会随着虫子的移动而改变。当虫子从点 i 向右移动时，它刚才所在点上的数字增加了 $\frac{1}{2}$；因此，x 增加了 $\left(\frac{1}{2}\right)^{i+1}$，但虫子自己的值却减少了同样的数量。如果虫子从 i 向左移动，它的值会增加 $\left(\frac{1}{2}\right)^i$，但 x 在第 i 位损失了整个数字来抵消。

当虫子从左边掉出时是个例外，这时 x 和虫子的自身值都下降了 $\frac{1}{2}$，总体上损失了 1。当下一只虫子被放上时，y 增加了 $\frac{1}{2}$。也就是说，如果放上一只虫子而它消失在右边无穷远处，x 的值就会上升 $\frac{1}{2}$；如果放上一只虫子而它从左边掉出，x 的值会下降 $\frac{1}{2}$。

当然，x 的值总是位于单位区间内。如果它的初始值严格地位于 0 和 $\frac{1}{2}$ 之间，虫子们的去向必须是向右、向左、向右、向左交替发生；如果严格在 $\frac{1}{2}$ 和 1 之间，则是向左、向右、向左、向右交替。

其余的情况可以被手动检查。如果一开始 $x = 1$（所有点上都是红灯），

第一只虫子将 1 号点变成绿色后从左边掉出；第二只虫子摇摇摆摆到无穷大并使所有的点再次变成红色，所以我们得到虫子们的去向是左、右、左、右的交替。如果一开始 $x = 0$（所有点上都是绿灯），前两只虫子是向右、向右（点全部变成黄色，然后全部变成红色），随后的虫子们像以前一样向左、向右、向左、向右、……

$x = \frac{1}{2}$ 的情况是最有趣的，因为在我们修改过的二进制系统中，有多种表示 $\frac{1}{2}$ 的方法：x 的数位可以全都是 $\frac{1}{2}$，或者它可以先有任何有限个（包括 0 个）$\frac{1}{2}$，然后跟一个 $0111\cdots$，或者是有限个 $\frac{1}{2}$ 跟一个 $1000\cdots$。在第一种情况下，领跑的虫子在不断向右前进时将所有的黄灯变红；因此，我们得到一个右、左、右、左的交替。第二种情况类似，第一只虫子摇摇摆摆向右，但同样使所有留在身后的点成为红色。在第三种情况下，虫子在出发后把黄色变成了红色，但当它到达红色点时，它反过来一路向左走把红色变成绿色直到从左边掉出。此时我们处于 $x = 0$ 的情况下，所以得到的模式是左、右、右、左、右、左、右。

在检查完所有情况后，我们看到确实只要第二只虫子最后向左，第三只最后就向右。♡

反转五边形

一个五边形的每个顶点都标有一个整数，其总和为正。在任何时候，你可以更改一个负标签的符号，但要从两个邻居的值中都减去这个新值，以保持总和不变。

证明：无论更改哪个负标签的符号，该过程都会在有限步后不可避免地终止，所有标签均为非负值。

解答：即使经过一些试验（强烈推荐你这样做），也有些难以洞察用什么当作能量函数。负标号的数量不一定一直下降，最大的负数的绝对值也不一定会下降。

同样，无论是相邻数之间的绝对差之和，还是这些差值的平方和，似乎都不会确切地下降（或上升）。

但结果是，如果你取不相邻的数之间的差值的平方和，这是可行的！

设这些数在五边形上依次是 a, b, c, d, e。那么我们研究的和是 $s = (a - c)^2 + (b-d)^2 + (c-e)^2 + (d-a)^2 + (e-b)^2$。假设 b 是负的，我们翻转它，用 $-b$ 代替 b，$a+b$ 代替 a，$c+b$ 代替 c。那么新的 s 等于原先的 s 加上 $2b(a+b+c+d+e)$，而由于 b 是负的以及 $a + b + c + d + e$ 是正的，s 会变小。由于 s 是一个整数，

它至少减小 1。

但是 s（一个平方和）是非负的，所以不可能降到 0 以下。这意味着我们必定会达到一个没有负数可以翻转的时刻，证明完成。

不过还有一个更好的能量函数——因为它适用于所有多边形，而不仅仅是五边形。那是对所有连续顶点组成的集合求和，对每个集合取其中的元素之和的绝对值。

后来，普林斯顿的计算机科学家 Bernard Chazelle 发现了一个更了不起的解答。构建一个双向无限的数列，其连续的差值是五边形（或多边形）按照顺时针依次读出的顶点上的值。如果五边形的开始的标号是 1、2、−2、−3、3，那么这个序列可以是

$$\ldots, -1, 0, 2, 0, -3, 0, 1, 3, 1, -2, 1, 2, 4, 2, -1, 2, 3, 5, \ldots.$$

注意这个序列是逐渐上升的（因为多边形周围的标号之和是正的），但不是稳定递增（因为多边形周围的一些标号是负的）。

这里是关键的观察：翻转一个顶点的效果是将上述序列中顺序错误的数对进行对换——也就是说，翻转过程成了对我们的无限序列进行排序的过程！

例如，如果我们翻转五边形上的 −2，得到 1、0、2、−5、3，那么序列就变成了

$$\ldots, -1, 0, 0, 2, -3, 0, 1, 1, 3, -2, 1, 2, 2, 4, -1, 2, 3, 3, \ldots.$$

事实上不难找到一个排序过程中每次操作恰好减少 1 的能量函数，并推出这个过程不仅总是终止，而且无论你怎样翻转标号，它都会在相同的步数里停到相同的最终状态！

挑选体育委员会

体育委员会作为服务机构，深受昆库恩克斯大学教职员工的欢迎——当你是成员时，你可以得到大学体育赛事的免费门票。为了防止成员拉帮结派，大学规定，任何在委员会中有三个或三个以上朋友的人不得进入委员会，但作为补偿，如果你不是成员，但有三个或三个以上的朋友在委员会中，你可以获得你选择的任何体育赛事的免费门票。

因此，为了让所有人满意，大家希望以这样一种方式构建委员会：尽管没有成员在委员会中有三个或三个以上的朋友，但每位非成员在委员会中都

有三个或三个以上的朋友。

这总是能做到吗？

解答：试图找到一个好的委员会的最白痴的方法是什么？这样如何：从任意的一组教职员工作为一个可能的体育委员会开始。哎呀，Fred 是委员会成员，而且已经有三个朋友在委员会里？把 Fred 扔出去。Mona 不在委员会里，但她在委员会里的朋友少于三个？让 Mona 加入。不断地这样杂乱无章地修修补补。

现在，你凭什么希望这会行得通呢？显然，上述行为可能会使事情变得越来越糟；例如，把一个 Fred 扔出委员会可能会产生许多个 Mona；也许我们应该代之以把 Fred 在委员会中的一个朋友赶走。因此，似乎没有什么可以防止我们绕回到同一个糟糕的委员会。此外，即使你不绕回来，所有可能的委员会的数量也是大到指数级别的，你没办法考虑到每一个。假设共有 100 名教职员工，那么可能的委员会数量是 $2^{100} > 10^{30}$，即使你只需要用一纳秒来考虑一个委员会，把所有的都考虑一遍所需时间也会比从宇宙大爆炸到现在的时间长一千倍。

但是如果你真的试一下，你会发现在令人震惊的区区数次修正之后，你会停在一个合法的委员会。这发生在只有一个合法委员会的情况下，也发生在有许多的时候。

这怎么可能呢？听起来一定有某个能量函数在这里起作用，每当你把某个人扔出去或把某个人加进来时，这个能量就会得到改善。我们来看一下：当你把某人赶走时，你至少破坏了三对委员会中的朋友关系；当你把某人加入时，你最多只能增加两对。令 $F(t)$ 为在 t 时刻委员会中的朋友对数减去 $2\frac{1}{2}$ 倍的委员会人数。那样当 Fred 被扔出去时，$F(t)$ 至少减少了 $\frac{1}{2}$。当 Mona 被拉进来时，$F(t)$ 还是至少减少了 $\frac{1}{2}$。但 $F(0)$ 不可能超过 $(100 \times 99)/2 - 250 = 245$，而 $F(t)$ 不会掉到 -250 以下，所以总共不可能有超过 $2 \times (245 - (-250)) = 990$ 步。（一个计算机科学家会说，这个过程中的步数最多是关于教员人数的平方级别的。）

在实际中，需要的步数非常小，从而如果有 100 名教职员工而你从（比如）空的委员会开始，你将很容易手工达到一个解答。当然，你需要手边有朋友关系图，所以你可能需要提前做一些调查。看看有没有谁号称的朋友关系不被对方承认，这大概挺有趣的。

在最后一个谜题中，我们使用所有能量之母——势能。

保加利亚单人纸牌游戏

在一张桌子上，55 个筹码被分成高度任意的若干堆。在时钟的每次滴答声中，每堆会取出一个筹码，这些筹码会用来建一个新的堆。

最终会发生什么？

解答：值得实际试一下这个——例如，用一副扑克牌（通常带有两张怪牌和一张序牌，总共有 55 张牌）。如果你只有 52 张牌，那就去掉 7 张，用 45 张牌做实验。

如果你有足够的耐心，你会发现最终会达到"阶梯"的形状，即牌堆的高度是 10、9、8、7、6、5、4、3、2 和 1；而且很容易看出，这种形状从此不会被改变。证明阶梯总是能达到的，这是典型的能量函数的事情，但被阶梯最小化的是什么能量呢？

好的看法是把每个筹码看成一个方块，并把每堆看成方块组成的一列。我们可以将这些列并排并以高度降序放置，如下图所示。

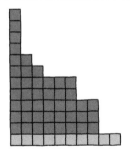

一次"操作"可以被看成将所有列中的底层方块卸下来，将它们旋转 90 度，然后将新产生的一列插入到图中的适当位置，以保持高度的递减顺序，如下图所示。

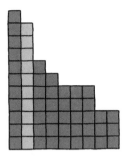

我们的目标状态看上去仍然没有最小化任何自然的东西——直到我们将整个图片逆时针旋转 45 度，如下图。现在阶梯代表了将我们的 55 个方块装入 V 形吊篮的"最低"方式。

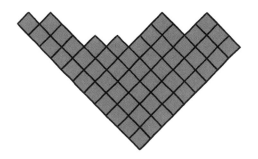

我们所说的"最低"是指，或者至少应该指，在重力作用下势能最小的状态。按照高度降序对各堆编号，每堆里的方块从下往上编号；然后记第 j 列的第 i 个方块为 s_{ij}。我们可以放缩 V 型框架和块的大小，使方块 s_{ij} 的中心的高度为 $i + j$，然后一个状态的势能将与所有块的对应的 $i + j$ 的总和成正比。

现在，当我们进行一次操作时会发生什么？我们把沿着 V 的右臂的方块移到左臂，它们的势能不会改变。其他块的势能也没有变化，因为每个块只是向右移动一个位置。但是等等，还有一步：我们可能需要重新排列方块，以使得（相同这些）列降序排列。这相当于让重力把积木向下拉（向左斜下），状态的势能被减小了。

如果我们已经在阶梯状态中，我们就处于最小的势能，不再需要重新排列方块这步。假设我们不在阶梯状态中，那会怎样？

先看一下，阶梯状态是可能的只是因为 55 是一个"三角形数"——对某个 k 的 $1 + 2 + 3 + \cdots + k$。这些数正是对某个正整数 k 可以表示为 $\binom{k+1}{2}$ 的那些数。在阶梯状态中，对任何满足 $2 \leqslant i + j \leqslant k+1$ 的位置 (i, j) 都有一个方块，没有任何更高的方块。由此，如果块的数量是三角形数而我们不在三角形的状态中，在高度为 $k + 1$ 的某个地方有一个"洞"，而有一块在高度为 $k + 2$ 的某处。

如果一直不需要重新排列，洞和那一块在每次操作时都会向右移动一格，有规律地撞上 V 的右臂并循环到左边。但是洞的循环长度为 k，而那一块的循环长度为 $k + 1$，所以最终那个方块会发现自己恰恰在洞的右上方。在那时方块会掉到洞里，减少状态的势能。

因此，我们已经证明，如果方块的数量是 55 或其他任何三角形数，并且当前的状态不是阶梯，那它的势能最终会下降。可能的状态只有有限种，因此这个势能的可能值也只有有限种。从而，最终我们必定达到势能最小的三角形状态。

我们的定理是能量在图论中的一个相对简单的应用。图 $G = (V, E)$ 的一个不友好的划分是一个将顶点集 V 分成两部分的划分，使得 V 中每个顶点在另一部分中的邻居数至少与它在自己那一部分的邻居数相同。

定理. *每个有限图都有一个不友好的划分。*

证明：从一个划分 $V = X \cup Y$ 开始，假如它不是不友好的；那么有某个（不妨设在 X 中的）顶点 v，它在 X 中的邻居多于在 Y 中的邻居。将 v 移到 Y。怎么样？不幸的是，"友好"顶点的数量可能不会减少，因为移动 v 可能对别的顶点产生负的影响。不过穿越两部分之间的边数增加了，因为受影响的只有那些 v 发出的边，其中多于一半的边之前不是跨越两部分的而现在是了。

这就使事情简单了：穿越的边的数量不能无限制地增加，所以我们最终必须达到一个不友好的划分。等价地：开始就取一个使穿越边数量最大的划分就成了！♡

值得提一下，这个证明对于无限图是不成立的，尽管看起来当一个顶点有无限多的邻居时，要保证对面的邻居和家里的邻居一样多（现在考虑的是无限的势）是很容易的。但事实上，无限图的情况是和集合论的一些可选的公理联系在一起的，目前甚至不知道是不是每个可数无限的图都有一个不友好的划分。

第 19 章　全力以赴

常常，为了解决一个谜题（或证明一个定理），你需要尝试一些东西，看看哪里出现了问题，然后解决它们。我们把这称为"全力以赴"（hammer-and-tongs）的方法，有时它能产生神奇的效果。

电话

一个电话从美国西海岸的某州打到东海岸的某州，并且在电话的两端是一天中的同一时间。这怎么可能？

解答：一般，美国的西海岸采用太平洋时间，比东部时间晚 3 个小时。但是你可能知道东海岸上的佛罗里达有一个向西延伸的锅柄状区域；事实上，佛罗里达州的彭萨科拉采用的是中部时间。因此，那解决了我们需要弥补的三个小时中的一个。

如果你查一下，你会发现俄勒冈州有一小部分地区在山地时间，包括，例如，安大略镇。这就解决了我们的第二个小时。

为了得到第三个小时，我们把通话时间定在彭萨科拉的夏令时刚刚结束的时候。那通常是在 11 月的第一个星期天，在彭萨科拉凌晨 1:59:59 之后的一瞬间，时钟会跳回到凌晨 1 点，而在俄勒冈州安大略，时间仍然是凌晨"第一个" 1 点。这时你有一个小时的时间来打那个电话。

在写下这些的时候，我注意到一些州正在酝酿反对夏令时。因此，在你试图用这个谜题的花招在酒吧赚取免费的酒水之前，你可能要先查一下它是否仍然管用！

过河

在 8 世纪的欧洲，如果丈夫不在，其他男人出现在已婚妇女面前（即使是短暂的）也会被认为不合礼仪。这给希望过一条河的三对已婚夫妇带来了麻烦，唯一的过河工具是一艘最多可搭载两个人的小船。他们可以在不违反社会规范的情况下到河的另一边吗？如果可以的话，小船最少需要过河几次？

解答：这只是一个尝试的问题。称三位女士为 1、2、3，相应的丈夫为 A、B、C。理想的计划是需要九次渡河，每次往返时，船载着两人过河，一人回来。如果 1 和 A 过河，必须是 A 带着船回来（否则 1 会发现自己在近岸有 B 和 C 但没有丈夫）。现在，2 和 3 必须过河，返回一位女士；然后两位男士可以在远岸与他们的妻子会合。然而现在，必须是一对已婚夫妇一起坐船回来，这使我们九次的理想状况不可能实现，需要多几次渡河。

现在，剩下的男士们过河并留在那里，女士们完成其余的工作。最后的方案是 11 次渡河，这是次数最少的，如下图所示。

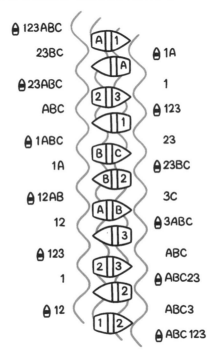

田间的洒水器

在一大片田地里，洒水器位于正方形网格的各个顶点处。每一块土地都应该由三个最近的洒水器灌溉。每个洒水器覆盖的是什么形状？

解答：我们首先得自己思考一下：离田间某点最近的三个喷头是哪几个？假设该点位于以顺时针标注的喷头 a、b、c、d 为界的网格正方形中。将这个正方形分成四个全等的小正方形方格，并根据它们和大正方形的公共角是 a、b、c、d 来分别记它们为 A、B、C、D。不难看出，对于 A 中的任何一点，最近的三个喷头在 a、b 和 d，对于其他小方格中的点也类似。

因此，a 处的喷头必须到达 A、B、D 中的所有点，再加上与 a 相邻的另外三个网格正方形中相应的子方格中的点。这相当于 12 个小方格组成的微胖的希腊十字形。

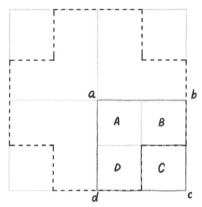

公平竞争

抛一枚不公平的硬币如何来做 50-50 的决定？

解答：掷两次这个弯曲的硬币并希望得到一正一反；如果正面先出现，就宣布结果为"很正"；如果反面先出现，宣布结果为"很反"。如果出现的是两正或者两反，重复这个实验。

这个解决方案通常归于已故大数学家和计算机先驱 John von Neumann，并被称为"von Neumann 的技巧"。它所依赖的事实是，即使硬币是弯曲的，连续的抛掷总是（或至少应该是）独立的事件。当然，它也依赖于弯曲的硬币至少有可能落在任何一面！

如果你想尽量减少获得结果的抛掷次数，上述方案还可以被改进。例如，如果你在第一对抛掷中得到正正，在第二对得到反反，你可以停下并宣称结果为"很正"（反反后面接着正正的话，则宣称"很反"）。

寻找缺失的数

1 到 100 中的 99 个整数会以乱序读给你，每 10 秒读一个。你是个聪明人，但是只有正常的记忆力，且在此过程中没有任何记录信息的方法。你如何保证最后能确定哪个数没有被念到？

解答：很简单——你记住被读出的数的总和，把每个数依次加到你的累计总数中。从 1 到 100 的所有数之和是平均数（$50\frac{1}{2}$）的 100 倍，即 5050；这个数减去你最终的和，就是缺失的数。

顺便说一下，在这个过程中没有必要保留百位数或千位数。以 100 为模数的加法已经足够了。最后你用 50 或 150 减去这个结果，就可以在正确区域中得到答案。

在有限的计算能力和内存资源的限制下处理数据流，是现代计算机科学研究的一个主要课题。这里是另一个数据谜题。

识别多数

一份长长的名单被念出，有些名字会出现多次。你的目标是最后得到一个在这个名单中出现次数超过一半以上的名字（如果存在这样的名字）。

但你只有一个计数器，外加在脑子里只能存下一个名字的能力。你能达成目标吗？

解答：使用计数器来记录当前记忆中的名字的出现情况是有意义的。这样，每当再次听到这个名字时，你可以递增计数器；当听到其他名字时，就递减它。计数器从 0 开始；如果任何时候当它要降到 0 以下，就用当前听到的名字替换记忆里的名字，而计数器从 0 增加到 1。

这看上去可能有点不靠谱，因为你新放进记忆的这个名字可能刚刚才第一次出现，同时你原来记住的名字（可能还有其他名字）可能已经出现了很多次。例如，这个列表是 "Alice, Bob, Alice, Bob, Alice, Bob, Charlie"，你的记忆里会始终保留 Alice 的名字直到最后一刻之前，然后 Charlie 变成了你的候选人。但那是没问题的，因为没有哪个名字超过半数。

如果一个名字出现的次数的确超过一半，那么它就肯定会是最后在你记忆里的那个名字。为什么呢？假设超过半数的名字是 Mary，并假设（方便起见）每分钟听到一个名字。把时间按照记忆中的名字变换的时刻分成若干区间。那么除了最后一个区间是可能的例外，别的每个区间上记忆中的那个名字被听到的恰好是一半的时间。

由此，除了最后一个区间，Mary 的名字在其他每个区间上被听到最多一半的时间，所以必须在最后一个区间里超过一半的时间——因此最后留在记忆中的是 Mary 的名字。♡

这里是一个例子：假设名字列表是 A, M, A, M, M, A, B, B, M, M, A, M, M, B, M。那么这些区间长度分别为 4（"A" 在记忆中）、2（"M"）、4（"B"），然后 2（又是 "A"），最后 3（"M"），计数器的值最终是 1。

乱放的多米诺骨牌

最少能在国际象棋棋盘上放多少个多米诺骨牌（每个占据两个相邻格子），使得再也放不下别的多米诺骨牌？

解答：我们的目标是放置多米诺骨牌，使得"洞"（棋盘上未被覆盖的方格）的数量 h 越大越好，并且不出现两个相邻的洞。这样所使用的多米诺骨牌数量就是 $d = (64 - h)/2$。

把多米诺沿对角线排似乎很自然，如下图；在一半的棋盘上用水平方向，在另一半换到竖直方向，然后根据需要填入相邻的洞，这样来达到最松的配置。

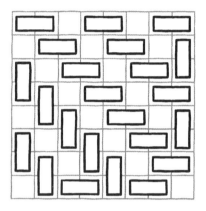

但更好的是交替间断的水平线，只要你在棋盘边缘出现问题时转为竖直块（或反之），如下图。这里有 20 个洞，从而是 22 块多米诺骨牌。

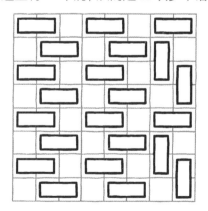

我们能把 d 降到 21，也就是说 $h = 22$ 吗？如果是这样的话，令 h' 为不在第一行的洞的数量，令 d' 为不碰到最后一行的多米诺的数量。由于上述的 h' 个洞的每一个紧贴在上述的 d' 个多米诺中的某一块的下方，并且没有两个洞紧贴在同一块多米诺的下方，我们有 $h' \geq d'$。由于 $h > d$，第一行的洞的个数必须大于碰到最后一行的多米诺的数量，由此前者必须有 4 个而后者必须是 3 块。

现在旋转棋盘并重复上面的论证，可以推出每一条边自豪地拥有四个洞而只碰到三块多米诺。考虑到对称性，这会确定 16 块多米诺的放置方式，并且容易验证不管怎么继续，都至少需要额外的六块多米诺。

多米诺骨牌出现在许多耐人寻味的谜题中。

牢不可破的多米诺覆盖

如下图所示，一个 6×5 的矩形可以被 2×1 的多米诺骨牌覆盖，使得多米诺骨牌之间没有任何直线可以贯穿整个矩形。你能对 6×6 的正方形做同样的覆盖吗？

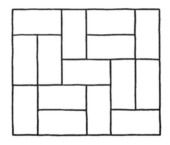

解答：不。为了阻挡每条内部的直线，你需要两块多米诺而不是仅仅一块——如果只有一块，那条线两边的方格数需要是奇数，但那个数是 6 的倍数。由于内部的线有 10 条，你需要 20 块多米诺才能挡住它们，但你在棋盘上只有 $6^2/2 = 18$ 块多米诺的空间。事实上，6×5 的矩形是唯一的两边都在 7 以下的、可以被"牢不可破"地覆盖的矩形。

装满一只桶

你面前有 12 个两加仑的桶和 1 个一加仑的瓢。在每一步，你可以将瓢装满水，按照个人意愿将水分配给各只桶。

但是，每次你这样做之后，你的对手都会选两只水桶清空。

如果你能使其中一只桶溢出，那么你将获胜。你能确保获胜吗？如果可以，你需要多少步？

解答：可以肯定的是，你的对手总是会清空最满的两个桶。为了迫使你的对手尽可能少地倒掉水，自然要先让所有的水桶保持在同一水量。这能让你走多远？

你先在每个桶里放 1/12 加仑的水；你的对手会清空两个桶，把水的总量减少到 10/12。然后你可以再加一加仑，使每桶水达到 $(1 + 10/12)/12 = 11/72$。以这种方式继续下去，只要每个桶里的水少于半加仑，你就能继续取得进展（因为那样的话对手倒掉的水比你添加的少）。通过这种方法，你可以接近但永远达不到每桶半加仑。然后呢？

然后你就需要放弃保持所有桶水量齐平的做法。假设你建立了每桶 x 加仑的水量，然后放弃你的对手刚刚清空的两个桶，并将其余的桶均匀地装满。那样的话你可以在这些桶中得到 $x + 1/10$ 加仑；对手清空其中两个，你在剩下的八个桶中每个积累到 $x + 1/10 + 1/8$，如此继续。

最后两个桶里各有 $x + 1/10 + 1/8 + 1/6 + 1/4 + 1/2 = x + 1.141\overline{666}$，由于 $x < 1/2$，这还不足以造成溢出。

但是等等——你不需要两个桶溢出，只需要一个。因此，你开始时只在 11 个桶上累积，并打算以后再缩减到 9、7、5、3，最后是 1 个桶。这将使你达到 $x + 1/9 + 1/7 + 1/5 + 1/3 + 1 \sim x + 1.7873015873$。这就更像样了！所以只要 $x \geqslant 0.2127$ 就够了。

你从 11 个桶中每个桶 1/11 加仑开始，永远放弃第 12 个桶。在第二轮之后，11 个桶中的每个桶都有 $(1 + 9 \cdot 1/11)/11 = 20/121 \sim 0.1653$ 加仑，第三轮之后有 $(1 + 9 \cdot 20/121)/11 \sim 0.2261$。这足够进入缩减阶段了。总共需要 $3 + 5 = 8$ 轮，经过一些努力可以证明你不可能做得更好。

网格上的多边形

在坐标平面上绘制一个凸多边形，它的所有顶点都在整数点上，但没有边平行于 x 轴或 y 轴。令 h 为在整数高度处的水平线和多边形内部相交的线段长度之和，而 v 为等同的竖直线段的长度之和。证明：$h = v$。

解答：两者都等于多边形的面积。一种看法是记 $L_1, \ldots, L_k$ 为与多边形内部相交的整数高度的水平线，将多边形划分为（上下两端）两个三角形和 $k - 1$ 个梯形。如果与多边形相交的线段 L_i 的长度为 ℓ_i，那么三角形和梯形的面积之和为

$$\frac{1}{2}\ell_1 + \frac{1}{2}(\ell_1 + \ell_2) + \frac{1}{2}(\ell_2 + \ell_3) + \cdots + \frac{1}{2}(\ell_{k-1} + \ell_k) + + \frac{1}{2}\ell_k,$$

这等于 h，对于 v 类似的论证也成立。

一个灯泡的房间

n 名囚徒中的每个人会被单独送到某个特定房间（无穷多次），但顺序由监狱长随意确定。囚徒有机会事先合谋，但是一旦开始进入房间，他们唯一的交流手段是打开或关闭房间中的一盏灯。请帮助他们设计一个协议，以确保某个囚徒最终能推断出每个人都来过这个房间。

解答：当然，有必要假设在囚徒访问间隔中没有人对房间里的灯做手脚；但不需要假设囚徒们知道灯的初始状态。想法是，一个囚徒（比如说，Alice）反复将灯打开，而其他每个人都把它关掉*两次*。

更确切地说，如果 Alice 发现灯关着，她总是打开它，否则她让灯开着。其余的囚徒在前两次发现灯亮的时候把它关掉，否则就不去管它。

Alice 记录她在初次访问后她进入黑暗的房间的次数；在 $2n-3$ 次重访黑暗的房间之后，她可以得出结论，每个人都来过了。为什么？每一次黑暗的重访都说明期间其他 $n-1$ 个囚徒中的一个到过房间。如果其中一个人，比如说 Bob，没有进过房间，那么灯就不可能被关掉超过 $2(n-2) = 2n-4$ 次。另一方面，Alice 最终*一定会*达到她的第 $2n-3$ 次黑暗的重访，因为最终灯将被关闭 $2(n-1) = 2n-2$ 次，而其中只有一次（某个囚徒在 Alice 第一次访问前使最初亮着的房间变暗）可以不引发 Alice 的黑暗重访。

和与差

给定 25 个不同的正数，你是否总可以选择其中的两个，使得其他任何一个数都不等于它们的和或差？

解答：是的。令这些数为 $x_1 < x_2 < \cdots < x_{25}$，并假设其中任何两个数的和或差都在其他数中出现。对于 $i < 25$，$x_{25} + x_i$ 不可能在列表中，所以 $x_{25} - x_i$ 必须在里面；由此可得，前 24 个数按照 $x_i + x_{25-i} = x_{25}$ 成对。现在考虑 x_{24} 和 $x_2, \ldots, x_{23}$ 中的任何一个配对；这样的对的和超过 $x_{25} = x_{24} + x_1$，所以 $x_2, \ldots, x_{23}$ 也必须成对，特别是 $x_2 + x_{23} = x_{24}$。但我们刚刚有 $x_2 + x_{23} = x_{25}$，这是一个矛盾。

篱笆、女人和狗

一个女人被囚禁在一个由圆形篱笆围成的大块田地里。篱笆外有一条凶猛的看守犬，其奔跑速度是女子的四倍，但被训练成只能待在篱笆附近。如果女子能设法到达篱笆上狗不在的位置，她可以迅速翻过篱笆逃走。但是，她能赶在狗的前面到达篱笆上的某个位置吗？

解答：我们不妨把距离单位取成场地的半径。如果被囚禁的女人将活动限制在半径为 r 的较小同心圆上，其中 $r < \frac{1}{4}$，她就能把自己转移到圆上离狗最远的地方（下图中的 P 点）；这是因为小圆的周长将小于场地周长的 $\frac{1}{4}$。

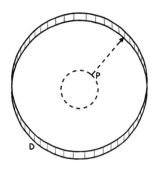

但如果 r 足够接近 $\frac{1}{4}$，那时这个女人就可以直接跑向篱笆。她到篱笆的距离只比 $\frac{3}{4}$ 个单位多一点点，但狗要跑场地半周的距离，即 π 个单位。由于 $\pi > 3$，这比女人要跑的距离的四倍更多。

克莱普托邦的爱情

Jan 和 Maria 正在网恋；Jan 想给对方寄一枚戒指。不幸的是，他们居住在克莱普托邦，任何邮寄的东西都会被偷，除非它装在一个挂锁的盒子里。Jan 和 Maria 各自有许多挂锁，但没有一个是对方有钥匙的。Jan 如何将戒指安全寄到 Maria 手中？

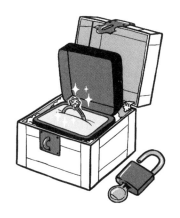

解答：在一个方案中，Jan 向 Maria 寄一个装有戒指的盒子，上面有他的一把挂锁。Maria 收到后，在盒子上加上一把自己的挂锁，然后将盒子带着两个挂锁寄回来。Jan 收到后取下自己的挂锁并把盒子寄回给 Maria，现在她可以打开自己的挂锁，享受这个戒指了。这个方案并非仅仅是个小把戏；其想法是密码学中的一个历史性突破——Diffie-Hellman 密钥交换的基础。

取决于人们的假设，其他解决方案也是可能的。在第七次 Gardner 聚会上，包括折纸艺术家 Robert Lang 在内的几个人提出了一个不错的方案：它要求 Jan 找到一把挂锁，其钥匙上有一个大孔，或者至少是一个可以通过钻孔充分扩大的孔，使得钥匙可以串在第二把挂锁的搭扣上。

Jan 用搭扣上串着上述钥匙的这第二把挂锁锁住一个小的空盒子，然后他把这个盒子寄给 Maria。过了足够的时间保证它被寄到（也许他等到了 Maria 的电子邮件确认），他将戒指放在另一个盒子里，锁上第一个挂锁。当 Maria 拿到戒指盒时，她整个端起第一个盒子，用串在盒子上的钥匙来得到她的戒指。

设计糟糕的时钟

某个时钟的时针和分针是无法区别的。一天中有多少时刻不能从该时钟上分辨出当前的时间？

解答：首先我们注意，为了使问题有意义，我们必定假设指针是连续运动的，而且我们没有被要求确定一个时间是上午还是下午。我们假设没有"秒针"。注意，当时针和分针重合时，我们可以知道现在是什么时间，尽管我们无法分辨时针和分针；这种情况每天发生 22 次，因为当时针绕行两周的时候，分针同向绕行了 24 周。

其实这些推理是对证明很好的热身。想象我们在时钟上添加第三根"快"针，它从午夜 12 点开始行进，速度恰好是分针的 12 倍。

现在我们宣称，每当时针和快针重合时，时针和分针都处于一个不可分辨的位置。为什么呢？因为之后当分针从午夜开始走了现在 12 倍的距离时，它就会在快针（因此也是时针）现在所在的位置，而时针则在分针现在所在的位置。那定义了一个模糊时刻。

反过来，根据同样的推理，所有的模糊位置发生在时针和快针重合时。

因此，我们只需计算出快针和时针一天中重合的次数。快针一天绕行 $12^2 \times 2 = 288$ 次，而时针只绕行两次，所以这种情况发生了 286 次。

在这 286 次中，有 22 次时针和分针（从而所有三根针）重合，剩下 264 次是不可分辨的。

蠕虫和水

Lori 碰上了麻烦, 不少蠕虫爬到她的床上。为了阻止它们, 她将每个床腿放在一桶水中。由于蠕虫不会游泳, 因此它们无法从地板爬上床。但它们却可以爬上墙, 越过天花板, 从上方掉到她的床上。可恶!

Lori 如何阻止蠕虫到达她的床上?

解答: 这个奇怪的问题可以说更多是关于工程而不是数学的。

Lori 确实可以通过(在把床腿放在水桶里之外)在天花板上挂一个大的罩子好好地盖住床的上方来防止蠕虫碰到她的床。但是, 罩子的边缘必须在下面向内弯曲, 在下面形成一个装满水的环形沟。(罩子横截面见下图。)

下方的环形水沟可以防止蠕虫们掉到罩子的边缘, 爬到罩子的下表面位于床上方的某个位置, 然后掉到 Lori 身上。

当然, 如果蠕虫没有从高处进入她的卧室的方法, Lori 可以用充满水的水沟包围房间本身来更简单地完成这个任务。

生成有理数

你有一个数集 S, 其中包含 0 和 1, 并且包含 S 的每个有限非空子集的平均数。证明: S 包含 0 到 1 之间的所有有理数。

解答: 首先注意, S 包含了所有的 "二进" 有理数, 即形如 $p/2^n$ 的有理数; 我们可以通过对相邻的两个分母幂次较小的进行平均来得到其中所有分母为 2^n 而分子为奇数的有理数。

现在, 任何一般的 p/q 当然是 p 个 1 和 $q - p$ 个 0 的平均值。我们选择很大的 n, 用 $1/2^n$、$-1/2^n$、$2/2^n$、$-2/2^n$、$3/2^n$ 等来代替零, 如果 $q - p$ 是奇数再带上一个 0。同样地, 我们用 $1 - 1/2^n$、$1 + 1/2^n$、$1 - 2/2^n$ 等来代替 1。当然, 其中

有些数字位于单位区间之外，但我们可以重新调整放缩一下，使得它们在一个包含 p/q 并严格位于 0 和 1 之间的二进区间里。♡

有趣的骰子

你与朋友 Katrina 约好用三个骰子玩如下的游戏。她选一个骰子，然后你从剩下两个里选一个。她掷她的骰子，你掷你的骰子，掷出更大数字的人获胜。如果你们掷出的数相同，则 Katrina 获胜。

稍等，事情不像你想的那样糟；你可以设计这些骰子！每个骰子都是一个规则的立方体，但你可以在任意面上放置 1 到 6 中的任意点数，并且三个骰子不必相同。

你能设计这些骰子使得你在游戏中占优吗？

解答：你希望的是设计这些骰子，使得无论 Katrina 在三个里选哪个，你都可以从剩下的两个骰子中选一个，并在一半以上的时间里掷出更高的数字。这样的三元组称为一个"非传递性骰子集"，有很多方法来设计它们。

关键是，如果骰子 A 掷出的平均数和骰子 B 的相同，这并不意味着 A 在一半的时间内会击败 B。有可能当 A 击败 B 时赢很多（例如，6 对 1），而输的时候只输一点点（例如，4 对 5）。那样可以推断出 B 会更经常地获胜。

举个极端的例子，在骰子 A 上放一个 6 和五个 3（平均 3.5），在骰子 B 上放一个 1 和五个 4（平均数相同）。那么，以概率 $\frac{5}{6} \times \frac{5}{6} = 25/36 > 1/2$，$A$ 掷出一个 3 而 B 掷出一个 4。你已经通过在两个骰子上使用不同的数字来消除了平局的可能。

让我们在骰子 C 上用剩下的数字 2 和 5 ——各 3 个，这样，平均掷出的点数又是 3.5。最后只需要检查一下，的确，骰子 C 对骰子 B 占优势（任何 C 掷出 5 的时候，或者掷出 2 对 1 的时候，总的概率为 7/12），但骰子 A 在对骰子 C 时是预期的胜方。由于我们已经知道了 B 击败 A，所以你对付 Katrina 的策略也清楚了。

分享披萨

Alice 和 Bob 准备分享一个圆形披萨，披萨沿径向切成任意数量的不同大小的块。他们采用"礼貌的披萨协议"：Alice 先选任意一块；此后，从 Bob 开始，他们轮流从空缺的一侧或另一侧选一块。因此，在第一块之后，每次只有两个选择，直到最后一块被拿走（如果块数是偶数，则 Bob 拿走最后一块，否则 Alice 拿走最后一块）。

切披萨的方式是否可能对 Bob 有利——换句话说，使得在采用最优策略时，Bob 能得到一半以上的披萨？

解答：如果块数是偶数（就像大多数披萨切法一样），就像第 7 章中的谜题一排硬币那样，Alice 总是能得到至少一半的披萨。事实上，即使 Bob 可以先选一条径向切割线，并坚持要求 Alice 选择的第一块披萨是该切割线的一侧或另一侧那块，情况也是如此。这使得这个问题与一排硬币完全相同；Alice 只需从切口处顺时针方向开始，将切片编号为 1、2 等，然后进行游戏，获得所有的偶数编号片或所有的奇数编号片，取决于哪类对她更有利。

如果块数是奇数，这个说法就行不通了。但奇数情况听起来甚至对 Alice 更好，因为那样她最终会得到更多块。我们怎样才能把控奇数情况呢？

根据第 7 章的另一个启示，让我们把切片的大小限制在 0 或 1 之间。（一块披萨的大小可以是 0 吗？从数学上讲没问题；从美食角度，可以设想一片的大小为例如 $\epsilon =$ 一个披萨饼的一百分之一。）为了试图让 Bob 获得优势，我们需要以某种方式来安排这些数，使得不管 Alice 从哪块开始，Bob 都可以利用他的奇偶性优势来克服 Alice 领先的一块。

这需要相当数量的切片，但结果 21 块这样的 {0,1} 大小的切片就可以将优势转到 Bob 这边。再把玩一下，你会发现你可以合并某些块得到一个切成 15 片且大小为 0、1、2 的披萨，无论如何都不能阻止 Bob 获得其中的 5/9。（有两个方案可行：010100102002020 和 010100201002020。）下图是对 Bob 友好的

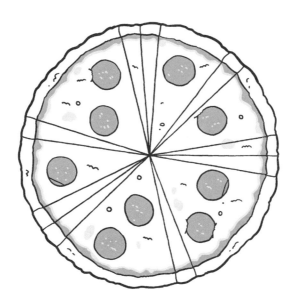

15 片方案中的一个, 配上了意式香肠来表示各块的大小。不管 Alice 怎么玩, 她在面对一个聪明而又饥饿的 Bob 时, 无法得到 9 块意式香肠中的 4 块以上。

可以证明这个披萨对 Bob 来说是最好的。总结一下: 如果块数是偶数, 或者是不超过 13 的奇数, Alice 至少可以得到一半的披萨; 如果块数是不小于 15 的奇数, 她可以确保至少 4/9 但不能是更大的比例。

盒子里的名字

100 名囚徒的名字放在 100 个木盒里, 每个盒子中放一个名字, 盒子在房间的桌子上被排成一排。囚徒被一一带进房间; 每名囚徒最多可以看 50 个盒子, 但离开房间时, 必须使房间里的东西保持原样, 之后不得与其他囚徒进行任何交流。

囚徒们可以提前制定策略, 他们的确需要这样做, 因为除非每名囚徒都能找到自己的名字, 否则所有人会被集体处决。

找到一种策略, 使囚徒们的生存机会不至于太渺茫。

解答: 为了解决这个问题, 囚徒们必须首先商定一个用他们的名字对盒子的随机标号。(随机的作用是使监狱长无法通过选择怎样把名字放入盒子来挫败下面描述的协议。) 当每个囚徒进入房间时, 他查看自己的盒子 (即用他自己的名字标号的盒子)。他在那个盒子里看到一个名字, 有可能不是他自己的。然后他查看属于他刚刚发现的名字的盒子, 然后查看属于他在第二个盒子里发现的名字的盒子, 等等, 直到他找到自己的名字, 或者已经打开了 50 个盒子。

这就是策略; 现在, 这为什么是可行的呢? 好的, 将每个盒子的主人联系到在他的盒子里发现的名字, 这给出了一个 100 个名字的置换, 并且是从所有置换组成的集合中均匀随机地选择的。每个囚徒都在跟着置换中的一个圈走, 从他的盒子开始, (如果他没有碰到 50 个盒子的限制) 以一张写着他的名字的纸结束。如果这个置换碰巧没有长度大于 50 的圈, 那么这个过程中每个人都会成功, 囚徒们会被释放。

事实上, 1 到 $2n$ 的均匀随机置换不包含长度大于 n 的圈的概率总是超过 1 减去 2 的自然对数, 大约是 30.6853%。

为了看到这点, 设 $k > n$ 并统计有一个长度恰好为 k 的圈 C 的置换的数量。有 $\binom{2n}{k}$ 种方式选择 C 中的元素, $(k-1)!$ 种方法把它们排成一个圈, 以及 $(2n-k)!$ 种方法对剩下的元素进行排列; 这些的乘积是 $(2n)!/k$。由于在一个给定的置换中最多只能有一个 k-圈, 所以存在一个这样的圈的概率恰好是

$1/k$。

因此，不存在长的圈的概率是

$$1 - \frac{1}{n+1} - \frac{1}{n+2} - \cdots - \frac{1}{2n} = 1 - H_{2n} + H_n,$$

其中 H_m 是前 m 个正整数的倒数和，接近 $\ln m$。这样我们的概率大约是 $1 - \ln 2n + \ln n = 1 - \ln 2$，并且事实上总是大一点。对于 $n = 50$，我们得到囚徒生存的机会是 31.1827821%。

让我们把这些新技能用在一个变形上。

救命的换位

这次只有两名囚徒——Alice 和 Bob。Alice 看到一副 52 张的牌，按一定次序摊开，面朝上摆在桌子上。她被要求选择两张牌调换位置。然后，Alice 被要求离开，没有更多机会与 Bob 沟通。接下来，每张牌都会被翻过来，Bob 被带入房间。典狱长将会指定一张牌；为了避免两位囚徒被处决，Bob 必须在依次翻开最多 26 张牌后，找到指定的那张牌。

像往常一样，囚徒们有机会事先合谋。这一次，他们可以确保成功。如何做呢？

解答：这只是 *盒子里的名字* 谜题的一个变形。我们可以假设这些牌的大小是 1 到 52。当被指定寻找 i 号牌时，Bob 的算法将是翻开桌面上的第 i 张牌。如果它的值是 j，他就去翻开第 j 张牌；如果第 j 张牌的值是 k，他翻开第 k 张牌，以此类推。这样，他跟着将第 n 张牌映射到其值的这个置换中的一个圈在走，并会在置换中没有长度 > 26 的圈时成功。

Alice 可以保证这个条件。如果她看到一个长度 > 26 的圈（当然不会有超过一个这样的圈）她就对换两张在这个圈上对极的或几乎对极的牌，从而把这个圈一分为二。如果没有这样的圈，她就随便做一个无害的操作，比如分开一个小的圈，或者在这个置换恰好是恒等置换的时候对换任何两张牌。

本章的谜题以这样一个结尾，如果你试到了正确的方法，它简单得让人发麻。

自表数

某个 8 位整数 N 的第一个数字是其常用十进制表示中 0 的个数。第二个数字是 1 的个数；第三个是 2 的个数；第四个是 3 的个数；第五个是 4 的个数；

第六个是 5 的个数；第七个是 6 的个数；最后，第八个是出现在 N 中的不同数字的个数。N 是什么？

解答：通过推理来得出 N 是相当困难的。但是有一个简单的方法！

取任何一个 8 位数 N_0，然后根据谜题的条件变换它：也就是说，得到数 N_1，其中的第一个数字是 N_0 中 0 的个数，等等。

如果碰巧 $N_1 = N_0$，你就解决了这个问题。不过那需要你有惊人的运气。

不担心。对 N_1 重复这个过程得到 N_2，然后是 N_3，直到你到达某个时刻 t 有 $N_t = N_{t-1}$。那时你就成功了。

让我们试试这个。好玩一些，我们从 31415926 开始，这是 π 的十进制展开的前 8 位数字，但你应该用你喜欢的 8 位数自己试试。

我们得到：

$$31415926$$
$$02111117$$
$$15100004$$
$$42001104$$
$$32102004$$
$$31211005$$
$$23110105$$
$$23110105$$

成功了！但这为什么会在合理的步数内发生呢？事实上，为什么它根本会发生呢？为什么我们不会在某个点上开始循环，其中 N_t 重复之前的某个 N_{t-k}，$k > 1$？

可惜的是，我不知道。这种方法并不是对所有这类问题都有效。但它出乎意料地有用——它会是你的技能库中的一大法宝。

我们用一个奇妙的定理结束本章，这个定理对于几何学家和数学爱好者们来说是耳熟能详的，但它值得在其他领域的严肃数学家中得到更多的关注。定理由 Georg Alexander Pick 在 1899 年描述，它告诉你怎样通过数一下格点的数量来计算一个格点多边形的面积。

一个格点多边形是一个由线段组成的封闭图形，每个线段的端点是一个平面网格的顶点，如下图所示。

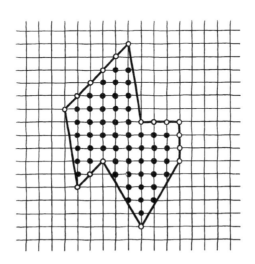

定理. 一个格点多边形的面积恰好是网格中一个单位正方形面积的 $I + B/2 - 1$ 倍，其中 I 是严格在多边形内部的格点的数量，B 是其边界上的格点数量。

证明：我们将假设网格的每个单元的面积为一个单位，因此定理说的就是格点多边形 P 的面积为 $I + B/2 - 1$。

这个公式带有一些合理的直观性：内部点（图中的实心圈）被完全计算在内，而边界点（空心圈）可以说是半内半外，所以应该按一半的值计算——除了角落的点确实比"一半在内"少一些，所以我们减去 1 来处理它们。

当多边形是一个网格单元时，公式当然正确，因为这时 $I = 0$，$B = 4$。

不幸的是，我们一般不能用网格单元来构建格点多边形，但值得思考的是，我们可以用什么样的较小部件来构建它们。假设 P 是两个共享一条边的格点多边形 R 和 S 的并，如下图所示。

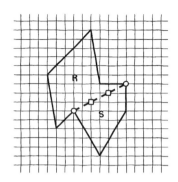

如果公式对 R 和 S 是正确的，那么它对 P 也是正确的吗？的确是的：如果在公共的边上除了端点之外有 k 个格点，那么我们有 $I_P = I_R + I_S + k$ 和 $B_P = B_R + B_S - 2k - 2$，所以 P 的面积是 $I_R + I_S + k + (B_R + B_S - 2k - 2)/2 - 1 = (I_R + B_R/2 - 1) + (I_S + B_S/2 - 1)$，确实是 R 的面积加上 S 的面积。进展很不错。

注意，这个计算还表明，如果公式对三个多边形 P、R 和 S 中的任何两个都是正确的，那么它对第三个也成立——换句话说，公式可以用来做加法也可以做减法。

这很好，因为我们可以将任何格点多边形切割成格点三角形，如下图所示，所以对三角形证明定理就足够了。这是一种"全力以赴"式的操作。

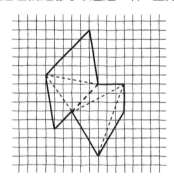

首先我们注意，如果直角边是竖直和水平线段，那直角三角形是容易的。原因是我们可以复制这样一个三角形，将副本旋转 180 度，然后将其斜边与原三角形的重合，得到一个"对齐的"格点矩形（即边与坐标轴平行的矩形）。

公式对于对齐的矩形成立，因为它们是由单元格组成的。由于我们的两个三角形的 I 和 B 值相同，Pick 公式给予它们相同的面积，因此必须是对齐的矩形面积的一半，理应如此。

最后，我们只需要注意到，任何三角形都可以通过添加（最多）三个上述类型的直角三角形而变成一个轴对齐的矩形，如下图所示。♡

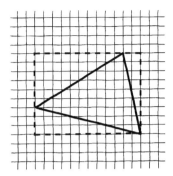

第 20 章　物理世界

旋转硬币

用左手拇指将一个 25 美分的硬币牢牢地固定在桌面上，右手食指将第二个 25 美分的硬币贴着第一个的边缘旋转。由于这两个硬币的边缘是有齿的，它们将像齿轮一样互锁，第二个硬币将围绕第一个转动。

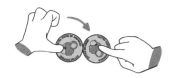

第二个硬币回到出发点时旋转了几周？

解答：一个经典的问题。它相对于桌子旋转了两周：一周是相对于静止的硬币，另一周是由于它围绕静止的硬币旋转。试试吧！

天上的馅饼

满月在天空中占多大比例？

解答：月亮的直径约为半度（实际上是在远地点的 29.43 分和近地点的 33.5 分之间），因此它的面积以"平方度"计算是 $\pi r^2 \sim \pi(1/4)^2 = \pi/16$。

天空有多少平方度？它的周长是 360，所以它的半径的度数（！）是 $180/\pi$，天空的面积是天球面积的一半，大约是 $(1/2)4\pi r^2 = 2(180)^2/\pi$ 平方度。

因此，月亮所覆盖的天空比例约为 $(\pi/16)/(2(180)^2/\pi) = \pi^2/(32 \cdot 180^2) \sim 1/105050$。

如果我们用更准确的月球直径的估计值 31 分来重复这个计算，我们得到天空的 1/101661 ——所以说月球占据了千万分之一的天空是非同寻常地准确的。顺便说一下，太阳也差不多是这样。

返回式击球

一个球从每个角都是直角的（但不一定是凸的）多边形台球桌的一个角射出；假设球桌的所有边都恰好是东西向或南北向。

起始角是凸的，即所在内角为 90°。每个角上都有袋口，如果球恰好碰到一个角就会落入袋中。否则球会完美反弹，且没有能量损失。

这个球能回到它出发的那个角吗？

解答：假设这是有可能的，想象一下这样一次击球。我们可以假设球一开始是往东北走；这样当它最后返回时是在往西南走。在每次反弹时，表示方向的两个字之一会改变；例如，第二段线会是东南（如果它撞上一条东西向的岸边）或西北方向（如果它撞上一条南北向的岸边）。由此可见，它需要的反弹次数是偶数，因此段数是奇数。

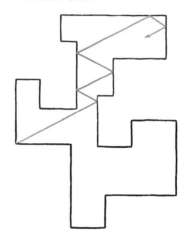

所有东北向的段和西南向的段都是平行的（同样地，所有西北向和东南向的路径也是平行的），因此最初段和最后段是沿着同一条线，方向相反。由于反射的作用对于向前和向后是一样的，所以从初始角出发并返回的整个路径是一个回文——反弹点的序列从前往后读和从后往前读是一样的。由此，中间的两个反弹点是同一个点，这是很荒谬的。♡

跌落的蚂蚁

二十四只蚂蚁被随机放在一米长的横杆上；每只蚂蚁面朝东或西的概率相同。在信号发出后，它们以 1 cm/s 的速度向前（即它们面朝的方向）走。当两只蚂蚁相撞时，它们会各自反转方向。多长时间后你才能确信所有蚂蚁都离开了杆子？

解答：这个谜题的关键是，对本题而言，蚂蚁是可以互换的，如果它们"就像夜晚的船只"互相擦肩而过而不是反弹，这个过程没有任何区别。那样显然每只蚂蚁都只是直直地向前走，必定在 100 秒内掉出。

你不能期待任何更短的时间，因为如果有一只蚂蚁从杆的一端开始，面向另一端，那会有某只蚂蚁直到 100 秒后才从远端离开。

圆上的蚂蚁

二十四只蚂蚁被随机放在一米长的圆形轨道上；每只蚂蚁面向顺时针或逆时针方向的概率相同。在信号发出后，它们以 1 cm/s 的速度前进；当两只蚂蚁相撞时，它们会各自反转方向。100 s 后，每只蚂蚁恰好在它出发位置的概率是多少？

解答：这次我们需要更加仔细地处理蚂蚁的不可分辨性；我们可以用擦肩而过来代替反弹的说法只告诉我们，蚂蚁们所处的位置的集合在 100 秒后会和现在相同，但任何特定的蚂蚁可能最终出现在其他蚂蚁的起始位置上。

事实上，由于蚂蚁不能互相穿过，它们的最终位置将是它们初始位置的某个旋转。换句话说，整个位置序列将旋转某个蚂蚁数，而我们的任务实际上是确定这个数是 24 的倍数的概率。

实际上只有当蚂蚁都朝向同一方向，从而每只蚂蚁都不发生碰撞绕着轨道走一圈时，它才可能是（顺时针或逆时针的）24。有 2^{24} 种方法可以选择蚂蚁的起始朝向，其中只有两种方法具有这个性质，因此，这发生的概率是小得可怜的 $1/2^{23}$。

更可能发生的是净旋转为零。那会在什么情况下发生？嗯，角动量守恒告诉我们蚂蚁群作为整体的旋转速度是恒定的。因此净旋转是零当且仅当初始旋转率为零。这意味着开始时逆时针朝向的蚂蚁数量与顺时针的完全相同。发生那种情况的概率是 $\binom{24}{12}/2^{24}$，大约为 16.1180258%。在此基础上再加上 $1/2^{23}$，最后的答案是 16.1180377%。

球面和四边形

空间中的一个四边形的所有边都与一个球面相切。证明：四个切点在同一平面上。

解答：这里的想法是给四边形的顶点加权，使每条边与球体的接触点正好是该边的重心所在处。这是可以做到的，因为每个顶点到从它发出的两条边上的切点距离相等；如果我们给该顶点的权重等于那个距离的倒数，我们得到所需的加权。

所以呢？好的，如果我们在相对的切点之间画一条线，四边形的重心必定在这条线上。然而有两条这样的线，所以重心同时在这两条线上；因此这两条线相交。由此，由切点形成的四边形位于一个平面上！ ♡

两个球和一堵墙

一条直线上有两个外观相同的球和一堵竖直的墙。球是完全弹性且无摩擦的；墙是完全刚性的；地面是完美水平的。如果两个球的质量相同，离墙较远的球滚向离墙较近的球，会将较近的球撞向墙；该球将弹回并击中第一个球，使其（永远）滚离墙的方向。一共发生了三次撞击。

现在假设较远的球的质量是较近的球的一百万倍。这样会有多少次撞击？（你可以忽略角动量、相对论和万有引力的影响。）

解答：你可以预料到现在会有很多次撞击，因为重球几乎不会察觉到它第一次被击中，并且毫不畏惧地朝墙继续行进。但轻球会从墙上反弹回来，并多次撞击重球，直到重球缓慢下来、调转方向、最终消失。

事实上碰撞的次数将是 3141 ——π 的十进制展开的前四位数字。

巧合吗？其实不是。让重球重量是轻球的 googol（即 10^{100}）倍，反弹次数将是 π 的前 51 位，即

314, 159, 265, 358, 979, 323, 846, 264, 338, 327, 950, 288, 419, 716, 939, 937, 510.

三个物体之间的距离有多远，或者重球被推的力度有多大，这些都没关系。

我们的期望是，对于任何整数 $k \geq 0$，当重球重量是轻球的 10^{2k} 倍时，反弹次数将是 π 的前 $k+1$ 位。几乎和这个断言本身一样引人注目的是，它不是一个定理，也就是说，没有人能够证明它。但下面是一个解释，说明我们为何认为它是正确的。

关键是用到能量和动量的守恒。令 v 是重球的速度，y 是轻球的速度。重球的质量为 $m = 10^{2k}$，能量守恒表明 $mv^2 + y^2$ 是个常数。令 $x = \sqrt{m \cdot v} = 10^k v$，

从 $x = -1$, $y = 0$ 开始，整个系统被放到了单位圆 $x^2 + y^2 = 1$ 上。

总动量是 $mv + y = 10^k x + y = -10^k$，所以 $y = -10^k x - 10^k$，将我们一开始置于一条斜率为 $s = -10^k$ 的直线上。所以当轻球第一次撞墙时，"系统点"——即 XY-平面上描述系统状态的点——从 $(-1, 0)$ 沿动量线向东南方向移动到该线与圆的另一个交点。但在撞到墙上时，轻球的动量翻转，将新的点穿过 X 轴反射到正方。

系统点就这样呈"之"字形上下移动，在向下时略微向东移动，直到最后到达在 $(1, 0)$ 西北处并非常接近的一个点，从那里沿着斜率为 s 的线向东南移动，要么完全错过圆，要么在 X 轴之上撞到它。那表明不会再有碰撞。

下图画出我们的圆及四个系统状态，对应最先两个和最后两个系统点。

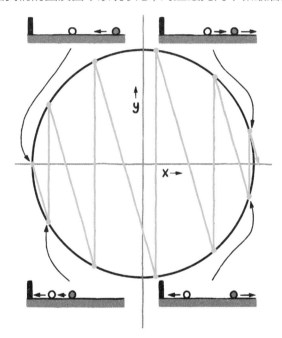

碰撞的总数就是"之"字形来回的次数；有多少次？好的，动量线与竖直方向的角度是 $\arctan(10^{-k})$，因此单位圆在 X 轴上方连续点之间的弧长是 $2\arctan(10^{-k})$。由此，碰撞次数是不超过 $2\pi / (2\arctan(10^{-k})) = \pi / \arctan(10^{-k})$ 的最大整数。

由于 10^{-k} 是一个小角度，$\arctan(10^{-k}) \sim 10^{-k}$ 的近似是一个非常好的逼近（差值大约是角度的平方，也就是说，只有 10^{-2k} 的数量级）。因此，当 k 很大时，我们期望碰撞次数是不超过 $\pi / 10^{-k} = 10^k \pi$ 的最大整数，但这恰恰是 π 的前 $k + 1$ 位！

有点幸运的是这对 $k = 1$ 也成立（如果我们从十进制改为其他进制，有时对 $k = 1$ 会失败）。但是随着 k 的增加，上面的逼近会很快变得很好，以至于只有一丝丝的可能性会失败。

要怎样才会失败呢？粗略地说，如果对某个 k，π 的十进制展开中的第 $k+1$ 到第 $2k$ 个数都是 9，那么它就会有 1 的出入。如果像大多数数学家认为的那样，π 的数字表现得像一个随机序列，那么这种情况是近乎荒唐地不可能出现的。（2013 年，A. J. Yee 和 S. Kondo 计算了 π 的前 12.1 万亿位数字，在任何地方都没有连续的超过十几个 9，和你的预期应该差不多。）

但是没有人能够证明 π 的数字继续表现得像随机的一样，即使它们是那样，上述出入也有概率发生。

所以这不是一个定理。但你完全可以赌它是正确的。

我们用一个定理来结束本章。

让我们把一个多面体理解成任何一个在三维空间中具有平坦面的实体。它不一定是凸的，甚至可以有洞。

对每个面 F，我们关联一个与该面垂直的向量 v_F，指向外侧，其长度与该面的面积成正比。

定理. 对于任何多面体，所有面 F 上的向量 v_F 之和为零。

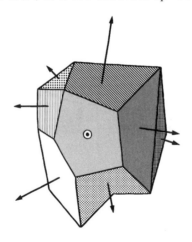

证明：将多面体充满空气！每个面 F 上的压力将与 F 的面积成正比，并垂直于 F 向外施加；换句话说，它由 v_F 表示。如果这些力的总和不为零，多面体就会自行移动。

这种情况不会发生，是吗？♡

第 21 章　来自未来

没有什么规定你解决一个谜题的时候必须从前提开始然后努力直接通向答案。很多时候，从终点开始——高级的术语为"逆向分析"——会使事情变得容易不少。（你是那种认为除了从"起点"到"终点"画线之外，用其他任何方式解迷宫都算是作弊的人吗？如果那样能让你觉得更好玩，没问题的，但我建议不要把这种策略应用到每一个谜题上。）

考虑下面这个经典的问题。

肖像

一位访客指着墙上的画像问那是谁。主人说："我没有兄弟姐妹，但那个男人的父亲是我父亲的儿子。"画中的人是谁呢？

解答：从哪里开始呢？从最后那里。谁是"我父亲的儿子"？可能是主人，如果他是男性的话。等等，主人没有兄弟姐妹，所以那就是主人。

将此代入，我们得到"那个男人的父亲是我"，所以照片中是主人的儿子。很简单！

下面又是一个经典谜题，但也许解答里有一个你没有见过的转折：

三方对决

Alice、Bob 和 Carol 安排了一次三方对决。Alice 的射术很差，平均只有 1/3 的概率能命中目标；Bob 比较好，有 2/3 的概率能击中目标；Carol 则总是能命中。

他们轮流射击，首先是 Alice，然后是 Bob，然后是 Carol，然后又是 Alice，依此类推，直到只剩下一个人。Alice 最佳的行动方案是什么？

解答：让我们思考一下 Alice 那轮结束之后的情况。如果在 Alice 的回合之后只有 Carol 幸存下来，那 Alice 就注定输了。如果只有 Bob 留下来，那么 Alice 的生存概率为 p，其中 $p = \frac{1}{3}\left(\frac{1}{3} + \frac{2}{3}p\right)$，得出 $p = 1/7$，不算太好。如果 Bob 和 Carol 都能留下，情况会好得多，因为他们会互相瞄准，只有一个幸存者，然后 Alice 还可以对其先开枪。因此，她在那种情况下生存概率大于 $\frac{1}{3}$。

由此，Alice 并不想射杀任何人，她最好的行动方案是放一个空枪！

但是等等。我们假设了其他人不会这样做，但现在我们已经允许 Alice 选择弃权，我们当然也应该允许其他人这样做。他们可以算出，只要三个决斗者都还活着，Alice 就不会瞄准任何人。再次运用逆向分析，如果轮到 Carol 时还没有人死亡，她是否应该杀死 Bob？如果 Bob 试图向她开枪，那么是的。但如果 Bob 放了空枪，以表明他愿意无限期地这样做，那么 Carol 也应该这样做——这样一来，没有人的生命受到威胁，当弹药用完时，每个人都可以回家做数学谜题。再往前一轮，我们推断出 Bob 确实应该向空中开枪，整个决斗将是一个闹剧。

回过头来想一下，很明显，如果三方的最高优先级都是保住性命——这也是我们一直的假设——那么从一开始就不该举行这场决斗。

下面是一个逆向分析在实验设计中的应用。

测试鸵鸟蛋

为了准备一次广告宣传活动，"不会飞的鸵鸟养殖场"需要测试鸵鸟蛋的耐用性。根据国际标准，蛋的硬度由一个蛋从帝国大厦掉落而不破裂的最高楼层来评级。

养殖场的官方测试员 Oskar 意识到，如果只带一个蛋去纽约，他（可能）需要从帝国大厦 102 层的每一层（从第一层开始）把蛋扔下，方能确定等级。

如果他带上*两个*蛋，在最坏情况下需要扔多少次？

解答：让我们往前看，当 Oskar 只剩下一个蛋时的情况。在那时将会有一个最小可能的蛋的等级 m（即第一个蛋被扔下而没有碎的最高那层）和一个最大可能的蛋的等级 M（比第一个蛋被扔碎的楼层少一）。那将会需要扔 $M - m$ 次。

扔第一个蛋的计划将是某个递增的楼层序列，设为 $f_1, f_2, \ldots, f_k$。f_i 之间的间隔将是递减的，因为（假设你想防止扔的次数超过某个特定的数 d）用第一个蛋做出的下落次数越多，留给第二个的就越少。

例如，假设 Oskar 的第一颗蛋第一次是从 10 楼掉下的。如果蛋碎了，他需要用第二个蛋试 9 个楼层，总共扔 10 次。但是，为了避免扔 11 次，他第二次必须从第 19 层扔下一号蛋使得第二个蛋可以被扔 8 次，第三次从 27 层扔下一号蛋，第四次从 34 层扔下，第五次从 40 层，第六次从 45 层，第七次从 49 层，第八次从 52 层，第九次从 54 层，以及第十次从 55 层。这是他的十次

下落方案，所以只有在大楼最多是 55 层的情况下他才能完成任务。

　　Oskar 必须从多高开始，才能做到 102 层？简单的办法：从另一头开始！累加 1 + 2 + 3 + … 直到你达到或超过 102，你的最后加的数，结果是 14，就是 Oskar 的起始层，也是他可以确保的最大下落次数。在那之后，直到它被打碎，第一个蛋落下的位置分别是第 27、39、50、60、69、77、84、90、95、99 和 102 层。

　　另一种方法得到 14：你可以通过推导或记住公式 $1 + 2 + 3 + \cdots + k = k(k + 1)/2$。（做推导的话，注意有 k 个被加项，它们的平均大小是 $(k + 1)/2$。）然后解方程 $k(k + 1)/2 = 102$，并将 k 向上进到最近的整数。

　　如果有两个以上的蛋，你可以类似地推广这种逆向分析。例如，对于三个蛋，你计算数字 $k(k+1)/2$（直接算或通过加法），然后将这些相加达到 102：$1 + 3 + 6 + 10 + 15 + 21 + 28 + 36 = 120$，其中 $35 = 8(8 + 1)/2$。所以 Oskar 在第 36 层扔下第一个蛋，然后是 64 层，然后是 85 层。如果蛋在（比如说）第 64 层时碎了，那么他就面临两个蛋对付 28 层楼（帝国大厦的 36 层到 63 层）的局面，这需要最多再扔 7 次。三个蛋被扔的最大次数是 9。

　　当蛋的数量是无限的时候呢？如果你是一个计算机科学家，那么你可能已经猜到了，答案是二分查找。下一次坠落是在当前等级范围的中点进行的。例如，如果大楼原来有 63 层（因此评级可以是 0 到 63 之间的任何数），第一次扔应该是从第 32 层。如果蛋碎了，新的范围就是 0 到 31，否则就是 32 到 63。由于 102 介于 $64 = 2^6$ 和 $128 = 2^7$ 之间，Oskar 可能需要扔多达 7 次。

在一整类谜题中你首先应该尝试的是逆向分析：那就是游戏谜题。假设你遇到的是一个两人的、交替的、确定性的、完全信息的游戏。这是一大堆形容词，但它们描述了大量的流行游戏，从国际象棋、跳棋、围棋、六贯棋、黑白棋到 Nim 和井字棋。

我们来看其中一些不可能有平局的游戏。在这样的游戏中，一个"P"局面是指这样的局面，如果你能用你的棋步制造出它，你就能确保获胜。（把"P"想成"前一位玩家获胜"。）其他局面是"N"局面（"下一位玩家获胜"），那些是你希望对手留给你的局面。

由此，从一个 N 局面开始，总有一步棋会产生 P 局面，而从一个 P 局面开始，所有的棋步都会造成 N 局面。这完全定义了 N 局面和 P 局面，并给出了游戏的最佳策略。但是这些规则在时间上是向后操作的；要以这种方式对局面分类，你必须从游戏的终局开始反向分析。

让我们在下一个谜题中试试这个方法。

两叠煎饼

两名饥饿的学生 Andrea 和 Bruce 坐在桌前，桌子上摆放了两叠煎饼，分别有 m 块和 n 块。每个学生须依次从较大那叠煎饼中吃掉较小那叠煎饼数量的非零倍数。当然，每叠煎饼的底部是受潮的，因此首先吃完某一叠的一方是输家。

对于什么样的数对 (m, n)，（先吃的）Andrea 有必胜策略？

如果游戏的目标相反，先吃完一叠的是赢家呢？

解答：设 m 和 n 是两叠的大小。当 $m = n$ 时，你（如果轮到你了）就会立即被困住；因此这是一个 P 局面。如果 $m > n$，并且 m 是 n 的倍数，你就处于一个获胜的 N 局面，因为你可以从 m 那叠中吃 $m - n$ 块饼，并使对手面对上述 P 局面。特别地，如果矮的那叠只有一块饼，你的形势就好极了。

如果 m 接近一个 n 的倍数呢？例如，假设 $m = 9$ 以及 $n = 5$。那样你被迫使降到 $m = 4$ 和 $n = 5$，但现在你的对手必须给你大小为 1 的一叠。如果 $m = 11$ 和 $n = 5$，你有两种选择，但减少到 $m = 6$、$n = 5$ 使你获胜。

现在看来，你想让你的对手的两叠的比例小，迫使她为你留下大的比例。让我们来看看。假设当前的比例 $r = m/n$ 严格地介于 1 和 2 之间；那么下一步是被迫的，新的比例是 $\frac{1}{r-1}$。只有在 $r = \phi = (1 + \sqrt{5})/2 \sim 1.618$ 这个黄金比时，这两个比例相等；由于 ϕ 是无理数，r 和 $\frac{1}{r-1}$ 这两个比例必定是一个超过 ϕ 而另一个小于 ϕ。啊哈！因此，当你使你的对手面临 $r < \phi$ 时，她必须让它

变大, 然后你让它变小, 等等, 直到她被 $r = 1$ 困住而输掉!

我们的结论是, 恰好在初始的大叠对小叠之比超过 ϕ 时 Andrea 获胜。换句话说, 游戏的 P 局面正是那些 $m/n < \phi$ 的位置, 其中 $m \geqslant n$。为了证实这一点, 假设 $m > \phi n$, 但不是 n 的倍数。记 $m = an + b$, 其中 $0 < b < n$。那么或者 $n/b < \phi$, 这种情况下 Andrea 吃 an 块, 或者 $n/b > \phi$, 那时她只吃 $(a - 1)n$ 块。这就使 Bruce 得到的比值低于 ϕ, 并面临被迫将比例恢复到大于 ϕ 的局面。

最终, Andrea 将达到一个时刻, 她的比例 m/n 是一个整数, 在那时她可以得到两叠相等的饼, 让 Bruce 吃到一块湿软的煎饼。但注意, 如果她想的话, 也可以为自己抢到一整叠, 从而赢得那个吃到湿软煎饼算作获胜的版本的游戏。

当然, 如果 Andrea 面对的是严格介于 1 和 ϕ 之间的比例 m/n, 那么她就处于劣势了, 现在是 Bruce 可以主导其余的游戏。

结论是, 无论玩哪种形式的煎饼游戏, 如果两叠的高度为 $m > n$, 那么恰好当 $m/n > \phi$ 时, Andrea 会赢。只有在开始的时候两叠相等这一平凡情况下, 游戏的目标才会产生影响!

在下面这个类似的游戏里试试上面的方法。

中国版 Nim

桌上有两堆豆子。Alex 必须从一堆中取出一些豆子, 或者从每堆中取出相同数量的豆子; 然后 Beth 做同样的事情。他们这样交替进行, 直到某人拿走最后一颗豆子从而赢得游戏。

这个游戏的正确策略是什么? 例如, 如果两堆豆子的大小分别为 12000 和 20000, Alex 应该怎么办? 如果是 12000 和 19000 呢?

解答: 就和经典的 Nim 以及许多其他游戏一样, 尝试刻画 P 局面是更容易的, 因为这样的局面比较少。一旦你知道了哪些是 P 局面, 正确的策略就会自动出现。如果一个玩家处于 N 局面, 他或她就会走出一步, 将他或她的对手置于 P 局面; 然后那个对手必须下出另一个 N 局面。

在中国版 Nim 中, 空局面 (没有豆子) 是一个 P 局面, 因为前一位玩家刚刚赢得了游戏。任何有一堆空的或两堆相同大小的都是 N 局面, 因为从那里一步可以达到空局面。不难推出最简单的非空 P 局面是 $\{1, 2\}$。在那之后, 你可以得出 $\{3, 5\}$、$\{4, 7\}$ 和 $\{6, 10\}$ 也是 P 局面。规律是什么?

设非空的 P 局面为 $\{x_1, y_1\}$, $\{x_2, y_2\}$, $\ldots$, 其中 $x_i < y_i$, 并且对 $i < j$ 有 $x_i < x_j$。注意在 $i \neq j$ 时你不可能有 $x_i = x_j$, 因为那样的话, 玩家可以把两个

局面中 y_i 和 y_j 较大的那个变到较小的那个, 制造出另一个 P 局面。

一些思考会把你引向结论, 给定 $\{x_1, y_1\}$ 到 $\{x_{n-1}, y_{n-1}\}$, x_n 是不在 $\{x_1, \ldots, x_{n-1}\} \cup \{y_1, \ldots, y_{n-1}\}$ 中的最小正整数并且 $y_n = x_n + n$。注意, 这 使得 y_n 比集合 $\{x_1, \ldots, x_{n-1}\} \cup \{y_1, \ldots, y_{n-1}\}$ 中的任何数都要大。

证明是通过对 n 的归纳。你已经看到, x_n 不能是 $\{x_1, \ldots, x_{n-1}\} \cup \{y_1, \ldots, y_{n-1}\}$ 中的数, 并且不能有多于一个 y_n 与之配对, 所以你需要做的就是证明 这个 $\{x_n, y_n\}$ 确实是一个 P 局面。

假如 $\{x_n, y_n\}$ 是一个 (比如对 Alex 来说的) N 局面, 那么一定有某个 $i < n$, 他可以把局面变到 $\{x_i, y_i\}$; 但他不能通过减少较小的那堆或通过在两 堆减少相同的数量来达到这个局面, 因为这将使两堆的差值为 n 或更多。他 也不能通过减少较大的那堆来达到这个局面, 因为那样他就会对同样的 x 得 到另一个 y。

你现在有办法按你的喜好生成一个 P 局面的长长列表了。由此容易得出 Alex 的策略。如果他面对的是 $\{x_i, y_i\}$, 他就去掉一两颗豆子, 希望对手出错。 如果他看到 $\{x_i, z\}$, 而 $z > y_i$, 他就把 z 减到 y_i。如果他看到 $\{x_i, z\}$, 其中 $x_i < z < y_i$, 则差值 $d = z - x_i$ 小于 i; 他从这两堆同时取, 使局面变为 $\{x_d, y_d\}$ (如果对某个 $j < i$, $z = y_j$, 他也可以选择直接把 x_i 减少到 x_j)。如果他看到 $\{y_i, z\}$ 并且 $y_i \leqslant z$, 他可以将 z 一直降到 x_i, 并且也可能有其他选择。

但是, 为了在每堆中有数以千计的豆子时决定怎么做, 可能需要一段时 间来生成足够多的 P 局面。有没有更直接的方法来刻画 P 局面呢?

好吧, 你知道对于每个 n, x_n 在 n 和 $2n$ 之间, 因为所有的 x_i ($i < n$) 和 某些 y_i 比它小。可以合理地猜测, 有 1 和 2 之间的某个比值 r, 使得 x_n 大约 等于 rn。如果是这样, y_n 大约是 $rn + n = (r+1)n$。

如果这一点成立, 那么 1 和 x_n 之间的 n 个 x_i 或多或少是均匀分布的, 因 此其中的 $r/(r+1)$ 将有其对应的 y_i 低于 x_n。因此, 有大约 $nr/(r+1)$ 个 y_i 低 于 x_n, 加上那 n 个 x_i, 总共是 x_n 个数; 由此得到的方程是

$$n + n\frac{r}{r+1} = nr,$$

这给出 $r + 1 = r^2$, $r = (1 + \sqrt{5})/2$, (又是!) 熟悉的 "黄金比例"。

如果我们真的很走运, 那对于每一个 n, x_n 会恰好是 $\lfloor rn \rfloor$ (rn 下的最大 整数), 而 $y_n = \lfloor r^2 n \rfloor$。事实的确如此, 你可以用本章末的定理来证明。关键 是, 由于 r 和 r^2 是和为 1 的无理数, 每个正整数都可以唯一地表示为 $\lfloor rj \rfloor$, 其 中 j 是某个整数, 或者 $\lfloor r^2 k \rfloor$, 其中 k 是某个整数。

让我们据此来找到 Alex 在示例局面时的走法。注意，$12000/r$ 比 7417 小一点，而 $7417r = 12000.9581\cdots$，所以 12000 是某个 x_i，即 x_{7417}。相应的 y_{7417} 是 $\lfloor 7417r^2 \rfloor = 19417$，所以如果另一堆有 20000 颗豆子，Alex 可以从那里拿走 $20000 - 19417 = 583$ 颗而获胜。如果另一堆只有 19000 颗豆子，Alex 可以通过将两堆豆子同时减少到 $\{x_{7000}, y_{7000}\} = \{11326, 18326\}$ 来获胜。由于 19000 碰巧是一个 y_j，即 y_{2674}，Alex 也可以通过将 x-堆减少到 $x_{2674} = \lfloor 2674r \rfloor = 4326$ 而获胜。

翻转骰子

在转骰子游戏中，一个骰子被掷出，出现的数字被记下。然后，第一个玩家将骰子翻转 90 度（她有四个选择），新的值被加到原先的值上。第二个玩家做同样的事情，两个玩家交替进行，直到总和等于或大于 21。如果总和正好是 21，则达到这个数的玩家获胜；否则，使总和超出的玩家输掉。

你想成为先手还是后手？

解答：这个游戏，我称之为 Turn-Die，可以很好地对 P 局面和 N 局面进行逆向分析——但首先你必须弄清楚，"局面"究竟是什么。

在 Turn-Die 游戏中，要知道你的局面，你当然必须知道当前的总和；但你也需要知道当你转动骰子时有哪些数字可用。一个标准的骰子中相对面的数字之和为 7；也就是说，1 和 6 相对，2 和 5 相对，3 和 4 相对。因此，举例来说，如果骰子现在显示的是 1 或 6，可有的选择只有将它翻转到 2、3、4 或 5。

因此，出于战略目的，你需要知道目前的总和是什么，以及骰子是显示 1 或 6（情况 A），2 或 5（情况 B），还是 3 或 4（情况 C）。

为了进行逆向分析，画一张局面图是有帮助的。把从 1 到 21 的数写三次，在标有 A、B 和 C 的平行的三列上；例如让我们约定 1 在底下，21 在顶上。这样你就有了一张 63 个局面的图（并非所有的局面都能被达成），可以从上往下给它们分配 P 和 N。

让我们看看这个过程会如何开始（换句话说，游戏如何结束）。包含 21 的都是 P 局面，因为前一位玩家现在已经赢了这局游戏。局面 20A 也是 P 局面，因为 1 无法被翻到；面对局面 20A 的玩家将不得不超出而输掉。其他的 20 局面——20B 和 20C——都是 N 局面。

这样继续下去，你最终会确定六个可能的开局——即 1A、2B、3C、4C、5B 和 6A（下图中加框的部分）——的性质。结果发现，其中只有 3C 和 4C 是 P 局面，所以如果你是先手，你将以 $\frac{2}{3}$ 的概率从一个 N 局面开始并能取得胜利。

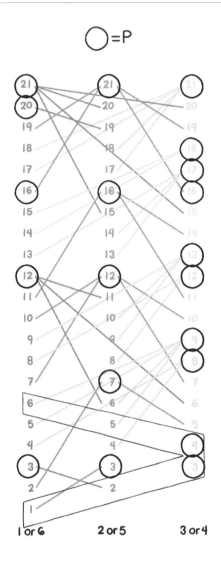

也许值得提一下，在某种模糊的意义上，你通常希望在一个以随机局面开始的组合游戏中成为先手。原因是成为 N 局面的条件（某一步可以造成一个 P）比成为 P 局面的条件（每一步都导致 N 局面）更宽松。这就是为什么你通常会发现 N 局面比 P 局面多。当游戏从 N 局面开始时，你希望成为先手。

绝望的游戏

在一张纸上有 n 个空方框排成一排。Tristan 和 Isolde 轮流在一个空着的方框中写上 "S" 或 "O"。获胜者是在连续方框中形成 "SOS" 的那一方。对什么样的 n，后手（Isolde）有必胜策略？

解答：这游戏似乎混乱得令人无法捉摸，直到你意识到，你能在下一步中获胜的唯一方法是迫使你的对手下在 "S-空白-空白-S" 中（现在开始称这为一个 "坑"）。举例来说，因此当 $n = 7$ 时，Tristan 在中间放置一个 S，然后在 Isolde 的回应的远端放置另一个 S 来形成一个坑，从而获得胜利。每位棋手在坑外走了一步后，Isolde 必须下到坑里而输掉。

同样的情况也适用于任何大于 7 的奇数 n，因为 Tristan 可以在距离两端至少 4 个空格的任何地方下一个 S，然后在一边或另一边形成一个坑然后等着。

当 n 是偶数时，Tristan 没有机会，因为 Isolde 永远不会有只能下在坑里的时候；当轮到她时，总有奇数的空白方格可下。相反地，当 n 是偶数且较大时，Isolde 可以在远离两端和 Tristan 的第一步的地方放一个 S 而获胜。如果 Tristan 以一个 O 开始，Isolde 就不能在它旁边放一个 S，所以她需要额外的空间。

在 $n = 14$ 的情况下，如果 Tristan 在（1 到 14 的）第 7 位写一个 O，Isolde 最好的回应是在第 11 位写一个 S（威胁要用第 14 位的 S 做一个坑）。Tristan 可以在第 13 或 14 位写一个 O（或在 12 位写一个 S）来反击，现在 Isolde 想在第 8 位用 S 做一个坑，但不能这样做，因为 Tristan 会在 6 位用 S 获胜。

因此 $n = 14$ 是个平局；Isolde 需要 n 是偶数，并且至少是 16。总之，当 n 为奇数且至少为 7 时，Tristan 获胜；当 n 为偶数且至少为 16 时，Isolde 获胜；所有其他的 n 值都会在最佳玩法下得到平局。

确定性扑克

出于对运气时好时坏不满，Alice 和 Bob 选择玩完全确定性的抓牌扑克。一副纸牌面朝上散在桌面上。Alice 抓五张牌，然后 Bob 抓五张。Alice 垫出任意数量的牌（垫出的牌将不能再用）后，会补充相同数量的其他牌；然后 Bob 也一样。进行所有动作时，对手都能看到牌面。拥有更好的一手牌的玩家获胜；因为 Alice 是先手，如果两家最后的牌一样强，则 Bob 获胜。采用最佳玩法时，谁会获胜？

解答：对于这个谜题，你需要知道一些关于扑克牌的排名：那就是，最好的牌型是同花顺（连续五张相同花色的牌），A 带头的同花顺（被称为"皇家同花顺"）击败 K 带头的同花顺，然后再往下。

这意味着如果 Bob 可以抽到皇家同花顺，Alice 就失败了。为了使 Alice 有机会赢，她的初始手牌必须包含四种可能的皇家同花顺中的每一种中的一张牌。

为此，每种花色中最好的牌是 10，因为它能阻止所有 10 带头或更好的同花顺。事实上，只要稍加思考就可以相信，Alice 拿任何一手包含四张 10 的牌都会赢。Bob 现在不能指望得到比 9 带头更好的同花顺了。为了阻止 Alice 得到皇家同花顺，他必须从每种花色中至少抽出一张高牌，只剩下一张给 10 以下的牌。Alice 现在可以交出四张牌，使自己在 Bob 的低牌之外的花色中得到 10 带头的同花顺，而 Bob 则无能为力。

Alice 还有其他的胜招——看看你能不能把它们都找出来！

下面是一个困难的谜题，要求你解决一个诈唬游戏（即使是最简单的诈唬游戏也需要一些机制来分析；想象一下完整的扑克游戏会多复杂！）。为此我们需要**均衡**的概念——那是一对策略，两个玩家各一个，其性质是，如果任何一个玩家不改变她的策略，那么另一个玩家不能通过改变策略来改善她的结果。例子：在石头剪刀布游戏中，唯一的均衡是在双方都以相同的概率选择三个选项时实现的。

对于许多游戏，包括所有诈唬游戏，均衡策略是随机的（就像石头剪刀布里的那样）。为了找到这些策略（顺便说一下，这些策略通常但不总是唯一的），你可以利用以下事实。

假设玩家甲的均衡策略要求她在几个选项中进行选择，设为 $A_1, \ldots, A_k$，每个选项有一个正的概率。那么每个选项都必须在对抗玩家乙的策略时给她相同的期望。因为，例如选项 A_3 的期望是最高的，并且优于其他某些选项，那么她就可以选择 A_3 而不是随机策略来改善她的结果；而这与均衡的定义相矛盾。

用实数诈唬

考虑下面这个简单的诈唬游戏。Louise 和 Jeremy 每人下注 1 美元，每人得到一个介于 0 和 1 之间的保密的随机实数。Louise 可以决定不叫牌，这样 2 美元的赌注归持有更大数的玩家所有。但是，如果 Louise 愿意，她可以加注 1 美元。Jeremy 可以再加注 1 美元来"跟注"，现在底池中已有 4 美元，还是归持有更大数的玩家所有。或者，Jeremy 可以弃牌，将包括他的 1 美元的底池让给 Louise。

当然，Louise 在这场比赛中占有优势，或至少不落下风，因为她可以通过始终不叫牌而不赚不赔。这个游戏对她来说值多少钱？两位玩家的均衡策略是什么？

解答：对于她可能得到的每一个数值 x，Louise 必须决定是弃权还是加注；对于 Jeremy 可能得到的每一个数值 y，他必须决定在 Louise 加注时是跟注还是弃权。因此，原则上每个人都有无限多的策略——而且是相当大的无限（技术上讲，2 的连续统次方）。

所以为了找到均衡策略，我们需要限制我们的搜索空间。稍加思考会令你确信，Jeremy 不需要考虑除了形如"只在 $y > q$ 时跟注"之外的任何策略，其中 q 是某个固定的阈值。原因是无论 Louise 做什么，更高的 y 值不会更鼓励 Jeremy 弃权。

因此，让我们假设 Jeremy 已经选择了这样一个阈值 q，来考虑 Louise 在持有值 x 时的最佳反应。如果她弃权，当 $y < x$ 时（概率为 x）她会赢得 1 美元，否则会输掉 1 美元，因此她的期望是

$$x \cdot 1 + (1 - x) \cdot (-1) = 2x - 1.$$

假设 $x > q$，那么当 $y < q$ 时，无论 Louise 做什么都会赢 1 美元；当 $y > q$ 时，只有当 x 超过 q 到 1 的一半时，也就是当 $x > (q + 1)/2$ 时，游戏对 Louise 有利，所以这时她应该加注。

那么，当 $x < q$ 时呢？Louise 是否有任何加注的可能？如果她不加，我们知道她的期望是 $(2x - 1)$ 美元，当 x 很小时这低得让人丧气。如果她加注，当她的虚张声势奏效时，也就是当 $y < q$ 时，她会赢 1 美元，否则会输 2 美元，净期望值为

$$q \cdot 1 + (1 - q) \cdot (-2) = (3q - 2).$$

解 $2x - 1 = 3q - 2$，我们得到 $x = (3q - 1)/2$。这告诉我们，只要 $x < (3q - 1)/2$，以及 $x > (q + 1)/2$，Louise 都应该加注。

这时，我们可以计算（关于 q 的函数）这种策略平均给 Louise 带来什么样的收益，然后将其最小化（使用微积分——唉），以找到 Bob 对其阈值 q 的选择。但我们知道在均衡策略下，如果 Bob 真的得到数值 q，他应该对弃牌还是跟注无动于衷。当然，如果他弃牌，他将损失 1 美元；如果他跟注，当 Louise

虚张声势时, 他将赢得 2 美元, 否则将损失 2 美元。为了使 Bob 平均损失 1 美元, Louise 在给定她加注的情况下虚张声势的概率必须是 1/4, 这意味着

$$\frac{3q-1}{2} = \frac{(1-q)/2}{3},$$

得出 $9q - 3 = 1 - q$, $q = 0.4$。

我们的结论是, 当 $x < 0.1$ 或 $x > 0.7$ 时 Louise 加注, 而 Bob 在 $y > 0.4$ 时跟注。游戏的价值计算如下:

- 当 $x < 0.1$ 时, Louise 诈唬, 当 $y < 0.4$ 时赢 1 美元, 否则输 2 美元, 净收益为 -0.80 美元。

- 当 $0.1 < x < 0.7$ 时 Louise 弃权, 并且她的平均持有值 $x = 0.4$, 收益为 $0.40 - 0.60 = -0.20$ 美元。

- 最后, 当 $x > 0.7$ 时, Louise 在 $y > 0.7$ 时也是平均收支平衡, 但当 $y < 0.4$ 时赢得 1 美元, 而当 $0.4 < y < 0.7$ Bob 跟注时赢得 2 美元。这使她的平均净利润为 1 美元整。

总之: Louise 的利润是 $0.1 \cdot (-0.80) + 0.6 \cdot (-0.20) + 0.3 \cdot 1 = -0.08 - 0.12 + 0.30 = 0.10$ 美元。所以这个游戏对 Louise 来说正好值一毛钱。

下一个谜题同样涉及均衡策略, 同样难以完全分析——但我们被要求做的比这少得多。

瑞典彩票

在瑞典国家彩票提案的机制中, 每个参与者选择一个正整数。提交没有被其他人选中的最小数字的人将成为胜者。(如果没有数字只被一个人选中, 则没有获胜者。)

如果只有三个人参与, 并且每个人都采用了最优的随机均衡策略, 具有正概率被提交的最大数是多少?

解答: 假设 k 是任何参与者愿意提交的最大数。如果一个参与者选择了 k, 他在其他两位选择相同时会赢, 除非他们相同的选择是 k。但如果他选择了 $k + 1$, 他在其他两位选择相同的任何时候都会赢, 到此为止。因此, $k + 1$ 是一个比 k 更好的选择, 我们不可能处于均衡状态。这个矛盾表明, 必须考虑有任意大的提交——有时候某人应该选 1487564。

实际的均衡策略要求每个参与者以 $(1 - r)r^{j-1}$ 的概率提交整数 j, 其中

$$r = -\frac{1}{3} - \frac{2}{\sqrt[3]{17 + 3\sqrt{33}}} + \frac{\sqrt[3]{17 + 3\sqrt{33}}}{3},$$

大约是 0.543689。选择 1、2、3、4 的概率分别约为 0.456311、0.248091、0.134884 和 0.073335。我不知道我们的"瑞典彩票"是否曾经被实施过, 甚至被任何官方彩票认真考虑过, 但你不认为它应该是这样的吗?

假设一个谜题中给出了一个过程, 也就是说, 一个在时间上从一个状态转移到另一个状态的过程——确定性的、随机的或者在你的控制之下的。通常会有帮助的是确定这个过程是否可逆, 也就是说, 你可以从此刻所处的状态看出之前的状态是什么。

如果可能的状态只有有限个, 那么可逆性告诉你, 无论你从什么状态开始, 你都必定会回到那个状态。为什么? 你肯定要再次到某个状态, 但为什么是你开始时的那个状态?

用归谬法。设 S 是第一个被重复的状态, 并设这个重复——即状态 S 的第二次出现——发生在时刻 t。可逆性表明前一个状态是某个确定的 R。但如果 S 不是起始状态, 那么 S 的第一次出现之前也是 R ——所以 R 在 S 之前被重复, 与我们对 S 的选法矛盾。

要应用这个"可逆性定理", 最微妙的部分往往是弄清楚哪些信息应该进入"状态"。这里有一个典型的例子。

角上的棋子

平面上一个正方形的四个角上各有一个棋子。在任何时候, 你都可以将一个棋子跳过另一个, 将前者放在后者的另一侧, 距离保持不变。被跳过的棋子仍在原位。你可以把这些棋子移动到一个更大正方形的四角上吗?

解答: 首先注意, 如果棋子们开始时位于一个网格的格点上 (即平面上坐标均为整数的点), 那么它们将保持在格点上。

特别地, 如果它们最初位于网格中一个单位正方形的四角上, 那么它们之后肯定不会发现自己位于一个更小的正方形的角上, 因为网格格点中找不到更小的正方形。但为什么更大的不行呢?

这里是关键的观察: 跳跃步骤是可逆的! 如果你能到达一个更大的正方形, 你可以逆转这个过程, 最终到达一个更小的正方形, 我们现在知道这是

不可能的。

稍微复杂一些：

小岛之旅

Aloysius 在一个岛上驾驶保时捷时迷了路，岛上的每个路口都是三条（双向）道路的交汇。他决定采用以下算法：从当前路口的任意方向出发，在下一个路口右转，再在下一个路口左转，然后右转，然后左转，依此类推。

证明：Aloysius 最终必定回到开始时的那个路口。

解答：在路口之间 Aloysius 的当前状态可以用一个三元组来刻画，包括他所处的边，他在边上行驶的方向，以及他最后一次转弯的类型（右转或左转）。根据这些信息，你可以确定 Aloysius 的前一个状态，剩下的事情就交给我们的可逆性定理。

更复杂一点：

Fibonacci 倍数

证明：每个正整数都有一个倍数是 Fibonacci 数。

解答：我们需要证明，对于任何 n，当我们生成 Fibonacci 数（1、1、2、3、5、8、13、21、34、等等）时，最终会发现其中一个数模 n 和零同余。我们照常通过规定 $F_1 = F_2 = 1$，以及对 $k > 2$，$F_k = F_{k-1} + F_{k-2}$ 来定义 Fibonacci 数列。

就目前而言，这似乎不是一个可逆的过程；给定 F_{k+1} 模 n 的值，我们不能立即确定 F_k 模 n 的值。但如果我们记录*两个连续*的 Fibonacci 数模 n 的值，那么我们就可以用减法倒推。

例如，如果 $n = 9$，$F_8 \equiv 3 \bmod 9$，以及 $F_7 \equiv 4 \bmod 9$，那么我们就知道 $F_7 \equiv 3 - 4 \equiv 8 \bmod 9$。也就是说，如果我们定义 $D_k = (F_k \bmod n, F_{k+1} \bmod n)$，那么 D_k 就构成了一个可逆过程。

但那又怎样呢？我们想找到一个 k，使 D_k 的一个坐标为零，但我们怎么知道它不会在不包含零的对中循环呢？

啊哈，第二个诀窍：从 $F_0 = 0$ 开始 Fibonacci 数列，也就是说，提前一步从 0、1、1、2、3 等开始。那样 $D_0 = (0, 1)$，因此最终（事实上最多经过 n^2 步）D_k 将循环回到 $(0, 1)$，这意味着 F_k 是 n 的倍数。

举个例子，如果我们像上面取 $n = 9$，从 D_0 开始，我们的 D_k 序列是 $(0, 1)$、$(1, 1)$、$(1, 2)$、$(2, 3)$、$(3, 5)$、$(5, 8)$、$(8, 4)$、$(4, 3)$、$(3, 7)$、$(7, 1)$、$(1, 8)$、$(8, 0)$，我们可以停在这里，有 $F_{12} = 144 \equiv 0 \bmod 9$。$D$ 序列继续下去是 $(0, 8)$、$(8, 8)$、$(8, 7)$、$(7, 6)$，

$(6, 4), (4, 1), (1, 5), (5, 6), (6, 2), (2, 8), (8, 1), (1, 0), (0, 1)$，所以在这种情况下它只经过 24 步就进入循环。

圆上的灯泡

在一个圆上，按顺时针方向从 1 到 n（$n > 1$）编号的所有灯泡在一开始全被点亮。在时刻 t，你检查灯泡 t (mod n)，如果它亮着，则改变灯泡 $t + 1$ (mod n) 的状态；即，沿顺时针方向的下一个灯泡如果亮着，则把它关闭，否则把它打开。如果灯泡 t (mod n) 关着，则你什么都不做。

证明：如果你以这种方式在圆上周而复始地操作，最终所有灯泡会再一次全被点亮。

解答：我们首先看到不存在所有的灯都被关掉的危险；如果在 t 时刻发生了变化，那么灯泡 t (mod n) 仍然是亮的。此外，如果我们在 t 时刻之后看到这一圈灯泡，我们可以推断出 t 之前灯泡的状态（通过改变灯泡 $t + 1$ 的状态，如果灯泡 t 是亮的）。因此，这个过程是可逆的，只要我们注意在状态信息中不仅包括哪些灯泡是亮着的，哪些是关着的，也包括决定了最后的行动的是哪个灯泡。

可能的状态数量小于 $n \times 2^n$，因此是有限的，我们可以运用上述论证得出结论，我们最终会回到最初的全开状态——此外，我们甚至可以坚持说，我们会在再次检查 1 号灯泡的某个时刻达到这样一个状态。

在下一个谜题中，可逆性只是解答的一部分。

清空一只桶

你有三只大桶，每只桶里装有整数盎司的某种非挥发性液体。在任何时候，你都可以把液体从较满的桶中倒入较空的桶中，使后者的含量加倍；换句话说，你可以把液体从装 x 盎司液体的桶中倒入装 $y \leqslant x$ 盎司液体的桶中，直到后者装有 $2y$ 盎司（此时前者剩下 $x - y$ 盎司）。

证明：无论一开始三只桶各装了多少液体，最终你总能清空其中的一只桶。

解答：解决这个谜题的方法不止一种，但我们这里的策略是证明总可以增加其中一个桶里的含量，直到其他桶中的一个被清空。

要做到这一点，首先注意我们可以假设正好有一个桶里的液体盎司数是奇数。这是因为如果没有奇数的桶，我们可以用 2 的幂进行缩小；如果有两个或更多的奇数桶，用其中两个桶一步就可以把这个数减少到一或零。

其次，注意用一个奇数桶和一个偶数桶，我们总是可以做一个逆步骤，也就是把偶数桶的一半倒到奇数桶中。这是因为这一对桶的每个状态最多可以从一个状态到达，因此，如果你用足够多的步数，你必须循环回到你的初始状态；刚好在你进入循环之前的那个状态是你"逆步骤"的结果。

最后，我们论证，只要没有空桶，奇数桶的含量总是可以被增加。如果有一个桶的液体含量可以被 4 整除，我们就可以把它的一半倒入奇数桶；如果没有，在偶数桶之间进行一次正向操作就可以创造这样一个桶。♡

我们的最后一个"可逆性"谜题是——没有别的词语可以形容——难以置信的。

冰激凌蛋糕

在你面前的桌子上，摆放着一个圆柱形的、顶部有巧克力糖衣的冰激凌蛋糕。你从中切出有相同角度 θ 的连续楔形。每切下一个楔形，将其上下颠倒，重新插入蛋糕中。证明：不管 θ 的值是多少，经过有限次这样的操作后，所有的糖衣都会回到蛋糕顶部！

解答：如果你认为可以证明，当 θ 为无理角时，不可能经过有限步操作恢复所有的糖衣，你是有道理的。当 θ 是无理数时，也就是说，不是 2π 弧度角的有理数倍，每次切割都会在一个不同的角度。但是，第一个被倒置的楔形将在蛋糕顶部（同时在底部）的有糖衣和无糖衣的区域之间形成一条边界。如果我们再也不在这一点上切割，我们怎么能消除这条边界呢？

事实上，我们可以在这条边界上再次切割，因为当一个楔形被倒置时，它的有糖衣/无糖衣图案不仅被反相，而且被反向。因此，边界线们是在移动的。

在分析这个谜题时，其实也在分析许多严肃的算法问题时，有帮助的是重新定义操作，使得一步步发生变化的只是"状态空间"——这里指的是蛋糕上的糖衣的排列模式，而不是操作本身。在本题中，在每次操作后旋转蛋糕，从而你总是在同一个地方切割。

我们将使用标准的数学记号，以"东"作为 0 弧度，逆时针围绕蛋糕读角度。一次操作是在 $-\theta$ 和 0 处切开蛋糕，把那块蛋糕翻过来，然后把整个蛋糕顺时针旋转 θ 角。

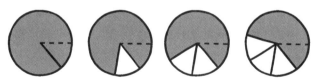

假设至少需要 k 次操作才能绕蛋糕一圈；也就是说，$k\theta \geqslant 2\pi$，但 $(k-1)\theta < 2\pi$。换一种说法，k 是 $2\pi/\theta$ 的上取整。设 δ 是你那时超出第一刀的部分，即 $\delta = k\theta - 2\pi$；那么 $0 \leqslant \delta < \theta$。

在这里我们建议读者试一下某个合理的角度，例如比 $\pi/4$ 多一点（使得 $k = 4$）。你会发现，仅仅七次切割（一般为 $2k - 1$）之后，所有新的切痕都在与旧的切痕相同的地方！

令 S 为下面这 $2k - 1$ 个角度的集合，按蛋糕周围的逆时针顺序列出：

$$S = \{0, \theta - \delta, \theta, 2\theta - \delta, 2\theta, 3\theta - \delta, 3\theta, \dots, (k-1)\theta - \delta, (k-1)\theta\}.$$

下图显示了 $\theta = 93.5°$ 时的切痕，其中 $k = 4$，$\delta = 4 \cdot 93.5° - 360° = 14°$。

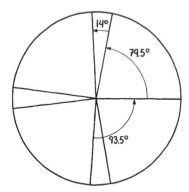

我们声称，这些是所有你将会做切割的角度。事实上，不难看到 S 在我们的操作下是封闭的。角度 0 映射到它自己，而角度 $-\theta = 2\pi - \theta = (k-1)\theta - \delta$ 映射到 θ。蛋糕上这样被切割的唯一的线是在角度 $(k-1)\theta$，它随后移动到 $\theta - \delta$。蛋糕旋转时其他角度向上平移了 θ，这样 $m\theta$ 移到了 $(m+1)\theta$，而对 $1 \leqslant m \leqslant k-2$，$m\theta - \delta$ 移到 $(m+1)\theta - \delta$。

S 中的所有角度确实在绕蛋糕两圈之内时都被切到了，所以 S 完全代表了我们的切割集合。现在是我们的可逆性：由于只有 $2k - 1$ 个可能的蛋糕切块，而且每块只能是糖衣全在上面或全在下面，所以蛋糕只有 2^{2k-1} 种可能的状态。我们的操作是完全可逆的，所以我们必须返回到我们开始时的全部糖衣在上的状态。

事实上，我们返回的步数远比 2^{2k-1} 少。要看到这一点，注意 S 中的切口将蛋糕分成的部分只有两种大小，δ 和 $\theta - \delta$，前者有 $k-1$ 块，后者为 k 块。（这两个大小可以相等，但我们仍然分不同的类型。）

一个 θ-楔形的蛋糕由两个这样的部分组成，其中每种类型各一个。一个操作会翻转绕蛋糕顺时针的下两个部分，其中每种类型各一个。注意每次翻转只牵涉两个不同类型的部分，所以在翻转之后，每种给定类型的部分之间顺序不变。

为了让所有的糖衣回到上面，每一部分都必须被翻转偶数次；因此，所需的操作数必须是 $k-1$ 的偶数倍（以获得 δ 类型那些部分的正确性），同样是 k 的偶数倍（以获得 $\theta - \delta$ 类型那些部分的正确性）。符合这一要求的最小操作次数是 $2k(k-1)$，而这就是精确的答案——除了当 $\delta = 0$ 时，也就是当对某个整数 k 有 $\theta = 2\pi/k$ 时，在这种情况下只需要 $2k$ 次操作。

请注意，除了在 $\delta = 0$ 的情况下，要想得到所有糖衣全在底部，你需要翻转的次数同时是 $k-1$ 的奇数倍和 k 的奇数倍，这是不可能的，因为 $k-1$ 和 k 中必有一个偶数。所以糖衣都在底部的情况永远不会发生。

某位非常知名的数学家在听到冰激凌蛋糕谜题时的反应是："我很难相信糖衣会回到顶部。但是，有一件事我很确定：如果是那样的话，肯定也有一个时刻它们是全在底部的！"

飞蛾之旅

一只飞蛾落在表盘的 12 点处，开始在表盘上随意行走。每碰到一个数时，它会以相同概率前进到顺时针下一个数或逆时针下一个数。这一直持续到它到访过每个数为止。

飞蛾在 6 点处结束的概率是多少？

解答: 不出所料: 思考这个过程如何结束是有好处的。

让我们稍微推广一下, 对表盘上除了 12 之外的任何数 i, 想想飞蛾的旅行在 i 处结束的概率。考虑飞蛾第一次达到离 i 只差 1 的时刻。假设这时飞蛾到达 $i-1$ (如果是 $i+1$ 推理也类似)。那么, i 是最后一个被访问的数当且仅当飞蛾在到达 i 之前先一直绕到 $i+1$。

但这个事件的概率不依赖于 i。因此, 飞蛾的旅行在 6 结束的概率和在除了 12 之外的任何其他数结束的概率是一样的。所以飞蛾的旅行在 6 结束的概率是 1/11。

理事会减员

美国国家数学博物馆理事会的规模过大, 目前已有 50 名成员, 其成员已同意以下的减员协议。理事会将投票决定是否 (进一步) 缩小规模。超过一半的赞成票将导致入会时间最短的理事会成员立刻离职; 然后再进行表决, 依此类推。在任何时候, 如果有一半或更多的理事会成员投否决票, 则会议终止, 理事会保持现状。

假设每个成员最优先考虑的是自己能留在理事会, 但在此条件下, 大家一致认为理事会的规模越小越好。

这个协议会把理事会缩减到多少人?

解答: 当然了, 我们从最后开始。如果董事会只剩下两个成员, 他们肯定都会留下来, 因为成员 2 (标号从最资深的到最新的) 会投票保留自己。因此, 如果董事会只剩下 1、2、3 名成员, 成员 3 不会高兴; 那时成员 1 和 2 会投赞成票并把他赶走。

由此可见, 在规模为 4 的情况下, 董事会将是稳定的; 成员 3 会投反对票以防止缩减到 1、2、3, 成员 4 会毫不犹豫投反对票以留住自己。

规律表明, 也许稳定的董事会规模正好是 2 的幂; 如果是这样, 董事会将减少到并停在 32 个成员。这是对的吗? 假设不是。设 n 是最小的不满足断言的数, 令 k 是严格低于 n 的最大的 2 的幂。

由于 n 是我们最小的反例, 董事会在缩减到成员 1 到 k 时是稳定的。因此在那之前, 那 k 位会投赞成票, 超过其余的 $n-k$ 票, 除非 $n=2k$。当 $n=2k$ 时, k 个较新的成员必须投反对票来自救, 使得缩减过程停止。但这时 n 本身是 2 的幂。所以 n 根本不是一个反例, 而我们的断言是正确的。

注意我们不仅使用了逆向分析, 还使用了归纳法和归谬法来解决这个谜题——更不用说考虑小的数了。因此, 这个谜题可以轻松地被安排到本书的至少其他三章。

对于我们的定理，我们来看一个（对某些人来说）令人惊讶的关于数的事实，我们可以用两个稳定的闪光灯来表述这个事实。

假设两个有规律的闪光灯在时间 0 开始同步闪光，之后它们加在一起平均每分钟有一次闪光。然而，再也没有同时闪光了（等价地，它们的频率之比是无理数）。

这个定理告诉我们，对于每一个正整数 t，在时间 t 和时间 $t+1$ 之间恰好有一次闪光。

定理. 设 p 和 q 是介于 0 和 1 之间的两个和为 1 的无理数。设 P 是形如 n/p 的实数组成的集合，其中 n 为正整数，Q 是形如 n/q 的实数组成的集合。那么对于每个正整数 t，在区间 $[t, t+1)$ 内恰有一个 $P \cup Q$ 的元素。

让我们先看看这个定理说了什么。设 p 是第一个闪光灯的频率；也就是说，它每秒闪光 p 次。由于第一次闪光是在时间 0，下一次将是在时间 $1/p$，然后是 $2/p$，等等；也就是说，时间 0 之后的闪光时间的集合将是 P。

类似地，第二个闪光灯将以 q 的频率闪光，它的闪光时间将是 0 以及集合 Q 中的时间。

说它们在一起平均每秒闪光一次，相当于说 $p+q=1$，而如果 p/q（也可以写成 $p/(1-p)$ 或 $(1-q)/q$）是无理数，那么 p 和 q 也是无理数。

定理的结论是，在每个任意正整数和它的后继之间的区间上都恰好有一次闪光。为什么我认为这可能是令人吃惊的？我们知道，我们在这样的区间上平均会看到一次闪光，但每个都恰好有一次？由于这两个频率没有有理的比，我们知道会有某个时刻两次闪光之间的时间间隔小于（比如）百万分之一分钟。然而，如果你相信这个定理，一定有一个整数夹在这两次闪光之间！

但这定理是成立的；让我们来证明它。

证明：当然，我们从最后开始。关键是要注意定理的结论等价于下面的陈述：对于任何正整数 t，时间 0 之后到时间 t 之前的（两个闪光灯总共发生的）闪光次数恰好是 $t-1$。用符号表示，$|(P \cup Q) \cap (0, t)| = t - 1$。

为什么呢？因为那样的话，时间 t 和时间 $t+1$ 之间的闪光次数必定是 $(t+1-1) - (t-1) = 1$。

在时间 0 之后到时间 t 之前，第一个灯闪光的次数是 $\lfloor pt \rfloor$，即小于或等于 pt 的最大整数。同样，第二个灯闪光的次数是 $\lfloor qt \rfloor$。于是，在开区间 $(0, t)$ 内的闪光总次数为 $\lfloor pt \rfloor + \lfloor qt \rfloor$。我们知道 $pt + qt = (p+q)t = t$ 是个整数，但

pt 和 qt 不是整数；那么 $\lfloor pt \rfloor + \lfloor qt \rfloor$ 可以是什么呢？它严格地小于整数 $pt + qt$，但不能小 2，因为我们去掉了两个 0 和 1 之间的分数。既然它本身是个整数，它必须恰好是 $pt + qt - 1 = t - 1$，证明完成了！♡

第22章 眼见为实

你脑海中的图像是一个强大的工具。当你突然理解某件事情时，你会说"现在我看到了"，这不是一个巧合。画一个图——可以用纸，也可以用笔记本或平板电脑——可以神奇地帮助你解决谜题，即使是对某些一开始看来不需要图像的问题。

渡轮相遇

格林尼治标准时间每天中午，有一艘渡轮从纽约出发，同时有另一艘渡轮从勒阿弗尔出发。每次航行需要七天七夜，在第八天的中午之前到达。一艘渡轮在其横穿一次大西洋期间会碰到多少艘其他渡轮？

解答：画出来吧！把纽约放在你页面的左边，勒阿弗尔放在右边；想象时间在页面上往下流淌。那样每一次渡轮旅行都是一条跨过页面的斜线，你可以验证每条线在途中与其他 13 条相遇。

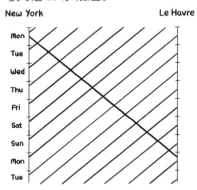

数学书虫

Jacobson 的三卷本《抽象代数讲义》按顺序放在你的书架上。每本书都有 2 英寸厚的书页，各 $\frac{1}{4}$ 英寸厚的封面和封底，因此总厚度为 $2\frac{1}{2}$ 英寸。

一只小书虫从第一卷的第一页笔直地钻到了第三卷的最后一页。它一共走了多远？

解答：听上去答案应该是 $3 \times 2\frac{1}{2} - 2 \times \frac{1}{4} = 7$ 英寸，也就是三卷的总厚度减去第一卷的封面以及第三卷的封底。

但请想象一下这三卷书并排在你的书架上。第一卷的第一页在哪里？第三卷的最后一页呢？是的，虫子只穿过中间那卷和另外两个书封，总共是 $2\frac{1}{2} + 2 \times \frac{1}{4} = 3$ 英寸。

嗯，这说明在某种程度上在你的书架上排列多卷本的正确方式是从右到左，而不是从左到右。如果你从书架上把它们一起取出想要一口气（不推荐这样）读完它们的话，那样它们会叠成正确的顺序。

滚动铅笔

一支铅笔的横截面为正五边形，在其一个侧面上印有制造商的徽标。如果铅笔在桌子上滚动，停下后徽标朝上的概率是多少？

解答：你只需在脑海中想象一下就可以看清这个问题。最终铅笔的五个面中会有一个面朝下，因此没有一个面朝上——所以答案是零。如果你计算的是大致朝上，那概率是 $\frac{2}{5}$。

分割六边形

有没有一个六边形可以被一条直线切成四个全等的三角形？

解答：胡乱画一些六边形并试图用这种方式分割它们会让你头疼。更好的办法：从某个三角形的四个拷贝开始，并尝试将它们全都靠到一条线段上，以构成一个六边形。这些三角形共有 12 条边；将三对边合并起来会使你减少到 9 条边，所以你需要让另外几对三角形的边对齐。

最简单的方法是用直角三角形，在这种情况下，你希望线段的每一侧都支撑一条长直角边和一条短直角边，而其余的直角边则垂直于线段连接起来，如下图。

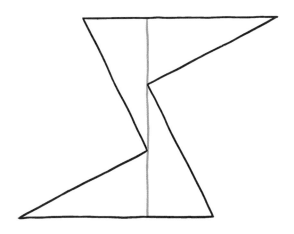

当然，这不是人们首先会想到的那种六边形！

圆形阴影一

一个凸的实心物体在所有三个坐标平面上的投影都是圆盘。它必须是完美的球体吗？

解答：不，其实你可以从一个球上切下一块而不影响它在各坐标平面的投影。只需在它的表面上选一个远离过球心的任何坐标面的点——例如在以原点为球心的单位球上的点 $\left(\frac{1}{\sqrt{3}}, \frac{1}{\sqrt{3}}, \frac{1}{\sqrt{3}}\right)$。

在球面上以你的点为中心标出一个小圆，然后削去以圆为界的球盖。这在球体上造出了一个小小的平坦区域，它不会在那些投影中被察觉。

如果你真的想在 3D 打印这个实心物体时节约材料，你可以在八个点处这样做，每个象限的中心处一个点，让那些圆刚好接触坐标平面。

但你也可以反其道而行之，构建一个大的物体，它包含其他任何一个——无论凹凸与否——在三个坐标平面上有相同圆盘投影的物体：把三个半径相同的长圆柱体交在一起，每个圆柱体的轴顺着一个不同的坐标轴。

被困在稠密国

稠密国（Thickland）是介于 Edwin Abbott 的平面国（Flatland）和我们的三维宇宙之间某处的一个世界，其居民集合由生活在两个平行平面之间的无穷多个全等凸多面体组成。直到最近，他们可以自由地从所在的平板离开，但从未想要这样做。然而现在，经历了迅速繁衍，他们开始考虑向其他平板移民。他们的大祭司担心人口已经如此拥挤，除非其他人先移动，否则稠密国中没有哪个居民可以离开。

这真的可能吗？

解答：是的，即使居民们是最简单的正四面体。首先注意，如果你朝着一组对边去看一个正四面体，如下图左边所示，你会看到一个正方形。如图示排列浅色和深色的四面体，深色四面体的近边从西南到东北，浅色四面体的近边则从西北到东南。夹着稠密国的两个平行平面中，一个平面包含每个四面体的近边，另一个包含远边。

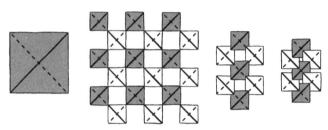

目前，四面体们有很大的自由度；每个四面体只要垂直于平面就可以直接跃出稠密国。但现在让我们如图把四面体挤压在一起。现在每个深色四面体都被来自上方的两个浅色四面体（其西北和东南邻居）和来自下方的另外两个浅色四面体（其西南和东北邻居）所锁定，对浅色四面体也是如此。因此，除非至少有两个其他四面体挪一下地方，否则没有人能够逃脱。事实上，如果你把他们堵得更紧使他们的面相接触，那么需要挪动无穷多个四面体才能把一个弄出来。

多边形中点

n 为一个奇整数，给定平面上 n 个不同点的序列。找到一个依次以给定点作为其各边中点的 n 边形（可能自相交）。

解答：记给定的中点为 $M_1, \ldots, M_n$，并假设确实有 $A_1, \ldots, A_n$ 构成一个多边形，使得 M_1 是边 $A_1 A_2$ 的中点，M_2 是 $A_2 A_3$ 的中点，以此类推，最后 M_n 是 $A_n A_1$ 的中点。

显然，如果我们知道任何一个 A_i（比如说 A_1）的位置，其余的顶点也就都被确定了；我们可以将 A_1 通过 M_1 作 $180°$ 对称得到 A_2，并继续下去。如果当我们最后将 A_n 关于 M_n 作对称时，发现我们自己回到了 A_1，那就好极了。但为什么会呢？

让我们试一下：取平面上的任意一点 P，将它关于 M_1 对称得到 P_2，然后关于 M_2 对称得到 P_3，等等，最后停在 Q 点。除非有神奇的好运，你不会得到 $Q = P$。但如果你从 Q 出发重复这个过程会发生什么？那样向量 QP、$P_2 Q_2$、

Q_3P_3 等全都相同, 而由于 n 是奇数, 你最后回到 P。

啊哈! 这样的话, 让我们再重复一次这个过程, 从 P 和 Q 的中点 R 出发。现在你在 R 处结束, 所需的多边形构建完成了。

事实上这个解是唯一的。当 n 为偶数时, 一般来说没有解; 但如果有某个起点 P 可以 (通过那些反射回到 P), 那么任何点都可以, 从而得到无限多个解。

不要烤焦的布朗尼

当你烤一锅布朗尼蛋糕时, 有一边贴着锅边的蛋糕通常会被烤焦。例如, 在一个方形锅中烘烤 16 个方形布朗尼时, 有 12 个容易被烤焦。设计一个平底锅, 使其恰好可以烤 16 块形状相同的布朗尼, 其中被烤焦的块数越少越好。你能把烤焦的布朗尼减少到只有四个吗? 厉害了! 那么三个呢?

解答: 你可以用 16 个 14 × 1 的矩形布朗尼来打败正方形的设计, 如下图排列, 其中只有四块位于边界上。

看来你应该能够减少到只有三个烤焦的布朗尼, 但是普通的三角形是无法做到这一点的。如果你弯曲它们呢?

图中的烤焦 3 块的形状是弧形构造的, 圆弧端点之间的直线距离等于圆的半径。

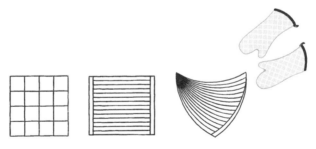

保护雕像

在佛罗伦萨, 米开朗基罗的大卫雕像 (在平面上) 受到激光束的保护, 没有人能在不碰到光束的情况下接近雕像或任何激光源。

做到这一点最少需要多少光束? (假定光束的可达长度是 100 米。)

解答: 为了保护大卫以及激光器本身, 你将需要在大卫周围布置一个非凸的被保护区域; 事实上, 你会要多边形的每条边都碰到一个凹角。

你可以用一个像三叉星一样的六边形来实现这一点。将激光器安排在大卫周围的一个正六边形的顶点上, 向外发射, 在三个角上交叉, 如下图所示。

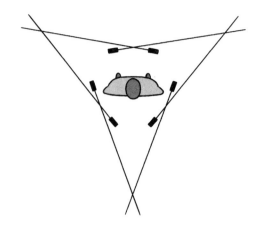

为了看到的确需要六个激光源，令 C 是受保护区域的凸闭包；它至少有三条边。在 C 的每个顶点，至少要有两束光交叉，但没有一束光可以贡献给两个顶点，因为否则的话那束光的光源就会在保护区之外。所以至少要有 $3 \times 2 = 6$ 个激光器。

粘贴金字塔

所有棱均为单位长度的正四棱锥和正四面体，通过匹配的两个三角形粘贴在一起。

生成的多面体有几个面？

解答：这个问题在 1980 年出现在初级学术能力考试（PSAT）中，但令教育考试服务中心（ETS）尴尬的是，他们标记为正确的答案是错误的。一位自信的学生在拿到结果后向 ETS 进行了申诉。对我们来说，幸运的是，正确的答案拥有一个奇妙的、直观的证明。

以正方形为底面的金字塔有五个面，四面体有四个面。由于两个被粘住的三角形面消失了，所以得到的实体有 $5 + 4 - 2 = 7$ 个面，对吗？显然，这就是预定的推理路线。命题人可能想到，在理论上，两个金字塔中的各一个面组成的某一对，在黏合过程中可能成为相邻且共面的。这样它们将成为一个面，进一步减少面数。但是，显然，这种巧合是可以排除的。毕竟这两个物体甚至没有相同的形状。

但事实上，这种情况确实发生了（两次）：被黏合的多面体只有五个面。

你可以在自己的头脑中看到这一点。想象一下，两个底为正方形的金字塔并排放在桌子上，正方形面朝下。现在，在心里画一条连接两个塔尖的线；注意它的长度是一个单位，与金字塔所有边的长度相同。

因此，在这两个方底金字塔之间，我们实际上已经构建了一个正四面体。有两个平面，每一个包含两个方底金字塔的各一个三角形面，也包含四面体的一个面；由此我们得到答案。♡（如果你觉得这很难想象，请看下图。）

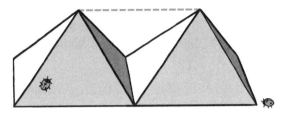

摇摇欲坠的画

你希望用系在画框上两点的绳子来挂一幅画。通常，你会将绳子挂在两颗钉子上，把画挂起来（如下图所示），当其中一颗钉子脱落，这幅画仍会挂在另一颗钉子上（尽管有点歪）。

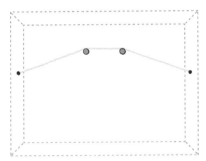

你能这样挂画么：如果任何一颗钉子脱落，画都会掉下来？

解答：以下是几种挂法中的一种，图中稍微松开绳子以使你更清楚地看到它的构造。这种方法要求将绳子从上越过第一颗钉子，在第二颗钉子上绕一圈，再将其送回第一颗钉子上，然后再在第二颗钉子上逆时针绕一圈。

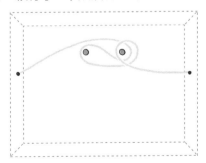

也有一些非拓扑的方案：例如，你可以在两颗相距很近的钉子之间捏进

一个绳圈，假设钉头的宽度不比绳子的直径大多少。但是当你可以依赖数学的时候，干吗要依赖摩擦力呢？

寻找矩形

证明：一个正 400 边形的任何平行四边形平铺中都必定包含至少 100 个矩形。

解答：从任何一条边经过平铺走到对面的边。这条路径和类似地连接两条 90 度之外的边的路径相交在一个矩形上。由于该矩形的边只与多边形的四条边平行或垂直，所以必定至少有 100 个这样的矩形。

平铺多边形

"菱形"是具有四条相等边的四边形。如果无法平移（无旋转地移动）一个菱形使之与另一个重合，则认为两个菱形是不同的。给定一个正 100 边形，你可以取任意两条不平行的边，每条边复制两份，并将它们平移形成一个菱形。以这种方式你可以得到 $\binom{50}{2}$ 个不同的菱形。你可以使用这些菱形的平移副本平铺你的 100 边形；证明：如果这样做，你将使用每个不同的菱形恰好一次！

解答：令 $\vec{u}$ 为 $2n$ 边形的一条边；一个 $\vec{u}$-菱形是以 $\vec{u}$ 为两个向量之一的 $n-1$ 个菱形中的任何一个。在一个平铺中，一条 $\vec{u}$ 边所在的瓷砖必须是一个 $\vec{u}$-菱形，该瓷砖另一边的瓷砖也必须是 $\vec{u}$-菱形，以此类推，直到我们到达 $2n$ 边形的对面那条边。注意，这条路径的每一步都朝着相对于向量 $\vec{u}$ 相同的方向（即向右或向左）前进，任何其他 $\vec{u}$-菱形的路径也如此；但是那样的话就不可能有其他的 $\vec{u}$-菱形，因为那样的菱形会产生无法闭合、无处可去的路径。

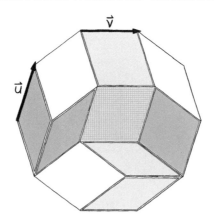

对另一边 $\vec{v}$ 类似定义的路径必须与 $\vec{u}$ 的相交，而它们共同的瓷砖当然是由 $\vec{u}$ 和 $\vec{v}$ 组成的。它们能相交两次吗？不能，因为第二次相交会让 $\vec{u}$ 和 $\vec{v}$ 在公共的菱形内以大于 π 的角度相遇。♡

十字形平铺

你能用 5 个方格组成的十字形铺满平面吗？你能用 7 个方块组成的十字体铺满三维空间吗？

解答：用 5 个方格组成的十字形铺满整个平面是容易的。你把它们安排成对角线形，如下图左侧所示。

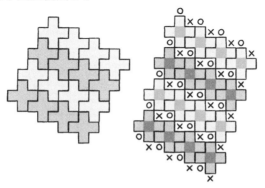

要用 7 个方块组成的十字体铺满整个三维空间，使用很多十字体的每一个的 7 个立方体中的 5 个来铺单位厚度的平板，类似用平面十字形铺满平面一样。然而，在每一对对角线条之间，留出一条对角线形的多米诺的空白。

每个多米诺空白中一个被平板下方的十字填满，另一个从上面填入。♡

立方体魔术

你能将一个立方体从另一个更小立方体中的洞穿过吗？

解答：可以的。要让一个单位立方体通过第二个单位立方体上的一个洞，只需确定（第二个）立方体的一个投影，其内部包含一个单位正方形。然后可以在第二个立方体上开一个边长略大于 1 的方形柱状孔，给出第一个立方体可通过的空间。

如果第二个立方体比单位立方体小一点点，用更小的冗余，你也可以做同样的事情。

你可以尝试的最简单（但不是唯一）的投影是通过将三个顶点和它们的中心放在垂直于你视线的平面上得到的正六边形。以正方体的某一个顶点为中心去看它，你能看到这个六边形。

令 A 为其中一个可见面在这个平面上的投影，我们看到它的长对角线和单位正方形的对角线等长（$\sqrt{2}$），因为这条线没有被透视缩短。如果我们把 A 的一个副本滑到六边形的中心，然后把它放宽形成一个单位正方形 B，加宽后得到的 B 的角将不会到达六边形的顶点（因为六边形的对顶点之间的距离超过对边之间的距离）。

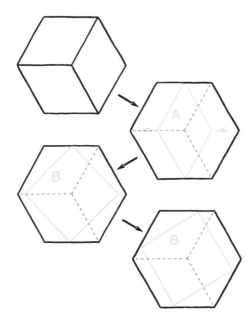

Mathematical Puzzles

因此，如果我们现在稍微旋转一下 B，它的所有四个角将严格位于六边形内。♡

空间中的圆

你能将整个三维空间划分成圆吗？

解答：奇怪的要求——将空间划分成低一维的物体。但是没有什么阻止你试试这样做，事实上，在这里这真的是可能的。

但是怎么做呢？我们当然可以把减去一个点的三维空间划分成球面，即所有以去掉的那个点为中心的球面。我们能把一个球面划分成圆吗？如果我们除去两极，你当然可以把剩下的部分按照纬度划分成圆。事实上，我们可以去掉任何两点 P 和 Q，并将其余部分划分为圆，这些圆的圆心位于过 P、Q 和球心的平面上；例如，与 P 和 Q 的距离之比在从 P 到 Q 的短路线上与长路线上相同的圆。

有了这些观察结果，我们可以构建将整个三维空间划分成圆，如下所示。我们从 XY-平面上的一排单位半径的圆开始，对每个整数 n 有一个圆以 $(4n + 1, 0)$ 为中心。关键是每个以原点为中心的球面与这些圆的并恰好有两个交点。而且，非常重要的是，原点被（以 $(1, 0)$ 为中心的单位圆）覆盖了。

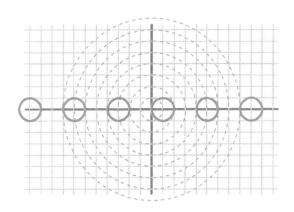

因此，如果我们把每个以原点为中心的球面，去掉其两个交点，划分成圆，那么所有这些圆加上我们在平面上排成一线的圆，就能完美地划分空间！♡

隐秘的角落

有没有可能你站在一个多面体外，却看不到它的任何顶点？

解答：可能的。想象一下，六块很长的木板被这样排列：它们在中间相遇形成一个正方体房间的墙壁，但并不真正碰到。从这个房间的中间，你无法看到任何顶点。这些木板可以很容易地在离房间很远的地方勾连起来，形成一个多面体，必要的额外顶点被很好地藏在视线之外。

[如果有一个平面将你和多面体隔开，这就不可能发生。]

对于我们的定理，我无法抗拒用所有可以无字证明的定理中最著名的一个。你只需要一张图片就可以了！

一个单位菱形是由一对单位正三角形沿一条边黏合而成的菱形。假设一个有整数边长的正六边形被单位菱形平铺。根据朝向，这些小块有三种类型。

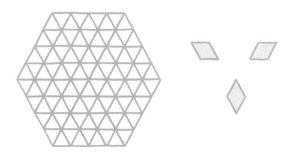

定理. 任何用单位菱形对一个整数边长的正六边形进行的平铺中，三个方向上的单位菱形数量完全相同。

证明：

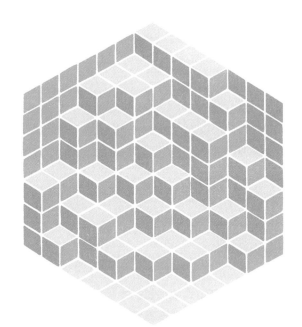

第23章 无尽的选择

来一个公理怎么样? 往往, 选择公理是可选择的公理。

选择公理 (在这里和逻辑书中缩写为 AC) 说, 给定任何一组非空集合, 你可以做到从每个集合中选择一个元素。看上去相当合理, 是吗? 有什么可以阻止你做到呢?

事实上, 如果集合个数是有限的就完全没问题 (你可以通过归纳法证明可以从每个集合中选择一个元素)。如果集合中有特殊的对象, 你可以利用它们; 例如, 在无限多双鞋中, 你可以从每双鞋中选择左脚的。但假设你有无限多双袜子呢?

实际上, 有一个名词来描述从每一个集合中选择一个元素的所有方法的集合: 这被称为这些集合的乘积。如果集合个数以及这些集合都是有限的, 那么积的大小就是这些集合大小的正常乘积。一组无限的非空集合的乘积似乎不太可能突然决定变空, 但如果你没有 AC, 这是可以发生的。如果你是一个数学家, 你可能认为拥有像 Zorn 引理、良序定理 (well-ordering theorem) 或 Hausdorff 极大性原则这样的工具 (这些都等价于 AC) 是很方便的, 还有无数其他并不明显需要但确实依赖 AC 的定理。

另一方面, AC 有一些相当怪异的后果。其中最著名的是 Banach-Tarski 悖论: 三维空间中的一个单位球可以被划分成 5 个子集, 然后通过重新组装 (只使用旋转和平移) 形成两个单位球! 数学家们习惯于通过将注意力限制在 "可测度的" 集合上来规避这样的问题。但是, 正如你将要看到的, AC 还有其他一些数学家们不那么熟悉的奇怪后果。

那么, AC 是真的还是假的? 我喜欢告诉我的学生们, 虽然选择公理和它的否命题都不能被推翻, 但其中任何一个都可以让人觉得很荒谬。AC 和 "非AC" 都和集合论的常规公理相容, 所以你可以选择; 作为一个解谜者, 你大多会想选择 AC。(像决定性公理这样与 AC 不相容的假设有时会有用, 但我们不会在这里追求这份缥缈。)

你也许会合理地问: 没有明显的 "选择函数" 的一组集合是如何出现的?

一种方法是考虑等价关系。

一个（二元）关系从技术上说是一个由二元对组成的集合，但是你可以把它看作对于给定的一对元素有或者没有的一个属性。例如，在人与人之间，"x 认识 y" 是一种关系；"x 和 y 是兄弟姐妹" 也是一种关系。后者是一个对称关系，即如果 (x, y) 这对满足关系，那么 (y, x) 也满足。它也是一个传递关系。即如果 (x, y) 和 (y, z) 满足这个关系，则 (x, z) 也必须满足。

假设我们把这个关系改为 "x 和 y 或者是兄弟姐妹，或者是同一个人"。那么这个关系也是自反的，也就是说，对于任何一个 x 来说，(x, x) 都满足这个关系。同时满足对称、传递和自反的关系被称为等价关系。如果一个集合上有一个等价关系，那么这个集合就会被整齐地划分为等价类：这是些子集，每个子集的内部元素都相互有该关系，但与该子集以外的任何元素都没有关系。例如，对于上述关系，等价类是拥有同一对给定父母的人的集合。

假设人类被迫移居到一个新的星球上，并且决定每组兄弟姐妹中要恰好去一个人。这样一群元素被称为这个等价关系的代表集。在这种情况下，我们不需要用 AC 来得到一个代表集；例如，我们总是可以派出兄弟姐妹中最年长的人（不管怎样，我们所知道的兄弟姐妹集合大小都有限）。

但是，一般来说，我们可能确实需要 AC 来得到一个代表集。例如，考虑所有（可数）无穷二进制序列组成的集合。假设 $(a1, a2, \ldots)$ 是一个这样的序列，$(b_1, b_2, \ldots)$ 是另一个。如果对除了有限个外的所有下标 i 都有 $a_i = b_i$，就称这两个序列是相关的。你可以很容易地验证这个关系是对称的、传递的和自反的，从而是一个等价关系。因此，所有无限二进制序列的集合被分成（很多）等价类。例如，其中之一是所有仅含有限个 1 的二进制序列组成的集合。

根据 AC，可以从每个等价类中挑选出一个序列。在上面提到的仅含有限个 1 的序列所在的类中，你可能想挑选的是全零序列。但是对于大多数类来说，不会有一个明显的选择，所以很难说这里你能避免使用 AC。好的，让我们召唤 AC 来得到我们的代表集。这有什么用呢？啊，如果你是一名囚徒……

帽子与无穷

编号为 $1, 2, \ldots$ 的无穷多个囚徒每位都被戴上一顶红色或黑色帽子。在得到一个预先安排好的信号时，所有囚徒都会互相看到，这样每个人都可以看到所有其他狱友的帽子颜色，但不允许做任何交流。然后每个囚徒被带到一边，让他猜自己帽子的颜色。

如果只有有限多个人猜错，所有囚徒都将被释放。囚徒们有机会事先合谋。是否有一种策略能确保他们获得自由?

解答: 如果我们用数字 1 代表"红色", 0 代表"黑色", 那么囚徒们的帽子颜色正好对应了一个无限长的二进制序列。如果囚徒们相信 AC, 并且有能力事先商量好上述等价关系的一个代表集。这样, 对于每个相互有关系的序列组成的集合 S, 他们确定了一个特定的成员。

这出戏开始后, 囚徒 i 看到了除了第 i 项之外的整个二进制序列。这足以让他确定这个序列所属的等价类 S。然后, 他查找 (或已经记住) 大家商量好的集合 S 的代表, 并猜测他自己的帽子颜色是那个代表序列的第 i 项。

因此, 每个人的猜测都会和这个相同的代表序列一致, 而由于这个序列本身也在 S 中, 只有有限个囚徒会猜错。♡

可以证明, 在某些与 AC 相矛盾的假设下, 囚徒们基本上没有机会, 即使监狱长被规定均匀随机地分配颜色。

试试下面这个类似的谜题。

全对或全错

这次的情景相同, 但目标却不同: 所有猜测必须是全对或者全错的。有必胜策略吗?

解答: 这个版本听起来也许更难, 因为只有两个能成功的结果。但如果只有有限个囚徒, 它确实有一个小巧的解决方案 (在这里停一下, 看看你是否能在进一步阅读之前解决有限的版本)。

是的, 如果只有有限个囚徒, 他们可以简单地决定假设红帽子的数量是偶数。换句话说, 看到奇数个的红帽子的囚徒猜测他自己的帽子是红色的, 否则就猜黑色的。那样, 如果红帽子的数量确实是偶数, 所有囚徒都猜对; 如果是奇数, 则都猜错。

在无限的情况下, 除非监狱长只分配出有限个某种颜色的帽子, 否则这是不可行的。但囚徒们商定的代表集使事情变得简单。每个囚徒再次确定帽子分配的等价类, 并找到其代表; 然后他假设实际序列和代表序列之间的差异数是偶数, 并据此猜测自己的颜色。

然而, 有一个更简单的解答。每个人都猜"绿色"! ♡

选择公理有一个强大的结果, 即任何集合都可以被良序化。(一个集合 X 称为被良序化的, 如果它有一个序关系, 满足 X 的所有非空子集都有一个最小元素。) 此外, 可以保证 X 的任何元素之下的元素组成的集合的"基数"（即大小）小于 X 本身的基数。我们不会在这里证明这些结论，但我们会用它们来解决下面这个听起来轻巧的问题。

直线的双重覆盖

令 $\mathscr{L}_\theta$ 为平面上与水平线成 θ 角的所有直线的集合。如果 θ 和 θ' 是两个不同的角度，则集合 $\mathscr{L}_\theta$ 和 $\mathscr{L}_{\theta'}$ 的并集构成一个平面的双重覆盖，即每个点恰好属于两条线。

还有其他方式么？也就是说，你能否用一个直线集合（其中的直线有两个以上不同的方向）恰好覆盖平面上的每个点两次？

解答：既然这个问题出现在这里，你有一个很大的提示，那就是如果你用 AC，那答案是肯定的。你可以通过对平面上所有的点良序化并且使小于任何一点的点集的基数小于 $2^{\aleph_0}$ 来证明这一点。（$2^{\aleph_0}$ 是实数集基数，也是所有角的集合、平面上所有点的集合以及其他许多集合的基数；它严格地大于整数集的基数 $\aleph_0$。符号 $\aleph$，读作"阿列夫"（aleph），是希伯来语字母表的第一个字母。）我们先选取三条相互交叉的直线，这样我们就已经有了三个方向。令 P 是我们的良序中还没有被双重覆盖的最小点，然后选一条过 P 的不碰到目前被双重覆盖的三个点的直线。

现在用一个新的点 Q 重复这个过程，这次要避开一个更大的，但仍然是有限的，已经被双重覆盖的点的集合。我们可以这样做，直到我们的集合中有可数无穷条线。但为什么要停下呢？在我们完成之前，总有一个平面中的最小未被双重覆盖的点。而且，由于到目前为止搞定的点的数量小于 $2^{\aleph_0}$，所以总有一个角度可以避开所有目前已被双重覆盖的点。

这个构造也许是令人失望的，因为它没有给你留下任何你可以理解的几何图形。目前我们不知道更好的构造。

让我们回到 AC 的直接应用上。如果你对 AC 释放囚徒的能力不感兴趣，或许下一个谜题会吸引你的关注。

疯狂的猜测

David 和 Carolyn 是数学家，他们不惧怕无限，并在需要时乐于搬出选择公理。他们玩以下的由两步构成的游戏。在 Carolyn 那一步，她选择一个无限的实数序列，并将每个数放在一个不透明的盒子里。David 可以打开任意数量（哪怕是无限多）的盒子，但必须留下一个盒子不打开。为了获胜，他必须准确猜出那个盒子里的实数。

你会赌谁在这场游戏中获胜，Carolyn 还是 David？

解答：我可以听到你在想："我把赌注押在 Carolyn 身上！她可以在每个盒子里随便放一个 0 到 1 之间的随机数。David 对没被打开的盒子里是什么毫无头绪。因此他的获胜概率为零。"

事实上，无论 Carolyn 的策略如何，David 有一个算法可以保证他至少有 99% 的胜算。你不相信我？这说明你的判断力不错，然而在 AC 的前提下，那的确是真的。

算法是这样的。在游戏开始之前，David 就像帽子与无穷中的囚徒所做一样，但这次是用实数序列而不是比特序列。（如果你用比特而不是实数来描述这个谜题，那么 David 就可以使用囚徒们的代表集。）所以，两个实数序列 $x_1, x_2, \ldots$ 和 $y_1, y_2, \ldots$ 是相关的，如果只有有限个下标 i 使得 $x_i \neq y_i$。这也是一个等价关系，David 召唤 AC 来从每个实数序列的等价类中选择一个代表序列。他甚至可以向 Carolyn 展示他的代表序列集；这对她没有帮助！

现在 Carolyn 选择她的序列，我们称它为 $c_1, c_2, \ldots$，并将这些数装到盒子里。David 拿了这些盒子并把它们分成 100 个无限的行。我们不妨假设第 1 行的盒子包括 c_1、c_{101}、c_{201} 等，而第 2 行从 c_2 和 c_{102} 开始；最后，第 100 行包含 c_{100}、c_{200} 等。每一行本身是一个实数的序列。

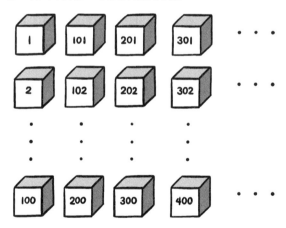

关键的一步，David 现在均匀随机地选择一个 1 到 100 之间的整数。假设那是 44。

David 首先打开第一行的所有盒子。这个序列属于某个等价类，记为 S_1，他现在查找到其代表序列。这个代表，设为 $d_1, d_2, \ldots$，将与第 1 行有有限个位置不同，其中最后一个是，比如说，双方的第 289 项。David 在一张纸上写下 "$n_1 = 289$"。（如果序列相同，他就写上 "$n_1 = 0$"。）

他对第 2 行重复这个过程，这次得到一个（可能）不同的类 S_2，并有其自己的代表，最后也许他写下了"$n_2 = 4183206$"。

除了第 44 行，每一行都这样重复。当他完成第 100 行时，David 已经写下了 99 个数 $n_1, n_2, \ldots, n_{43}$ 和 $n_{45}, \ldots, n_{100}$。他令 m 等于这些数的最大值加上一。

现在他终于来到第 44 行，不是打开所有的盒子，而是只打开第 m 个之后的盒子。这足以让他确定该行所在的等价类 S_{44}，并查找出它的代表序列，我们将用 $f_1, f_2, \ldots$ 表示。David 现在猜测，第 44 行的第 m 个盒子所含的实数是 f_m。

为什么这行得通呢？好的，总有一个最大的下标（n_{44}）代表第 44 行和 $f_1, f_2, \ldots$ 不一致的最后一个位置。除非 $n_{44} \geqslant m$，David 的猜测将是正确的。

但 m 大于 $n_1, n_2, \ldots, n_{43}$ 和 $n_{45}, \ldots, n_{100}$ 的最大值。所以为了使 n_{44} 大于等于 m，n_{44} 必须是 $n_1, \ldots, n_{100}$ 这 100 个数中唯一最大的。那概率是多少？因为 44 是随机选的，而这些数中最多只有一个可以是唯一最大的，所以概率最多是 1/100。成功了！

如果你发现你必须多读几遍这个证明才能理解它，你并不孤单。但这证明是合法的。选择公理确实意味着 David 可以以任何他希望的概率 $p < 1$ 赢得这个游戏。是你的直觉出了什么错，或者值得怀疑的是选择公理？你来判断吧。如果有什么帮助的话，我们提一下，你也可以用 AC 来预测未来（见注释和来源）。

我听到以下反对意见。假设 Carolyn 独立地选择她的数，每个数都是在 0 和 1 之间均匀随机的。那么任何盒子里的数，特别是第 44 行的第 m 个盒子，都是随机的，David 不可能以 99% 的概率或者任何大于 0 的概率猜到它。

对这一反对意见的反驳是，当我们说无限多的随机数是独立的，我们通常是指每个值都独立于其他任何有限个数。如果你想让每个数都独立于所有其他数，而你又相信 AC，那你就被困住了！在我看来很有趣，AC ——我们通常认为它是我们构造无限事物的助手 ——阻止了你构造一个在此强意义下独立的无限随机实数（甚或是比特）序列。

我们现在继续讨论其他一些涉及无限的谜题（但我们现在开始一直假设选择公理成立）。我们从一个无限的表达式开始。

指数叠指数

第一部分：如果 $x^{x^{x^{\cdot^{\cdot^{\cdot}}}}} = 2$，$x$ 是多少？

第二部分：如果 $x^{x^{x^{\cdot^{\cdot^{\cdot}}}}} = 4$，$x$ 是多少？

第三部分：如果第一部分和第二部分得到相同的答案，你怎么解释？

解答：如果 $x^{x^{x^{\cdot^{\cdot^{\cdot}}}}}$ 有任何意义的话，它必定是序列

$$x, x^x, x^{x^x}, x^{x^{x^x}}, \ldots$$

的极限，假设这个极限存在的话。注意这个表达式和

$$(\ldots(((x^x)^x)^x)\ldots)$$

是不一样的。

表达式 $x^{x^{x^{\cdot^{\cdot^{\cdot}}}}}$ 的底下的 x 的指数和表达式本身是一样的；所以，如果 $x^{x^{x^{\cdot^{\cdot^{\cdot}}}}} = 2$，则 $x^2 = 2$，$x = \sqrt{2}$。

就这样，谜题的一部分被解决了。

对于第二部分，类似的推理告诉你，如果 $x^{x^{x^{\cdot^{\cdot^{\cdot}}}}} = 4$，那么 $x^4 = 4$，于是 $x = \sqrt[4]{4} = \sqrt{2}$。

啊哈，这里有些不对劲了。到底 $\sqrt{2}^{\sqrt{2}^{\sqrt{2}^{\cdot^{\cdot^{\cdot}}}}}$ 等于多少？它不能同时是 2 和 4。如果是其中一个的话，哪个呢？或者是其他什么值，或者什么都不是？

我们需要研究 $\sqrt{2}, \sqrt{2}^{\sqrt{2}}, \sqrt{2}^{\sqrt{2}^{\sqrt{2}}}, \ldots$ 这个序列并确定它是否有极限。事实上它有；这个序列是递增的并且有上界。

为了证明前者，我们记这个序列为 $s_1, s_2, \ldots$ 并用归纳法证明 $1 < s_i < s_{i+1}$ 对每个 $i \geq 1$ 成立。这是容易的：因为 $\sqrt{2} > 1$，$s_2 = \sqrt{2}^{\sqrt{2}} > \sqrt{2} = s_1$；并且 $s_{i+1} = \sqrt{2}^{s_i} > \sqrt{2}^{s_{i-1}} = s_i$。

为了得到上界，观察到如果我们将任何 s_i 中最顶上的 $\sqrt{2}$ 换成更大的 2，整个表达式变成了 2。（我们可以类似地证明这个序列上界为 4，但当然如果 2 是它的上界，那任何大于 2 的数也是。）

现在我们知道了这个极限存在，让我们设它为 y；它确实必须满足 $\sqrt{2}^y = y$。考虑方程 $x = y^{1/y}$，我们观察到（可能用一下初等的微积分——抱歉）x 随着 y 严格递增直到在 $y = e$ 处达到最大值，然后严格递减。由此，对任何给定的 x，最多有两个相应的 y 值。而对于 $x = \sqrt{2}$，我们知道这些值：$y = 2$ 和 $y = 4$。

由于 2 是我们的序列的上界，我们排除 4 并确定 $y = 2$。♡

推广一下上面的论证，我们看到只要 $x \leq e^{1/e}$，$x^{x^{x^{\cdot^{\cdot^{\cdot}}}}}$ 是有意义的并且等于 $x = y^{1/y}$ 较小的根。对于 $x = e^{1/e}$，这个表达式等于 e，但一旦 x 超过 $e^{1/e}$，序列

发散到无穷大。这就是为什么谜题的第二部分出问题了：满足 $x^{x^{x^{\cdot^{\cdot^{\cdot}}}}} = 4$ 的 x 是不存在的。

我们已经提过有不同种类的无穷大；最小的一个是可数无穷，我们称之为 $\aleph_0$。一个集合被称为可数的，如果你可以在它的成员和正整数之间建立起一个一一对应。有理数（分数）组成的集合是可数的；在注释和来源中提及了一个将它们和正整数对应的特别巧妙的方法。然而，如杰出的 Georg Cantor 在 1878 年看到的，所有实数组成的集合是不可数的。

这里是一个你可以利用可数性的简单谜题。

寻找机器人

在时间 $t = 0$ 时，一个机器人被放在三维空间中的某个未知格点上。每分钟，机器人都会沿着一个未知的固定方向移动一个未知的固定距离，到达一个新的格点。每分钟，你都可以探测空间中的任何一个点。设计一个算法，可以确保在有限时间内找到机器人。

解答：形如 (a, b, c, x, y, z) 的向量个数是可数的，其中 (a, b, c) 是一个起始位置，(x, y, z) 是每一步的移位。将它们排成 v_1, v_2，等等，并且在第 t 个时刻探测 $(a, b, c) + t(x, y, z)$ 这个点，其中 $(a, b, c, x, y, z) = v_t$。

平面上的 8

平面上可以画多少个不相交的拓扑"图形 8"？

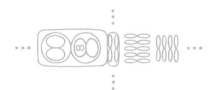

解答：我们可以在平面上画所有正实数为半径的同心圆，所以如果谜题中问的是圆而不是图形 8，答案会是"不可数无穷多"，或者 (更准确地) 说，"实数集的基数"。

然而，我们只能画可数个 8。将每个 8 关联到一对有理点（平面上两个坐标都是有理数的点），每个圈里面一个；没有两个 8 可以共享一对点。由此，我们的 8 的集合的基数不大于有理数对的对组成的集合，这是可数的。♡

这个太简单吗? 试试下面这个！

平面上的 Y

证明：在平面上只能画出可数个不相交的 Y。

解答：这里是一个特别简洁的证明（还有其他的方法）。对每个 Y 关联三个包含三个末端的有理圆（圆心是有理点，半径是有理数），足够小使得它们都不包含或碰到这个 Y 的其他任何一条臂。我们宣称没有三个 Y 可以关联同三个圆；因为如果有的话，你可以从每个 Y 的中心沿着各臂直到碰到相应的圆，并沿着半径连到圆心。这样会造成图 $K_{3,3}$（有时被称为"气–水–电网络"）的一个平面嵌入。

换言之，我们在平面上建立了六个点，分成两组各三个，一组中的每个点都用曲线连接到了另一组中的每一个点，并且这些曲线是不交叉的。这是不可能的，事实上熟悉 Kuratowski 定理的读者会知道这是两个基本的非平面图之一。

你自己来证明一下 $K_{3,3}$ 不能以无交叉的方式嵌入平面。令两组顶点集为 $\{u, v, w\}$ 和 $\{x, y, z\}$。假设我们可以无交叉地嵌入，则序列 $\{u, x, v, y, w, z\}$ 将依次表示一个（拓扑的）六边形的顶点。边 uy 将需要在这个六边形的内部或者外部（不妨假设在内部）；那么 vz 需要在外部以避免和 uy 交叉，而这样 wx 就无处可去了。♡

在证明中使用某种形式的 AC 的严肃数学定理并不少见；它们在代数、分析和拓扑中随处可见。这里有一个只涉及基本图论的定理，我们在本书的其他地方使用了它。

回顾一下，一个图是一个称为顶点的点组成的集合，以及一个不同顶点对之间的对称关系。两个相关的顶点被称为是相邻的，并构成图的一条边，通常用线段或曲线连接这两个顶点来示意。一个图是可以二染色的，如果它的顶点可以被划分为 X 和 Y 两个集合，使得没有两个在同一集合中的顶点相邻。下面是一个顶点被（黑色和白色）二染色的图的例子。

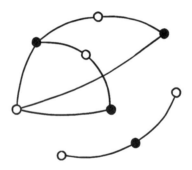

以数字 0 到 9 为顶点, 其中 0 和 1 相邻, 1 和 2 相邻, 2 和 3 相邻, ……, 8 和 9 相邻, 并且 9 和 0 相邻, 这个图可以通过将偶数数字放在 X 中, 将奇数数字放在 Y 中而二染色。但如果我们试着二染色一个类似的但有奇数个顶点的构造——一个"奇圈"——就没办法了。

事实上, 任何包含奇圈的图都是不能二染色的。图论的一个著名的基本定理说的是它的另一个方向。

定理. 如果一个图中没有任何大小为奇数的顶点子集其相邻关系包括一个奇圈, 那么这个图是可二染色的。

证明的思路是这样的。挑选某个顶点 v 并把它放到 X 中, 然后把与 v 相邻的所有顶点放到 Y 中, 再把与它们相邻的所有顶点放在 X 中, 以此类推。没有奇圈的条件保证了你不会发现自己试图把同一个顶点既放到 X 中又放到 Y 中。如果在任何阶段, 你发现没有新的相邻关系, 但还没有用完图中的所有顶点, 那么就选一个未被分配的顶点 v', 把它放在 X 中, 然后继续像上面一样。

这很不错, 但如果图是无限的, 并且有无限多的连通块, 那么证明中要求你"选择一个未被分配的顶点"需要选择公理。下面是这样的一个图的例子: 取顶点集为所有实数, 其中如果 $|x - y| = 1$ 或者 $|x - y| = \sqrt{2}$ 则 x 和 y 相邻。这个图没有奇圈, 因为如果你从 x 开始一个圈最后回到 x, 你必然会使用偶数个大小为 1 的步 (一些增大的, 以及相同数量减小的), 同样也会有偶数个大小为 $\sqrt{2}$ 的步; 这是因为 $\sqrt{2}$ 的倍数没有一个是整数。

尽管如此, 在一些与 AC 相矛盾的公理下, 这个图形没有二染色! 事实上, 如果你试图构造一个能作为 X 的集合, 你得到的只会是挫败感。不过, 三染色是很容易找到的; 从图论的角度, 假设这个图的色数为 3 是非常合乎情理的, 也就是说, 这个图可以用三种颜色来适当地染色, 但不能少于三种。

第 24 章　惊人的变换

常常，当你从一个不同的角度去看的时候，一个本来看起来无从下手的谜题会突然变得明朗起来。是的，那可能需要你的一些创造力和想象力。但是，伟大的想法，无论它们看上去多么辉煌，从来不是凭空出现的。一点经验可能对你的下一次灵光闪现有很大的帮助。

击落 15

Carol 和 Desmond 一起玩台球，9 个球的编号分别为 1 到 9。他们轮流将一个球击落。首先打进三个编号和为 15 的一方获胜。首先上场的 Carol 有必胜策略吗？

解答：如果 Carol 和 Desmond 将他们击落的球纪录在下面的幻方里，那么他们的目标就是得到同一行、列或对角线上的所有三个方格。因此，他们实际上在玩井字棋！

$$\begin{array}{|c|c|c|} \hline 2 & 7 & 6 \\ \hline 9 & 5 & 1 \\ \hline 4 & 3 & 8 \\ \hline \end{array}$$

因此，Carol 没有必胜策略；双方最好的玩法导致平局。

切开立方体

你面前有一把圆锯和一个 3×3×3 的木制立方体；你需要把立方体切成 27 个 1×1×1 的小块。你最少需要切几次？注意，在每次切割前，你可以把木块重新叠置。

解答：如果你一直把立方体（小心地！）扶在一起，你可以在立方体上做两次水平切割，然后做两次南北竖直切割和两次东西竖直切割，总共做六次切割,把立方体变成 27 个小立方体。你能做到少于六次切割吗?

不能,因为中间的小方块的所有六个面都必须被切出来,而且任何一次切割最多只能切到其中的一个面。

做最坏的打算

从单位区间 $[0,1]$ 中均匀随机地选择 n 个数。它们中最小数的期望值是多少?

解答: 答案是 $1/(n+1)$。(而第二小的数的平均值是 $2/(n+1)$, 以此类推。)这类问题可以用微积分来解决,但当答案这么漂亮时,你可能会怀疑有一个简单的解释——的确是有的。我们利用区间的更具有对称性的姐妹——圆。

在周长为 1 的圆上独立地取 $n+1$ 个数 $x_0, \ldots, x_n$。由对称性,相邻数之间的距离的期望是 $1/(n+1)$。在 x_0 处将圆剪开并打开成一条长度为 1 的线段。其余的数 $x_1, \ldots, x_n$ 将会均匀随机地分布在这条线段上,其中最小的是 x_0 右边的下一个 x_i(假定你按照顺时针将圆打开)。由此它的期望值等于 x_0 到右边第一个被取到的点之间的期望距离,是 $1/(n+1)$。

把一条直线段弯成一个圆从而利用圆的对称性,这一想法会在后面证明我们的定理时很有用。现在,让我们来看一个押注游戏。

下一张牌是红的

Paula 彻底地洗一副纸牌,然后从牌堆的顶部开始一张张将牌翻开。在任何时候,Victor 可以打断 Paula 并下注 1 美元,赌下一张牌是红色的。他只能下注一次;如果他从不打断,则认为他自动下注最后一张牌。

Victor 的最佳策略是什么?能比百分之五十的机会好多少?(假设一副牌中有 26 张红色和 26 张黑色。)

解答: 我们知道,如果 Victor 好好玩,他在这个游戏中的期望至少是 0 ——因为他可以直接押第一张牌,那等可能地是 26 张红牌之一或 26 张黑牌之一。或者,他可以等到最后一张牌,结果也一样。

但 Victor 是个聪明人,他知道如果他等到某个时候看到翻走的黑牌比红牌多,他就可以在那一刻下注并享受对自己有利的概率。当然,他也可以一直等到看见所有的黑牌被翻走,然后在稳赢的情况下下注;但这可能不发生。也许最好的是以下的保守策略:他等到他看到的黑牌数量第一次超过红牌数量时,然后接受对他(可能是很小的)有利的赔率。例如,如果第一张牌是黑的,他就押下一张,接受 $(26/51) \cdot 1 + (25/51) \cdot (-1)$ 美元的正期望,这大约是 2

美分。

当然，虽然不太可能，但也许看到的黑牌永远不会超过红牌，在这种情况下，Victor 就只能在最后一张牌时下注，而这张牌将是黑的。看起来对这个策略，或对任何稍显复杂的策略，计算 Victor 的期望都是困难的。

但办法是有的——因为这是一个公平的游戏！Victor 不仅没有办法赢得优势，而且也没有办法得到劣势：所有的策略都是等效的。

这个事实是鞅停时定理的结果，也可以通过对牌组中每种颜色的牌的数量进行归纳来得到。但我将在下面描述另一个证明，而它肯定是属于"天书"的。（读者可能知道，或者记得我们在第 9 章提到的，已故的伟大数学家 Paul Erdős 经常谈到一本由上帝拥有的书，书中有每个定理的最佳证明。我可以想象 Erdős 现在正在津津有味地阅读这本书，但我们其他人还得等等。）

假设 Victor 选择了一个策略 S，让我们把 S 用于一个稍加修改的游戏变体。在新的变体中，Victor 像以前一样打断 Paula，但这次他不是押牌堆里的*下一张牌*，而是押牌堆里的*最后一张牌*。

在任何给定的局面中，最后一张牌与下一张牌的红色概率完全相同。因此，在新的游戏中，策略 S 的期望和之前的相同。

当然，精明的读者已经注意到，新的变体是一个相当无趣的游戏；不管 Victor 用什么策略，他获胜当且仅当最后一张牌是红的。♡

磁性美元

将一百万个磁性 "1 美元硬币"（Susan B. Anthony 银圆）以下列方式扔入两个瓮中：开始时每个瓮中放 1 个硬币，然后将剩余的 999998 个硬币逐个抛向空中。如果瓮一中有 x 个硬币，而瓮二中有 y 个，磁引力将使下一个硬币以 $x/(x + y)$ 的概率落入瓮一里，而以 $y/(x + y)$ 的概率落入瓮二里。

你愿意预付多少钱，来买那个最终硬币较少的瓮里的东西？

解答：你完全有理由担心其中一只瓮将"接管比赛"而给另外一只留下很少的东西。根据我的经验，大多数人在面对这个问题时不会愿意为硬币较

少的那只预付 100 美元。

事实上, 硬币较少的瓮平均价值为 25 万美元。这是因为 (比如说) A 瓮最终所含的是完全等可能地从 1 美元到 999999 美元之间的任何整数美元。因此, 较少的瓮中的平均金额是

$$\frac{1}{999999}(2 \cdot \$1 + 2 \cdot \$2 + \cdots + 2 \cdot \$4999999 + 1 \cdot \$5000000),$$

等于 250000 美元再加上一点零头。

我们怎么能看清这点? 有多种证明, 但这里是我最喜欢的一个。想象我们以如下谨慎的方式洗一副新开的牌。我们把第一张牌, 比如黑桃 A, 正面朝下放在桌子上。然后我们拿起第二张牌, 也许是黑桃 2, 随机地放在那个 A 的上面或下面。现在有三个可能的空位留给黑桃 3; 随机选一个, 把它放在当前牌堆的上面、当前牌堆的下面或放在 A 和 2 之间, 每个选择的概率为 $\frac{1}{3}$。

我们以这种方式继续下去; 第 n 张牌被插入 n 个可能的空位中的每一个的概率为 $1/n$。最终的结果是这副牌的一个完美随机的置换。

现在, 把黑桃 A 上面的牌看成 (除了第一枚之外) 进入 A 瓮的硬币, 把下面的牌看成进入 B 瓮的硬币。上面的磁性规则完美地描述了这个过程, 因为如果目前黑桃 A 上面有 $x-1$ 张牌 (因此有 x 个空位), 黑桃 A 下面有 $y-1$ 张牌 (因此有 y 个空位), 下一张牌来到黑桃 A 上面的概率是 $x/(x+y)$。

由于在最后洗好的牌堆中, 黑桃 A 在任何位置的可能性都是相同的, 所以最后出现在它上面的空位数量等可能地是从 1 到牌张数之间的任何整数; 对于我们的谜题, 牌张数是 999999。

整数矩形

平面上的一个矩形被划分为若干个小矩形, 每个小矩形的高或宽至少有一个是整数。证明大矩形本身也有这个性质。

解答: 这个著名的问题拥有很多个证明, 每一个都是某种变换。这里是一个把图形变换为图的证明。

把大矩形放在格点坐标平面上, 使得它的左下角在原点处, 并且边平行于坐标轴。令 G 是这样一个图, 它的顶点是所有两个坐标都是整数同时又是小正方形一角的点 (用有灰色阴影的圆圈表示), 以及所有小正方形自身 (用中心处的一个白色圆圈表示)。

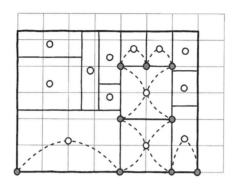

如果一个灰色顶点是一个白色顶点所代表的矩形的一角，就在它们之间连一条边，如例子所示。

每个白色顶点有 0 个、2 个或 4 个邻居（因为它一个方向的尺寸是整数），而每个灰色顶点有两个或者四个邻居，除了每个在大矩形角上的灰色顶点只有一个邻居。

在任何图中必须有偶数个邻居数为奇数的顶点，因为每条边对所有顶点的邻居数总和贡献为 2。这样原点就不能是 G 中仅有的有奇数个邻居的顶点，因此大矩形至少还有一个角是一个整数格点，证明完成了。♡

激光枪

你发现自己站在一个很大的、墙壁都是镜子的长方形房间里。你的敌人站在房间里的另一点，手中挥舞着激光枪。你和她是房间里的两个定点；你唯一的防御手段是召唤保镖（也是点）并将其安置在房间里，替你吸收激光束。你需要多少个保镖才能阻挡敌人所有可能的射击？

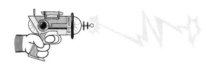

解答：你显然可以用不可数个保镖来保护自己，例如，把他们排成一个圆将你圈起来，当然你的敌人得在圆外面。

这个数量可以被减少到可数无穷个保镖，因为实际上你的敌人只有可数个可以击中你的发射方向。看清这点的一个方法是将房间视为平面上的一个矩形，你在 P 点而敌人在 Q 点。现在你可以用房间的副本来平铺平面，不断地将房间关于墙作对称，每个新的副本包含敌人的一个新副本（见下图）。

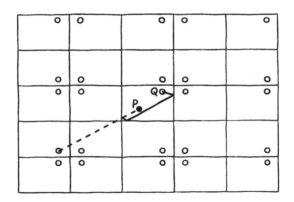

在这张图上，敌人每个可能的精准射击都可以表示为从某个 Q 的副本到 P 的一条直线；每当这条直线穿过矩形之间的边界，事实中的激光束将在一面墙上反弹。在图中标示了一条这样的（虚）线；另一条实线显示了原来房间里与之对应的激光束的路径。

这样，你可以在每条射击线上取一个点并在那里放一个保镖，从而用可数个保镖来守护你。但回到原来的房间，这些射击线经常相互交叉；或许如果把守卫放在交叉点处，你可以用一个有限的数来搞定。

你会相信 16 个就行吗？

你的目标是在每条射击线路的中点将其拦截。为此你首先描出上述平面平铺的一个副本，把它在 P 点处钉在平面上，并把这个副本在竖直和水平方向上都缩小到一半。各个 Q 的副本缩小后的像将是我们的保镖位置；它们能达成我们的目的，因为原平铺中的每个 Q 的副本的像出现在那个 Q 的副本和你的中点上。

在第二张图中，缩小后的副本是灰色的，一些虚拟的激光路径被标出；你可以看到，它们在沿途中间的位置上都会通过灰色网格中对应的小圆点。

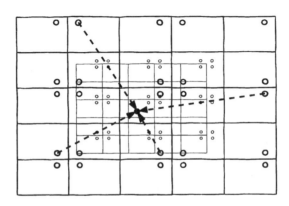

当然，这样的点有无穷多个，但我们声称它们都是原房间中一个恰当的 16 点集合的反射结果。其中有四个点已经在原来的房间里了；原房间左边的房间的四个点可以被反射回来得到四个新的点，对于原房间上面的房间也类似。最后，原房间左上方那个房间的四个点可以反射两次得到原房间的最后四个点。在第三个图中，12 个新的点（中心填充为灰色）已经用黑色添加到原来的矩形中。我们加上了一个虚拟的激光路径，其相应的真实路径穿过其中一个新点。

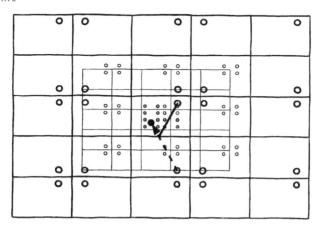

由于每个房间看起来都和原来的房间或我们刚刚检查过的那三个房间一一模一样，所以平面上的所有保镖点都是现在我们在原房间中确定的 16 个点的反射结果。由于每条来自 Q 的一个副本的线都通过了一个反射的保镖，所以实际的射击在它的一半位置（如果不是更早的话）击中了一个"真正的"保镖并被吸收。

如果仔细选择 P 和 Q 的位置，16 个保镖位置中的一些会重合；但一般情况下需要全部 16 个。

随机区间

对数轴上的点 $1, 2, \ldots, 1000$ 进行随机配对，形成 500 个区间的端点。在这些区间中，有一个与其他所有区间相交的概率是多少？

解答：令人惊讶的是，答案正好是 $\frac{2}{3}$，不管区间的数量是多少（只要至少有两个）。

假设区间的端点是从 $\{1, 2, \ldots, 2n\}$ 中选择的。我们将如下递归地用 $A(1)$，$B(1), A(2), B(2), \ldots, A(n-2), B(n-2)$ 对点进行标号。将 $\{n+1, \ldots, 2n\}$ 这些点称为右侧，$\{1, \ldots, n\}$ 称为左侧，我们从设定 $A(1) = n$ 开始，并令 $B(1)$ 为它

的同伴。假设我们已经给直到 $A(j)$ 和 $B(j)$ 都分配了标签，其中 $B(j)$ 在左侧；那么 $A(j+1)$ 就被取为右侧中最左的一个还未被标号的点，而 $B(j+1)$ 是它的同伴。如果 $B(j)$ 在右侧，$A(j+1)$ 是左侧中最右的一个还未被标号的点，而 $B(j+1)$ 还是取为它的同伴。

如果 $A(j) < B(j)$，我们就说第 j 个区间"向右走"，否则就是"向左走"。标记为 $A(\cdot)$ 的点被称为是内侧端点，其他的称为外侧端点。

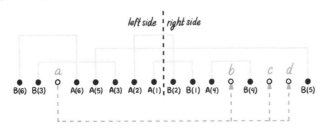

容易用归纳法验证，在标签 $A(j)$ 和 $B(j)$ 被分配后，要么（当 $A(j) < B(j)$ 时）两侧有相同数量的点被标号，要么（当 $A(j) > B(j)$ 时）在左侧多两个被标号的点。

当 $A(n-2)$ 和 $B(n-2)$ 的标签被分配后，还剩下四个未被标号的端点，记为 $a < b < c < d$。在三种能够将它们配对起来的等可能方式中，我们声称其中两种会产生一个与所有其他所有区间相交的"大"区间，而第三种则不会。

如果 $A(n-2) < B(n-2)$，我们有 a 和 b 在左侧且 c 和 d 在右侧，否则只有 a 在左侧。无论哪种情况，所有的内侧端点都位于 a 和 c 之间，否则 a 和 c 中至少有一个应该已经被标记。由此可见，区间 $[a, c]$ 与其他所有区间相交，$[a, d]$ 也类似，所以除非 a 与 b 配对，我们都得到一个大区间。

另一方面，假设配对的确实是 $[a, b]$ 和 $[c, d]$。这两个区间都不符合大区间的条件，因为它们相互不相交；假设有其他区间符合条件，设为 $[e, f]$，并且标号为 $A(j)$ 和 $B(j)$。

当 a 和 b 在左侧时，内侧端点 $A(j)$ 位于 b 和 c 之间，因此 $[e, f]$ 不能同时与 $[a, b]$ 和 $[c, d]$ 相交，与我们的假设矛盾。

在另一种情况下，由于 $[e, f]$ 与 $[c, d]$ 相交，f 是外侧端点（所以 $f = B(j)$），并且 $[e, f]$ 向右走；由于最后被标号的一对是向左走的，存在某个 $k > j$ 使得 $[A(k), B(k)]$ 向左走而 $[A(k-1), B(k-1)]$ 向右走。那样 $A(k) < n$，但 $A(k) < A(j)$，因为 $A(k)$ 是一个较晚被标号的、左侧的内端点。但是那样的话 $[A(j), B(j)]$ 终究没有与 $[B(k), A(k)]$ 相交，这个最后的矛盾证明了我们的结论。

感染立方体

一种传染病在一个 $n \times n \times n$ 立方体的 n^3 个单位立方体间以如下方式传播：如果一个单位立方体有三个或三个以上的邻居被感染，那么它也会被感染。（邻居只在正交方向上，因此每个单位立方体最多有六个邻居。）

证明：你能够从仅仅 n^2 个被感染的单位立方体开始将病毒传遍整个大立方体。

解答：你可能记得在谜题感染棋盘中被要求证明，如果你从少于 n 个带病毒的方格开始，就不能感染整个 $n \times n$ 的棋盘。本质上同样的方法在高维上也可以证明你至少需要 n^{d-1} 个初始带病毒的方格来感染整个边长为 n 的 d 维超立方体（在那里 d 个带病毒的邻居感染一个单位超立方体）。

但是这一次，如何选择初始的 n^{d-1} 个单位超立方体（或称"单元"）进行感染并不明显。

在下面我们只考虑三维的情况，但这个构造很容易被推广。用向量 (x, y, z) 标记各单元，其中 $x, y, z \in \{1, 2, \ldots, n\}$，因此，两个单元将会是邻居，如果它们除了一个位置上的值相差为 1，其他坐标都是相同的。

从感染所有满足 $x + y + z \equiv 0 \mod n$ 的单元开始。这些单元形成一个被分割成许多块的"对角子空间"。从这些初始带病毒的单元开始，传染过程以一种怪异的方式填满整个大立方体。依赖于许多使得感染得以继续增长的表面上的巧合，它才勉强成功。和二维时的情况非常不一样！这个过程能够感染整个大立方体，看起来很神奇。

为了证明它的确能成功，我们将这个谜题转换成一个游戏。玩家是你，还有一个对手——让我们假设是一位医生，她想要困住你这个病毒传播者。

在游戏中，医生一开始把你放在某个单元 $C = (x, y, z)$。现在重复如下：医生选一个坐标轴（第一、第二或第三），然后你选择在这个维度上向前或向后移动一格（如果相应的坐标是 1 或 n，你就没有选择）。如果你能到达某个各坐标之和为 n 的倍数的单元，你就获胜；如果医生能让你永远徘徊，她就赢了。

我们现在声称，如果你有一个获胜的策略，那么大立方体的确会被完全感染。

为了看明白这一点，我们首先把这个断言细化为：如果你从 C 单元出发可以获胜，那么 C 本身就会被感染。由于从 C 开始，医生有三个坐标方向的选择，所以你的获胜策略必须对所有三种可能性都有效。这意味着，如果从你准备移动到的 C 的三个邻居中的任何一个开始，你的策略也会获胜。由（对获胜所需步数的）归纳，C 的这三个邻居都会被感染，因此 C 也会被感染。归纳基础是当起点 C 的坐标之和模 n 为 0 时，在这种情况下，它当然已经带病毒了。

现在我们只需为你提供一个获胜的策略；对于任何单元 $C = (x, y, z)$，令 c 为 $x + y + z + \frac{1}{2} \mod n$。在医生选择了一个坐标方向后，比如说第一个坐标，如果 x 小于 c，你就递增 x（因此 c 也会下降，尽管可能从 $\frac{1}{2}$ 循环到 $n - \frac{1}{2}$），而如果 $x > c$ 就递减 x。

如果你到了一个 $c = \frac{1}{2}$ 的地方，你就赢得了游戏。所以如果 $x = 1$，这个算法不会要求你去减小它。如果 $x = n$，那么 x 将总是大于 c，所以你不会被要求增加它。由此可见，算法所规定的行动总是合法的，除非你已经赢了这个游戏。

我们现在断言，医生不能迫使你进入循环。反设从 C 开始算法会永远循环。令 I 为（在第一、第二和第三坐标中）医生选择了无限次的坐标方向组成的集合。我们不妨假设，你已经过了任何不在 I 中的下标会被选择的时候。令 m 为 I 中某坐标上曾经遇到的最大值。令 J 为 I 中此刻等于 m 的下标集合。

如果有任何一刻 $c > m$，那么你将每一步都递增，把 c 往上推直到它在拐角处变成 $\frac{1}{2}$ 而赢得游戏。所以 c 必定永远在 m 之下。但这样的话，每当医生选择了一个下标 $j \in J$，第 j 坐标必须减少到 $m - 1$。由此可见，J 最终会消失，永远留给你一个更小的最大值 m。这不能永远继续下去，因此我们得到了想要的矛盾。

我们总结，上述算法将为你赢得游戏，无论医生让你从哪里开始或如何追赶你。获胜策略的存在意味着感染真的能占领整个大立方体，而我们的证明完成了。♡

角斗士（一）

Paula 和 Victor 各管理一组角斗士。Paula 的角斗士们的战力是 $p_1, p_2, \ldots, p_m$，Victor 的是 $v_1, v_2, \ldots, v_n$。角斗士一对一对决直至死亡，当战力分别为 x 和 y 的角斗士对决时，他们获胜的概率分别是 $x/(x+y)$ 和 $y/(x+y)$。此外，如果战力为 x 的角斗士获胜，他会收获信心，并继承对手的战力，使自己的战力提升到 $x + y$；同样，如果另一名角斗士获胜，他的战力会从 y 提升到 $x + y$。

每场比赛后，Paula 会从（她的队伍中还活着的）角斗士中选出一名，Victor 则必须选出他的一名角斗士来面对对方。获胜的是最后至少有一名选手存活的一组。

Victor 的最佳策略是什么? 例如, 如果 Paula 从她最好的角斗士开始, 那么 Victor 应该以强者还是弱者来应对?

解答: Victor 所有的策略都是同样好的。为了看清这一点, 把武力值想象成金钱。开始时 Paula 有 $P = p_1 + \cdots + p_m$ 美元, 维克托有 $V = v_1 + \cdots + v_n$ 美元。当武力值为 x 的角斗士击败武力值为 y 的角斗士时, 前者的队伍赢得 y 美元, 而后者的团队则失去 y 美元; 钱的总量始终保持不变。最终, 或者以 Paula 有 $P + V$ 美元而 Victor 有 0 美元结束, 或者相反。

关键的观察是, 每场决斗都是一个公平游戏。如果 Victor 让武力值为 x 的角斗士对阵武力值为 y 的角斗士, 那么他的期望经济收益为

$$\frac{x}{x+y} \cdot \$y + \frac{y}{x+y} \cdot (-\$x) = \$0.$$

因此, 整个比赛是一个公平的游戏, 可推出 Victor 在比赛结束时的期望持有值与他的起始持有值 V 美元相同。所以, 令 q 是 Victor 组获胜的概率, 我们有

$$q \cdot (\$P + \$V) + (1 - q) \cdot \$0 = \$V.$$

由此 $q = V/(P + V)$, 与比赛中任何人的策略无关。♡

这里有另一个更加组合性的证明。用有理数逼近并且通分, 我们可以假设所有的武力值都是整数。如果一个角斗士的初始武力值是 x, 就分配给他 x 个球, 然后所有的球被按照一个均匀随机的顺序竖直排成一排。当两个角斗士战斗时, 其最上面的球更高的那个获胜 (这种情况发生的概率为所需的 $x/(x + y)$), 而失败者的球归胜利者所有。

幸存下来的角斗士的新的球的集合在竖直的顺序中仍然是均匀随机分布的, 就好像他一开始就有所有这些球一样; 因此, 如我们所需要的, 每场比赛的结果是独立于以前的事件的。但无论采取何种策略, Victor 获胜当且仅当整个顺序中最上面的球是他的某个角斗士的; 这发生的概率为 $V/(P + V)$。

角斗士(二)

Paula 和 Victor 再次在罗马竞技场中对峙, 但这一次不再考虑信心的因素, 当角斗士获胜时, 他将保持以前的战力。

和先前一样, 每场比赛前, Paula 先选择参赛选手。Victor 的最佳策略是什么? 如果 Paula 以她最好的选手开局, Victor 应该派谁?

解答: 显然, 规则的变化使得这个游戏中对策略的考虑完全和前一个游

戏不一样——呃，是吗？不，再一次，策略对结果完全没有影响！

在这个游戏中，我们拿走一个角斗士的钱（和球），并把他变成一个灯泡。

数学家们理想的灯泡有以下性质：它的燃尽时间是完全非记忆化的。这意味着，知道这个灯泡已经燃烧了多长时间，对于预测它将继续燃烧多久完全没有帮助。

你可能知道，唯一具有这个性质的概率分布是指数分布；如果灯泡的期望（平均）寿命是 x，那么它在时间 t 仍在燃烧的概率是 $e^{-t/x}$。然而，这个谜题不需要用任何公式。你只需要知道非记忆化的概率分布是存在的。

给定两个期望寿命分别为 x 和 y 的灯泡，第一个灯泡比第二个灯泡寿命更长的概率为 $x/(x+y)$。想要不用微积分看清这一点，设想有一个灯具使用一个"x-灯泡"（平均寿命为 x）和一个"y-灯泡"；每次有一个灯泡烧坏时，我们用另一个与之相同类型的灯泡来替换它。当的确有一个灯泡烧坏时，它是 y-灯泡的概率是一个独立于过去的常数。但这个常数必须是 $x/(x+y)$，因为在很长一段时间内，我们将按照 $x:y$ 的比例来使用 y-灯泡和 x-灯泡。

回到罗马竞技场，我们想象两个角斗士的对决相当于打开他们相应的灯泡直到其中一个（失败者）燃尽，然后把获胜的那个关掉，直到他的下一场比赛；由于分布是无记忆的，胜者的武力值在其下一场比赛中是不变的。用灯泡代替角斗士可能会让观众不太满意，但这是一个有效的决斗模型。

在比赛中，Paula 和 Victor 在任何时候都有一个灯泡被点亮；赢家是总的（她/他的队伍中所有的角斗士/灯泡）点亮时间较长的人。由于这与点亮灯泡的顺序无关，所以 Victor 获胜的概率与策略无关。（注意：这个概率是一个比前一个游戏中更复杂的关于角斗士武力值的函数。）

更多磁性美元

我们回到磁性美元问题，但我们稍微增强一点它们的吸引力。

这次，无穷多个硬币依次被丢入两个瓮中。当瓮一有 x 个硬币、瓮二有 y 个硬币时，下一个硬币以 $x^{1.01}/(x^{1.01}+y^{1.01})$ 的概率落入瓮一，否则落入瓮二。

证明：在某个时刻之后，其中一个瓮将永远不会再获得更多的硬币！

解答：真正能简洁地证明有一个瓮能得到除了有限个之外的所有硬币的方法是使用那些连续的无记忆的等待时间，这在上一个谜题中被证明是非常有用的。

只看第一个瓮，假设它获得硬币的方式是在它的第 n 个硬币和第 $(n+1)$

个硬币之间平均等待 $1/n^{1.01}$ 小时，这里的等待时间是无记忆的。硬币在开始时会慢慢地、零星地到来，然后越来越快；由于数列 $\sum_{n=1}^{\infty} 1/n^{1.01}$ 是收敛的，这个瓮将在某个随机的时刻（通常是在这个过程开始后 4 天）爆发得到无限多的硬币。

现在假设我们同时启动两个这样的过程，每个瓮各一个。如果在某个时刻 t，第一个瓮里有 x 个硬币而第二个瓮里有 y 个，那么（正如我们在角斗士的灯泡那里看到的）下一个硬币进入第一个瓮的概率是

$$\frac{1/y^{1.01}}{1/x^{1.01} + 1/y^{1.01}} = \frac{x^{1.01}}{x^{1.01} + y^{1.01}},$$

恰好是我们想要的。从第一个瓮得到第 x 个硬币（或第二个瓮得到第 y 个硬币）到现在有多长时间完全不重要，因为这个过程是无记忆的。由此，这个加速的实验是忠实于我们的谜题的。

然而，你可以看到现在发生了什么；以 1 的概率，两个爆发时间是不同的。（为此你只需要知道我们的无记忆等待时间有一个连续分布。）但是实验在第一次爆发时就结束了，这时另一个瓮停在了它当时获得的有限个硬币上。♡

看上去是个有点可怕的实验，不是吗？慢的那个瓮永远无法完成，因为，实际上，时间结束了。

对于我们的定理，我们来看一个以惊人的频率出现的、被称为"停车函数"的组合对象。

设想有 n 个停车位 $1, 2, \ldots, n$（以这个顺序）标在一条单行道上。编号为 1 到 n 的汽车按一定顺序进入街道，每辆车都有一个首选的停车位（1 到 n 之间的随机数）。每辆汽车开到它首选的位置，如果是空的就停在那里；否则就停在其后的第一个空位。如果在被占的首选车位之后没有空位，这辆车就不能停下而必须离开街道；运气太好了！

我们想知道：所有 n 辆车都可以停下的概率是多少？

定理. 这些车到达的顺序无关紧要，也就是说，所有车是否能找到停车位只取决于他们的首选车位是什么。如果每辆车的首选车位是独立地均匀随机选取的，那么成功的概率为 $(n+1)^{n-1}/n^n$。

为 n 辆车分配首选车位的方法总数是 n^n；我们需要确定其中有多少种方法能让每辆车都找到一个车位。例如，如果每个人首选的是一个不同的车位，那一切都很顺利。或者，如果每个人都首选 1 号车位。但如果每个人都选 2 号车位，那就不行了。一般来说，如果有某个 k 使得少于 k 辆车想要从 1 到 k 之间的位置，我们就有麻烦了；稍加思考你会看到，如果没有这样的 k，那无论车的顺序如何，每辆车都能停下。

这件事的另一种说法：如果我们对首选车位 x_i 进行排序，使 $x_1 \leqslant x_2 \leqslant \ldots \leqslant x_n$，那么每个人都能得到停车位（在这种情况下，从 i 到 x_i 的映射被称为一个停车函数），其条件是对每个 i 有 $x_i \leqslant i$。（如果位置 i 最终被空着，那必定是想要车位 1 到 i 的车少于 i 辆。）这是一个很自然的数学条件；如果能知道它成立的概率就好了。

但事实上，为了证明定理我们不需要知道这个条件。

我们将情况变换一下，增加一个第 $n+1$ 号车位，并想象这些车位现在闭合起来形成一个圆。我们会让每辆车从 1 一直到 $n+1$ 中选择一个首选车位；每辆汽车依次前往其首选车位。然后，像先前一样，如果车位被占用，它就继续（比如说顺时针）绕圈，停在第一个空位上。

在这种情景下每辆车都会找到一个车位，最后会剩下一个空位。如果这个空车位恰好是第 $n+1$ 号位，那么首选车位的列表就会在原问题中成功使每辆车停下；否则，它就会失败。

现在我们利用圆的对称性：我们注意，如果所有车的选择都被向前移了 k（模 $n+1$），那么整个过程就会简单地从原来的位置顺时针旋转 k 个位置；因此，最后的空位也会向前移 k 格。

我们的结论是，最后的空位是第 $n+1$ 号位的概率是 $1/(n+1)$。在形成圆的情景中，分配首选车位的方法总数为 $(n+1)^n$，因此，好的分配方案的总数是 $(n+1)^n/(n+1) = (n+1)^{n-1}$。注意，当然在好的方案里不会有任何车首选的是第 $n+1$ 号位。

我们推出在原问题中成功的概率是 $(n+1)^{n-1}/n^n$。♡

这个概率有多大？对于大的 n，我们可以写

$$(n+1)^{n-1}/n^n = \left(1+\frac{1}{n}\right)^n /(n+1) \sim e/n.$$

举例来说，如果有 100 辆车，定理将成功的概率定在 2.678033494% 左右，接近 $e/100 \sim 2.718281828\%$。人们可以说，如果所有的车都能找到停车位，这是一个惊喜，但还谈不上运气爆表。

注释和来源

1. 开始计数

半生长: 发自瑞典查尔姆斯理工大学的 Jeff Steif。

二二二二: 经典。

西瓜: 改编自 Gary Antonick 的 *New York Times* "数字游戏"博客, 2012 年 11 月 7 日; 但这个谜题早在 1998 年 6 月/6 月的 *Kvant* 杂志上出现过, 由 I. F. Sharygin 提供。

一袋袋弹珠: 由罗德岛普罗维登斯市的病理学家 Dick Plotz 提供。

涨薪: 想法来自 Rouse Ball [9]。

高效的披萨切割: 2019 年 10 月 30 日, 由 Paul Zeitz 主持的 MoMath (国家数学博物馆) 一次活动的主题。

黑色星期五恐惧症患者请注意: 据我所知, 这个令人惊讶的事实是由 Bancroft Brown (和本书作者一样同为达特茅斯学院数学教授) 首先观察到的, 他在 *American Mathematical Monthly* 第 40 卷 (1933 年) 第 607 页发表了他的计算。让我知道这些的是我现在的同事 Dana Williams。

关于 13 号星期五迷信的起源通常可以追溯到法国国王腓力四世 (美男子腓力) 下令取缔圣殿骑士团的日子。

Williams 姐妹相遇: 另见 Hess [62]。

赛马评级: 由 TwoSigma 公司的 Saul Rosenthal 推荐。

在机场系鞋带: 是 Dick Hess 在 IPP35 (第 35 届国际谜题大会) 上告诉我的。

行和列: 这是个经典的定理, 简单而惊人; 加州大学戴维斯分校的一位数学教授 Dan Romik 提醒我想起了这个定理。Donald Knuth 在《计算机程序设计的艺术》的第三卷中将这个结果追溯到 1955 年由 Hermann Boerner 所著的一本书中的一个脚注。著名组合学家 Richard Stanley 的学生 Bridget Tenner 写了一篇题为"偏序集上的非混乱现象"(A Non-Messing-Up Phenomenon for Posets) 的论文来推广这一定理。

三方选举: 由以色列魏茨曼研究所的 Ehud Friedgut 构想。

排列数字: 从多年前的普特南竞赛中回忆起。

有缺陷的密码锁: 由达特茅斯学院的 Amit Chakrabarti 向我推荐; 这个问题曾被提供给 1988 年在东德举行的国际数学奥林匹克竞赛。给出的最优性证明（由 Amit 提供）并不完全适用将 8 换成 10 的情况, 而对于更大的数则完全失效。所以, 据我所知, 当锁上每个拨盘都有 n 个数时, 这个一般性的谜题仍未被解决。

输掉掷骰游戏: 大约 40 年前, 当我在埃默里大学为一门初级概率课程设计作业题时, 偶然发现了这个奇怪的事实。

分堆: 来自格拉斯哥思克莱德大学的 Einar Steingrimsson。

西北偏北: 原创。

早到的通勤者: 来自独一无二的 Martin Gardner。

交替连接: 来自首次伊比利亚美洲数学奥林匹克竞赛 [7]。

旋花和忍冬: 来自 Karthik Tadinada, 不过由我根据 Michael Flanders 和 Donald Swann 的一首令人愉快的悲喜剧歌曲重新改编。

定理: 我们关联到每个树的序列被称为这个树的 *Prüfer* 码 [92]。除了帮助我们证明定理, Prüfer 码还为我们提供了额外的信息。例如, 你很容易验证树的一个顶点的邻居数总是比它在编码中出现的次数多 1; 叶子根本不出现。由此我们可以推断, 当 n 很大时, 一个随机树的叶子数大约是 n/e, 也就是说, 大约 37% 的顶点是叶子。

2. 得到奇偶性

细菌繁殖: 基于 [68] 第 14 页的补充问题 C/4。

第四个角: 由 Paul Zeitz 提供给我。

全体正确的帽子: 一个经典问题的我的版本。

一半正确的帽子: 一个经典问题的我的版本。

排队的红帽子和黑帽子: 由贝尔实验室的 Girija Narlikar 转述给我, 她在一次聚会上听到这个问题。注意, 给定解法的一个类似方法适用于任何帽子颜色数 k。比如说, 颜色被分配从 0 到 $k-1$ 的数, 排在最后的囚徒猜测他前面的帽子颜色数之和模 k 后相应的颜色。和之前一样, 只要其他所有囚徒小心翼翼地作模运算, 他们都可以得救。

囚徒和手套: 由希伯来大学的博弈论专家 Sergiu Hart 推荐。

偶数和台球: 受 John Urschel 的专栏中一个问题的启发,

见 `theplayerstribune` 官网[1] 的/author/jurschel 目录。

变色龙： 阿肯色大学的代数学家 Boris Schein 发给我这个谜题；它可能很古老。有一次它被出给了哈尔科夫的一个八年级学生，另外有一次，它被出给了一位在一家大型金融公司面试的年轻哈佛毕业生；两个人都解决了这个问题。

缺席的数字： 摘自 2006 年春/秋季的 Elwyn Berlekamp 和 Joe Buhler 在 *Emissary* 杂志上的谜题专栏；他们是从数论学家 Hendrik Lenstra 那里听到它的。

拐角的减法： 我在高中的时候，一位数学代课老师告诉我们班，有个二战战俘尝试四个数字的不同序列来娱乐自己，看他能让这些数在上述运算下存活多久。这个（用四个数的）过程有时被称为差分盒或差盒。在实数中，有一个（本质上）唯一的永远不会终止的四元组 [12]。这个四元组是 $(0, 1, q(q-1), q)$，其中 q 是 $q^3 - q^2 - q - 1 = 0$ 的唯一实根，即

$$q = \frac{1}{3}\left(1 + \sqrt[3]{19 + 3\sqrt{33}} + \sqrt[3]{19 - 3\sqrt{33}}\right) \sim 1.8393,$$

从而 $q(q-1) \sim 1.5437$。值得注意的是，这个数也出现在本书另一道看似无关的谜题解答中。

联结闭环： 这是由明尼苏达州诺斯菲尔德的作家/数学家 Barry Cipra 创作的众多精妙谜题之一。

定理：[67] 提出猜想，在 1999 年 8 月庆祝 Danny Kleitman 65 岁生日的会议上，由 Noga Alon、Tom Bohman、Ron Holzman 和他自己证明 [2]。

3. 介值的数学

山脉之州的方框： 一个经典问题的我的版本。

山里有个和尚： 一个古老的问题。

切割项链： 由纽约市立大学巴鲁克学院的 Pablo Soberón 推荐。更多信息参见 [4]。

三根木棍： 2000 年莫斯科数学奥林匹克竞赛，问题 D4 [40]，由 A. V. Shapovalov 提供。

电子掷币的麻烦： 另见第 19 章 "全力以赴" 中的公平竞争。p 的实际值算

---

[1] 推荐用必应国际版搜索。——译者注

得 $\frac{1}{2} \pm \sqrt{\sqrt{\frac{2}{3}} - \frac{3}{4}}$。但你不一定要限制在三个人；对任意正整数 n，你可以在有界的投掷次数内对 n 人进行均匀随机的选择。Johan Wästlund 建议了如下方法。假设你有足够的力气抛掷 f 次。你将 2^f 个可能结果尽可能多地分配到 $n-1$ 个等价的集合中；剩余的每层最多有 $n-2$ 个，即，对每个 k，最多有 $n-2$ 个恰好 k 次正面的结果。现在可以像 $n=3$ 的情况那样使用介值定理，只要在 $p = \frac{1}{2}$ 时，剩余那些结果的总概率不超过 $\frac{1}{n}$。后者当 f 刚好超过 $2\log_2(n)$ 时成立——和信息论给出的下界只有 2 倍的差距。

金字塔上的虫子: 由谢里夫理工大学的 Kasra Alishahi 博士设计；由 Mahdi Saffari 发给我。

跳过一个数: 基于一个普特南竞赛问题（#A1, 2004 年），那里第一次出现了现在（在某些圈子里）很有名的 Shanille O'Keal。

分割多边形: 来自 20 世纪 90 年代的一次莫斯科数学奥林匹克竞赛。

收取水果: 由 Arseniy Akopyan 发给我；他是《图说几何》[1] 这本独特而令人愉快的书的作者。有两种水果的版本的两个解答中的第一个来自纽约城市大学 Baruch 学院的 Pablo Soberón。

定理: 自古以来大家都知道这个。

4. 图的学问

空游斯坦的航线: 2003 年莫斯科数学奥林匹克竞赛，问题 A5 [40]，由 R. M. Fedorov 提供。

立方体上的蜘蛛: 由佐治亚理工的 Matt Baker 发给我。

聚会上的握手: 经典。

蛇形游戏: 源自第十二届全苏联数学竞赛，1978 年，塔什干。

加固网格: 由康奈尔的几何学家 Bob Connelly 发给我，基于 [29]。

争夺程序员: 2011 年莫斯科数学奥林匹克竞赛。

哈德逊底部的电缆: 这是一个由 Martin Gardner 公布的谜题的变体，有时被称为 Graham-Knowlton 问题。对电工来说，这是"电线识别问题"。在 Gardner 的版本中，你可以在任一端将任何数量的线绑在一起，并在任意一端进行测试。我们的解决方案，出自 [99, 57]，满足了我们额外的约束条件，并且只涉及每一端的两次操作（因此过河三次，不包括额外的过河解开绳子以及可能实际使用这些电线）。然而，这个解决方案并不是唯一的，所以即使你

---

[1]《图说几何（第二版）》由高等教育出版社于 2018 年出版。——译者注

的三次过河方案和我们的不同，它也可能同样有效。

山里有两个和尚: 由伊利诺伊大学厄巴纳–香槟分校的 Yuliy Baryshnikov 向我提及。

最差路线: 从 [84] 中的一个谜题改编而成。如果房子的数量是奇数，距离就会有些影响: 邮递员会从中间的房子开始或结束，然后在大数字和小数字的房子之间走"之"字形，最后在离中间房子最近的房子处结束或开始。例子: 如果地址是 1, 2, 4, 8, 16，那么其中一条最大距离的路线就是 4, 8, 1, 16, 2。

定理: 证明中使用的切换奇数边和偶数边的想法被称为"交替路径法"，这是图论中的一个重要工具。

5. 代数也来了

球棒和棒球: 一个很古老的问题，你可以从那些价格上看出来!

两个跑步者: 出自 [62]。

围绕地球的带子: 来源不明，但 Lake Forest 学院的 Enrique Treviño 告诉我，有一个版本出现在 1702 年由 William Whiston 翻译的《几何原本》译本的注释中。

连续奇数个正面: 此谜题的一个变体被推荐给 20 世纪 80 年代早期的某次国际数学奥林匹克竞赛，但未被采用 (见 [68])。

跳来跳去: 由 IBM 的数学家 James B. Shearer 设计，该谜题出现在 IBM 的谜题网站"Ponder This"的 2007 年 4 月版中，见 IBM Research 官网[1] 的 /haifa/ponderthis/challenges/April2007.html 网页。

匹配面积和周长: 见 [75] 第 71 页的问题 176。

三个负数: 出自卡内基梅隆大学的 Mark Kantrowitz。

红边和黑边: 1998 年莫斯科数学奥林匹克竞赛的问题 C2 [39]，由 V. V. Proizvolov 提供。一个漂亮的非代数证明是将红线投影到正方形的左边缘。如果投影覆盖了整个左边缘，就完成了证明; 否则假设它会缺失一个区间 I。那样的话，每个与 I 的水平带相交的矩形都有一条水平边是红色的，所以将它们向下投影会覆盖正方形的底边。

复原多项式: 由里德学院的 Joe Buhler 发给我，他相信这个问题非常古老 (不过，也许没有德尔斐那么古老)。请注意，如果没有那个只能向神祇询问整数的限制，多项式可以在一步之内被确定，比如说询问 $x = \pi$。当然，神谕

---

[1] 推荐用必应国际版搜索。——译者注

还需要找到一种方法在有限时间内传递出 $p(\pi)$；如果她逐位给出这个数的十进制展开，那没有任何办法知道何时可以让她停下。

被子竞彩: 由高盛集团的 Howard Karloff 发给我。

赛程强度: 1997 年莫斯科数学奥林匹克竞赛的问题 C5 [39]，由 B. R. Frenkin 提供。

两个循环赛: 1997 年莫斯科数学奥林匹克竞赛的问题 B5 [39]，由 B. R. Frenkin 提供。

另类骰子: 这个问题很有名，以至于它的答案有一个名字："Sicherman 骰子"。1978 年，Martin Gardner 在《科学美国人》期刊上介绍到，纽约州水牛城的 George Sicherman 上校发现了它们。

定理: 我们描述的模型通常被称为"Galton - Watson 树"，它已经被 I. J. Bienaymé 独立研究过。

6. 安稳的数

损坏的 ATM 机: 1999 年莫斯科数学奥林匹克竞赛的问题 A4 [39]。这个谜题中隐藏着中国剩余定理的一种形式。

有限制的子集: 这个谜题的第一部分是已故的长期谜题专家 Sol Golomb（南加州大学）在第 7 次 Gardner 聚会（Gathering for Gardner）上提出的；第二部分由佐治亚理工学院的 Prasad Tetali 建议；第三部分是一个显然的变形。

从总和猜牌: 这一技巧是 Colm Mulcahy 的"Little Fibs"的一个版本。这两个解决方案在 Mulcahy 的书 [87] 的结尾部分中有描述，它们由克莱姆森大学的组合学家 Neil Calkin 提供。

整除游戏: 2003 年莫斯科数学奥林匹克竞赛的问题 A6 [40]，由 A. S. Chebotarev 提供。

素数测试: 1998 年莫斯科数学奥林匹克竞赛的问题 B1 [39]，由 A. K. Kovaldzhi 提供。

额头上的数字: 由普林斯顿大学的 Noga Alon 发给我。

高的和宽的矩形: 还有其他证明；例如，见 MIT Mathematics 官网 [1] 的 /~rstan/transparencies/tilings3.pdf 文件。

储物柜门: 经典。

阶乘巧合: 出自 [96]，由 IBM 的 Christof Schmalenbach 发给我。

---

[1] 推荐用必应国际版搜索。——译者注

均分: 将 n 换成 100, 这个谜题出现在 1970 年辛菲罗波尔举办的第四届全苏联数学竞赛中。它足够优美, 可以称为一个定理, 实际上它是 [37] 中的一个定理。

阶乘和平方: 这个谜题和解答都出自《程序员的数学导引》一书的作者 Jeremy Kun。由国家数学圈协会的 Diana White 传给我。(还有其他同样有效的方法得到答案。)

定理: 这可能要追溯到古希腊, 但对这一基本事实的证明在 21 世纪仍然会引起人们的兴趣; 例如, 见 [15]。

7. 小数定律

多米诺骨牌任务: 2004 年莫斯科数学奥林匹克竞赛的问题 A6 [40], 由 A. V. Shapovalov 提供。

旋转的开关: 这个谜题由马里兰大学的 Sasha Barg 传给我, 但似乎很多地方都知晓它。尽管没有固定的步数可以确保在三个开关的版本里将灯泡点亮, 但一个聪明的随机算法可以在平均不到 $5\frac{5}{7}$ 步内点亮灯泡, 无论对手采用什么策略来设置初始状态和转动平台。

蛋糕上的蜡烛: 2003 年莫斯科数学奥林匹克竞赛的问题 D4 [40], 由 G. R. Chelnokov 提供。有关类似的想法可参见下面的汽油危机。

丢失的登机牌: 我在第 5 次 Gardner 聚会上首次听到这个谜题; 这里的版本来自概率学家 Ander Holroyd。后来, 这个谜题因其出现在《汽车访谈》(*Car Talk*) 节目中而更受欢迎。

飞碟: Sergiu Hart 推荐的一个谜题的我的版本。

汽油危机: 这个谜题已经存在很长时间了, 例如可以在 [79] 中找到。

桌上的硬币: 这个有趣的谜题由计算机科学家 Guy Kindler 介绍给我, 当时我们都在访问普林斯顿高等研究院, 这是一段精彩的时光。

一排硬币: 这个谜题由数学家 Ehud Friedgut 传给我, 据称它被以色列的一家高科技公司用来测试应聘者。

平方根的幂: 想法源于 2007 年的第 29 届弗吉尼亚理工大学年度数学竞赛, 也来自 *Using Your Head is Permitted* 网站 2008 年 10 月的问题。

椰子经典: 这是一个经典、古老谜题的 "Williams 版本", 在原问题中猴子在早上得到第 6 个椰子。在原始版本中, 你需要最后的数模 5 余 1, 为此, 我们可以从 $5^6 - 4$ 而不是 $5^5 - 4$ 个椰子开始。最后会有 $5 \times 4^5 - 4 = 5116$ 个椰子, 每个人得到 1023 个, 猴子得到 1 个。

定理: 现在被称为"偶数个顶点的完全图的 1-分解",这样的构造至少在 1859 年就存在了 [94]。

8. 权重和均值

反转天平: 1968 年的第二届全苏联数学竞赛,列宁格勒。

有姐妹的人: 经典。

桌上的手表: 1976 年的第十届全苏联数学竞赛,杜尚别。

提升艺术价值: 原创。

等待正面: 或多或少是原创的。

找到一张 J: 想法来自雷曼兄弟公司的 Dexter Senft;出现在 Fred Mosteller 令人愉快的书 [86] 的第 40 题中。

两个平方之和: Ross Honsberger [64]。

递增的路线: 这个谜题及其优美的解答由希伯来大学的 Ehud Friedgut 传给我。在他的帮助下,谜题的来源被追溯到"Bundeswettbewerb Mathematik 1994"第二轮的第四题。Bundeswettbewerb 是两大古老的德国数学竞赛之一。

定理: 令人震惊的是,这个结果鲜为人知,建议把它纳入下一本新出的图论教材中!

9. 逆向思考的力量

巧克力排: 出自加州大学伯克利分校已故的 David Gale(尽管荷兰数学家 Frederik Schuh 早前已研究过一个大致相同的数论游戏)。

点格棋的变体: 来自达特茅斯学院的教授 Sergi Elizalde。

矩阵中的大对: 2011 年莫斯科奥林匹克竞赛;来自麻省理工学院的谜题专家 Tanya Khovanova 的博客,见 Tanya Khovanova 官网 [1]。

圆盘上的窃听器: 这个谜题由卡内基梅隆大学的数学教授 Alan Frieze 在学校的谜题网站上发布,见 CMU School of Computer Science 官网 [2] 的 /puzzle/solution26.pdf 文件;给出的证明由 George Wang 和 Leo Zhang 建议。

最大距离对: 来自 1957 年的普特南数学竞赛。

棋盘上的旅鼠: Kevin Purbhoo 在创作这个问题时是多伦多北方中学的高

---

[1] 推荐用必应国际版搜索。——译者注

[2] 推荐用必应国际版搜索。——译者注

中生。他现在在滑铁卢大学任教。

球面上的曲线: 由物理学家 Senya Shlosman 传给我,他是从 Alex Krasnoshel'skii 那里听到的。我们给出的是 Senya 的解答。不列颠哥伦比亚大学的 Omer Angel 有一个不同的证明,虽然不那么基础,但仍然非常简洁且有教育意义。

令 C 为我们的闭曲线,$\hat{C}$ 是它在三维空间中的凸包,也就是包含 C 的最小凸集。如果 C 不在任何半球里,那么 $\hat{C}$ 包含原点 0;否则,会有一个过原点的平面将 $\hat{C}$ 和原点隔开。由此,根据 Carathéodory 定理,C 中有四个点的某个凸组合为 0。换言之,以那四个点为顶点的四面体包含原点。

现在,沿着曲线连续地移动这四个点。当这些点会合时,它们的四面体将不再包含原点,所以,在这个过程中的某一时刻,原点在四面体的一个面上。确定那个面的三个点在一个大圆上,其中每对之间沿大圆的最短路径不含第三个点。因此,这三点的两两距离之和为 2π,但这是不可能的,因为它们都在 C 上。

操场上的士兵: 来自 1966 年的第六届全苏联数学竞赛,沃罗涅日。

交错幂: 发现于 *Emissary* 的 2004 年秋季刊上;见 [61]。证明来自哈佛大学的数学家和作曲家 Noam Elkies。

中点: 1998 年莫斯科数学奥林匹克竞赛的问题 B6 [39],由 V. V. Proizvolov 提供。

定理: 这个命题最早由 James Joseph Sylvester(可以说是首位离开欧洲前往美国的伟大数学家)在 1893 年提出。第一个给出证明的是匈牙利数学家 Tibor Gallai,但 L. M. Kelly 给出了简洁证明并发表于 1948 年 [28]。

10. 可能之极

在温网夺冠: 由 Dick Hess 推荐。

匹配生日: [86] 的第 32 个问题。你可能会想,即然答案 253 勉强成立,考虑一个或多个船友可能出生在 2 月 29 号,答案是否会提高到 254;事实的确如此。(这个谜题更广为人知的版本的答案是 23,不受影响。)如果你自己出生在 2 月 29 号,你需要查询 1013 个人才有可能找到一个生日相同的朋友。

硬币的另一面: 类似的计算表明,如果假设 Monty 在两扇门均可打开时随机选择一扇,你应该在著名的 "Monty Hall" 问题中更换门。

周二出生的男孩: 由喷气推进实验室(JPL)的 Thomas Starbird 创造,并由谜题设计师 Gary Foshee 在第 9 次 Gardner 聚会上发布。

谁的子弹?: 原创。

第二个 A: 启发自《Littlewood 数学随笔集》[1][82] 中的一个谜题。

直到有一个男孩: 经典, Martin Gardner 传播过它。

圆上的点: 由迈阿密大学的传奇组合学家 Richard Stanley 推荐。把 3 个点替换成 k 个点, 经过类似推理得到它们在同一个半圆上的概率为 $2k/2^k$。在高维空间中也可以考虑; 例如, 球面上四个随机点可以被一个半球包含的概率是 1/4。

比大小 (一): 据我所知, 这个问题源自斯坦福大学已故的、极富创造力的 Tom Cover。

比大小 (二): 出处未知。

有偏向的博彩: 原创。

主场优势: 原创。对某些计算的更快的方法, 可参见 [78]。

发球选项: 改编自作者 Hirokazu Iwasawa (Iwahiro) 和 Dick Hess 以及剑桥大学的 Geoffrey Grimmett 的独立建议。

谁赢了系列赛?: 这是我在第 11 次 Gardner 聚会上, 从在线杂志 QUANTA 的数学作家 Pradeep Mutalik 那里听到的。解答由我自己给出。

洗碗游戏: 出处未知。

随机的法官: [86] 的第 3 题。

连胜: [86] 的第 2 题, 由 Martin Gardner 在《科学美国人》的"数学游戏"专栏中推广。Gardner 对答案 ("不") 给出了一个 (正确的) 代数证明, 但同时也承认一个推理性的证明将会是有价值的, 他还提供了你最好先执黑的两个论点: (1) 你必须赢得关键的中间那局, 所以你希望在第二局执白; (2) 你必须执黑赢得一局, 所以你最好有两次机会可以做到这一点。事实上, 两个论点都不够有说服力, 即使合在一起也不是一个证明。

平分秋色: 原创 (尽管我在达特茅斯学院的同事 Peter Doyle 独立得到了类似结果)。

愤怒的棒球: 在作者题为"你脑海中的概率"的查尔斯河概率论讲座上, 由 Po-Shen Loh 推荐。Po-Shen 任教于卡内基梅隆大学, 并且是美国数学奥林匹克队的现任教练。

二分转换: 改编自 John Urschel 的专栏中的一个问题。John 是国家橄榄球联盟巴尔的摩乌鸦队的前首发后卫, 目前是麻省理工学院的数学博士生。

---

[1]《Littlewood 数学随笔集》由高等教育出版社于 2014 年出版。——译者注

随机弦: 这是我十几岁时从 Martin Gardner 的专栏中学到的一个经典悖论。

随机偏差: 由旧金山大学的 Paul Zeitz 向我提及。Paul 是旧金山证明学院的创始人，也是国家数学博物馆经常性的贡献者。

硬币测试: 原创。

硬币游戏: 这个游戏常被称作 "Penney Ante"，是对其发明者名字的双关语 [90]。Conway 的公式出现在 [52] 中；也参见 [41, 51]。$A \cdot B$ 这个量有时被称为 A 和 B 的 "相关性"，但我避免使用这个术语，因为它暗示 $A \cdot B = B \cdot A$，而这通常不是事实。

睡美人: 关于 Arntzenius 和 Dorr 的论证见 [8, 33]；更多的论证和参考文献可以在我的文章 [105] 中找到。

一路领先和定理: Bertrand 的原始论文 [16] 出现之后，Désiré André 给出一个漂亮的证明 [6]。

11. 有条不紊

今天没有双胞胎: 经典。

围成一圈的土著人: 1998 年莫斯科数学奥林匹克竞赛的问题 B3 [39]，由 B. R. Frenkin 提供。注意，只要说谎者的比例是 1/2，人类学家就可以从他们的答案中推导出这一点。

扑克速成: 由玛卡莱斯特学院的谜题专家 Stan Wagon 发给我，他是在 [47] 中看到的。

最少的斜率: 1993 年莫斯科数学奥林匹克竞赛的问题 D3 [39]，由 A. V. Andjans 提供。

两种不同的距离: 至少追溯到 Einhorn 和 Schoenberg [35]。

第一个奇数: 质数的版本由宾夕法尼亚大学已故的 Herb Wilf 告诉我。我听说它是由 Don Knuth 提出的。

用导火线测量: 有关导火线的谜题在几年前迅速地传播开来。休闲数学专家 Dick Hess 把它们编进了一本名为 *Shoelace Clock Puzzles* 的小书中；他最初是从哈佛大学的 Carl Morris 那里听到上述谜题的。(Hess 考虑了不同长度的多根导火线——他用的是鞋带，但只在两端点燃。)

国王的工资: 这个谜题由查尔姆斯理工大学的 Johan Wästlund 设计，灵感 (大概) 来自瑞典的历史事件。

装下斜杠: 从达特茅斯学院的 Vladimir Chernov 那里听到。惠普公司的研究员 Lyle Ramshaw 设计了 $n \times n$ 一般情况的方案, 但在写本书时, 我不知道对奇数 n 的最优解。见 [18]。

不间断的线: 由数学作家 Barry Cipra 设计, 灵感直接来源于已故的 Sol LeWitt 的作品。

不间断的曲线: 仍由 Cipra 设计, 但与 Sol LeWitt 不太相关。

Conway 的固定器: 这个谜题的作者不详, 但名字源于已故的 John Horton Conway 的说法, 他声称有一个解题者在椅子上被这个谜题困了六个小时。这里给出的第一个解答是由我的前博士生 Ewa Infeld 提出的; 第二个是由 Takashi Chiba 在回应一个日本的谜题专栏时给出的, 并由筑波大学的纯粹和应用科学研究院的 Ko Sakai 发给我。更多的解答见 [24]。

黄金七城: 由威廉姆斯学院的 Frank Morgan 提出的建议改编而来。

定理: 给出的唯一性证明是作者的, 但还有很多其他证明。Moser 图 (Moser Spindle, 由 William 和 Leo Moser 兄弟于 1961 年发现) 不能被顶点三染色而避免相邻顶点同色。因此, "单位距离图" (其顶点是平面上所有距离为 1 的相邻点) 的色数至少为 4。这个下界一直保持到 2018 年, 直到计算机科学家和生物学家 Aubrey de Grey 找到一个 1581 顶点的图, 将下界提高到 5。上界仍然为 7。

12. 鸽巢原理

鞋子、袜子和手套: 原创。

多面体的面: 1973 年莫斯科数学奥林匹克竞赛, 但当时的解答用了欧拉公式。

穿过网格的直线: 1996 年莫斯科数学奥林匹克竞赛的问题 C2 [39], 由 A. V. Shapovalov 提供。

相同总和的子集: 基于 1972 年国际数学奥林匹克竞赛的一个试题。似乎没有什么简单的方法来找到 Brad 的数的两个有相同和的不相交子集; 一个 10 元集的不相交子集对的个数是令人生畏的 $(3^{10} - 2 \cdot 2^{10} + 1)/2 = 28501$。事实上, 给定 n 个 (不一定不相同的) 数, 即使是确定是否可以把所有这些数分成两个有相同和的不相交集合的问题也是非常困难的; 它是 1970 左右出现的 "原始" 的 NP-完全问题之一。这意味着或许没有快速确定的方法。然而, 鸽巢原理告诉我们, 如果这 n 个数是 1 到 $2^n/n$ 之间的不同整数, 并且需要具有相同和的不相交子集 (不必是一个划分), 那么这个存在性问题的答案很简单——总是 "是"!

格点和线段: 出处不详; 最有可能出自某次莫斯科数学奥林匹克竞赛。

加法、乘法和编组: 2000 年莫斯科数学奥林匹克竞赛的问题 B2 [40], 由 S. A. Shestakov 提供。

按高度排队: 这个定理首先出现于 [38]。

升序和降序: 1998 年莫斯科数学奥林匹克竞赛的问题 C6 [39], 由 A. Ya. Kanel-Belov 和 V. N. Latyshev 提供。

0 和 1: 最终的想法是已故的 David Gale 告诉我的。

同和骰子: 由南加州大学的 David Kempe 告诉我。类似的结果可以在著名数学家 Persi Diaconis、Ron Graham 和 Bernd Sturmfels 所写的论文 [31] 中找到。佛蒙特大学的 Greg Warrington 指出: 这个谜题 (以及证明) 对 m 个 n 面骰子和 n 个 m 面骰子仍然适用。

零和向量: 由普林斯顿大学的 Noga Alon 发给我。这个问题是 1996 年莫斯科数学奥林匹克竞赛的问题 D6 [39]。这个谜题的陈述至少在两个意义上是 "紧" 的。首先, 如果原始表漏掉了 2^n 个 $\{-1, +1\}$ 向量中的任何一个, 结论就不成立——即使其他向量可以任意出现多次! 例如, 假设 $n = 5$, 并且缺失的向量是 $y = \langle +1, +1, +1, -1, -1 \rangle$。对于所有其他向量, 把前三个分量上的所有 $+1$ 改成 0, 把后两个坐标上的所有 -1 改成 0。由于其中没有 y, 零向量不会出现在更改后的向量中; 任何更改后向量的和都将在前三个分量上有一个负数, 或者在后两个分量上有一个正数, 或者两者都有。

其次, 正如数学家和黑客 Bill Gosper 所指出的, 对任意 n, 有办法改变这些向量使得只有对整个列表求和才能得到零向量。我们把对这一事实的验证留给读者。

定理: 事实上, 对无理数 r, $\{nr\}$ 不仅稠密, 而且是明显 (并且有用地) 均匀间隔的。粗略地说, 如果你让 n 取遍从 1 到某个大的数, $\{nr\}$ 出现在 $[0, 1)$ 的某个子区间的比例将接近该子区间的长度。这一观察在被称为 "差异理论" 的数学分支中是基本的, [11] 是关于该理论的一份精彩文献。

13. 请提供信息

寻找伪币: 经典; 由 Robert DeDomenico 推荐。David Gontier 在已故伟大物理学家 Freeman Dyson 于 1946 年发表的一篇论文 [34] 中找到了一个证明。

我在国家数学博物馆的 "隔离时的心智挑战" 上发布这个谜题后, 订阅者 Markus Schmidmeier 指出这个问题有非适应性的解决方案, 例如 (用被编号的硬币) 1, 2, 3, 4 对 5, 6, 7, 8; 1, 2, 9, 10 对 3, 4, 8, 11; 以及 1, 3, 5, 9 对 2, 6, 10, 12。

另一位订阅者 Bob Henderson 指出，这个解答还允许你判断出没有伪币的情况——在这种情况下，所有的称量结果都是平衡的。

路口的三个土著: Martin Gardner 和 Raymond Smullyan 等人研究并推广过这类谜题；这个特定版本由两位数学物理学家 Vladas Sidoravicius 和 Senya Shlosman 告知。

阁楼里的灯: 经典问题，但随着白炽灯从人们记忆中消失，这个问题正在被淡忘。顺便提一句，如果有足够的耐心，你可以把解答推广到五个开关：提前一两年打开开关 E，使得有第五种可能的状态——"烧坏"！

比赛方和胜者: 由加州大学圣迭戈分校的 Alon Orlitsky 设计并传给我。

另一张牌: 这个戏法最早出现于 1950 年左右 Wallace Lee 的《数学奇迹》一书中，他在书中将它的发明归功于小 William Fitch Cheney，也被称为 "Fitch"。另见 [69, 87]。

偷看的优势: 是职业赌手 Jeff Norman 引起了我的注意。在一次德州扑克发牌前，他有机会对 "翻牌颜色" 以远高于 100 美元的额度下注，在决定押哪种颜色之前，他被允许偷看自己的一张底牌。

偏差测试: 原创。文中提到的定理由 Gheorghe Zbăganu 证明 [22, 109]。

出点镇记: 经典问题。沃达丰的一位经理和密码专家 Steve Babbage 指出，如果点镇的居民开始担心某次自杀不是因为知道自己点的颜色——或许是因为某些点镇人 "在如此荒唐的环境中生活的压力下最终崩溃了" ——那么在某些情况下，镇上的其他人可能还会在陌生人的干扰中幸存下来。

巴士上的对话: John H. Conway 的作品。Tanya Khovanova 发表在 `arXiv:` `1210.5460` 的一篇论文中有几种变体。

匹配硬币: 纽约大学柯朗研究所的 Oded Regev 让我注意到这个谜题。在 [56] 中，作者证明，使用这个方案更精巧的版本，Sonny 和 Cher 可以得到任意接近比例 x 的成功次数，其中 x 是方程

$$-x \log_2 x - (1 - x) \log_2(1 - x) + (1 - x) \log_2 3 = 1$$

的唯一解，大约是 0.8016，但他们不能做得更好。并且，无论硬币是随机的还是对手安排的，这都适用。

两位警长: 这个谜题是在 [10] 中被设计和提出的，它提供了一个简单的例子，说明共享信息但没有公共秘密的双方如何在一个开放信道上建立一个共同的秘密，以便用来进行秘密通信。

定理: 准确地说，对密码的研究称为密码学（cryptology），它分为设计密

码（cryptography）和破解密码（cryptanalysis）。在实践中，"cryptography"常常被用来涵盖整个领域。[65] 提供了一个特别有趣的资源。

14. 非凡的期望

盲猜出价: 发自耶路撒冷大学的 Maya Bar Hillel。

掷出所有数字: 经典。

意大利面条圈: 经典。

乒乓球比赛: 改编自 2017 年 2 月 28 日 MoMath Masters 中的一个问题。MoMath Masters 是国家数学博物馆举办的年度谜题竞赛。

摸袜子: 由圣何塞州立大学的 Yan Zhang 推荐。

随机交集: 由马萨诸塞大学洛厄尔分校的 Jim Propp 发现并证明。不过，这里给出的避免微积分的"证明"不能归罪于他。

草率的轮盘赌: [86] 问题 7 的我的版本。

一个迷人的游戏: [86] 的问题 6。我们的证明显示了，如果你的数出现两次的回报不是 2 美元而是 3 美元，并且出现三次的回报不是 3 美元而是 5 美元，那么这个游戏是公平的。

赌下一张牌: 我从印第安纳大学的概率学家 Russ Lyons 那里听到这个问题，他是从 Yuval Peres 那里听到的，而 Yuval 则是从 Sergiu Hart 那里听到的；不过这个问题明显回溯到 Tom Cover 的一篇论文 [25]。如果最初的 1 美元资金不是任意可分的，而是由 100 个不可分的美分构成，事情则会变得复杂得多，而结果是 Victor 会少赚一美元。一个动态规划程序（由加利福尼亚大学圣迭戈分校现任教授 Ioana Dumitriu 编写）表明最优玩法确保最后得到 8.08 美元。警告: 在"100 美分"游戏中，你需要比连续的版本略微保守一些；如果你总是押最接近你当前资金 $(b-r)/(b+r)$ 比例的美分数，那么你可能会在半副牌之内破产。

重要的候选人: 由加州大学伯克利分校的概率学家 David Aldous 设计，他受启发于预测市场以及 2012 年共和党总统候选人的提名过程。

掷出一个 6: 由麻省理工学院的概率学家 Elchanon Mossel 设计并告诉我，他把这个问题想成一个简单问题，留给本科学概率的学生，然后意识到答案不是 3。这里给出的解答来自本书的作者。

随机场景中的餐巾: 已故的、伟大的 John Horton Conway 在一次数学会议的宴会上当场提出了这个问题，圆桌、咖啡杯以及餐巾纸就如问题所述。

停车费引发的轮盘赌: 来自 Dick Hess，受到 Bill Cutler 所写一篇注记的启发。它在 [63] 中被称为"车票轮盘赌"。这里我们假设了桌上同时有一个"0"和一个"00",不过同样的方法在只有一个 0 的蒙特卡罗中也是最优的。

Buffon 投针: Ramaley 的文章 [93]。

遮住污渍: 由 Naoki Inaba 设计,并由 Iwasawa Hirokazu(又名 Iwahiro)发给我;两人都是多产的谜题作者。平面上总能被不相交的开盘覆盖的实际最大点数现在还是未知(见 [5]);令人尴尬的是,目前的最好结果是 12 个点总能被覆盖,而 42 个点不行。我猜?是 25。

种族和距离: 由概率学家 Ander Holroyd 发给我,他从 Russ Lyons 那里听到这个问题。这里的情景设置是一个真实的小镇,我最后一次查看时,它还是相当均匀地一分为二。

粉刷栅栏: 来自 Elwyn Berlekamp 和 Joe P. Buhler 在 *Emissary* 2017 年春季刊的谜题专栏,由 Paul Cuff 提供,他记得这个问题来自 Tom Cover 在斯坦福的一次研讨会。

加满杯子: 经典。

定理: 关于(更多的)概率方法,向读者强烈推荐 [3]。

15. 精彩的归纳

IHOP : 好吧,我知道"IHOP"并不是"归纳假设"(induction hypothesis)的缩写。[1]我以前的一位博士生 Lizz Moseman 早先有一位数学教师曾用过这个缩写,Lizz 和我都觉得这样写是难以抗拒的。

一致的单位距离: 在(现在已经停办的)*Mathematical Spectrum* 期刊上登出,并由英国温彻斯特公学的 David Seal 在 1973–1974 年第六卷第二期中解决。你可能已经注意到,我们构造的集合 S_n 看上去就是一个 n 维超立方体在平面上的投影。

更换高管座位: 2002 年莫斯科数学奥林匹克竞赛的问题 C4 [40],由 A. V. Shapovalov 提供。

奇数个灯的开关: 1995 年莫斯科数学奥林匹克的问题 C6 [39],由 A. Ya. Kanel-Belov 提供。用线性代数也可以给出一个证明。

真正的平分: 这个谜题由 Muthu Muthukrishnan 推荐,他是从杰出的计算机科学家 Bob Tarjan 那里听到的。

---

[1]IHOP(International House of Pancakes)是美国的一家连锁餐馆,其早餐煎饼很有名。——译者注

无重复字符串: 1993 年莫斯科数学奥林匹克竞赛的问题 A5 [39]，由 A. V. Spivak 提供。

小青蛙: 1999 年莫斯科数学奥林匹克竞赛的问题 D4 [39]，由 A. I. Bufetov 提供。请注意，这里给出的证明提供了一个相当有效的方案。由于一个半径为单位边长 $\sqrt{2}$ 倍（从而相对大正方形面积为 $2\pi/2^{2n}$）的圆形空地必定包含一个单元，小青蛙能在仅仅 $\left\lfloor \frac{1}{2}\log_2(2\pi/A) \right\rfloor$ 次呱呱之后被引导到一个面积为 A 的圆内。

守护画廊: 这个问题（把 11 换成一般的 n）由已故的 Victor Klee 提出，他是位卓越的几何学家，职业生涯大多时间在华盛顿大学度过，其解答由组合学家 Václav Chvátal 给出。本书中优美的证明由 Steve Fisk 发现 [45]。

穿过小区的路径: 1999 年莫斯科数学奥林匹克竞赛的问题 D5 [39]，由 N. L. Chernyatyev 提供。请注意，在一个手机网络中的单元一般会构成一个平面图，但本结果并不需要这个条件。

利润与亏损: 这个谜题改编自一个 1977 年国际数学奥林匹克竞赛的试题，由一位越南的命题者提供。感谢 Titu Andreescu 告诉我这件事。这里给出的解答由我自己提供；把它推广到 x 和 y 的最大公约数 $\gcd(x, y)$ 不是 1 的情况，对勤劳的读者来说并不困难。结果是 $f(x, y) = x + y - 1 - \gcd(x, y)$。

烘焙店的标准: 这道优美的谜题源自俄罗斯的一次竞赛并出现在 [97] 中。这里给出的论证同样适用于所有权重都是有理数的情况，因为我们可以改变单位使得所有权重成为整数。但如果权重是无理数怎么办？把实数集 $\mathbb{R}$ 看成有理数域 $\mathbb{Q}$ 上的一个线性空间，令 V 是由这些硬面包圈的权重生成的（有限维）子空间。令 α 为 V 的一组基中的任意元素，设 q_i 为第 i 个硬面包圈的权重用这组基表示时 α 的有理系数。现在，和有理数权重情况同样的论证表明所有 q_i 必须为 0，但这是一个矛盾，因为那样的话 α 一开始就不在 V 中。

分数求和: 来自 1969 年第三届全苏联数学竞赛，基辅。

用 L 平铺: 由耶鲁大学的 Rick Kenyon 告诉我，他是一位随机平铺的专家。

旅行商: 来自 1977 年第十一届全苏联数学竞赛，塔林；感谢英特尔公司的 Barukh Ziv 发给我预期的解答。这里给出的解答由我和不列颠哥伦比亚大学的 Bruce Shepherd 给出；Boussard & Gavaudan 资产管理公司的 Emmanuel Boussard 发给了我另一个漂亮的解答。

瘸腿车: Rustam Sadykov 和 Alexander Shapovalov 为 1998 年的奥林匹克竞赛创作了这一谜题，Rustam 把它告诉了我。我喜欢陈述结尾处那个出人意料的问题！另附两点说明: (1) 可以使用 Pick 定理进行非归纳证明；(2) 在仙灵棋中，这个瘸腿车被称为 "wazir"。

定理：关于 Ramsey 理论的一个很好的资源是 [58]。

16. 空间之旅

简单的蛋糕切割： 在 [53] 中，Martin Gardner 认为这个谜题出自 Coxeter。这里给出的解答适用于任何正多边形以及任何三角形，只要你从内心处开始切割。

漆立方体： 这个谜题及其解答都是 Paul Zeitz 告诉我的。

土豆上的曲线： 由 Dick Hess 发给我，他是从 Dieter Gebhardt 那里听到的；出现在 [14] 中。

多面体涂色： 由 Emina Soljanin（曾在贝尔实验室担任杰出技术人员，现任职于罗格斯大学）告诉我。

封住检查井： 经典。

三维空间中的平板： 来自早期的普特南竞赛。

四条线上的虫子： 这个谜题由佐治亚理工的 Matt Baker 发给我。有时候它被称为"四旅行者问题"，出现在 "Interactive Mathematics Miscellany and Puzzles" 官网[1] 上。

圆形阴影二： 出自 1971 年的第五届全苏联数学竞赛，里加。

盒子里的盒子： 由维多利亚大学的 Anthony Quas 听到并告诉我。解答来自西北大学的 Isaac Kornfeld 教授；Kornfeld 多年前在莫斯科对这个谜题就有耳闻。Marc Massar 和康奈尔大学的 Mike Todd 都发给了我其他非常漂亮的解答。Mike 的解答用了向量和三角不等式，而 Marc 的解答基于对 $a \times b \times c$ 盒子的观察，$(a+b+c)^2$ 等于盒子的表面积加上其对角线长度的平方。

空间中的角度： 在一次访问麻省理工学院时我被问及这个谜题，而且被难住了。事实上，这个问题在一段时间内（从 1940 年代后期开始）是一个悬而未决的问题，由 Paul Erdős 和 Victor Klee 提出，后来在 1962 年被 George Danzig 和 Branko Grünbaum 解决。

更久没有被解决的问题是，n 维空间中只产生严格锐角的最大点数，在很长一段时间里我们只知道它在 $2n-1$ 和 2^n-1 之间。直到最近 [54] 证明了你可以往上界去一半：有一个大小为 $2^{n-1}+1$ 的点集只产生严格的锐角。

曲线和三个影子： 这个问题是数论学家 Hendrik Lenstra 在听说 Oskar van

---

[1]推荐用必应国际版搜索。——译者注

Deventer 的 "Oskar 魔方" 谜题后提出的。在这个谜题中，三根垂直相交的木棍穿过立方体的面，每一个在面上切出一个迷宫。由于迷宫不能有圈而致使某一块掉下来，所以我们不清楚这个谜题是否可以设计成让木棍的交点在空间中走出一个回路。

定理: **Monge** 圆定理及其著名的球面证明，最早是由佐治亚理工的 Dana Randall 向我提及的。证明中的漏洞是由南卡罗来纳北部大学的计算机系教授 Jerome Lewis 指出的。

17. Nim 数和 Hamming 码

生活是一碗樱桃: 这是个古老的游戏；对游戏的分析至少可以追溯到 1935 年 [98]。

生活不是一碗樱桃吗?: 有关这一谜题及前一谜题更多的有趣内容见 [13]。

Whim 版 Nim: 由 John H. Conway 设计，他简单地称其为 "Whim"。

有选项的帽子: 这个谜题可溯源到 Todd Ebert（现在在加州州立大学长滩分校）1998 年在加州大学圣芭芭拉分校的博士论文。它也是 Sara Robinson 于 2001 年 4 月 10 日在《纽约时报》所写的题为 "为什么数学家们现在关心他们帽子的颜色" 的标题（见 California State University-Long Beach 官网 [1] 的 /~tebert/hatProblem/nyTimes.htm 网页）。$n = 5$ 时，大小为 7 的 1-半径覆盖码摘自 [21]。

棋盘猜测: 出自 [81] 并由该书的作者之一 Anany Levitin 发给我。

超过半数的帽子: 由 Counterwave 公司的 Thane Plambeck 发布。查尔姆斯理工大学的 Johan Wästlund 贡献了许多见解，以及动态规划程序及其结果。Wästlund 指出，这个结果可以应用在某个 "负责任的" 赌场里，在那里你事先买好所有的筹码，并获得现金回报，这样你不能用赢来的钱继续赌博从而陷进去。假设你买了 100 个筹码，用于在公平的硬币抛掷中以平等赔率进行赌博，这个动态规划程序能最大化你赢钱的概率。（是的，如果你只买了 99 个筹码，会更好一些。）但有时候，人们在超过半数的帽子问题上做得比在 "负责任的赌场" 里更好；在计算机的帮助下，Wästlund 现在有一个方案，可以把 100 名囚徒的多数概率推到 1156660500373338319469/1180591620717411303424，大约为 97.9729552603863%。

---

[1] 推荐用必应国际版搜索。——译者注

15 比特和间谍: 由当时在微软研究院、现任匈牙利科学院院长的 László Lovász 告诉我。Laci 不清楚它出自何处。

定理: 一个很好的关于纠错码的资料来源是 [91]。

18. 无限潜能

阵列中的符号: 经典。我们没有被问及这个过程会持续多久, 但用以下事实: (1) 每条线最多只需要翻转一次; (2) 翻转某个方案中没有翻过的线会得到相同的结果, 你可以推出, 在最多 $\lfloor (m+n)/2 \rfloor$ 次翻转后就可以使所有的和非负。

摆正煎饼: 2000 年莫斯科数学奥林匹克竞赛, 问题 A5 [40], 由 A. V. Shapovalov 提供。

掰开巧克力: 我很想知道谁首先提出了这个问题。

红点和蓝点: 出自 1960 年代的一次普特南竞赛。税务专家 Carl Giffels 发给了我另一个很好的解答。断言: 任何没有三点共线的 n 个红点和 n 个蓝点, 都可以被一条直线分成两部分, 使得在直线任一侧的红点和蓝点数量相同。为了证明这一点, 取一个不在这 $2n$ 个点的任两点连线上的点 P。过 P 画一条直线, 并慢慢将它绕 P 旋转。这条线可能在开始时 (比如说) 在右侧的红点比蓝点多, 但在 180° 之后则会相反; 因此, 在某个时刻其 "右侧" (从而左侧也是) 的红蓝点数相等。现在, 每个半平面可以以相同方式进一步分割 (这次是通过一条出发于前面那条线上某处的射线), 而被分出的每一部分仍旧可以类似地分割, 直到每个区域只包含一个红点和一个蓝点。连接那些点对的线段不会相交。

如纽约城市大学巴鲁克学院的 Pablo Soberón 向我指出的, 这个谜题的结论在高维空间也成立。在三维中, 你有红、蓝、绿三种颜色的 n 个点, 没有三点共线或四点共面。你想要的是不相交的、连接三向匹配的三角形, 通过火腿三明治定理 (又称 Stone-Tukey 定理) 的归纳法即可实现。如果 n 是偶数, 用定理找到一个不过任何给定点的平面, 然后对每个半空间应用定理。如果 n 是奇数, 它将穿过每种颜色的一个点, 你可以把这个三角形和归纳假设提供的那些三角形一起使用。

平面上的细菌: 由菲尔兹奖得主 Maxim Kontsevich 提出的一个谜题的变体 (见 [39], 第 110 页)。

半平面上的棋子: [13] 第二卷中的一个问题的变体; 据我所知, 该问题最初是由其中第二位作者 Conway 发明的。在他的问题中, 不允许进行对角线跳跃；人们可以很容易把一个棋子跳到直线 $y = 4$ 上，但一个类似的论证表明，不可能达到更高的位置。

回到我的变体，Dieter Rautenbach 写信告诉我，一位名叫 Niko Klewinghaus 的暑期学校学生证明了可以将一个棋子跳到八个单位那么高，并且这是最大的可能值。

正方形里的棋子： 这个谜题是 1993 年国际数学奥林匹克竞赛的一个试题的一部分，有很多种解法。这里给出的证明是由苏黎世联邦理工学院的 Benny Sudakov 传给我的。在奥林匹克竞赛中，参赛者被要求准确确定对哪些 n，正方形是可以减少到一枚棋子的——当场完成它是相当有挑战性的！

一年级分组： 由耶路撒冷希伯来大学的数学家 Ori Gurel-Gurevich 传给作者。Gurel-Gurevich 是从他的战友 Alon Amit 那里听到这个问题的，但谜题的起源可能早得多。问题的推广见 [46]。

感染棋盘： 这个谜题似乎起源于以前苏联的某地，然后传播到匈牙利，Spencer 在那里听说了这个谜题。它的推广引出了一个由 Béla Bollobás [17] 在 1968 年开启的名为"自举渗滤"（bootstrap percolation）的全新领域。

易受影响的思想家： 由芝加哥大学的 Sasha Razborov 向我建议；他告诉我这个问题曾被提交给国际数学奥林匹克，但被认为太难而拒绝。它在 [55] 中被提出并解决。

这个谜题可以有相当多的推广，例如，可以给顶点加权（意味着有些公民的意见比另一些的更受重视），允许循环（公民也会考虑自己当前的意见），允许打破僵局机制，甚至可以考虑不同的意见转换的阈值。

棋盘上的框： 发自希伯来大学的 Ehud Friedgut，是以色列青少年数学竞赛中出现的一个问题的变体。在竞赛中，框的大小是 3×3 和 4×4，一个计数证明可以表明你不能达到所有的颜色状态。关键是框被使用的顺序是无关紧要的；你只需要知道放 4×4 的 5^2 种方式和放 3×3 的 6^2 种方式中哪些被用到了。这样总共有 $2^{25} \times 2^{36} = 2^{61}$ 种可以尝试得到颜色状态的方法；这是不够的。然而，对 Friedgut 的修改，我们需要更精细的证明，比如本书给出的这个。

多面体上的虫子： 在 Anton Klyachko 的一篇论文 [70] 中提出。

直线上的虫子： 这里的分析是 2003 年在阿尔伯塔省班夫镇的初等研究院举行的一次会议上，由 Ander Holroyd（当时在英属哥伦比亚大学）和 Jim Propp 完成的。Propp 提议用虫子来确定性地模拟一个在非负整数上的随机游走，其中每一步向左的概率为 1/3，向右的概率为 2/3。在这样一个游走中，一个给定的虫子等概率地从左边掉下或往右走向无穷远；如我们所见，这个确定性的模型在最初的几趟走过之后呈现严格的交替。这个论证可以推广到其他随机游走上。

反转五边形: 这个现在已经非常著名的谜题首先由 Andy Liu 向我提及，它是 1986 年在波兰举办的国际数学奥林匹克竞赛的第三题。美国选手 Joseph Keane 凭借"连续顶点集"的解答获得特别奖。

挑选体育委员会: 由我在达特茅斯学院的同事、计算机系的 Deeparnab Chakrabarty 带给我。他在一篇研究论文中需要更一般的结论（3 换成任意整数 k）。最近，Iwasawa Hirokazu 对结论做了进一步的推广。

保加利亚单人纸牌游戏: 见 [1]。当筹码数不是三角形数时，你最后会进入循环：一个三角的形状，额外的筹码沿着多出的对角线移位。

定理：关于无限情形的更多内容，见 [85]。

19. 全力以赴

电话: 我不记得多年前从谁那里第一次听到这个了。

过河: 出现在中世纪的拉丁文手稿 *Propositiones ad Acuendos Juvenes*（使年轻人头脑灵敏的问题）中，被认为是来自约克的博学家 Alcuin（735-804）写的。

田间的洒水器: 1996 年莫斯科数学奥林匹克竞赛，问题 A3 [39]，由 I. F. Sharygin 提供。

公平竞争: 西方学院的 Tamás Lengyel 让我想起这个问题。更多的改进是可能的，[88] 展示了如何从这个过程中挤出最后一滴油水，最大限度地减少获得决定的期望抛掷次数，无论硬币正面朝上的概率是多少。从各种受损的随机源中提取无偏随机比特的问题在计算理论中具有重要意义，也是近年来许多研究论文和重大突破的主题。

寻找缺失的数: 对那些手脚灵活但不擅长加法的人来说，一个替代解决方案是，用手指和脚趾来分别记录在个位和十位哪些数字出现了奇数次。

识别多数: [44] 中描述了我们给出的算法。

乱放的多米诺骨牌: 原创，但受到 [83] 中问题 429 的启发。

牢不可破的多米诺覆盖: 发自航天工程师 Bob Henderson。

装满一只桶: 由达特茅斯大学的博士生 Grant Molnar 传给我。这个谜题由 Caleb Stanford 创作，并出现在 2017 年的犹他数学奥林匹克竞赛中。注意，如果这些桶的容量是 k 而不是 2，你依旧可以成功——但是需要很多桶和很多时间，因为数列 $1 + 1/3 + 1/5 + \dots$ 需要指数级的项数才能达到 k。（用 7 个桶可以解决 2 加仑的情况，但是对 $k = 3$，你已经需要 43 个桶和相当多的时间了。）

网格上的多边形： 2000 年莫斯科数学奥林匹克竞赛，问题 C3 [40]，由 Gregory Galperin 提供，他目前在东伊利诺伊大学。

一个灯泡的房间： 我从 Adam Chalcraft 那里听到这个问题，他曾代表英国参加独轮车曲棍球的国际比赛。这个谜题也曾出现在 IBM 的谜题网站上，并被加州伯克利数学科学研究所通讯《使者》（*Emissary*）转载。2003 年，它的一个版本甚至出现在著名的公共广播节目《汽车访谈》（*Car Talk*）中。

与此密切相关但更具挑战性的是谜题*两个灯泡的房间*，其条件类似，但有第二个灯泡，但是所有囚徒必须使用相同的协议。[43] 中提出了一个被称为"跷跷板协议"的优雅解决方案。

和与差： 来自 1971 年在里加举办的第五届全苏联数学竞赛。这里的论证适用于大于 3 的任何奇数个数；对于偶数来说可以更快地得到矛盾。然而，有一个由三个数组成的集合，其中没有任何一对满足谜题的条件：$\{1, 2, 3\}$！

篱笆、女人和狗： 由哈佛 McCarroll 实验室的数学家 Giulio Genovese 向我提及。尽管囚徒的策略在速度比为 1 ：4 的情况下已经足够好，但还可以被改进。

克莱普托邦的爱情： 数学家 Ingrid Daubechies 和 Rob Calderbank 的女儿 Caroline Calderbank 传给了我这个谜题。

设计糟糕的时钟： 由波士顿地区的软件工程师 Andy Latto 在第四届 Gardner 聚会上提出。只要有足够的耐心，它可以用代数或几何来解决；这里的证明是印第安纳大学的数学教授 Michael Larsen 提供给 Andy 的。使用第三根指针（而不是第二个时钟）的想法是 David Gale 告诉我的。

蠕虫和水： 由多伦多大学的概率学家 Balint Virag 告诉我。

生成有理数： 来自 1979 年在第比利斯举办的第十三届全苏联数学竞赛。

有趣的骰子： 非传递性的（或者叫"不传递的"）骰子集已经存在了很长时间；近期的一篇文章 [23] 表明，其实随机设计的一组骰子通常会有这个性质。

分享披萨： 由 Daniel E. Brown 在 1996 年设计，这个谜题广受关注的部分原因是本作者关于 Alice 总能得到至少 4/9 披萨的猜想——这被两组人独立验证 [20, 72]。

盒子里的名字： 这个谜题的历史很短，但很吸引人。它由丹麦计算机科学家 Peter Bro Miltersen 设计，一个版本出现在他和 Anna Gal 的获奖论文 [48]

中。但 Miltersen 并不觉得有什么解决办法，直到同事 Sven Skyum 在午餐时给他指出了一个。这个谜题通过量子计算专家 Dorit Aharonov 传给了我。

最近，Eugene Curtin 和 Max Warshauer [30] 证明，给出的解决方案无法再被改进。

Lambert Bright 和 Rory Larson，以及麻省理工学院的 Richard Stanley 独立提出以下变体。假设每个囚徒必须在 50 个盒子里寻找，并且存活的条件是每个囚徒都没有找到自己的名字。尽管目标与之前截然相反，但囚犯们似乎只能采取完全相同的策略，没有更好的办法。但在这里，只有当每个圈有大于 50 个盒子时他们才能存活，这只能在只有一个大圈的时候发生——他们的机会恰好是 1/100。虽然不是很好，但远远好于 $1/2^{100}$。甚至当每个囚徒被要求在 99 个盒子里寻找时，他们也可以做得一样好——同样，他们使用那个策略并且仅在随机置换只有一个大圈时获胜。在这种情况下，很明显没有更好的策略，因为第一个囚徒不管怎么做都只有 1% 的概率避开他自己的名字。神奇的是，按照这个策略，如果第一个囚徒成功，那其他囚徒也将自动成功。

救命的换位： 由 Piotr Krason 通过 Kiran Kedlaya 发送给《使者》。

自表数： 由概率学家 Ander Holroyd 设计并告诉我。

定理：1899 年出自 Georg Alexander Pick。它有许多证明；这里给出的是几个证明的混合体。

20. 物理世界

旋转硬币： 另一个由 Martin Gardner 普及的经典。

天上的馅饼： 原创（但当然，我可能是第一百万个想到这个问题的人）。

返回式击球： 2004 年莫斯科数学奥林匹克竞赛，问题 B3 [40]，由 A. Ya. Kanel-Belov 提供。

跌落的蚂蚁： 据我所知，这个谜题的首次发表是在哈维·穆德学院 Francis Su 的"数学趣事"网络专栏中；Francis 记得这个谜题是在欧洲听一个名叫 Felix Vardy 却无法找到的人说起的。随后这个谜题出现在 2003 年春/秋季的《信使》杂志中。特拉维夫大学的前院长 Dan Amir 在《信使》上看到这个谜题，并将其提交给 Noga Alon，后者将它带到了普林斯顿高等研究院；我是在 2003 年底从高等研究院的 Avi Wigderson 那里第一次听到这个谜题。

圆上的蚂蚁： Elwyn Berlekamp 和我一起想出这个谜题（但当然也许有其他人想过这个——如我们看到的，把线合成一个圈是非常有用的）。

球面和四边形： 由 Tanya Khovanova 告诉我这个谜题，她在博客里将其列入"coffin puzzles"（棺材谜题）中。这些谜题的解答很简单，但很难找到，尤其是对于参加计时考试的人来说。据 Tanya 和其他人说，这类谜题在苏联被用来防止"不受欢迎的"人进入好学校。

两个球和一堵墙: 由 Dick Hess 和 Gary Antonick 在第 11 次 Gardner 聚会上传播，基于 Gregory Galperin 在 [49] 中的一个发现。

定理: 由 Yuval Peres 向我提及。

21. 来自未来

肖像: 至少可以追溯到 G. H. Knight 在 1872 年提交给牛津大学期刊的一道谜题，[71] 第 240 页。

三方对决: 经典问题，[86] 中的问题 20。悉尼麦考瑞大学的 Gerry Myerson 令人信服地向我提出 Bob 也需要放空枪的论点。

测试鸵鸟蛋: 发自 Tamás Lengyel，它是 [73] 的问题 #166。

两叠煎饼: 由马里兰大学的 Bill Gasarch 告诉我，这个谜题出现在 1978 年于塔什干举行的第 12 届全苏数学奥林匹克竞赛中。

中国版 Nim: 也被称为 Wythoff 游戏，在 1907 年 [106] 中提出。

翻转骰子: 越战期间，在美国本土的一家酒吧里，一个美国海军高级军官想和我玩这个游戏来赌酒钱。我拒绝了，但当然分析了这个游戏，以便为下次再发生这样的事做好准备——也许幸运的是，这种场合未再发生过。

绝望的游戏: 由我的博士生 Rachel Esselstein 告诉我，这个谜题出现在 1999 年的第 28 届美国数学奥林匹克竞赛中。另见 [42]。

确定性扑克: 摘自《科学美国人》期刊早期的 Martin Gardner "数学游戏"专栏。

用实数诈唬: 出处未知。

瑞典彩票: 这个彩票的好点子由（瑞典哥德堡）查尔姆斯理工大学的 Olle Häggström 告诉我。我在一组二十个左右的学生中试过几次；有两次的中奖号码是 6。

角上的棋子: 由哥本哈根大学的计算机理论家 Mikkel Thorup 告诉我，他是从 Assaf Naor（目前在普林斯顿）那里听到的，后者则是从耶路撒冷希伯来大学的几个研究生那里得知这个问题的。

小岛之旅: 在卡内基梅隆大学的"谜题蟾蜍"的网页上看到，也出现在 [50] 中。

Fibonacci 倍数: 由 Richard Stanley 告诉我。

圆上的灯泡: 源自 1993 年国际数学奥林匹克竞赛。谜题行家 Tom Verhoeff 告诉我,应用线性反馈位移寄存器的理论,他确定了灯泡首次恢复全亮的时刻是 $t = 181, 080, 508, 308, 501, 851, 221, 811, 810, 889$,这远大于以秒计的宇宙年龄。请看他的演示 [102]。

清空一只桶: 出自 1971 年在里加举办的第五届全苏数学奥林匹克竞赛。这个谜题(不包含那些桶)在 1993 年的普特南竞赛中再次出现,我是通过当时在微软研究院的 Christian Borgs 了解到的。这里给出的解答是我提供的,不过瑞典乌普萨拉大学的 Svante Janson 和宾州州立大学的 Garth Payne 也各自独立发现了一个优美的数论解答。

冰激凌蛋糕: 由法国研究生 Thierry Mora 告诉我,他是从其预备学校教师 Thomas Lafforgue 那里听到这个问题的;Stan Wagon 告诉我,它出自某次莫斯科数学奥林匹克竞赛(如果你已经读注释和来源到这里,应该不会感到意外。)这个谜题原本还涉及第二个角度,表示每次切割之间的蛋糕数量;雄心勃勃的读者可以验证,使所有糖衣回到顶部仍然只需要有限次操作。不过,如我们这里描述的谜题(第二个角度是 0)已经很令人惊讶且具有挑战性了。

飞蛾之旅: 由 Richard Stanley 向我推荐。三十年以前,在亚特兰大的一家中餐馆,Laci Lovász 和我 [80] 证明,除了完全图之外,圈是唯一具有下面良好性质的图:除了起点之外的任何顶点等概率地是一个随机游走最后访问的点。

理事会减员: 原创。一个类似的涉及海盗和金币的谜题有大量的叙述复杂的版本,但在我看来,那个谜题的关键部分可以不用金币来完成。

定理: 这一奇妙事实(在另一个背景下)被 Rayleigh 爵士以及之后(也可能是之前)很多人观察到。一个不错的现代文献是 [95]。这个谜题有时被称为 "Beatty 问题"——以 Samuel Beatty(1881 — 1970)的名字命名,曾作为问题 3117 出现在 1927 年 *American Mathematical Monthly* 第 34 期的第 159 页上,并在 1959 年 11 月 21 日举办的第 20 届普特南竞赛中再次出现。

22. 眼见为实

渡轮相遇: 出自 19 世纪的法国数学家 Edouard Lucas。

数学书虫: 来自 Martin Gardner。

滚动铅笔: 我已故的同事 Laurie Snell 用这个谜题把我给骗了,它出现在 [104] 中。

分割六边形: 来自 Tanya Khovanova 的博客。

圆形阴影一: 1997 年莫斯科数学奥林匹克竞赛, 问题 C1 [39], 由 A. Ya. Kanel-Belov 提供。

被困在稠密国: 2000 年莫斯科数学奥林匹克竞赛, 问题 D6 [40], 由 A. Ya. Kanel-Belov 提供。

多边形中点: 发自 Barukh Ziv, 他在 I. M. Yaglom 的书 [107] 中发现这个谜题。这里给出的解答属于 Ziv。顺便说一下, 如果你不关心自相交的多边形, 注意平面上任意有限个点可以视为一个非自相交多边形的顶点: 只要在你的点集凸包内选一点 C, 然后绕 C 沿顺时针顺序连接你的点。

不要烤焦的布朗尼: 由布朗大学的 Michael Littman 告诉我, 此谜题由他和计算机科学家 David McAllester 设计。

保护雕像: 2001 年莫斯科数学奥林匹克竞赛, 问题 C2 [40], 由 V. A. Kleptsyn 提供。

粘贴金字塔: 我们给出的论证有时被称为 "小帐篷" 解法, 它出现在 Steven Young 1982 年的一篇文章 [108] 中。在那次 PSAT (初步学术评估测试) 搞砸之后, 教育考试服务中心成立了一个专家组来审查他们的数学能力测试的考题, 本书作者也在其中。

摇摇欲坠的画: 由 Giulio Genovese 提供, 他在欧洲不止一个渠道听到这个谜题。

寻找矩形: 发自 Yan Zhang。

平铺多边形: 发自 Dana Randall。

十字形平铺: 发自 Senya Schlosman。

立方体魔术: Gregory Galperin 提醒我, 这个谜题曾出现在 Martin Gardner 专栏中。如果一个多面体可以在其中做一条直的通道, 足够让一个与其相同的多面体通过 (从而可以扩大到通过一个更大的复制体), 那么称其具有 "Rupert" 性质。据称, 正方体的情况最终由莱茵的 Rupert 亲王在 17 世纪末证明。到目前为止, 已知有 9 种阿基米德多面体具有 Rupert 性质, 最后一个是最近在 [77] 中增加的。

空间中的圆: 由哈维·穆德学院的理论计算机学家 Nick Pippenger 告诉我; 这里给出的构造出自斯德哥尔摩大学的 Andrzej Szulkin [100]。正如 Johan Wästlund 向我指出的那样, 这个问题和其他一些平铺问题也可以用第 23 章 "**直线的双重覆盖**" 中的超限归纳法解决。

隐秘的角落: 1995 年莫斯科数学奥林匹克竞赛, 问题 D7 [39], 由 A. I. Galochkin 提供。

定理: 这个经典定理在 [89] 中作为"卡利松问题" [1] 出现。

23. 无尽的选择

帽子与无穷:（据我所知）此谜题是由 Yuval Gabay 和 Michael O'Connor 在康奈尔大学读研究生时设计的；其解答已经隐含在堪萨斯大学 Fred Galvin 的工作中。随后 Christopher Hardin（史密斯学院）和 Alan D. Taylor（联合学院）将其纳入他们的文章 [60]。Stan Wagon 将其写成了玛卡莱斯特学院的"本周问题"；Harvey Friedman（俄亥俄州立大学）、Hendrik Lenstra（莱顿大学）和 Joe Buhler（里德学院）对这个谜题及下一版本提出了更多很好的意见。他们中的最后一位和佐治亚理工学院的 Matt Baker（分别）把这个谜题告诉了我。

全对或全错: 和上述*帽子与无穷*的历史类似。"全都猜绿色"的解答是由圣·诺伯特大学的 Teena Carroll 向我建议的。

直线的双重覆盖: 发自 Senya Shlosman，他不知道其出处。

疯狂的猜测: 发自 Sergiu Hart。

指数叠指数: 由我和大学同学 Gerald Folland 在 1964 年观察得到，后者现在是华盛顿大学的教授。

寻找机器人: 由 Barukh Ziv 建议。上面的谜题提到的列举有理数的好方法可以在 [19] 中找到。

平面上的 8: 一个老问题。我有一次听到它是德克萨斯大学已故拓扑学家 Robert Lee Moore 的作品。

平面上的 Y: 由三届美国数学奥林匹克竞赛冠军得主、俄亥俄州立大学的 Randy Dougherty 提供。

定理: 在大多数关于图论的初级书籍中可以找到。

24. 惊人的变换

击落 15: 此谜题在 [13] 的第二卷中被提及，它被认为是 E. Pericoloso Sporgersi 的作品。然而，非常可疑的是，这个"名字"也出现在意大利的火车上，用以警告乘客不要探出窗外。

切开立方体: 经典。

做最坏的打算: 由 Richard Stanley 推荐。

---

[1] The Problem of the Calissons，其中 Calisson 源于意大利，后来成为法国普罗旺斯的传统杏仁甜点，形状类似菱形。——译者注

下一张牌是红的: 在 [27] 中有关于这个游戏的讨论。关于我们证明的修改版让我想起 1967 年 3 月 30 日在 *Harvard Lampoon* [1]中描述的一个游戏——出于讽刺目的。那一期被称为"人们玩数字的游戏",那个游戏似乎是由 D. C. Kenney 和 D. C. K. McClelland 创作的。该游戏被称为"赦免与救赎的伟大游戏",它要求玩家通过掷骰子在一个类似强手游戏的棋盘上移动,直到每个人都落在标有"死亡"的格子上。那么谁会赢呢? 好的,在游戏开始时,你会从"宿命牌堆"中拿到一张面朝下的牌。游戏结束时,你翻开那张牌,如果上面写着"该死",你就输了。

磁性美元: 概率学家称此谜题中的机制为波利亚瓮(Pólya urn),以已故的 George Pólya 的名字命名,他是斯坦福大学的一名匈牙利裔教授,因数学解题的著作而闻名。

整数矩形: 我们的证明是 Stan Wagon 令人愉快的文章 [103] 中 14 个证明的第 8 个,那里还有更多!

激光枪: 由 Giulio Genovese 向我提及,他从 Enrico Le Donne 那里得知这个问题;他们将其追溯到 1990 年在圣彼得堡举办的数学奥林匹克竞赛。这个谜题引发了一些更一般的研究;例如,见 [76] 以及 Keith Burns 和 Eugene Gutkin 的工作。

随机区间: 这个问题有一段奇异的历史。我和一位同事(约翰霍普金斯大学的 Ed Scheinerman)需要知道它的答案,以便计算一个随机区间图的直径,我们起初计算出的渐近答案为 2/3。随后,通过一大堆复杂的积分,我们发现对任意(大于等于 2 的)区间个数,有一个区间和其他所有区间相交的概率正好是 2/3。这里给出的组合证明是由当时在埃默里大学修我的一门研究生阅读课程的 Joyce Justicz 发现的。

感染立方体: 这个构造归功于加州理工学院的 Matt Cook 和 Erik Winfree,他们的同事 Len Schulman 证明了这一方法的有效性。

角斗士(一): 我有一个理论,认为版本一的"信心"条件是有人试图从公平游戏解法中重构版本二时想到的。版本一的第二个证明来自伦敦经济学院的 Graham Brightwell。

角斗士(二): 来自 [66]。

更多磁性美元: 这个波利亚瓮的变体是由纽约大学的 Joel Spencer 和他的学生 Roberto Oliveira 提出并解决的。

---

[1]创办于 1876 年的哈佛本科生幽默刊物。——译者注

定理: 由 Richard Stanley 推荐（作为一个谜题）。这里给出的证明来自贝尔实验室的 Henry Pollak，他现在在哥伦比亚大学教师学院。这个定理最初由 Konheim 和 Weiss [74] 提出并证明。

参考文献

[1] Ethan Akin and Morton Davis, Bulgarian solitaire, *Amer. Math. Monthly* **92** #4 (1985), 310–330.

[2] Noga Alon, Tom Bohman, Ron Holzman, and Daniel J. Kleitman, On partitions of discrete boxes, *Discrete Math.*, **257** #2–3 (28 November 2002), 255–258.

[3] Noga Alon and Joel H. Spencer, *The Probabilistic Method*, Fourth Edition, Wiley Series in Discrete Mathematics and Optimization, Hoboken, NJ, 2015.

[4] Noga Alon and D. B. West, The Borsuk-Ulam theorem and bisection of necklaces, *Proc. Amer. Math. Soc.* **98** #4 (December 1986), 623–628.

[5] Greg Aloupis, Robert A. Hearn, Hirokazu Iwasawa, and Ryuhei Uehara, Covering points with disjoint unit disks, *24th Canadian Conference on Computational Geometry*, Charlottetown, PEI (2012).

[6] D. André, Solution directe du problème résolu par M. Bertrand, *Comptes Rendus de l'Académie des Sciences Paris* **105** (1887), 436–437.

[7] Titu Andreescu and Zuming Feng, eds., *Mathematical Olympiads*, MAA Press, Washington DC, 2000.

[8] Frank Arntzenius, Some problems for conditionalization and reflection, *J. Philos.* **100** #7 (2003), 356–370.

[9] W. W. Rouse Ball, *Mathematical Recreations and Essays*, Macmillan & Co., London, 1892.

[10] D. Beaver, S. Haber, and P. Winkler, On the isolation of a common secret, in *The Mathematics of Paul Erdős* Vol. II, R. L. Graham and J. Nešetřil, eds., Springer-Verlag, Berlin, 1996, 121–135. (Reprinted and updated in 2013.)

[11] József Beck and William W. Chen, *Irregularities of Distribution*, Cambridge University Press, Cambridge, UK, 1987.

[12] Antonio Behn, Christopher Kribs-Zaleta, and Vadim Ponomarenko, The convergence of difference boxes, *Amer. Math. Monthly* **112** #5 (May 2005), 426–439.

[13] Elwyn R. Berlekamp, John H. Conway, and Richard K. Guy, *Winning Ways for Your Mathematical Plays*, Volumes 1–4, Taylor & Francis, Abingdon-on-Thames, UK, 2003.

[14] E. R. Berlekamp and T. Rodgers, eds., *The Mathemagician and Pied Puzzler*, AK Peters, Natick, MA, 1999.

[15] Geoffrey C. Berresford, A simpler proof of a well-known fact, *Amer. Math. Monthly* **115** #6 (June–July 2008), 524.

[16] J. Bertrand, Solution d'un problème, *Comptes Rendus de l'Académie des Sciences, Paris* **105** (1887), 369.

[17] B. Bollobás, Weakly *k*-saturated graphs, *Beiträge zur Graphentheorie* (Kolloquium, Manebach, May 1967), 25–31. Teubner-Verlag, Leipzig, 1968.

[18] Peter Boyland, Ivan Roth, Gabriella Pintér, István Laukó, Jon E. Schoenfield, and Stephen Wasielewski, Non-intersecting diagonals in an array, *J. Integer Seq.* **20** (2017), Article 17.2.4, 1–24.

[19] Neil Calkin and Herbert Wilf, Recounting the rationals, *Amer. Math. Monthly* **107** #4 (2000), 360–363.

[20] J. Cibulka, J. Kynčl, V. Mészáros, R. Stolař, and P. Valtr, Solution of Peter Winkler's pizza problem, in *Fete of Combinatorics and Computer Science*, Bolyai Society Mathematical Studies **20** (2010), János Bolyai Mathematical Society and Springer-Verlag, Berlin, 63–93.

[21] G. Cohen, I. Honkala, S. Litsyn, and A. Lobstein, *Covering Codes*, North-Holland, Amsterdam, 1997.

[22] Joel E. Cohen, Johannes H. B. Kemperman, and Gheorghe H. Zbăganu, Elementary inequalities that involve two nonnegative vectors or functions, *Proc. Natl. Acad. Sci. USA* **101** #42 (October 19 2004), 15018–15022.

[23] Brian Conrey, James Gabbard, Katie Grant, Andrew Liu, and Kent Morrison, Intransitive dice, *Math. Mag.* **89** #2 (April 2016), 133–143.

[24] J. H. Conway and B. Heuer, All solutions to the immobilizer problem, *Math. Intell.* **36** (2014), 78–86. doi:10.1007/s00283-014-9503-z.

[25] Thomas M. Cover, Universal Gambling Schemes and the Complexity Measures of Kolmogorov and Chaitin, Technical Report No. 12, October 14, 1974, Dept. of Statistics, Stanford University, Standford, CA.

[26] T. M. Cover, Pick the largest number, in *Open Problems in Communication and Computation*, T. Cover and B. Gopinath, eds., Springer Verlag, Berlin, 1987, 152.

[27] T. Cover and J. Thomas, *Elements of Information Theory*, Wiley, Hoboken, NJ, 1991.

[28] H. S. M. Coxeter, A problem of collinear points, *Amer. Math. Monthly* **55** #1 (1948), 26–28.

[29] Henry Crapo and Ethan Bolker, Bracing rectangular frameworks I, *SIAM J. Applied Math.* **36** #3 (June 1979), 473–490.

[30] Eugene Curtin and Max Warshauer, The locker puzzle, *Math. Intell.* **28** #1 (2006), 28–31.

[31] P. Diaconis, R. L. Graham, and B. Sturmfels, Primitive partition identities, in Volume II of *Paul Erdős is 80*, János Bolyai Society, Budapest, 1986.

[32] D. Djukić, V. Janković, I. Matić, and N. Petrović, *The IMO Compendium*, Second Edition, Springer, New York, 2011.

[33] Cian Dorr, Sleeping beauty: In defence of Elga, *Analysis* **62** (2002), 292–296.

[34] F. J. Dyson, The problem of the pennies, *The Mathematical Gazette* **30** #291 (October 1946), 231–234.

[35] Sheldon J. Einhorn and I. J. Schoenberg, On Euclidean sets having only two distances between points II, *Indagationes Mathematicae* (Proceedings) **69** (1966), 489–504.

[36] A. Engel, *Problem-Solving Strategies*, Springer, New York, 1998.

[37] P. Erdős, A. Ginzburg, and A. Ziv, Theorem in the additive number theory, *Bull. Res. Council of Israel* **10F** (1961), 41–43.

[38] P. Erdős and G. Szekeres, A combinatorial problem in geometry, *Compos. Math.* **2** (1935), 463–470.

[39] R. Fedorov, A. Belov, A. Kovaldzhi, and I. Yashchenko, eds., *Moscow Mathematical Olympiads, 1993–1999*, MSRI/AMS 2011.

[40] R. Fedorov, A. Belov, A. Kovaldzhi, and I. Yashchenko, eds., *Moscow Mathematical Olympiads, 2000–2005*, MSRI/AMS 2011.

[41] D. Felix, Optimal Penney Ante strategy via correlation polynomial identities, *The Electron. J. Comb.* **13** #R35 (2006), 1–15.

[42] Thomas S. Ferguson, *A Course in Game Theory*, World Scientific, Singapore, 2020. `doi:10.1142/10634`.

[43] M. J. Fischer, S. Moran, S. Rudich, and G. Taubenfeld, The wakeup problem, *Proc. 22nd Symp. on the Theory of Computing*, Baltimore, MD, May 1990.

[44] M. J. Fischer and S. L. Salzberg, Finding a majority among n votes, *Journal of Algorithms* **3** #4 (December 1989), 362–380.

[45] Steve Fisk, A short proof of Chvátal's watchman theorem, *J. Comb. Theory B* **24** (1978), 374.

[46] M. L. Fredman, D. J. Kleitman, and P. Winkler, Generalization of a puzzle involving set partitions, *Barrycades and Septoku; Papers in Honor of Martin Gardner and Tom Rodgers*, Thane Plambeck and Tomas Rokicki, eds., AMA/MAA Spectrum Vol. 100, MAA Press, Providence, RI, 2020, 125–129.

[47] Aaron Friedland, *Puzzles in Math and Logic*, Dover, Mineola, NY, 1971.

[48] Anna Gál and Peter Bro Miltersen, The cell probe complexity of succinct data structures, *Proc. International Colloquium on Automata, Languages and Programming (ICALP 2003)*, Eindhoven, The Netherlands, Jos C. M. Baeten et al., eds., Lecture Notes in Computer Science 2719, Springer-Verlag, Berlin.

[49] G. A. Galperin, Playing pool with π: The number π from a billiard point of view, *Regul. Chaotic Dyn.* **8** (2003), 375–394.

[50] G. A. Galperin and A. K. Tolpygo, *Moscow Mathematical Olympiads*, Moscow, Prosveshchenie, 1986.

[51] Martin Gardner, *The Colossal Book of Short Puzzles and Problems*, W. W. Norton & Co., New York, NY, 2006.

[52] Martin Gardner, On the paradoxical situations that arise from nontransitive relations, *Sci. Am.* **231** #4 (October 1974), 120–125.

[53] Martin Gardner, *Time Travel and Other Mathematical Bewilderments*, W. H. Freeman and Company, New York, NY, 1988. ISBN 0-7167-1925-8.

[54] Balász Gerencsér and Viktor Harangi, Too acute to be true: The story of acute sets, *Amer. Math. Monthly* **126** #10 (December 2019), 905–914.

[55] E. Goles and J. Olivos, Periodic behavior of generalized threshold functions, *Discrete Math.* **30** (1980), 187–189.

[56] Olivier Gossner, Penélope Hernández, and Abraham Neyman, Optimal use of communication resources, *Econometrica* **74** #6 (November 2006), 1603–1636.

[57] N. Goyal, S. Lodha, and S. Muthukrishnan, The Graham-Knowlton problem revisited, *Theory of Computing Systems* **39** #3 (2006), 399–412.

[58] Ronald L. Graham, Bruce L. Rothschild, and Joel H. Spencer, *Ramsey Theory*, Second Edition, Wiley Series in Discrete Mathematics and Optimization, Hoboken, NJ, 2013.

[59] L. J. Guibas and A. M. Odlyzko, String overlaps, pattern matching, and nontransitive games, *J. Comb. Theory Ser. A* **30** (1981), 183–208.

[60] Christopher S. Hardin and Alan D. Taylor, A peculiar connection between the axiom of choice and predicting the future, *Amer. Math. Monthly* **115** #2 (2008), 91–96.

[61] G. H. Hardy, On certain oscillating series, *Q. J. Math.* **38** (1907), 269–288.

[62] Dick Hess, *Golf on the Moon*, Dover, Mineola, NY, 2014.

[63] Dick Hess, *The Population Explosion and Other Mathematical Puzzles*, World Scientific, Singapore, 2016. `doi:10.1142/9886`.

[64] Ross Honsberger, *Ingenuity in Mathematics*, New Mathematical Library Series **23**, Mathematical Association of America, Providence, RI, 1970.

[65] David Kahn, *The Codebreakers*, Scribner & Sons, New York, 1967 and 1996.

[66] K. S. Kaminsky, E. M. Luks, and P. I. Nelson, Strategy, nontransitive dominance and the exponential distribution, *Austral. J. Statist.* **26** #2 (1984), 111–118.

[67] K. A. Kearns and E. W. Kiss, Finite algrebras of finite complexity, *Discrete Math.* **207** (1999), 89–135.

[68] Murray Klamkin, *International Mathematical Olympiads 1979–1985*, Mathematical Association of America, Providence, RI, 1986.

[69] Michael Kleber, The best card trick, *Math. Intell.* **24** #1 (Winter 2002), 9–11.

[70] Anton Klyachko, A funny property of sphere and equations over groups, *Commun. in Algebra* **21** #7 (1993), 2555–2575.

[71] G. H. Knight, in *Notes and Queries, Oxford Journals (Firm)*, Oxford U. Press, Oxford, UK, 1872.

[72] K. Knauer, P. Micek, and T. Ueckerdt, How to eat 4/9 of a pizza, *Discrete Mathematics* **311** #16 (2011), 1635–1645.

[73] Joseph D. E. Konhauser, Dan Velleman, and Stan Wagon, *Which Way Did the Bicycle Go?*, Cambridge University Press, 1996.

[74] Alan G. Konheim and Benjamin Weiss, An occupancy discipline and applications, *SIAM J. Appl. Math.* **14** #6 (November 1966), 1266–1274.

[75] Boris Kordemsky, *The Moscow Puzzles*, Charles Scribner's Sons, New York, 1971.

[76] J.-F. Lafont and B. Schmidt, Blocking light in compact Riemannian manifolds, *Geom. Topol.* **11** (2007), 867–887.

[77] Gerárd Lavau, The truncated tetrahedron is Rupert, *Amer. Math. Monthly* **126** #10 (2019), 929–932.

[78] Tamas Lengyel, A combinatorial identity and the world series, *SIAM Rev.* **35** #2 (June 1993), 294–297.

[79] László Lovász, *Combinatorial Problems and Exercises*, North Holland, Amsterdam, 1979.

[80] L. Lovász and P. Winkler, A note on the last new vertex visited by a random walk, *J. Graph Theory* **17** #5 (November 1993), 593–596.

[81] Anany Levitin and Maria Levitin, *Algorithmic Puzzles*, Oxford University Press, Oxford, UK, 2011.

[82] J. E. Littlewood, The dilemma of probability theory, in *Littlewood's Miscellany*, Béla Bollobás, ed., Cambridge University Press, Cambridge, UK, 1986.

[83] A. Liu and B. Shawyer, eds., *Problems from Murray Klamkin, The Canadian Collection*, MAA Problem Book Series, MAA Press, Providence, RI, 2009.

[84] Chris Maslanka and Steve Tribe, *The Official Sherlock Puzzle Book*, Woodland Books, Salt Lake City, UT, 2018. ISBN 978-1-4521-7314-6.

[85] E. C. Milner and S. Shelah, Graphs with no unfriendly partitions, in *A Tribute to Paul Erdős*, A. Baker et al., eds., Cambridge University Press, Cambridge, UK, 1990, 373–384.

[86] Frederick Mosteller, *Fifty Challenging Problems in Probability*, Addison-Wesley, Boston MA, 1965.

[87] Colm Mulcahy, *Mathematical Card Magic: Fifty-Two New Effects*, CRC Press, Boca Raton, FL, 2013. ISBN: 978-14-6650-976-4.

[88] Şerban Nacu and Yuval Peres, Fast simulation of new coins from old, *Ann. Appl. Probab.* **15** #1A (2005), 93–115.

[89] Roger B. Nelsen, *Proofs Without Words*, Mathematical Association of America, Providence, RI, 1993.

[90] W. Penney, Problem: Penney-ante, *J. Recreat. Math.* **2** (1969), 241.

[91] Vera Pless, *Introduction to the Theory of Error-Correcting Codes*, John Wiley & Sons, Hoboken, NJ, 1982.

[92] H. Prüfer, Neuer Beweis eines Satzes über Permutationen, *Arch. Math. Phys.* **27** (1918), 742–744.

[93] T. F. Ramaley, Buffon's noodle problem, *Amer. Math. Monthly* **76** #8 (October 1969), 916–918.

[94] M. Reiss, Über eine Steinersche combinatorische Aufgabe, welche im 45sten Bande dieses Journals, Seite 181, gestellt worden ist, *J. Reine Angew. Math.* **56** (1859), 226–244.

[95] I. J. Schoenberg, *Mathematical Time Exposures*, Mathematical Association of America, Providence, RI, 1982.

[96] Harold N. Shapiro, *Introduction to the Theory of Numbers*, Dover, Mineola, NY, 1982.

[97] D. O. Shklarsky, N. N. Chentov, and I. M. Yaglom, *The USSR Problem Book*, W. H. Freeman and Co., San Francisco, 1962.

[98] R. P. Sprague, Über mathematische Kampfspiele, *Tohoku Math. J.* **41** (1935–1936), 438–444.

[99] Roland Sprague, *Recreation in Mathematics*, Blackie & Son Ltd., London, 1963.

[100] Andrzej Szulkin, $\mathbb{R}^3$ is the union of disjoint circles, *Amer. Math. Monthly* **90** #9 (1983), 640–641.

[101] P. Vaderlind, R. Guy, and L. Larson, *The Inquisitive Problem Solver*, Mathematical Association of America, Providence, RI, 2002.

[102] Tom Verhoeff, *Circle of Lamps*, Wolfram Demonstrations Project 2020. 请参见 WOLFRAM Demonstrations Project 官网 [1] 的/CircleOfLamps/目录.

[103] Stan Wagon, Fourteen proofs of a result about tiling a rectangle, *Amer. Math. Monthly* **94** #7 (August–September 1987), 601–617.

[104] Chamont Wang, *Sense and Nonsense of Statistical Inference*, Marcel Dekker, New York, 1993.

[105] P. Winkler, The sleeping beauty controversy, *Amer. Math. Monthly* **124** #7 (August–September 2017) 579–587; also in *The Best Writing on Mathematics 2018*, M. Pitici, ed., Princeton University Press, Princeton, NJ and Oxford, UK, 2019, 117–129.

[106] W. A. Wythoff, A modification of the game of Nim, *Nieuw Arch. Wisk.* **7** (1907) 199–202.

[107] I. M. Yaglom, *Geometric Transformations I*, Translated by Allen Shields. Mathematical Association of America, Providence, RI, 1962.

[108] S. C. Young, The mental representation of geometrical knowledge, *J. Math. Behav.* **3** #2 (1982), 123–144.

[109] G. Zbăganu, A new inequality with applications in measure and information theories, *Proc. Rom. Acad. Series A* **1** #1 (2000), 15–19.

[110] Yao Zhang, *Combinatorial Problems in Mathematical Competitions* (Vol. 4, Mathematical Olympiad Series), East China Normal University Press, Shanghai, 2011.

---

[1] 推荐用必应国际版搜索。——译者注

关于作者

Peter Winkler 是达特茅斯学院的 William Morrill 数学和计算机科学教授,并于 2019 至 2020 年期间担任国家数学博物馆数学传播的杰出访问教授。他著有 160 余篇研究论文,拥有十几项专利,出版了两本更早的谜题书籍、一本关于桥牌中的密码技术的书籍以及一本散拍钢琴作品集。

索引

图字：01-2021-7194 号

数学谜题

SHUXUE MITI

策划编辑
赵 天 夫

责任编辑
赵 天 夫

封面设计
张 申 申

责任校对
王 巍

责任印制
田 甜

图书在版编目 (CIP) 数据

数学谜题 / (美) 彼得·温克勒 (Peter Winkler) 著；陈晓敏 译 . -- 北京：高等教育出版社，2024.2
书名原文：Mathematical Puzzles
ISBN 978-7-04-061718-4

Ⅰ. ①数… Ⅱ. ①彼… ②陈… Ⅲ. ①数学 – 普及读物 Ⅳ. ① O1-49

中国版本图书馆 CIP 数据核字（2024）第 012186 号

出版发行	高等教育出版社	反盗版举报电话
社　　址	北京市西城区德外大街 4 号	(010) 58581999　58582371
邮政编码	100120	反盗版举报邮箱
印　　刷	北京市白帆印务有限公司	dd@hep.com.cn
开　　本	787mm×1092mm　1/16	通信地址
印　　张	28.75	北京市西城区德外大街 4 号
字　　数	460 千字	高等教育出版社法律事务部
购书热线	010-58581118	邮政编码
咨询电话	400-810-0598	100120
网　　址	http://www.hep.edu.cn	
	http://www.hep.com.cn	本书如有缺页、倒页、
网上订购	http://www.hepmall.com.cn	脱页等质量问题，请到所购图书
	http://www.hepmall.com	销售部门联系调换
	http://www.hepmall.cn	
版　　次	2024 年 2 月第 1 版	版权所有　侵权必究
印　　次	2024 年 2 月第 1 次印刷	物 料 号　61718-00
定　　价	98.00 元	